기초공학의
원리

이인모 저

기초공학은 토질역학의 이론과 토목지질(engineering geology)적인 요소를 조합하여 토질구
조물의 공학적 문제들을 해결하는 분야로서, 여기에는 필연적으로 공학적 판단(engineering
judgement)을 포함하므로 심지어 예술(art)로 분류되는 학문분야이다.

씨
아이
알

머 리 말

　금번의 저서는 저자의 첫 번째 저서 '토질역학의 원리', 두 번째 저서 '암반역학의 원리', 세 번째 저서 '터널의 지반공학적 원리'에 이은 네 번째 저서이다.

　역학적인 관점에서 지반공학에 필요한 기본적인 역학서는 '토질역학'과 '암반역학'이다. 본 저서는 토질역학과 암반역학의 기본이론에 입각하여 지구상에 새로이 건설되는 각종 토질구조물의 설계 / 시공에 필요한 기본 원리를 다루고자 하는 책이다. 따라서 본 저서는 그 이름이 말해주듯이 각종 토질구조물을 다루는 기초공학을 다루고자 하나, 설계나 시공에 필요한 각종 자료를 총망라한 일종의 핸드북과는 거리가 먼 책임을 밝혀둔다. 따라서 본 서는 토목공학을 전공하는 학부 학생들의 강의용 교재로써, 또는 지반공학 분야에서 일하고 있는 기술자들이 기본원리를 더욱 견고히 하는 관점에서 유익이 있을 것으로 생각된다. 또한 본 서는 재료역학, 토질역학을 수강한 학생들에게 맞는 교재이며, 암반역학에 관한 지식이 있는 경우는 금상첨화라고 하겠다.

　저자의 기본 의도는 저자의 저서들이 서로서로 구슬이 꿰어 있듯이 연관되어서 지반공학의 기본을 완성하는 것이다. 따라서 본 서에서는 때에 따라 나머지 세 권에 수록된 내용들을 수록하였으므로 독자들은 저자의 의도를 이해해주시길 바란다. 예들 들어서 본 서의 제6장 옹벽구조물을 이해하기 위해서는 토압론을 이해함이 필수적이나 이 책에서는 토압론을 따로 서술하지 않고 '토질역학의 원리' 11장을 미리 숙지하도록 안내하였다.

　부족한 저자를 늘상 사랑하시고 학문의 길로 인도하여주신 하나님께 감사드리며, 언제나 저자를 믿고 따라주며, 예제문제 풀이와 교정을 도와준 우리 연구실 제자들, 이제껏 저자를 이끌어주시고 도와주신 모든 분들에게 큰 고마움을 전한다. 공부밖에 할 줄 모르는 남편을 한결같이 내조해준 아내, 이제는 어엿한 성인이 되어 가정도 이룬 아들 요한과 자부 이슬 그리고 너무나 예쁜 손녀 시온이에게도 가슴 깊이 고마움을 느낀다.

　본 서는 새로이 도서출판 씨아이알에서 초판을 출간하게 되었다. 본 서의 출간을 헌신적으로 도와주신 김성배 사장님을 비롯한 씨아이알 출판사 직원들께도 감사드린다. 이 책은 정년을 5년여 남은 시점에서 초판을 발간하였으며, 금번의 4쇄는 저자가 32년간 몸 담았던 고려대학교를 퇴직하고 명예교수로 위촉된 후에 발간하게 되었다. 퇴직을 하고도 연구할 수 있도록 기꺼이 사무실을 내준, 제자 〈동명〉의 신희정 사장께도 고마움을 전한다.

제기동에서

저자 씀

목 차

제2편 성토지반에서의 흙구조물

제3편 절취지반 보강 공법

제1장

개론 및 지반조사

제1장
개론 및 지반조사

1.1 개 론

토질역학(Soil Mechanics)과 기초공학(Foundation Engineering)의 정의를 단적으로 표현하기 쉽지가 않다.

토질역학은 흙(Soils)의 공학적 성질과 그를 통한 이상적인 조건에서의 응력과 변형을 연구하는 분야로 정의된다. 반면에 기초공학은 토질역학의 이론과 토목지질(engineering geology)적인 요소를 조합하여 토질구조물의 공학적 문제들을 해결하는 분야로서, 여기에는 필연적으로 공학적 판단(engineering judgement)을 포함하므로 심지어 예술(art)로 분류되는 학문분야이다. 역학적 원리도 물론 중요하지만, 경험에 따른 고도의 판단력 또한 매우 중요하다는 것이다. 실제로 이제까지 출판된 저서들을 보아도 토질역학에 삽입된 주제들이 저서에 따라 기초공학에 삽입되기도 하며, 그 반대의 경우도 허다함을 볼 수 있다.

본 저서의 제목은 '기초공학의 원리'이다. 역학적인 문제는 토질역학과 암반역학에서, 이를 응용한 공학적인 문제는 기초공학에서 다룬다는 통념을 깨고, 기초공학도 그 기본 원리를 주로 서술하여 각 구조물별로 지반공학자로서 필수적으로 알아야 하는 원리만을 서술할 목적으로 이 책을 저술하고자 한다.

혹자는 지반공학(토질, 암반, 터널공학 포함)은 경험공학이라고 한다. 저자는 이 견해가 근본적으로 틀렸다고 믿는다. 연구의 대상이 자연지반이므로 무지몽매한 인간이 그 자연의 기본 형성 원리를 모르는 것뿐이지 기본 원리가 없다고는 보지 않는다. 따라서 이 책에서는 기초공학에서 대두되는 각종 공식을 나열하는 백과사전식 서술을 지양하고, 대표적인 공식에 대하여 그 공식이 유도된 기본 원리를 서술하여 지반공학적 견지에서 전체의 틀을 이해하도록 한다.

1.2 기초공학의 범주

기초공학에 포함시켜야 되는 주제는 그 저자마다 다르다. 이 책에서는 전술한 대로 그 원리만을 서술함이 목적이며, 다만 그 주제는 실무에서 많이 쓰이는 것을 중심으로 서술할 것이다. 각 주제에 대하여 본 저자의 저서인 '토질역학의 원리'와 '암반역학의 원리'에 기술된 두 재료의 기본 이론을 바탕으로 토질구조물에서의 역학적인 기본원리를 기술하고자 하는 것이다. 또한 모든 주제들에 대하여 그 출발점은 자연상에 존재하는 In-situ mechanics로부터의 문제로 서술될 것이다.

이 책에서 서술하고자 하는 문제들을 대별하면 다음과 같다.

1) 자연지반(In-situ mechanics)에, 즉 초기 지중응력을 받고 있던 지반에 상부구조물 (콘크리트 혹은 강구조)을 설치함으로 인하여 이를 효과적으로 저항하기 위한 구조물
   - 얕은 기초와 깊은 기초가 여기에 해당한다(다음 그림 참조).
   - 물론 '토질역학의 원리'에서 서술한 기초의 지지력과 침하문제로 귀착된다.

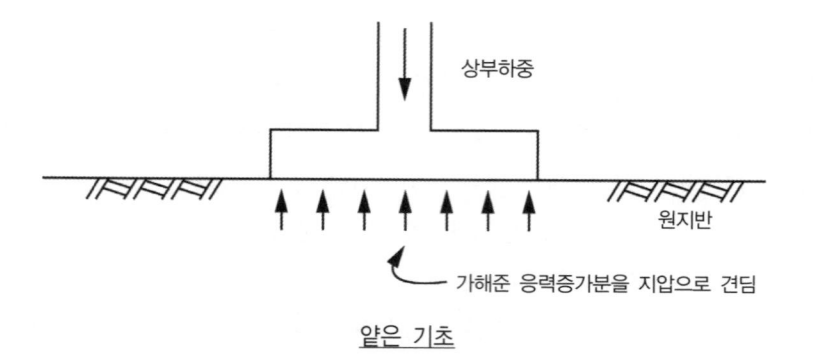

상부하중

원지반

가해준 응력증가분을 지압으로 견딤

얕은 기초

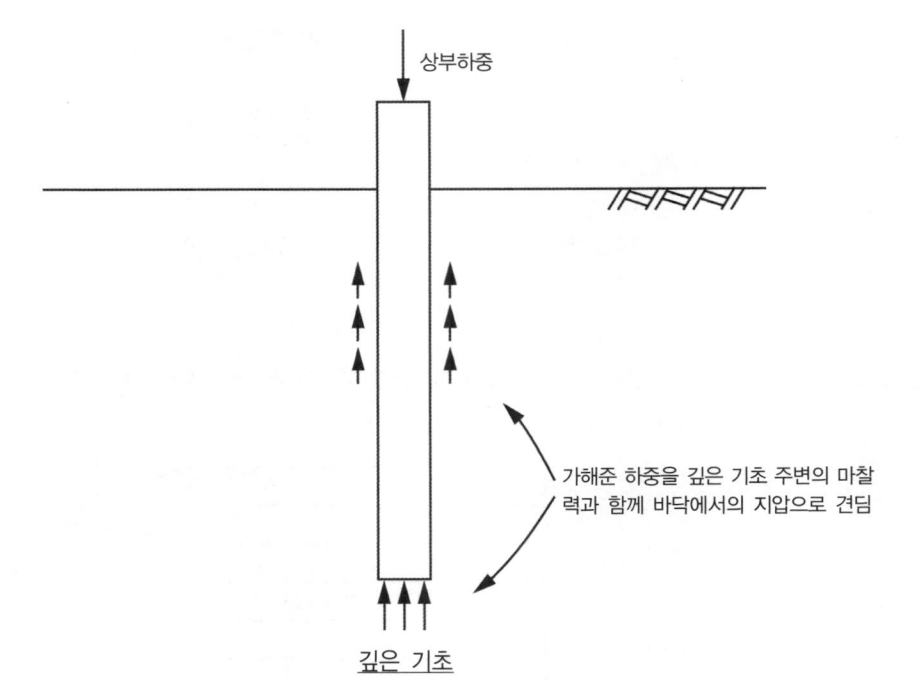

상부하중

가해준 하중을 깊은 기초 주변의 마찰
력과 함께 바닥에서의 지압으로 견딤

<u>깊은 기초</u>

2) 자연지반 위에 새로운 흙구조물(Earth Structure)을 설치함으로써 이의 안정을 위
   한 구조물

   (1) 흙구조물 자체로서 자립이 가능한 경우 흙사면

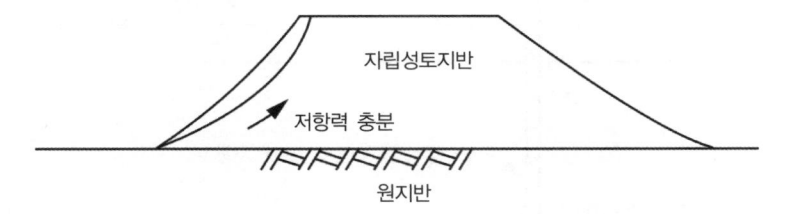

자립성토지반

저항력 충분

원지반

   – 사면안정 검토로부터 안전율이 충분해야 한다(예 : $F_s \geq 1.3$).

   (2) 흙구조물 자체로서 자립이 불가능한 지반인 경우 보조구조물 설치
   – 흙구조물 전면에서 하중을 지지하도록 계획하는 경우 옹벽구조물 설치

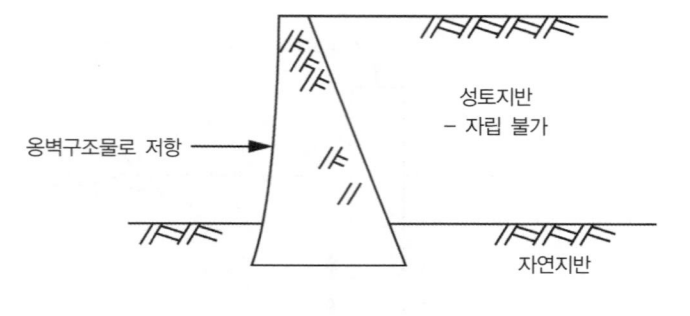

＊ 옹벽구조물로 저항
성토지반
– 자립 불가
자연지반

– 흙구조물 후방에서 보강띠를 이용하여 저항하도록 계획하는 경우 보강토옹벽

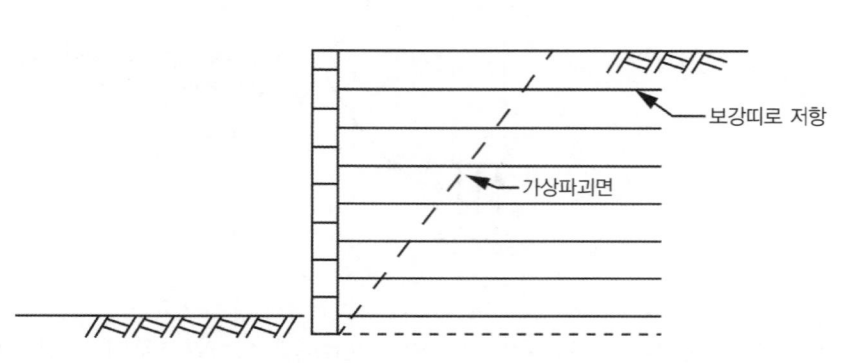

보강띠로 저항
가상파괴면

– 항만 부두와 같이 뒤채움토를 지지하기 위한 강널말뚝구조

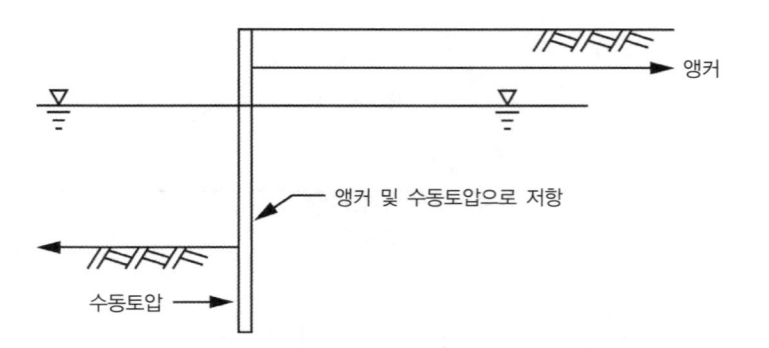

앵커
앵커 및 수동토압으로 저항
수동토압

3) 자연지반을 굴착함으로써 야기되는 문제들을 안정화시키기 위한 흙구조물

(1) 흙구조물 자체로서 자립이 가능한 경우 개착사면(Open Cut Slope)

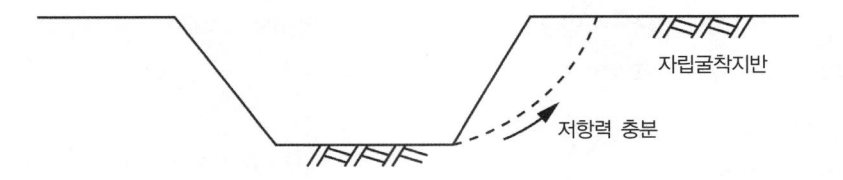

(2) 흙구조물 자체로서 자립이 불가능한 경우 보조구조물 설치

　　– 흙막이 벽을 지중에 미리 설치하고 굴착

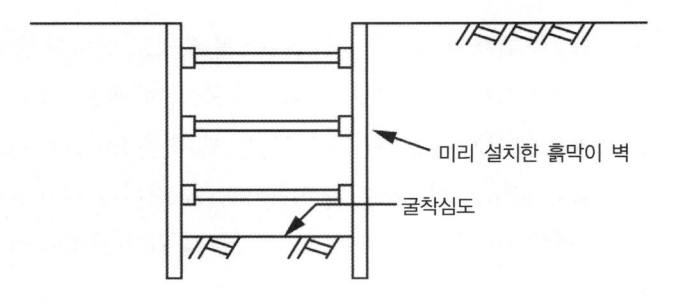

　　– 연속적으로 네일(Nail)을 지반에 삽입하면서 굴착하는 소일네일링(Soil Nailing) 공법

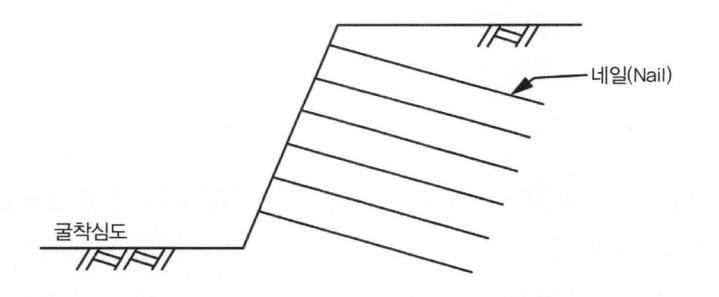

4) 자연지반이 워낙 연약하여 자연지반 그대로는 구조물을 설치하기가 곤란한 경우
　연약지반 개량 공법

　(1) 아예 양질토로 치환하는 경우

　(2) 흙구조물은 3상(흙입자+물+공기)임을 감안하여 간극 속에 있는 물을 제거하여 연약지
　　반을 개량하는 경우

　　– Preloading 공법

　　– 연직배수재 공법

(3) 다짐을 통하여 간극을 줄임으로써 연약지반을 개량하는 경우
 - Vibrofloatation 공법
 - 동다짐 공법
 - 동치환 공법
(4) 간극을 고결시킴으로써 연약지반을 개량하는 경우
 - 혼합처리 공법
 - 주입 공법

따라서 독자들은 이 책을 공부할 때 제1편은 상부구조물 축조로 인하여 응력의 증가량이 발생하여 야기되는 문제로, 제2편은 지표면 위에 토류구조물(특히 배면성토) 설치로 인하여 수평방향으로 추가되는 토압을 견디기 위한 토질구조물로, 제3편은 In-situ mechanics인 원지반을 굴착함으로써(즉, unloading) 발생하는 불평등 토압을 견디기 위한 토질구조물로, 제4편은 연약한 지반을 아예 개량하여서 새로운 지반으로 만들기 위한 문제로 먼저 인식하고 세세히 공부하길 바란다.

1.3 지반조사

1.3.1 개 요

본 저자의 첫 번째 저서인 '토질역학 원리'에서 지반공학은 다음의 관점에서 구조역학이나 수리학과 다르다고 서술했다.

그 첫째는, 토질은 고체와 달리 '흙입자+물+공기'로 이루어진 3상 구조이며, 둘째는 태초부터 존재하는 자연지반을 대상으로 한다는 것이다. 인간이 임의로 제작하는 강구조, 콘크리트 구조에서는 그 기본 물성인 탄성계수, 항복응력을 미리 알 수 있다. 그러나 자연지반을 상대하는 지반공학에서는 그 물성이 지반에 따라 다르기 때문에 이를 지반조사, 실내 및 현장실험을 바탕으로 예측해야 한다. 이를 위한 첫 번째가 지반조사이다. 지반조사의 내용을 정리하면 다음과 같다.

1) 지질구조 / 지형구조
프로젝트를 수행하기 위한 지역에 대한 지질구조 및 지형구조를 파악하는 것이 선행되어야

하며, 이 업무는 주로 토목지질(engineering geology)을 전공한 기술자의 업무이다. 각종 물리탐사(geophysical exploration)를 지형구조 파악을 위한 도구로 사용하기도 한다.

2) 지반의 층서를 파악하기 위한 시험

지반의 구성 및 암반층의 깊이, 지하수의 깊이, 기초설계를 하기 위한 지반의 층서를 파악하는 것이 중요한 선행 과제이며, 이 목적을 위해서는 다음의 지반조사가 이루어져야 한다.

(1) 시추(boring) : 지반의 층서도 파악하고 흙시료도 채취하는 목적으로 시행한다.
(2) 사운딩(sounding) : 현위치시험의 하나로서 콘(cone) 등을 연속적으로 삽입하면서 저항력을 측정하여 깊이에 따른 지반의 변화를 연속적으로 구할 수 있다.
(3) 지하수위 측정은 시추된 보아홀(borehole)을 이용한다.
(4) 각종 물리탐사법이 층서 파악의 수단으로 이용하기도 한다.

3) 흙의 기본 물성

삼상으로 이루어진 흙은 흙입자 자체의 비중, 입도분포, 연경도뿐만 아니라 삼상관계로서 함수비 등의 기본 물성을 알아야 하며, 이를 위하여 시추 시 지반으로부터 교란시료(disturbed sample)를 채취하여 채취된 시료를 이용하여 구할 수 있다.

4) 흙의 역학적 특성

'토질역학의 원리'에서 누누이 강조한 대로 심부에 그대로 존재하는 흙(삼상의 흙)의 단위중량, 전단강도, 압축성, 투수성 등을 예측하는 것이 기초공학에서는 무엇보다도 중요하다. 이를 위하여 다음의 지반조사가 이용된다.

(1) 불교란 시료(undisturbed sample)를 채취하여 현장 조건에 맞게 실내실험 실시
(2) 현장에서 원위치시험을 실시하고, 이 실험 결과를 역산하여 역학적 특성치를 예측 : 베인 시험, 표준관입시험, 콘 관입시험, 공내 재하시험 등

다음 절에서는 이제까지 제시된 여러 지반조사법의 개요를 서술하고자 한다. 기초공학의 원리를 서술하는 것이 주된 목적임을 감안하여 각종 시험법의 개요만을 기술하고자 한다. 지반조사에 관하여 좀더 심도 있는 공부를 하고자 하는 독자들은 한국지반공학회(2003)가 발간한 '지반공학 시리즈 1'을 참조하기 바란다.

혹자는 지반조사는 조사의 개수를 많이 할수록 좋다고 주장하기도 한다. 반드시 틀린 말은 아니다. 다만, 기초를 해석하고 설계할 수 있는 특성치를 구할 수 있는 조사법이 되어야 함을 잊지 말아야 한다.

1.3.2 시추조사

1) 시험굴(Test Pit)

시험굴 조사는 사진 1.1과 같이 인력 또는 굴삭기를 이용하여 직접 소요 깊이까지 굴착하여 지반상태를 파악하고 지하수위 등을 조사하는 것을 말한다. 직접 눈으로 볼 수 있고 시료 채취도 직접 할 수 있는 장점이 있으나, 굴착깊이에 제한이 있을 수밖에 없다.

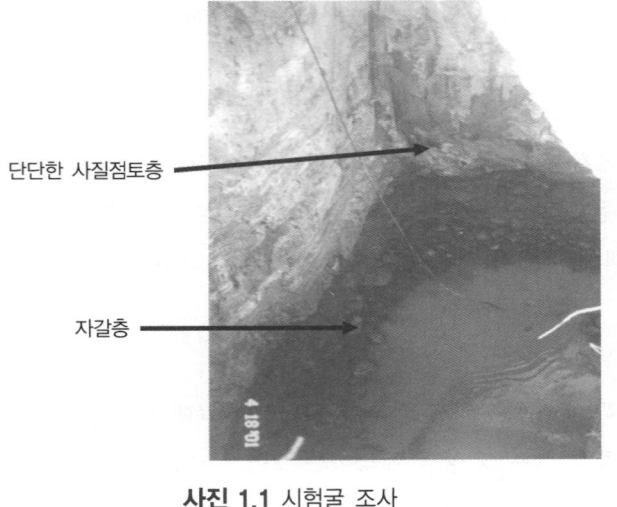

단단한 사질점토층

자갈층

사진 1.1 시험굴 조사

2) 오거 시추(Auger Boring)

오거 시추는 오거(auger)를 회전시키어 지중에 압입하여 지반을 천공하고 굴착된 흙을 지상으로 배출시키는 방법으로, 인력회전식 오거(그림 1.1)와 동력회전식 오거(사진 1.2)가 있다. 인력식 오거에는 그림 1.1에서 보여주는 바와 같이 쌍주걱식 오거(posthole auger)와 나선형 오거(helical auger)의 두 가지 형태가 있으며, 인력으로 압입함으로 굴착 가능 깊이는 3~5m이다. 반면에 사진 1.2의 동력식 오거는 동력을 이용하여 연속회전 오거(continuous flight auger)를 압입하므로 시추공을 굴삭하는 데 가장 많이 사용된다. 굴착 시에 동력을 트럭 또는 트랙터에 장착된 천공장비에 의하여 유발시킴으로 최대 60~70m까지 시추가 가능하다. 또한 연속회전 오거는 시추공 하부에 있는 교란된 흙을 지상으로 추출시킬 수 있는 기능을 갖고 있다.

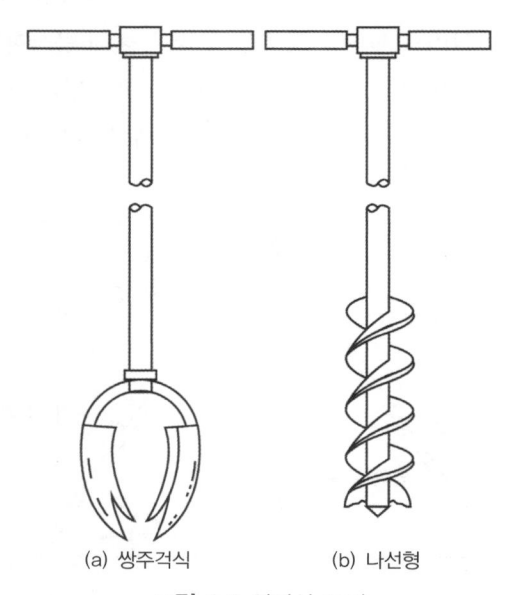

(a) 쌍주걱식   (b) 나선형

그림 1.1 인력식 오거

사진 1.2 연속회전 오거

3) 수세식, 회전식, 회전수세식 시추

(1) 수세식 시추(Wash Boring)

수세식 시추는 그림 1.2에서 보여주는 바와 같이 절삭비트를 상하로 타입하고, 압력수를 굴착롯드 내부로 투입하여 절삭비트 하단부에 있는 구멍을 통해 분사하여 굴착을 도우며, 물과 혼합된 굴착토는 수압에 의하여 롯드 밖으로 지표면까지 운반된다. 굴착된 시추공의 붕괴 가능성이 있는 경우는 그림 1.2에서 보여주는 바와 같이 케이싱을 사용한다.

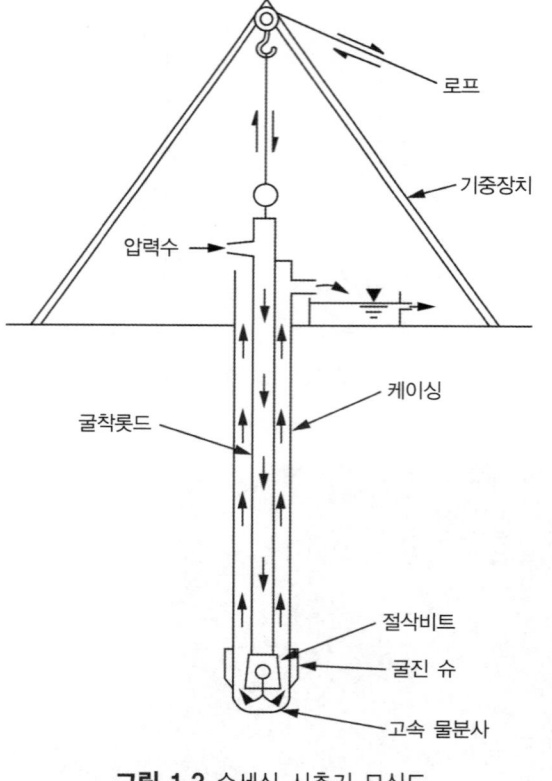

그림 1.2 수세식 시추기 모식도

(2) 회전식 시추(Rotary Boring)

회전식 시추(rotary boring) 또는 회전식 굴착(rotary drilling)은 굴착롯드 하단부에 있는 절삭비트를 회전시킴으로써 흙을 굴착하면서 계속 시추하는 방법이다. 천공용 진흙물(drilling mud)을 굴착롯드를 통하여 압력을 주어 분사시키며, 굴착토를 지표면으로 운반시킨다.

천공용 진흙물은 물과 벤토나이트로 이루어진 이수(slurry)이며, 이 천공용 진흙물을 사용하면 대부분의 경우 시추공의 공벽 붕괴를 방지할 수 있다.

굴착비트를 회전시키는 경우에 굴착 진흙 대신 자연수를 이용하면 앞의 수세식 시추와 흡사하여 이를 회전수세식 시추라 한다. 국내에서는 회전수세식 시추가 가장 많이 적용되는 방법이다. 물론 회전수세식 시추 중간중간에 다음 절에서 서술하고자 하는 표준관입시험(Standard Penetration Test; SPT)을 병행하게 된다.

굴착비트는 직접 지반을 천공하는 가장 중요한 부속으로써, 지층의 단단도에 따라 여러 종류가 있으며, 직경 또한 다양하다. 가장 흔히 사용되는 비트는 BX 규격(내경 42mm, 외경 59.9mm)와 NX 규격(내경 54.7mm, 외경 75.7mm)이다. 다이아몬드 비트를 사용하면 암석 코아도 채취가 가능하다. 이때는 특히 Core Drilling이란 용어를 사용하기도 한다. BX 비트로부터는 직경 41.3mm의 암석 코아를, NX 비트로부터는 54mm의 암석 코아를 채취할 수 있다.

1.3.3 시료 채취(Soil Sampling)

현장에서 지반조사를 할 때 교란 시료와 불교란 시료를 채취하며, 교란 시료로는 흙의 기본 물성을, 불교란 시료로는 흙의 역학적 특성을 구할 수 있다.

채취된 시료의 교란 정도는 다음의 수식을 이용하여 평가한다.

$$A_r = \frac{D_o^2 - D_i^2}{D_i^2} \times 100(\%) \tag{1.1}$$

여기서, A_r = 면적비

D_o = 시료 채취기의 외경

D_i = 시료 채취기의 내경

면적비, A_r 의 값이 10% 이하인 경우, 공학적인 견지에서 채취된 시료가 교란되지 않았다고 평가한다. 면적비의 정의로부터 유추할 수 있듯이, 채취된 시료의 직경에 비하여 시료 채취기의 두께가 두꺼울수록 교란 정도가 심해진다. A_r 값이 10% 이하라고 하여도 채취된 시료가 완전한 불교란 상태, 즉 현장 상태가 될 수는 없다. 시료 교란 문제는 상존하나 원 상태를 상당부분 유지하여 주는 것으로 이해하면 될 것이다.

1) 교란 시료 채취

가장 대표적인 교란 시료를 채취하는 방법은 스플릿 스푼(split-spoon)을 이용한 방법이다. 표준형 스플릿 스푼 시료 채취기의 단면은 그림 1.3과 같다.

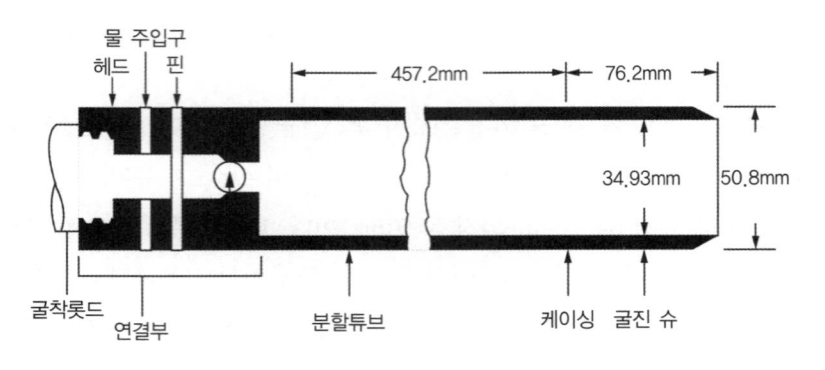

그림 1.3 표준형 스플릿 스푼 시료 채취기

앞 절에서 서술하였던 수세식 시추 또는 회전수세식 시추기로서 시료 채취를 하고자 하는 깊이까지 천공이 완료되면, 굴착봉을 지표면까지 다시 끌어올린 다음 굴착롯드 하부에 스플릿 스푼 채취기를 연결하고 천공된 깊이까지 재차 삽입한다. 그 후 굴착롯드 상부를 해머를 이용하여 타격함으로써 시료 채취기를 지반에 관입하여 시료를 채취한다. 해머로 타격하여 시료 채취기를 소요 깊이까지 관입시키는 실험 자체는 소위 표준관입시험으로 불린다. 즉, 표준관입시험과 시료 채취가 동시에 이루어진다. 표준관입시험법의 개요는 다음 절에서 서술하기로 한다. 그림 1.3에서 제시된 시료 채취기의 제원을 이용하여 표준 스플릿 스푼 채취기의 면적비를 구해보면,

$$A_r = \frac{(50.8)^2 - (34.93)^2}{(34.93)^2} = 111.5\%$$

이 되며, 10%를 크게 상회하므로 이 방법으로 얻어진 흙시료는 교란 시료(disturbed sample)이다.

2) 불교란 시료 채취

가장 보편적으로 사용되는 불교란 시료 채취기는 얇은 관 튜브(thin-walled tube)이며, 이를 쉘비 튜브(Shelby tube)로 명명하기도 한다. 얇은 관을 주로 압입으로 점토층에 관입시켜 불교란 시료를 채취한다. 채취기의 단면이 그림 1.4에 표시되어 있다. 채취된 시료는 끓인 파라핀을 이용하여 밀봉한 후 수분이 날아가지 못하도록 현장에서 조치한 뒤에 실험실로 운반된다. 그림 1.4의 제원으로부터

$$A_r = \frac{(50.8)^2 - (47.63)^2}{(47.63)^2} = 13.75\%$$

가 되며, 비록 10%는 약간 상회하지만 불교란 시료로 간주한다. 외경이 76.2mm인 튜브도 사용되며, 보다 나은 시료를 채취할 수 있다.

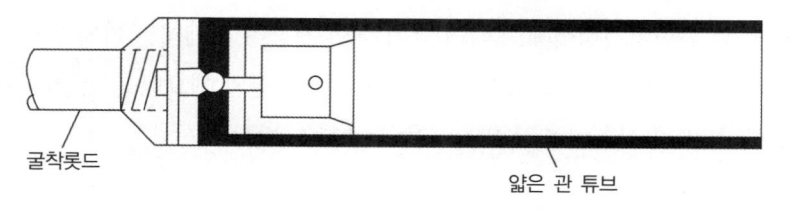

굴착롯드

얇은 관 튜브

그림 1.4 얇은 관 튜브(쉘비 튜브)

현장의 점토가 매우 연약하여 얇은 관 튜브로써 불교란 시료의 채취가 어려운 경우는 그림 1.5에서 보여주는 것과 같은 피스톤 시료 채취기를 종종 이용한다. 그림에서 보여주는 바와 같이 채취기의 끝단을 피스톤으로 막은 상태에서 시추공 바닥까지 내리고, 유압을 이용하여 얇은 관 튜브만을 지반 속에 압입하여 불교란 시료를 채취하는 방법이다.

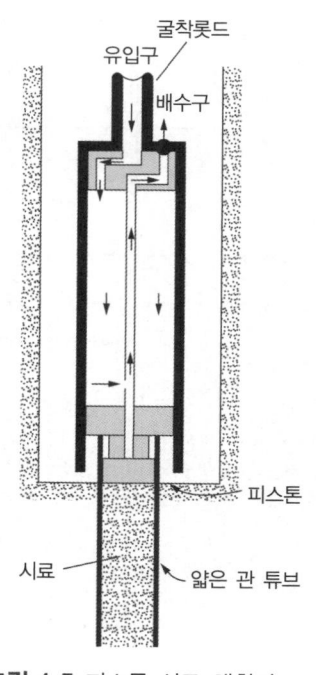

굴착롯드
유입구
배수구
피스톤
시료
얇은 관 튜브

그림 1.5 피스톤 시료 채취기

1.3.4 원위치시험(In-Situ Test)

전 절에서 서술한 대로 기초설계를 하기 위해서는 무엇보다도 현장 지반의 층서(ground profile)를 아는 것과 함께 흙의 역학적 특성치를 알아야 한다.

전 절에서 서술한 불교란 시료도 완전히 교란을 없앨 수는 없다. 따라서 현장 지층의 층서를 파악하고, 또한 역해석을 통하여 흙의 역학적 특성을 예측할 목적으로 현장에서의 원위치시험이 종종 이용된다. 원위치시험법에도 여러 가지가 있으나 이 책에서는 가장 많이 사용되는 표준관입시험, 베인 전단시험, 콘 관입시험, 프레셔미터 시험의 개요만을 서술하고자 하며, 상세한 사항은 한국지반공학회(2003) 발간물을 참조하기 바란다.

1) 표준관입시험(Standard Penetration Test; SPT)

표준관입시험은 전술한 대로 수세식 시추기나 회전수세식 시추기를 이용하여 소요깊이까지 시추공을 굴착한 다음, 표준 스플릿 스푼 샘플러를 굴착봉에 장착하고 천공 바닥까지 삽입한

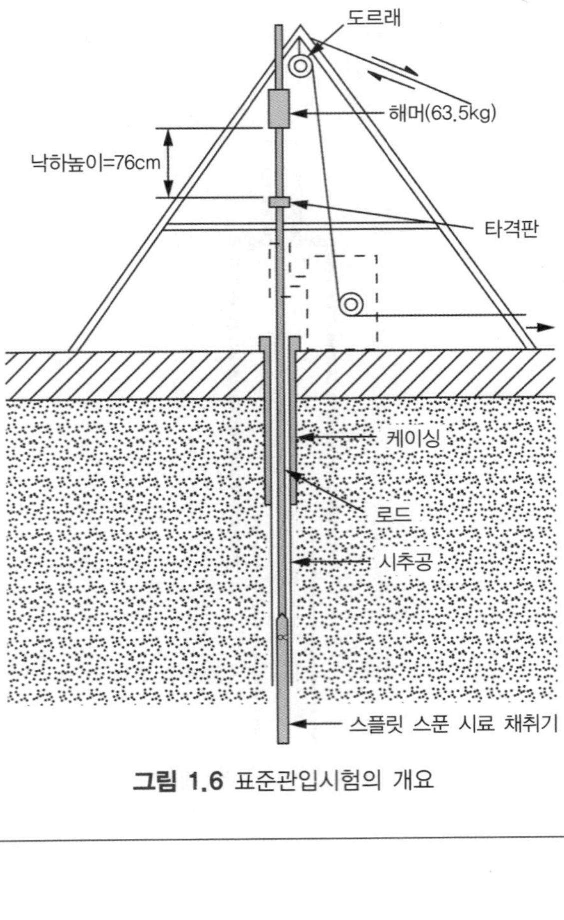

그림 1.6 표준관입시험의 개요

다음, 굴착봉의 상부를 63.5kg가 되는 해머로 76cm 높이에서 타격하며, 관입깊이 15cm씩 세 번, 즉 45cm를 관입시킨다. 이때, 처음 15cm 관입에 소요된 타격회수를 제외하고 나머지 30cm 관입에 소요된 타격회수를 기록한다. 이 타격회수를 표준관입시험 N값이라고 한다. 표준관입시험은 심도 1~1.5m마다 반복하여 실시하며, 지반의 층서를 파악할 수 있도록 한다(그림 1.6 참조).

결국 표준관입시험으로부터 얻을 수 있는 것은 N값이다. 지반이 단단할수록 30cm 관입에 필요한 N값은 커질 것이다.

지반이 워낙 단단하여 50번을 타입하여도 30cm 관입이 어려울 경우는 50회 이상 타격은 하지 않으며, 예를 들어서 50/10 등으로 표시한다. 50회 타격하여 10cm 관입에 그쳤다는 의미로 이해하면 될 것이다.

(1) N값의 불확정성 및 보정

표준관입시험 N값은 지반의 층서를 파악할 수 있고, 더욱이 N값과 지반정수와의 상관관계식을 통하여 지반정수의 예측도 가능하며, 특히 가장 사용실적이 많다는 장점을 갖고 있다. 이에 반하여 문제점도 여실히 존재하는 바, 시험자의 숙련도에 따라 크게 달라지며, 특히 자갈이 있는 경우는 터무니없이 큰 N값이 나오는 등의 단점이 존재한다. 측정된 N값은 여러 인자를 고려하여 보정을 해주어야 하며 보정식은 다음과 같다.

$$N' = N \cdot C_N \cdot \eta_1 \cdot \eta_2 \cdot \eta_3 \cdot \eta_4 \tag{1.2}$$

여기서, N' : 보정된 N값

N : 측정된 N값

C_N : 유효상재압력에 대한 보정계수

η_1 : 해머의 에너지 효율에 따른 보정계수

η_2 : 롯드 길이에 대한 보정계수

η_3 : 시료 채취기 종류에 따른 보정계수

η_4 : 시추공의 직경에 따른 보정계수

위의 여러 보정계수 중에서 가장 영향을 많이 미치는 것은 η_1(해머 에너지 효율 영향)과 C_N(유효상재압력 영향)이다.

① 해머의 에너지 전달 효율

그림 1.7에서 보여주는 바와 같이, 해머 타격은 $E_h = WH$(여기서, W = 해머의 무게, H = 낙하고)의 위치에너지가 롯드를 타격함으로써 운동에너지로 바꾸어주는 운동이다. 차후에 서술할 말뚝의 항타와 원리가 같다. 문제는 WH의 모든 위치에너지가 운동에너지로 시료 채취기에 전달되지 않는다는 것이다. E_r을 롯드에 전달되는 에너지로 정의하면 에너지 전달률은

$$\eta_D = \frac{E_r}{E_h} \times 100(\%)\qquad(1.3)$$

가 되며, 해머의 종류, 로프의 상태 등에 따라 효율은 다른 값을 띠게 된다. 보통 η_D = 60%인 경우를 표준 N값으로 보고, 전달률이 60%를 상회하는 경우는 측정값을 오히려 증가시켜주어야 하며, 60% 이하의 에너지 효율인 경우는 측정된 N값을 줄여주어야 한다. 우리나라의 경우에 Donut 해머를 사용하는 경우는 40% 정도, 자동 해머인 경우는 50~55% 정도, 안전 해머인 경우는 65% 정도의 효율을 갖는 것으로 알려져 있다. η_D = 60%를 표준으로 간주하면 η_1, 즉 해머의 에너지 효율에 대한 보정계수는 다음 식으로 표시할 수 있다.

$$\eta_1 = \frac{\eta_D}{60}\qquad(1.4)$$

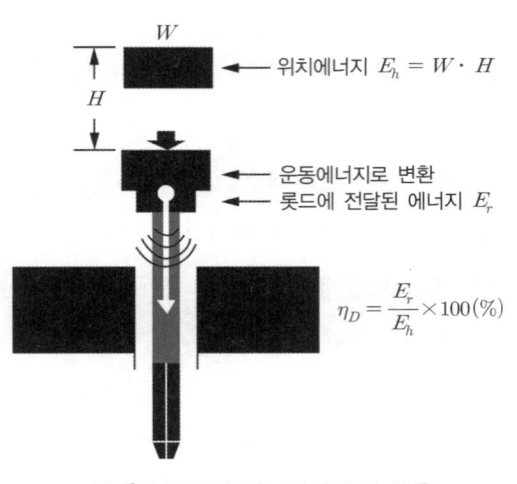

위치에너지 $E_h = W \cdot H$

운동에너지로 변환
롯드에 전달된 에너지 E_r

$\eta_D = \dfrac{E_r}{E_h} \times 100(\%)$

그림 1.7 해머 에너지의 전달 효율

② 유효상재압력의 영향

표준관입시험 N값은 현장의 지반이 받고 있는 유효상재압력이 커지면 이에 따라 커지는 것이 보통이다. 따라서 표준 유효상재압력으로 보정해주어야 한다. 표준 유효상재압력은 대기압, $p_a = 98\text{kPa} \approx 100\text{kPa}$로 가정한다. 현장 흙의 상재압력이 이 값보다 작으면 측정값을 증가시켜주어야 하고, 이 값보다 크면 오히려 감소시켜주어야 한다. 보정계수는 여러 학자들에 따라 다양하게 제시된 바, 예로서 한 식을 소개하면 다음과 같다.

$$C_N = 0.77 \log \left[\frac{20}{\left(\dfrac{\sigma_v{'}}{p_a} \right)} \right] \tag{1.5}$$

여기서, $\sigma_v{'}$: 유효상재압력(kPa)

$\quad\quad\quad p_a$: 대기압 $= 98\text{kN/m}^2 \approx 100\text{kN/m}^2$

(2) N값으로부터 지반정수의 추정

N값으로부터 사질토의 내부 마찰각 ϕ, 점성토의 비배수 전단강도 c_u, 지반의 변형계수(또는 탄성계수)를 예측하고자 하는 여러 상관관계식이 제안되었다. 상관관계식에 사용된 N값은 측정치인지, 아니면 보정치인지 분명하게 제시되지 않은 경우도 많다. N값과 ϕ의 관계식의 예가 그림 1.8에 표시되어 있다.

N값으로부터 탄성계수를 구할 수 있는 상관관계식을 여러 학자들이 제시하였다. 한 예로 N값과 다음 절에서 다룰 프레셔미터 시험 결과를 역산하여 구한 탄성계수 E_p와 관계식을 소개하면 다음과 같다.

$$E_p = 700N(\text{kPa}) \tag{1.6}$$

2) 콘 관입시험(Cone Penetration Test; CPT)

콘 관입시험은 원추모양 Cone probe을(콘의 각도 60°, 면적 10cm²) 지반에 약 20mm/sec의 속도로 관입시키면서 콘 관입 저항치를 측정하는 원위치시험법이다. 이 콘 관입시험기에는 기계식과 전기식이 있으며 전기식을 사용하는 것이 보다 정밀한 자료를 얻을 수 있다. 콘 관입시험으로부터 얻을 수 있는 것은 콘에 의하여 유발되는 콘 관입 저항치(cone resistance, q_c)와 콘 상부에 위치한 관입봉에서의 마찰저항력(frictional resistance, f_c)이다. 또는 피에조

콘(piezocone) 관입시험기는 위의 두 값 외에 간극수압도 측정할 수 있다(그림 1.9 참조).

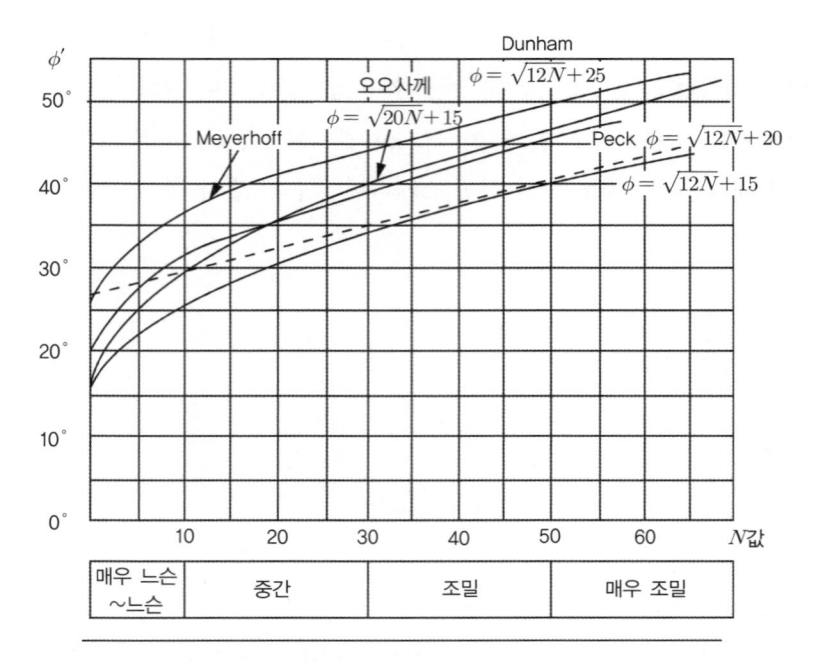

그림 1.8 사질토의 N값과 내부 마찰각과의 상관관계

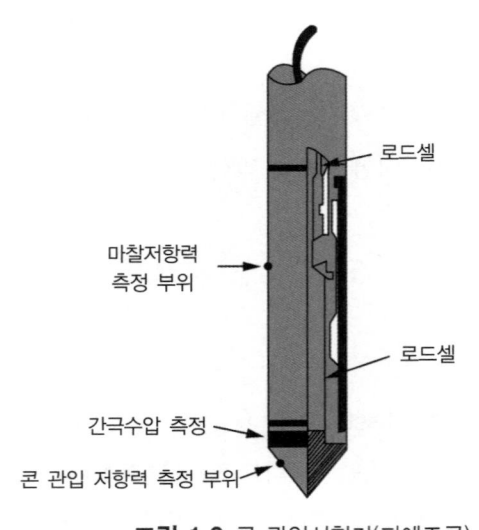

그림 1.9 콘 관입시험기(피에조콘)

기초공학의 원리

콘 관입시험의 가장 큰 장점은 콘이 관입되면서 연속적으로 관입 저항치를 얻기 때문에 연속성 있는 지반의 구성상태(ground profile)를 알 수 있다는 데 있다(예, 그림 1.10). 또한 콘 자체를 소구경 말뚝으로 볼 수도 있으므로 콘 관입시험 결과는 깊은 기초설계에 쉽게 이용될 수 있다.

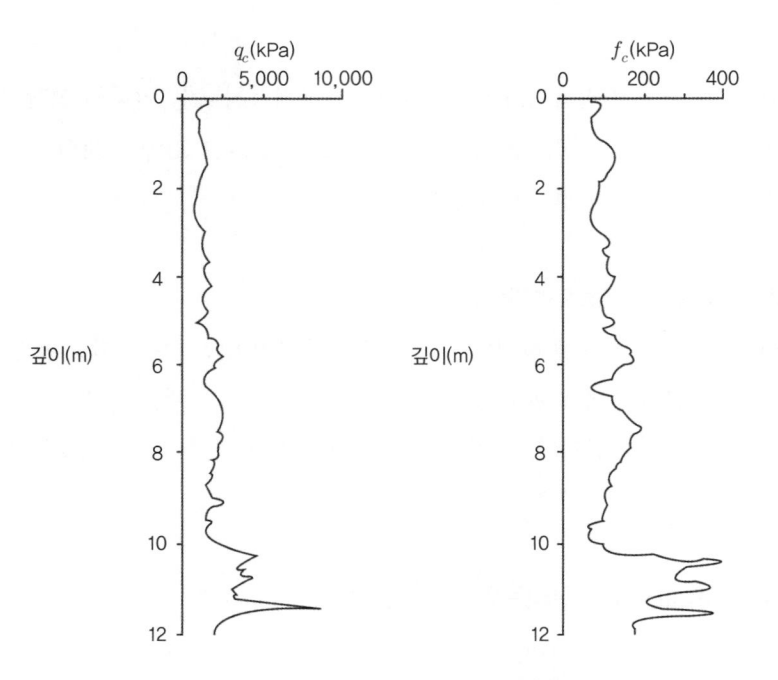

그림 1.10 콘 관입시험기로 저항력을 측정한 결과

지반정수의 추정

콘 관입시험으로부터 얻은 관입 저항력(q_c 또는 f_c)을 역산하여 지반정수를 구할 수 있는 여러 상관관계식이 제시되었다. 실례를 들어보면, 사질토의 내부 마찰각과 큰 관입 저항치 수식은 다음과 같다.

$$\phi' = \tan^{-1}\left[0.1 + 0.38\log\left(\frac{q_c}{\sigma_v'}\right)\right] \tag{1.7}$$

여기서, $\sigma_v' = $ 유효상재압력

또한, 점토의 비배수 전단강도 수식은 다음과 같다.

$$c_u = \frac{q_c - \sigma_v}{N_k} \tag{1.8}$$

여기서, σ_v = 전상재압력

N_k = 지지력 계수(11~25 사이의 값)

콘 관입시험기를 소구경 말뚝이라고 가정하면, 전단저항치 q_c는 말뚝의 선단지지력과 깊은 관계가 있다(차후의 깊은 지지력 기초편 참조). 식 (1.7) 또는 (1.8)에 소개된 수식은 선단지지력 공식을 역산한 것으로 이해하면 될 것이다.

3) 베인 전단시험(Vane Shear Test)

십자형의 베인을 롯드 선단에 장착하여 시추공 바닥까지 내린 다음, 지중에 압입시킨 후 베인을 회전하게끔 시험기 축 상단에 우력을 가하는 시험법으로서, 우력으로부터 점토의 비배수 전단강도를 추정하는 시험법이다. 저자의 저서인 '토질역학의 원리' 10.3.4절에 개요가 설명되어 있으므로 여기에서는 반복하지 않으려 한다.

4) 프레셔미터 시험(PMT), 딜러토메타 시험(DMT)

(1) 프레셔미터 시험(Pressuremeter Test; PMT)

이 시험은 이미 시추가 끝난 상태에서, 시추공 내 임의의 깊이에서 실시하는 현장시험법이다. 그림 1.11(a)에서 보여주는 것과 같이 측정용 셀(measuring cell)과 함께 그 상하단에 보호용 셀(guard cell)로 이루어진 관입봉을 시추공 내에 삽입한다. 이때 측정용 셀의 초기 부피를 V_o라고 하자. 이 셀에 방사방향으로 내압 p를 증가시키면 셀은 팽창될 것이다. 이때 내압 p의 증가에 따른 셀의 부피와의 관계 그래프를 그리면 그림 1.11(b)와 같다. 시추공 굴착에 의하여 지반은 안쪽으로 내공변위가 발생한다. 즉, 안쪽으로 오그라든다. 내압을 바깥쪽으로 가하면 발생한 내공변위만큼 바깥쪽으로 변위가 회복되어 원지반 위치(즉, 초기 지반상태)와 같게 될 때까지는(그림 1.11(b)), 셀은 작은 압력 증가에도 큰 양으로 팽창한다(구역 I).

원지반 위치와 같아질 때의 압력이 p_o이다. 즉, p_o는 초기 수평지중응력이 된다. 압력이 p_o에서 p_y에 도달할 때까지는 탄성거동을 함으로 셀 팽창량이 크지도 않고 직선의 관계식을 보인다(구역 II). 이때 p_y를 항복응력이라고 보면 된다. 내압이 항복응력 p_y 이상이 되면 원지반은 다시 소성상태가 되며, 작은 압력 증가에도 셀의 부피는 크게 팽창된다(구역 III). 압력 p_l은 한계압력으로서 완전히 파괴에 이르는 상태를 말하며, 초기 응력상태에서의 체적의 두 배가 될 때의 압력으로 가정한다.

이 실험은 '암반역학의 원리' 3.3.2절에서 서술한 암반의 수압파쇄법과 일맥상통한다. 두 시험의 결과에서 큰 차이점은 상대적으로 연성재료인 흙은 인장강도가 없을 뿐만 아니라, 연성이므로 구역 III의 소성 부분이 더 크게 일어난다는 점이다.

'암반역학의 원리' 9.4절에 소개된 탄소성 해석법과의 상이점 또한 이해하면 좋을 것이다. 지하 공동굴착의 경우는 굴착으로 인하여 응력을 제하하는 경우이므로 방사방향응력 σ_r이 최소주응력, 접선응력 σ_θ가 최대주응력이 된다. 이에 반하여 프레셔미터 시험은 내압 p를 소성상태에 이를 때까지 증가시켜주는 경우이므로 σ_r이 최대주응력이 되고, σ_θ는 최소주응력이 된다. 내압을 증가시켜서 소성상태에 이르게 하는 것이 소위 공동팽창이론(cavity expansion theory)이다.

프레셔미터 시험으로부터 지반정수를 예측하는 연구들이 많이 이루어졌다. 구역 II에 대한 자료에 공동팽창이론을 접목하면 프레셔미터로부터 구한 탄성계수는 다음 식과 같이 표시된다.

$$E_p = 2(1+\mu)(V_o + v_m)\left(\frac{\Delta p}{\Delta v}\right) \tag{1.9}$$

여기서, μ = 지반의 포아송비

$$v_m = \frac{v_o + v_y}{2}\,(그림\ 1.11\ 참조)$$

$$\Delta p = p_y - p_o$$

$$\Delta v = v_y - v_o$$

사질토에서 내부 마찰각 ϕ', 점토에서의 선행압밀하중 σ_m', 비배수 전단강도 c_u는 모두 한계압력 p_l값으로부터 구할 수 있다.

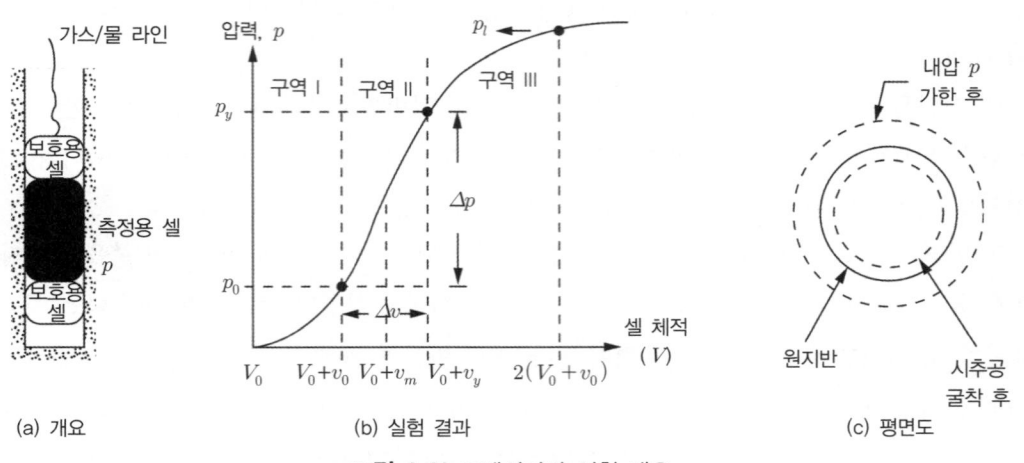

(a) 개요　　　　　　　　　(b) 실험 결과　　　　　　　(c) 평면도

그림 1.11 프레셔미터 시험 개요

(2) 딜러토미터 시험(Dilatometer Test; DMT)

딜러토미터 시험은 앞의 프레셔미터 시험과 달리, 그림 1.12에서 보이는 바와 같은 얇은 막을 지중에 삽입하고, 직경 60mm의 원형 얇은 막에 압력을 주어 팽창시켜주는 시험법이다. 자세한 이론은 생략하기로 하며, '지반공학 시리즈 1'을 참조하길 바란다.

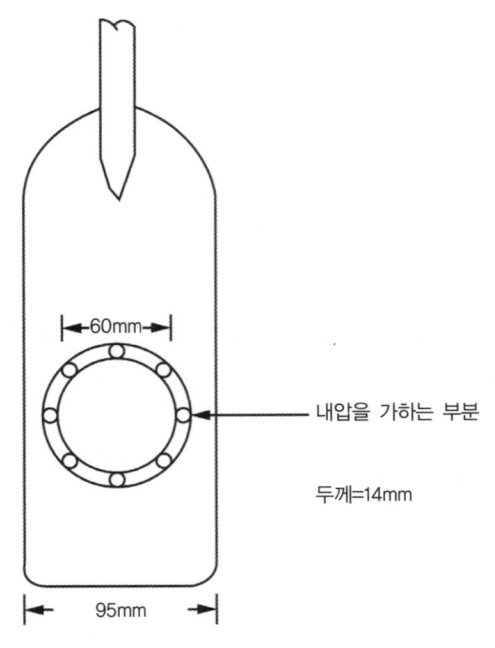

그림 1.12 딜러토미터 시험 개요

참 고 문 헌

각 장의 공통 참고문헌

- 이인모(2013), 토질역학의 원리, 제2판, 씨아이알.
- 이인모(2013), 암반역학의 원리, 제2판, 씨아이알.
- 이인모(2013), 터널의 지반공학적 원리, 제2판, 씨아이알.
- (사)한국지반공학회(2003), 구조물 기초 설계기준 해설, 구미서관.
- Cernica, J. N.(1995), Geotechnical Engineering: Foundation Design, John Wiley & Sons.
- Das, B. M.(2008), Principles of Foundation Engineering, 6th Edition, Cengage Learing.

제1장의 주요 참고문헌

- (사)한국지반공학회(2003), 지반조사결과의 해석 및 이용, 지반공학 시리즈 1, 구미서관.

제1편
상부구조물 기초

자연 지반에 상부구조물을 설치함으로써 발생하는 응력의 증가분을 효과적으로 지반에 전달하기 위한 구조물로서, '얕은 기초'와 '깊은 기초'가 여기에 해당된다.

제2장

얕은 기초

얕은 기초

2.1 서 론

2.1.1 얕은 기초와 깊은 기초

　아파트 빌딩(building)과 같은 건축구조물이나 교량과 같은 토목구조물은 '無에서 有'로의 창조이므로 필연적으로 하중을 동반한다. 이 구조물 하중은 건축구조물에서는 궁극적으로 기둥이나 내력벽(shear wall)에, 교량에서는 교대 또는 교각에 하중이 모아지게 된다. 이 상부구조물 하중을 지반에 전달하는 기능을 갖는 구조부재를 기초(foundation)라고 한다.

　기초에는 얕은 기초(shallow foundation)와 깊은 기초(deep foundation)가 존재한다. 얕은 기초는 상부구조물의 하중을 슬래브 형태의 매개체를 통하여 지반 위에 직접 전달하는 구조를 말한다(그림 2.1(a)). 얕은 기초는 지반에서 직접 하중을 전달하는 기초라는 의미에서 '직접 기초'로 불리기도 한다.

　이에 반하여 그림 2.1(b) 및 (c)에 표시된 깊은 기초는 상부지반이 견고하지 못하여 상부지층의 지지력만으로 충분히 하중을 견디지 못할 때 선택하게 된다. 깊은 기초에는 대표적으로 말뚝기초와 케이슨 기초가 있는 바, 지지층까지의 깊이가 깊은 경우에는 말뚝기초를, 비교적 깊지 않은 곳에 단단한 지지층이 존재하는 경우에는 케이슨 기초를 이용한다.

여기서, 한 가지 반드시 알아두어야 할 것은 비록 슬래브, 또는 말뚝의 기초구조물을 지중에 설치한다고 해도 결국 마지막 단계에서 상부구조물의 하중을 담당하는 것은 지반이라는 점이다. 얕은 기초의 경우 기초(슬래브 형태)의 하부 지반에서 접지압으로 저항하며, 깊은 기초의 경우는 말뚝의 주면에 작용하는 지반의 마찰력과 말뚝 선단 저면에서의 접지압으로 저항하게 된다. 케이슨 기초의 경우는 주면마찰보다는 선단저면에서 접지압으로 저항함이 일반적이다.

다음 절부터는 얕은 기초 경우를 근간으로 기본적으로 알아두어야 할 사항들을 정리하고자 한다.

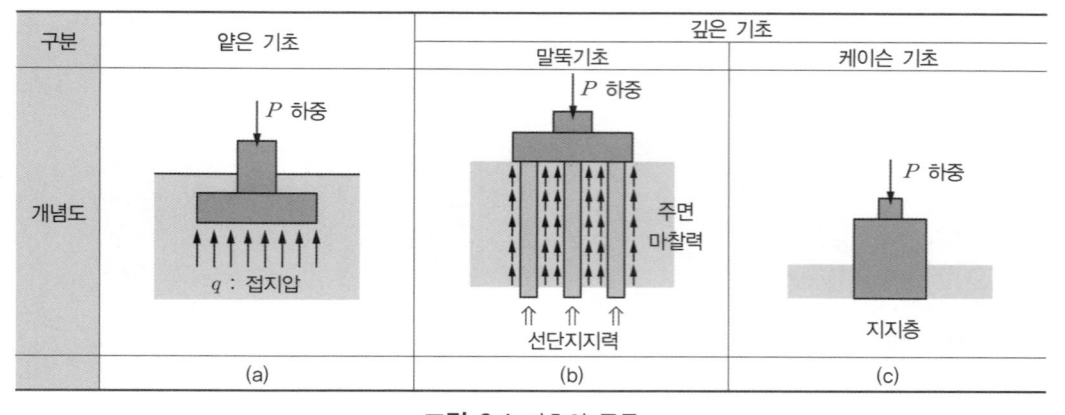

그림 2.1 기초의 종류

2.1.2 접지압과 극한지지력

단순한 예로서 건축구조물의 기둥에 연직하중 P만이 작용하는 경우를 예로 지압, 구조부재 설계, 극한지지력의 기본 개념을 서술하고자 한다.

1) 기초 설계용도 하중 P

기본적으로 기둥에 작용하는 하중 자체도 구조부재 설계용 하중과 기초 설계용 하중이 다르다. 기초 설계용 하중은 하중계수(load factor)를 적용하지 않는다. 즉, 예를 들어서 기둥에는 사하중 D와 활하중 L이 작용된다고 하면 기초 설계용 하중 P(working load)는,

$$P = D + L \qquad\qquad (2.1)$$

로 표시될 수 있다.

2) 접지압

다음 그림과 같이 기둥하중이 P이고 기초의 면적이 $A = B \cdot L$이라고 하면, 기초의 면적효과로서 기둥에 작용하던 집중하중 P는 분포하중으로서 접지압인 $q = q(x, \ y)$으로 작용한다.

물론 접지압의 합력은 집중하중 P와 같을 것이다.

$$P = \int_{-\frac{L}{2}}^{\frac{L}{2}} \int_{-\frac{B}{2}}^{\frac{B}{2}} q(x, \ y) dx \, dy \tag{2.2}$$

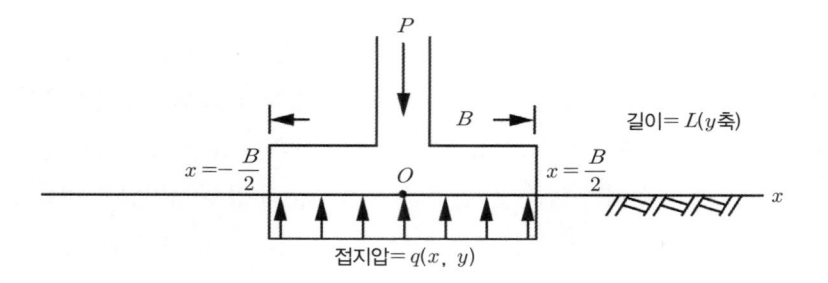

문제는 기초 자체가 철근콘크리트 구조물과 같이 강성기초(rigid foundation)인 경우는 접지압이 일정하지 않다. 아래 그림과 같이 얇은 철재로 이루어진 연성기초의 경우만이 접지압이 일정하다. 참고로, '토질역학의 원리' 5.2절에서 기술한 지중응력의 증가량 $\Delta\sigma$를 구하는 모든 수식들은 기본적으로 지반에 직접 하중이 가해지거나, 아니면 연성기초에 하중이 가해진 경우의 기본 가정이 있었음을 상기하기 바란다.

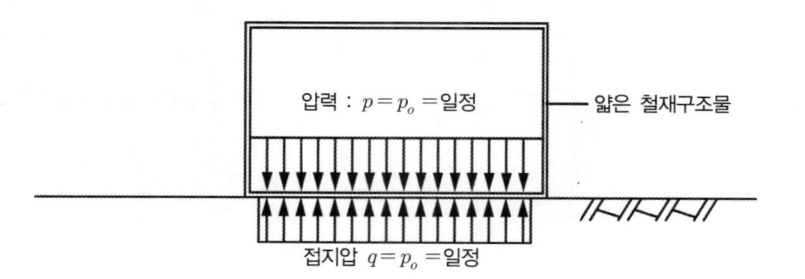

강성기초의 경우에는 토질의 종류에 따라 접지압 분포가 달라진다. 먼저, 그림 2.2(a)에서와 같이 점토지반에 강성기초가 놓인 경우의 접지압 분포는, 가운데는 지압이 적고 기초 가장자리 부근에서 접지압이 집중되는 분포를 띠게 된다. 이는 탄성론에 근거한 탄성해와 흡사한 분포를 이루는 것이다.

점토는 점착력으로 인하여 입자가 서로 부착되어 있으려고 하는 경향이 있다. 그러나 가장자리 부근에서 기초 아래쪽은 응력이 존재하고 그 밖에서는 응력이 없으므로, 부근의 흙입자는 바깥쪽으로 움직임을 유발하는 모양이 된다. 흙 자체는 점착력으로서 움직이는 것을 방지하려는 경향이 강해지며 이로 인하여 응력은 집중된다.

이에 반하여 모래의 접지압 분포는 그림 2.2(b)에서와 같이 오히려 가운데 부분에 큰 접지압이 작용하고 가장자리로 갈수록 접지압은 작아진다. 모래는 점착력이 없으므로 실제로 압력이 작용하면 가장자리 부근에 있는 흙입자는 바깥쪽으로 약간 움직이게 된다. 일단, 움직임이 발생하면 압력은 줄어든다.

일반적으로 지반은 완전점토 또는 완전한 모래라기보다는 점착력과 내부 마찰각을 같이 갖고 있는 혼합토인 경우($c - \phi$ soil)가 많다. 이 혼합토는 점토와 모래의 중간자로서 오히려 접지압이 등분포에 가까운 경향을 띠게 된다. 또한 기초 설계 시에 토질 종류에 따른 접지압 분포를 다르게 적용하는 것은 쉽지가 않다. 이런 이유로 대부분의 경우 접지압은 비록 강성기초라 하더라도 그림 2.2(c)에서와 같이 등분포로 가정함이 일반적이다. 즉, 접지압은 개략적으로

$$q = \frac{P}{A} = \frac{P}{B \cdot L} \tag{2.3}$$

로 가정한다.

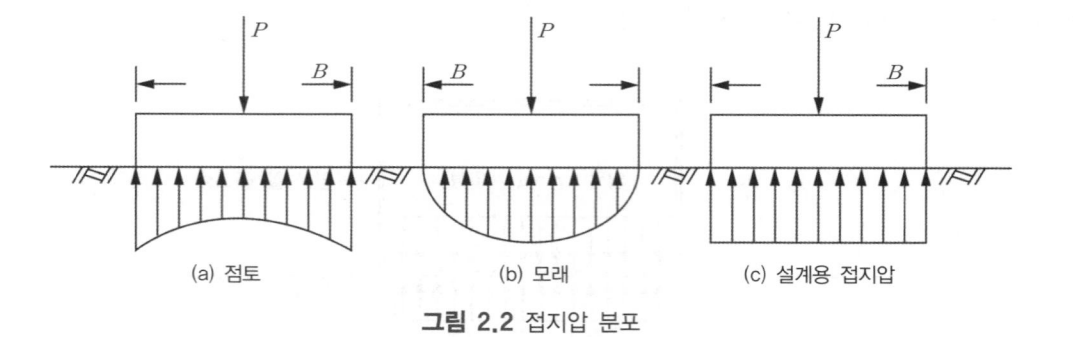

(a) 점토   (b) 모래   (c) 설계용 접지압

그림 2.2 접지압 분포

3) 하중과 저항력

앞에서 서술한 대로 기둥설계하중 P(working load)로 인하여 지반에 $q = \dfrac{P}{A}$의 접지압이 하중으로 작용한다. 지반에 가해진 이 접지압은 지반 자체로부터 생성되는 저항력으로 견디어야 한다. 지반이 최대로 버틸 수 있는(지지할 수 있는) 저항력을 극한지지력(ultimate bearing capacity)이라고 한다. 기둥에 작용하는 하중을 기초 하부의 지반에서 완전히 전단파괴가 발생할 때까지 계속적으로 증가시켜주어서 하중= Q_u에서 파괴가 되었다고 하면 극한지지력은 $q_{ult} = \dfrac{Q_u}{A}$가 될 것이다. 그렇다면 가해준 하중에 의하여 지반이 받아주는 접지압은 q이고, 최대로 저항할 수 있는 지지력은 q_u 이므로, 이 기초는 다음의 기초파괴에 대한 안전율을 갖는다.

$$F_s = \frac{q_{ult}}{q} \tag{2.4}$$

일반적으로 기초파괴에 대한 안전율은 3이나 그 이상 되어야 하는 것으로 알려져 있다. 사면파괴에 대한 안전율이 1.3~1.5 정도인 것을 감안하면 기초파괴에 대한 안전율은 상당히 큰 편이다. 만일, 기초의 지지력파괴에 대한 안전율을 3으로 보면 허용안전율 q_{allow}은 다음 식으로 표시된다.

$$q_{allow} = \frac{q_{ult}}{3} \tag{2.5}$$

이렇게 구해진 허용지지력 q_{allow}은 상부하중으로 인하여 지반에 전달된 접지압 q와 같거나 커야 기초파괴에 안전하다고 볼 수 있다. 즉, 다음 식을 만족하여야 한다.

$$q \leq q_{allow} \tag{2.6}$$

4) 구조 설계 용도 하중과 접지압

기둥하중 P인 기둥에 합당한 기초의 크기는 $A = B \cdot L$이라고 하자. 기초의 크기는 지반의 지지력뿐만 아니라 침하에 대한 고려도 해야 하며, 침하문제는 다음 절에서 서술하고자 한다. 기초의 크기가 결정되었으면 기초의 높이, 철근배근 등의 철근콘크리트 부재 설계가 이어져야 한다.

주지하는 바와 같이 철근콘크리트 부재 설계 목적으로서의 하중은 하중계수를 곱해준 값이어야 한다(물론 재료강성에는 감소계수 ϕ를 곱해준다). 즉, 사하중 D와 활하중 L이 기둥에 작용한다면 부재 설계용 하중 P_u는

$$P_u = 1.4D + 1.7L \tag{2.7}$$

이 되며, 여기서 1.4/1.7 등은 하중계수이다. 따라서 부재 설계용 접지압은

$$q' = \frac{P_u}{BL} \tag{2.8}$$

가 된다. 정리해보면, 기초공학에서는 하중계수를 적용하지 않은 실제하중을, 구조부재 설계 목적으로는 하중계수를 적용한 하중을 사용해야 함을 독자들은 이해하여야 한다.

정리 기초 설계 (즉, 허용지지력 검토 및 침하 검토)를 위한 하중은 '$P = D + L$'로서 하중계수를 적용하지 않은 사하중과 활하중의 합이며, 이에 반하여 기초의 높이, 철근 배근 등을 위한 부재 설계를 위한 하중은 하중계수를 적용한 '$P_u = 1.4D + 1.7L$'임을 주지하기 바란다.

Note **설계하중에 대한 용어**

기둥에 작용되는 하중을 P라 할 때, 얕은 기초 설계를 위한 설계하중은 기둥에 작용되는 하중 그대로이다. 다시 말하여 $P_w = P$이다(P_w = 설계하중(working load)). 따라서, 얕은 기초에서의 설계하중은 P로 통일하기로 한다.

이에 반하여, 제3장에서 서술하는 말뚝기초의 설계축하중은 P_w로 정의한다. 기둥을 타고 오는 하중 P에 대하여, 일반적으로 여러 개의 말뚝을 설치하기 때문에, 단일 말뚝에 작용되는 설계하중은 기둥하중과 다르기 때문이다.

2.1.3 기초설계의 근간

기초의 안전성을 위한 기본 요소는 식 (2.6)만으로는 충분치가 않다. 기초는 상부하중을 지

반이 충분히 지지할 수 있는 능력을 갖추어야 할 뿐 아니라 ($q \leq q_{allow}$), 가해준 상부하중에 대하여 침하가 과도하지 않아야 한다. 즉, 침하량이 다음 식으로 표시되는 바와 같이 허용침하량 이하이어야 한다.

$$S \leq S_{allow} \tag{2.9}$$

'토질역학의 원리'에서 밝혔듯이 지지력보다는 침하기준이 설계를 지배할 때가 더 많은 것으로 알려져 있다. 기초설계의 과정을 도표로 일목요연하게 표현하면 그림 2.3과 같다. 이에 따라서, 얕은 기초 부분도 먼저 극한지지력을 서술하고 이어서 침하량 산정에 관해 서술할 것이다.

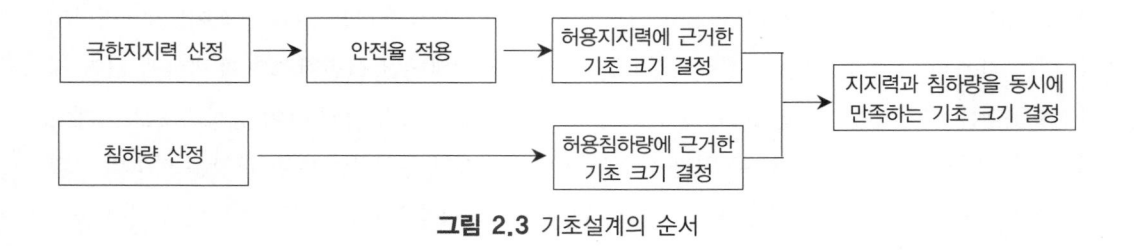

그림 2.3 기초설계의 순서

2.1.4 얕은 기초의 종류

얕은 기초는 상부구조물의 무게는 비교적 작은 데 반하여 지반은 상대적으로 양호하여 지지력도 충분하고 침하도 과도하지 않은 경우에 채택하는 기초공법이다. 상대적으로 얕은 지중에 설치한다는 의미로 얕은 기초(shallow foundation)로 명명하며, 하중을 직접 지중에 전달시키는 기초라는 의미로 직접기초(direct foundation)로, 또는 기둥의 하단을 확대시킨 슬래브라는 의미로는 확대기초(spread footing)로 부르기도 한다. 얕은 기초에는 다음의 네 가지 종류가 존재한다.

1) 독립기초

독립기초는 하나의 기둥 하단을 확대시킨 독립된 형태의 기초로서, 그림 2.4(a)와 같다. 정사각형 기둥이나 원형 기둥에는 주로 정사각형 기초가 이용되나, 지반 조건에 따라서 직사각형 기초도 간혹 채택된다.

2) 연속기초

내력벽(shear wall)의 기초 또는 조적조 건물의 기초로서 연속기초가 사용된다(그림 2.4(b)). '토질역학의 원리' 5.2절에서 소개한 대상 등분포 하중(strip load)이 이 경우에 해당한다. 줄기초 또는 대상기초(strip footing)로 불리기도 한다.

3) 복합기초

2개 이상의 기둥이 근접하여 있으므로 해서 각각의 기둥하중을 독립기초로 처리하기에는 공간이 넉넉하지 않을 경우에 채택하는 기초이다(그림 2.4(c)).

4) 전면기초(Mat foundation)

지지력이 비교적 넉넉하지 않은 지반에서 상부구조물 기둥(또는 내력벽)을 하나의 넓은 슬래브로 지지하는 복합 기초이다(그림 2.4(d)). 모든 기둥을 다 수용하는 넓은 면적이므로, 극한지지력은 기초의 크기가 크면 클수록 커진다는 원리에 입각해보면 전면기초를 채택하게 되면 지지력 문제는 해결될 수 있다. 또한, 전면 기초의 두께를 충분히 두껍게 하여 강성기초로 설계하는 경우 부등침하도 많이 줄일 수 있는 장점이 있다. 한 가지 유의하여야 할 사항은 기초의 크기가 커질수록 상재하중의 영향을 받는 지반의 깊이가 깊어지게 되어('토질역학의 원리'에서 등압선 원리 참조; 5.2.3 2)절) 침하량은 증가하게 된다는 사항에 유의할 필요가 있다.

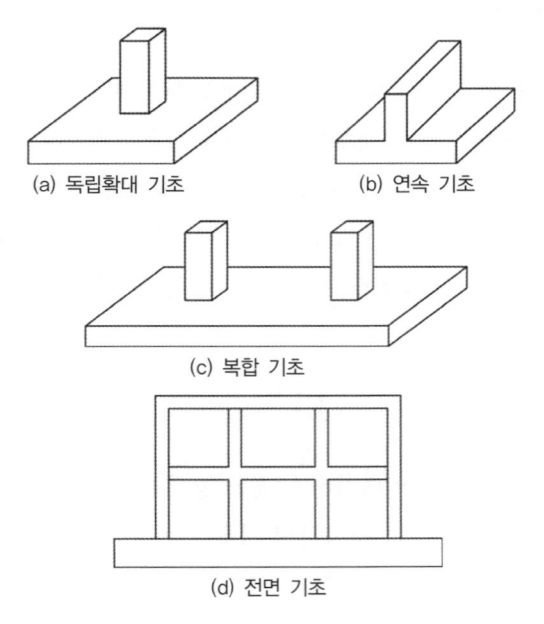

(a) 독립확대 기초   (b) 연속 기초

(c) 복합 기초

(d) 전면 기초

그림 2.4 기초의 종류

2.2 얕은 기초의 극한지지력

2.2.1 기초의 파괴 유형

전절에서 서술한 대로 극한지지력(ultimate bearing capacity)이란 기초에 하중을 계속 증가시켜서 기초 밑의 지반이 완전히 전단파괴(shear failure)가 일어날 때의 하중을 말한다. 따라서 지반의 전단파괴 이론으로부터 지지력을 구할 수 있으며, 이 지지력은 전단강도 정수 c, ϕ의 함수임은 유추할 수 있을 것이다.

1) 기초의 파괴 유형

'토질역학의 원리' 12.1.1절에서 서술한 대로 기초의 파괴 유형을 정확히 묘사하는 것은 사실상 불가능하나 모형시험 결과를 토대로 그 유형을 대별하면 다음 그림 2.5와 같다.

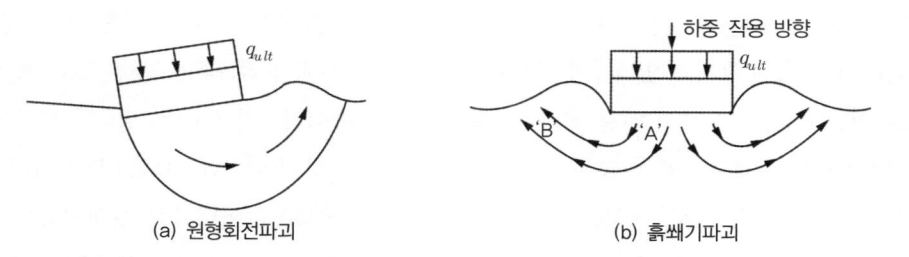

(a) 원형회전파괴   (b) 흙쐐기파괴

그림 2.5 기초의 파괴 유형

그 첫째는 원형회전파괴로서, 지반이 강체(rigid body)로 거동할 경우는 그림 2.5(a)와 같이 회전형태로 파괴된다. 이 유형은 모래지반에서는 거의 발생하지 않고, 점착력을 가진 점토지반에서 발생할 수 있다.

소성평형(plastic equilibrium) 이론의 적용을 위하여 다음의 평형조건을 이용한다. 즉, 힘의 평형조건과 모멘트 평형조건이 그것이다.

$$\sum F = 0 \text{ (힘의 평형조건)}$$
$$\sum M = 0 \text{ (모멘트 평형조건)}$$

'토질역학의 원리' 11장에서 서술한 토압론은 주로 힘의 평형조건을 이용하여 토압을 구하였으며(모멘트 평형은 자동적으로 만족한다는 조건하), 13장에서 서술한 사면안정론에서는 두 조건을 그 필요에 따라 적절히 이용하였다. 정밀해법(예를 들어서 Morgenstern+Price 방법 또는 Spencer 방법 등)에서는 두 평형조건을 함께 만족하는 조건으로 안전율을 구하였으며, 반면에 간편법으로서 원형파괴의 경우에 사용되는 Bishop의 간편법은 모멘트 평형을, 비원형 파괴에 사용되는 Janbu의 간편법은 힘의 평형을 이용하였다.

본 장에서 서술하는 극한지지력의 경우의 평형조건 적용은 그리 간단하지가 않다. 그 이유 는 차차 설명하고자 한다. 먼저, 그림 2.5(a)와 같은 원형파괴의 경우는 모멘트 평형을 이용하 면 쉽게 극한지지력을 구할 수 있다. 가장 단순한 예로 그림 2.6(a)에서 표시된 'O'점을 중심으 로 모멘트 평형조건을 이용하면 극한지지력을 구할 수 있다. '토질역학의 원리' 12.2절에 서술 되어 있으므로 독자들은 이를 참조하기 바란다.

또한, 그 둘째는 흙쐐기 파괴 유형이다(그림 2.5(b)). 기초 위에 작용하는 상부하중을 증가 시켜 극한지지력에 도달하면 기초하부 지반은 가라앉고, 주위의 흙은 옆으로 밀려나가서 급기 야 기초 옆 부분의 지반이 부풀어 오르게 되는 파괴 유형을 말한다. 사질토는 대부분 이 유형으 로 전단파괴됨이 일반적이며, 점토로만 이루어진 지반도 원형회전파괴와 함께 쐐기파괴도 종 종 일어나는 것으로 알려져 있다. 이 경우에 대한 극한지지력을 유도하는 것은 그리 쉽지가 않 다. 그림 2.5(b)에서와 같이 하중 작용 방향은 연직 방향이다. 기초 바로 밑('A' 부분)에서는 역시 연직방향이 최대주응력 방향이 될 것이다[이를 주동 상태(active state)라고 한다]. 그러 나 기초에서 떨어진 'B' 부분에서는 변형이 주로 수평방향으로 일어나므로 최대주응력 방향은 수평방향이 된다[이는 수동상태(passive state)이다]. 즉, 극한지지력이 유발되면 지반에는 최대주응력이 'A' 부분에서는 연직방향으로, 'B' 부분에서는 수평방향으로 발생하며, 'A'와 'B' 사이에는 주응력 작용방향이 90° 회전하게 되는 구간이 존재할 수밖에 없다. 따라서 이 경우는 힘의 평형이나 모멘트 평형 하나만을 이용하여 극한지지력을 구하는 것은 사실상 불가능하다.

'토질역학의 원리' 12.3절에서 소개한 Bell의 해는 그림 2.6(b)에서 보여주는 바와 같이 주 동 영역과 수동 영역 사이에 존재하는 천이구역을 제거한, 즉 구역 I의 주동 영역에서 구역 II 의 수동 영역으로 갑작스럽게 변한다는 가정으로 극한지지력을 구한 방법이다. 즉, 천이구역 이 존재하지 않고 그림의 'IJ'면 왼쪽에서는 주동토압이 오른쪽에서는 수동토압이 작용하므로 'IJ'면에서 수평방향 힘의 평형조건을 이용하여 ($\sum F_H = 0$) 극한지지력을 구할 수 있었다. 그 러나 그림 2.5의 'A'와 'B' 사이에 천이구역이 존재하는 경우는 Bell의 해와 같이 평형조건을 쉽게 적용할 수 없다. 이에 대한 상세한 유도를 다음 절에서 서술하고자 한다.

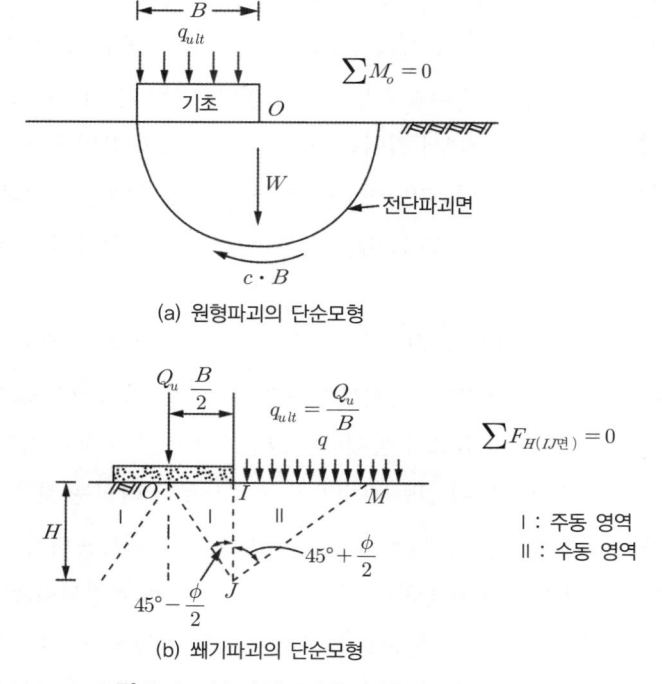

(a) 원형파괴의 단순모형

(b) 쐐기파괴의 단순모형

Ⅰ : 주동 영역
Ⅱ : 수동 영역

그림 2.6 기초파괴 유형의 단순화

2) 하중 – 침하량 곡선과 파괴 형태

앞에서 소개한 흙쐐기 유형의 파괴가 일어나는 경우에 대하여 기초에 작용하는 상부하중을 계속 증가시켜 전단파괴를 유도할 때 기초의 침하량과 상부하중과의 관계와 그때의 파괴 형태를 나타내면 그림 2.7과 같다.

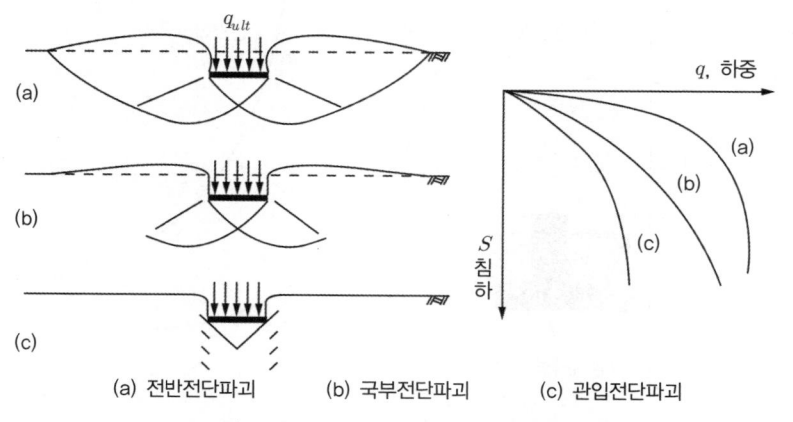

(a) 전반전단파괴　(b) 국부전단파괴　(c) 관입전단파괴

그림 2.7 하중–침하량 곡선과 파괴 유형

그림 2.7(a)는 전반전단파괴(general shear failure)라고 하고, 지반이 비교적 단단하고 촘촘해서 압력이 첨두(peak)를 나타낼 때까지 증가하다 파괴 후 감소하는 형태이며, 지반은 그림 2.7(a)의 모습과 같이 전체가 전단파괴가 된다. 그림 2.7(b)는 국부전단파괴(local shear failure)로서 일반적인 지반에서 일어난다. 그림의 모습과 같이 흙 속에서 국부적으로 전단파괴가 일어나는 현상을 말한다. 지반이 대단히 느슨한 경우에는 하중작용 시 그림 2.7(c)와 같이 기초가 지반 속으로 쏙 들어가고 마는 경우가 있으며, 이를 관입전단파괴(punching shear failure)라고 한다.

그림 2.8은 모래의 상대밀도, D_r 및 기초의 근입깊이, D_f와 위에서 제시한 지지력 파괴 형태와의 상관관계를 나타낸 것이다. 이제까지는 기본적으로 기초를 지표면 위에 설치하는 것으로 가정하고 모든 설명을 이어 갔으나 실제로는 그림에 보여주는 바와 같이 아무리 얕은 기초라 하더라도 D_f 깊이만큼 매입함이 일반적이다. 우선적으로 고려되는 것은 동결심도이다. 동결심도란 물이 겨울에도 얼지 않을 수 있는 깊이를 말한다. 동결심도보다 얕은 깊이에 있는 지하수는 겨울에 얼기 때문에 부피가 팽창하여 겨울에는 기초가 동상(얼어서 위로 들리는 현상)될 수도 있고, 반대로 봄이 오면 얼음이 녹음으로 해서 침하의 가능성도 있다. 따라서 기초는 동결심도보다 깊게 설치해야 한다. 물론 지표면 근처의 토질이 상대적으로 연약하여 지지력에 확신이 없을 때는 양질토가 출현하는 깊이까지 근입시켜주어야 한다.

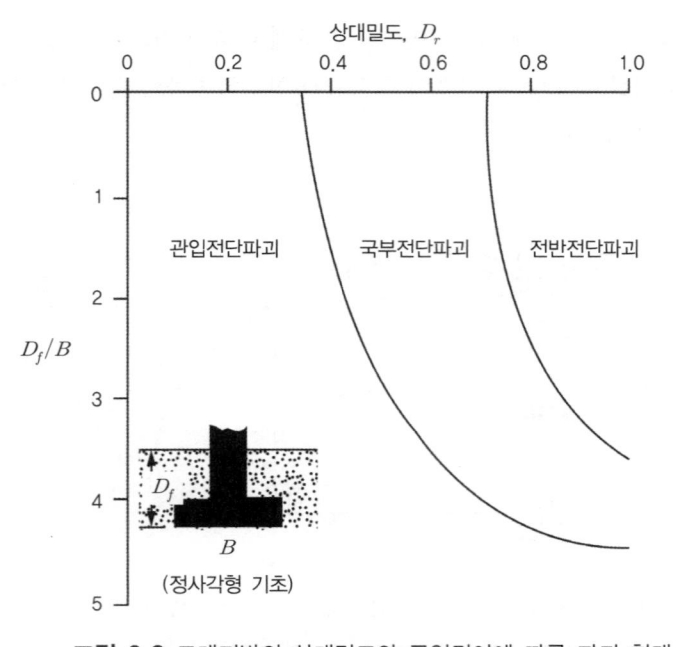

그림 2.8 모래지반의 상대밀도와 근입깊이에 따른 파괴 형태

그림 2.8로부터 우리가 유추할 수 있는 것은 지반이 연약할수록, 근입깊이가 깊을수록 전반전단파괴 < 국부전단파괴 < 근입전단파괴 순으로 일어난다는 점이다. 근입깊이가 얕을수록 전단 파괴면이 지표면까지 연결되며, 반대로 비교적 양호한 지반이라 하더라도 근입깊이가 깊으면 파괴면이 지표면까지 도달하기는 어렵다. 가장 극단의 예로서 깊은 기초의 경우(예를 들어서 말뚝기초) $D_f \gg B$이므로 이 경우는 대부분 관입전단파괴가 발생한다고 볼 수 있다.

기초 지반이 극한지지력에 도달하기 위해서는 전단 파괴면에서 상대변위가 발생하여야 한다. 이를 위해서는 그림 2.5(b)의 'A' 부분에서는 연직하(下)방향으로 지반이 움직여야 하며, 'B' 부분에서는 수평으로 움직임이 있어야 한다. 그림 2.9는 모래지반의 지표면에 설치된 원형 또는 직사각형 기초가 극한지지력에 도달했을 때의 침하량을 표시한 것이다. 전반전단파괴의 경우는 지반이 상대적으로 단단하므로 침하량이 기초폭의 5~10% 정도 발생하여야 지지력이 발휘된다. 예를 들어서, $B = 4\text{m}$인 얕은 기초의 경우, 침하량이 최소 $S = 5/100 \times 4\text{m} = 20\text{cm}$ 정도는 되어야 한다는 것이다. 극한지지력을 유발하는 침하량은 대부분 아주 크다. 관입전단/국부전단의 유발에 소요되는 침하량은 그림에서 보는 대로 더더욱 크다. 이런 연유로 실제로 얕은 기초의 설계를 지배하는 주요 인자는 지지력보다는 허용침하량인 경우가 더 많다.

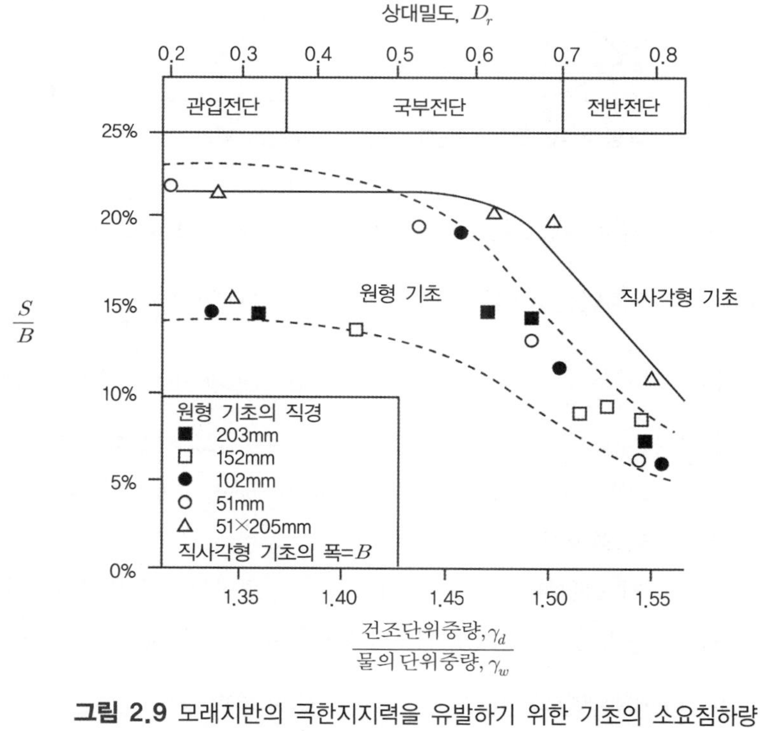

그림 2.9 모래지반의 극한지지력을 유발하기 위한 기초의 소요침하량

2.2.2 극한지지력의 유도

1) 서론

(1) 얕은 기초의 파괴유형

앞 절에서 서술한 대로 Bell의 해와 같이 단순한 파괴 단면을 가정하지 않는 한, 기초의 극한지지력을 유도하는 것은 쉽지 않다. 이 절에서는 보다 일반적인 흙쐐기파괴 단면을 갖는 경우의 극한지지력을 유도하고자 한다. Terzaghi는 그림 2.10에서 보여주는 바와 같은 흙쐐기 단면을 가정하고 극한지지력을 유도하였다(줄기초의 경우). 그림 2.10에서의 흙쐐기 단면을 세 개의 구역으로 나눌 수 있다.

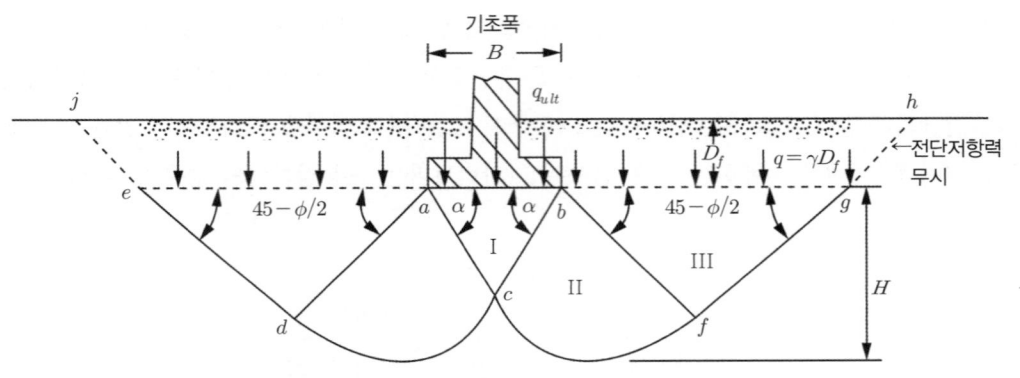

그림 2.10 줄기초의 파괴 유형(Terzaghi 제안)

① 구역 I : 기초하중을 직접 받는 주동 영역이다. 만일, 기초 저면과 지반 사이가 매끄럽다면(smooth base) "파괴면은 최대주응력이 작용하는 면과 '$45° + \dfrac{\phi}{2}$'의 각도를 이룬다"

는 원리로부터 $\alpha = 45° + \dfrac{\phi}{2}$ 로 가정할 수 있다. 다만, Terzaghi는 기초 저면과 지반 사이가 매끄럽지 않다는 조건(rough base)을 이유로 $\alpha = \phi$로 가정하였다.

② 구역 II : 최대주응력의 작용 방향이 연직 방향(ac면, bc면)으로부터 수평방향으로(bf면, ad면) 계속적으로 회전하는 천이구역이다.

③ 구역 III : 이 구역은 기초로부터 떨어져 있어서 흙이 수평방향으로 움직이면서 저항하는 구역으로서, 최대주응력이 수평방향이다. 파괴면은 수동토압 때와 마찬가지로 수평면(최소주응력이 작용하는 면)과 '$45° - \dfrac{\phi}{2}$'의 각도를 이룬다.

(2) 극한지지력 유도를 위한 기본 전략

앞에서 서술한 대로 구역에 따라서 응력이 작용하는 방향이 다르다. 즉, 극한지지력 q_{ult}의 작용방향은 연직이고 주된 저항은 수동저항으로서 수평방향이며, 그 사이에 천이구역도 존재하므로 평형조건을 쉽게 적용할 수가 없다. 이러한 이유로 파괴 영역을 다음과 같이 나누고, 각각에 대하여 연속적으로 평형방정식을 수립하여 궁극적으로 극한지지력을 구한다(그림 2.11 참조).

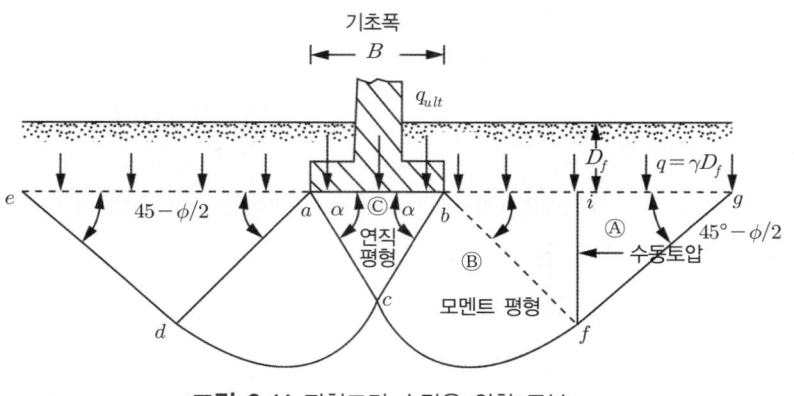

그림 2.11 평형조건 수립을 위한 구분

① 구역 III의 일부인 if 면 오른쪽 부분은 수동토압으로 작용하므로 Rankine의 수동토압으로 대치한다.

② 천이구역과 구역 III에서 if 면 왼쪽 부분은 하나로 묶어서 그림 2.11에서 $bcfi$로 이루어진 블록에 대한 모멘트 평형으로부터 bc 면에 작용하는 힘을 구한다. 천이구역에서의 파괴면 cf는 대부분의 경우 Log-spiral로 가정한다. Log-spiral 곡선은 그림 2.12와 같이 다음 식으로 정의된다.

$$r = r_o e^{\theta \tan\phi} \tag{2.10}$$

여기서, ϕ = 내부 마찰각

③ 앞의 모멘트 평형으로부터 bc 면에 작용하는 힘을 구하였다면, 이제는 구역 I의 흙쐐기에 대하여 연직방향에 대한 힘의 평형으로부터 극한지지력을 구한다.

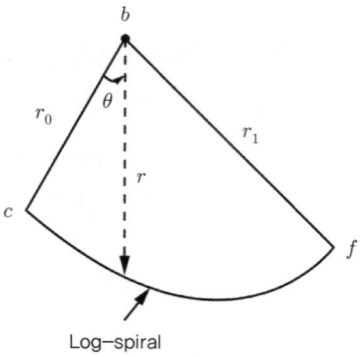

그림 2.12 Log-spiral 곡선

(3) 극한지지력의 구성요소

'토질역학의 원리' 12장에서(12.3절) 대상하중이 작용하는 줄기초의 극한지지력은 다음의 세 요소로 이루어진다고 하였다.

① 흙의 점착력에 의하여 저항하는 요소($= cN_c$)

② 지반 위에 작용하는 상재하중에 의한 요소($= qN_q$): 그림 2.10에서 기초가 D_f만큼 매입 되었다면 bg면 위에 작용되는 상재압력 γD_f는 상재하중으로 간주한다(gh면에서의 전 단저항은 무시한다).

③ 흙의 자중으로 견디는 요소($\frac{1}{2}\gamma BN_\gamma$)

즉, 극한지지력 공식은 다음 식과 같이 표시된다고 하였다.

$$q_{ult} = cN_c + qN_q + \frac{1}{2}\gamma BN_\gamma$$
$$= q_c + q_q + q_\gamma \tag{2.11}$$

여기서, N_c, N_q, N_γ를 지지력 계수라 하며, 이 지지력 계수는 흙의 내부 마찰각 ϕ의 함수이 다. 얕은 기초의 지지력 공식은 어느 경우에나 식 (2.11)로 표시될 수 있다. 다만 파괴 단면에 대한 가정에 따라 지지력 계수의 값이 다를 뿐이다. 지지력 계수는 다음 절과 같이 따로 구하여 최종적으로 따로 구한 지지력을 식 (2.11)로 합산한다.

2) 극한지지력 유도의 개요[*주]

(1) q_q의 유도($\gamma = 0$, $c = 0$로 가정)

지표면에 존재하는 상재하중에 의하여 저항하는 지지력을 구하고자 하는 것으로 그림 2.11의 Ⓐ부분의 수동토압에 상재하중으로 인한 영향을 고려해주어야 하며, Ⓑ부분의 모멘트 평형을 구할 때 역시 상재하중으로 인한 저항 모멘트를 고려해주어야 한다. $\gamma = 0$로 가정하였으므로 Ⓐ, Ⓑ, Ⓒ부분에서의 흙쐐기의 무게는 무시한다(이는 q_γ의 유도 시에 고려하게 된다).

(가) 제1단계

먼저 그림 2.11에서 Ⓑ부분의 모멘트 평형을 고려해보면 그림 2.13(a)와 같다. 이 경우는 Ⓑ부분의 무게는 무시하므로 Log-spiral의 중심점 'O'는 b점이 된다. Ⓑ부분에 작용하는 힘을 요약해보면 다음과 같다.

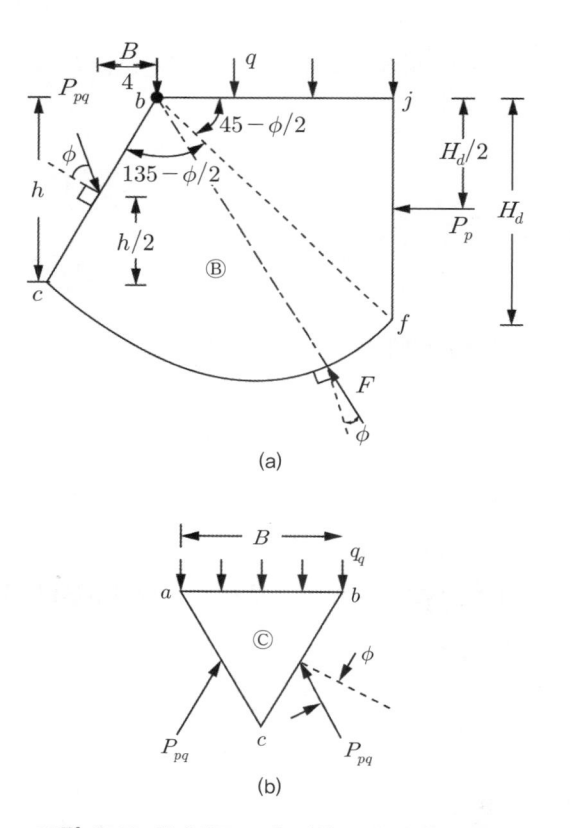

그림 2.13 상재하중 q에 의한 극한지지력 유도

*주) 학부 강의용 교재로 사용하는 경우, 이 단원은 건너뛰고 강의하여도 무방함.

① P_p : jf면 우측의 쐐기는 수동토압이며, 상재하중에 의한 Rankine의 수동토압은 다음과 같다. 또한, 상재하중에 의한 토압이므로 작용점은 $\dfrac{H_d}{2}$이다.

$$P_p = qK_p H_d$$
$$= q\tan^2\!\left(45° + \frac{\phi}{2}\right)H_d \tag{2.12}$$

② F : cf면(Log-spiral면)에서의 마찰력에 의한 저항력으로서, cf면의 접선과 ϕ의 각도로 작용되며 이 마찰력은 b점(원점)을 지난다.

③ P_{pq} : bc면에서의 마찰저항력으로서 우리가 구해야 하는 값이다. 흙쐐기 무게는 무시하므로 이 하중은 bc면 가운데에 작용되며 수직선과 ϕ의 각도를 이룬다.

이제 'b'점을 중심으로 모멘트 평형으로부터 P_{pq}를 구한다(F는 원점을 지나므로 모멘트가 0이다).

$$\sum M_b = P_{pq}\cos\phi \cdot \frac{(bc)}{2} - P_p \cdot \frac{H_d}{2} - q(bj)\frac{(bj)}{2} = 0 \tag{2.13}$$

식 (2.13)을 정리하고 P_{pq}에 관해 풀면 다음과 같다.

$$P_{pq} = f(q,\ B,\ \phi) \tag{2.14}$$

(나) 제2단계

P_{pq}를 1단계에서 구했다면 그림 2.11에서 ⓒ부분의 흙쐐기로부터 연직 방향의 힘의 평형조건으로 q_q를 구할 수 있다.

그림 2.13(b)에서,

$$\sum F_v = f(q_q, P_{pq}) = 0 \tag{2.15}$$

식 (2.14)를 식 (2.15)에 대입하고 q_q에 관해 풀면

$$q_q = q\left[\frac{\exp\left\{2\left(\dfrac{3\pi}{4} - \dfrac{\phi}{2}\right)\tan\phi\right\}}{2\cos^2\left(45° + \dfrac{\phi}{2}\right)}\right] = qN_q \tag{2.16}$$

식 (2.16)을 자세히 살펴보면 상재하중에 의한 저항력은 당연히 상재하중에 비례하며, 특히 N_q 지지력 계수에서 보듯이 내부 마찰각 ϕ의 함수이다.

(2) q_c의 유도($\gamma = 0$, $c \neq 0$로 가정)

지반이 가지고 있는 점착력에 의하여 저항하는 지지력을 구하고자 하는 것으로 그림 2.11의 Ⓐ부분에서는 점착력에 의한 수동토압을, Ⓑ부분에서는 cf면에서 점착력에 의한 저항 모멘트를 고려해주어야 한다. $\gamma = 0$이므로 역시 Ⓐ, Ⓑ, Ⓒ부분에서의 흙쐐기의 무게는 무시한다.

(가) 제1단계

Ⓑ부분(그림 2.11)의 모멘트 평형을 고려해보면 그림 2.14(a)와 같다. Ⓑ부분에 작용하는 힘은 다음과 같다.

① $P_p{}'$: jf면 우측에서 점착력으로 인한 Rankine 수동토압은 다음과 같다(작용점은 $\dfrac{H_d}{2}$).

$$\begin{aligned} P_p{}' &= 2c\sqrt{K_p}\,H_d \\ &= 2c\tan\left(45° + \frac{\phi}{2}\right)H_d \end{aligned} \tag{2.17}$$

② C : bc면에서의 점착력$= c(bc)$
③ cf면에서의 점착력으로 인한 저항력
④ P_{pc} : bc면에서의 저항력으로서 구해야 하는 값이다.

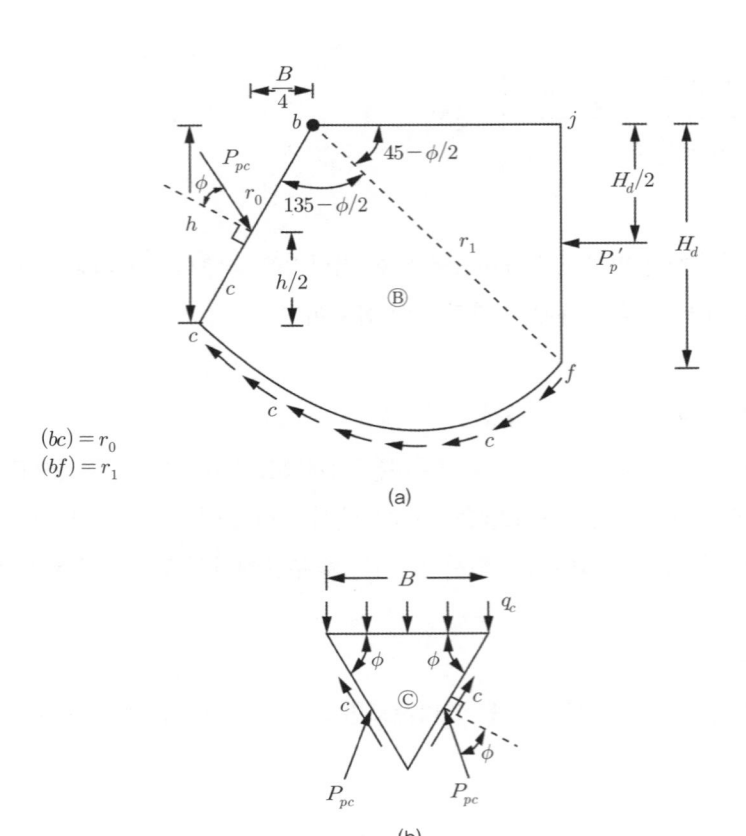

그림 2.14 점착력 C로 인한 극한지지력 유도

이제 'b'점을 중심으로 모멘트 평형으로부터 P_{pc}를 구한다.

$$\sum M_b = P_{pc}\cos\phi \cdot \frac{(bc)}{2} - P_p{'} \cdot \frac{H_d}{2} - M_c = 0 \tag{2.18}$$

여기서, M_c는 cj면에서의 점착력으로 인한 모멘트로서, 다음 식으로 표시된다(유도는 Das(1987)를 참조하라).

$$M_c = \frac{c}{2\tan\phi}(r_0^2 - r_1^2) \tag{2.19}$$

식 (2.18)을 정리하고 P_{pc}에 관해 정리하면 다음과 같다.

$$P_{pc} = f(c, \ B, \ \phi) \tag{2.20}$$

(나) 제2단계

그림 2.14(b)로부터 연직방향 평행조건을 이용하면[흙쐐기 ⓒ부분],

$$\sum F_V = f(q_c, c, P_{pc}) = 0 \tag{2.21}$$

식 (2.20)을 식 (2.21)에 대입하고 q_c에 관해 풀면

$$q_c = c \cdot \cot\phi \underbrace{\left[\dfrac{\exp\left\{ 2\left(\dfrac{3\pi}{4} - \dfrac{\phi}{2} \right)\tan\phi \right\}}{2\cos^2\left(45° + \dfrac{\phi}{2} \right)} - 1 \right]}_{N_q(\text{식 (2.16) 참조})} = c \cdot N_c \tag{2.22}$$

식 (2.16)과 식 (2.22)을 비교하면 N_c, N_q 사이에는 다음의 관계가 있음을 알 수 있다.

$$N_c = \cot\phi[N_q - 1] \tag{2.23}$$

(3) q_γ의 유도($q = 0$, $c = 0$로 가정)

지반 자체의 무게로 저항하는 지지력을 구하고자 하는 것으로서 그림 2.11의 파괴 단면 내에 존재하는 Ⓐ, Ⓑ, ⓒ부분의 흙쐐기의 무게를 전부 고려하여야 한다.

(가) 제1단계

그림 2.11의 Ⓑ부분의 모멘트 평형을 고려해보면 그림 2.15(a)와 같다. 이 경우는 흙쐐기의 무게에 의한 저항력이 최소가 되는 경우를 극한지지력으로 보게 되므로 그림 2.15(a)에서 보여주는 바와 같이 Log-spiral의 중심점은 'b'점으로 고정하지 않고, bf선 연장선상에 임의로 가정한다. Ⓑ부분에 작용하는 힘은 다음과 같다.

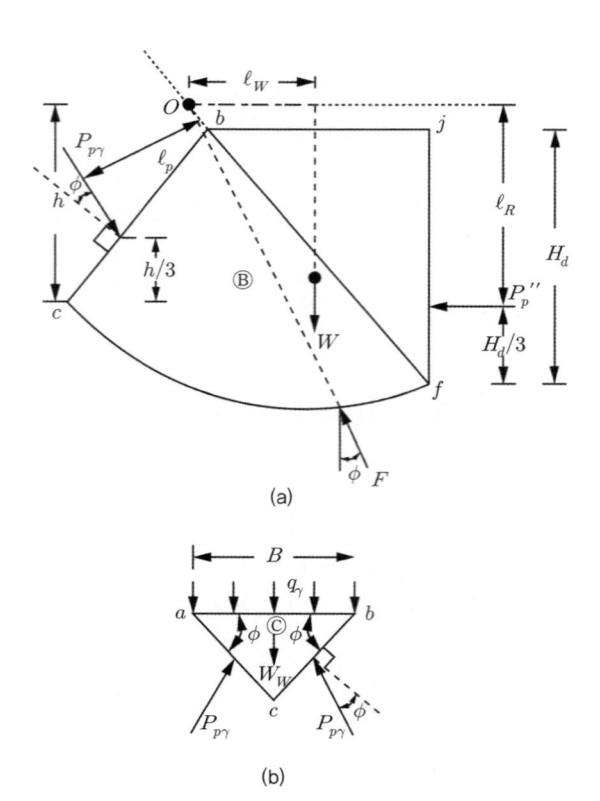

(a)

(b)

그림 2.15 흙의 자중으로 인한 극한지지력 유도

① P_p'' : if 우측의 흙자중에 의한 Rankine 수동토압은 다음과 같다. 단, 작용점은 $\dfrac{2}{3}H_d$ 에 작용한다.

$$P_p'' = \frac{1}{2}\gamma H_d^2 \tan^2\!\left(45° + \frac{\phi}{2}\right)$$

② W : ⑧부분 흙쐐기의 무게. 'O'점으로부터 하중 W의 무게 중심까지의 거리는 ℓ_w이다.

③ F : cf 곡선에서의 마찰저항력으로서, 이 저항력의 방향은 'O'점을 통과한다.

④ $P_{p\gamma}$: bc면에서의 저항력으로서 구해야 하는 값이다. 흙무게가 고려되므로 작용점은 깊이의 2/3 지점이다.

'O'점을 중심으로 모멘트 평형으로부터 $P_{p\gamma}$를 구한다.

$$\sum M_o = P_{p\gamma} \cdot \ell_p - W \cdot \ell_W - P_p'' \cdot \ell_R = 0 \qquad (2.24)$$

위 식을 $P_{p\gamma}$에 관하여 표시하면

$$P_{p\gamma} = \frac{1}{\ell_p} [W\ell_w + P_p'' \ell_R] \qquad (2.25)$$

'O'점을 bf선 연장선상에 임의로 가정하고 식 (2.25)로 $P_{p\gamma}$값을 연속적으로 구하고, 구한 값 중 가장 작은 값을 $P_{p\gamma}$로 보면 된다.

(나) 제2단계
그림 2.15(b)로부터 연직방향 평행조건을 이용하면

$$\sum F_V = f(q_\gamma, P_{p\gamma}, W_w) = 0 \qquad (2.26)$$

여기서, W_w는 ⓒ부분 쐐기(∇abc)의 무게이다.
식 (2.25)를 식 (2.26)에 대입하고 정리하면 다음과 같이 q_γ를 구할 수 있다.

$$q_\gamma = \frac{1}{2}\gamma B\left[\frac{1}{2}\left(\frac{K_{p\gamma}}{\cos^2\phi} - 1\right)\tan\phi\right] = \frac{1}{2}\gamma B N_\gamma \qquad (2.27)$$

여기서, $K_{p\gamma}$값은 수동토압계수와 흡사한 계수로서, 다음의 식으로 근사값을 구할 수 있다.

$$K_{p\gamma} = 3\tan^2\left[45° + \frac{(\phi + 33°)}{2}\right] \qquad (2.28)$$

(4) Terzaghi의 극한지지력
극한지지력은 앞에서 각각 구한 q_c, q_q, q_γ값을 더해줌으로써 구할 수 있다.

$$\begin{aligned} q_{ult} &= q_c + q_q + q_\gamma \\ &= cN_c + qN_q + \frac{1}{2}\gamma B N_\gamma \end{aligned} \qquad (2.29)$$

여기서, $N_q = \dfrac{\exp\left[2\left(\dfrac{3\pi}{4} - \dfrac{\phi}{2}\right)\tan\phi\right]}{2\cos^2\left(45° + \dfrac{\phi}{2}\right)}$ (2.30)

$N_c = \cot\phi[N_q - 1]$ (2.31)

$N_\gamma = \dfrac{1}{2}\left(\dfrac{K_{p\gamma}}{\cos^2\phi} - 1\right)\tan\phi$ (2.32)

$K_{p\gamma} = 3\tan^2\left[45° + \dfrac{(\phi + 33°)}{2}\right]$ (2.33)

[예제 2.1] 다음 그림과 같이 내력벽(shear wall)을 지지하기 위하여 줄기초가 계획되었다. 기초의 근입깊이는 $D_f = 1.0\,\text{m}$이다.

(1) 지반의 내부 마찰각 $\phi = 35°$, 점착력 $c = 5\text{kPa}$일 때, 줄기초의 극한지지력을 Terzaghi 공식을 이용하여 구하라.

(2) 내부 마찰각이 각각 $\phi = 15°$, $20°$, $30°$, $35°$, $40°$, $45°$일 때의($c = 5\,\text{kPa}$) 극한지지력을 구하고, 내부 마찰각–극한지지력의 그래프를 그려라.

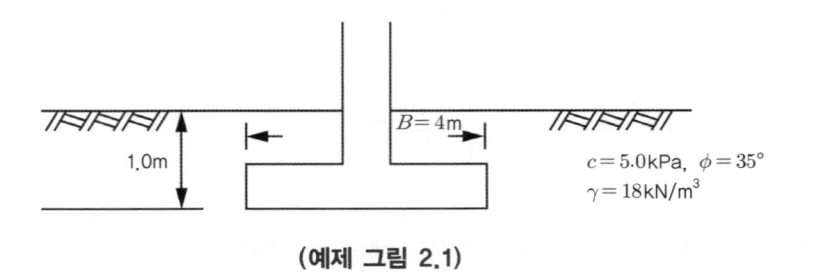

$c = 5.0\text{kPa}, \; \phi = 35°$
$\gamma = 18\text{kN/m}^3$

$B = 4\text{m}$

1.0m

(예제 그림 2.1)

[풀이]

(1) Terzaghi의 극한지지력(q_{ult})은 q_c, q_q, q_γ값을 더해줌으로써 구할 수 있다. (식 (2.29))

$$q_{ult} = q_c + q_q + q_\gamma = cN_c + qN_q + \dfrac{1}{2}\gamma BN_\gamma$$

여기서, 지지력 계수는 식 (2.30)~(2.33)을 통해 구할 수 있다.

$$N_q = \frac{\exp\left[2\left(\frac{3\pi}{4} - \frac{\phi}{2}\right)\tan\phi\right]}{2\cos^2\left(45° + \frac{\phi}{2}\right)} = \frac{\exp\left[2\left(\frac{3\pi}{4} - \frac{\pi}{180} \times \frac{35°}{2}\right)\tan35°\right]}{2\cos^2\left(45° + \frac{35°}{2}\right)} = 41.44$$

$$N_c = \cot\phi[N_q - 1] = \cot35°[41.44 - 1] = 57.75$$

$$K_{p\gamma} = 3\tan^2\left[45° + \frac{(\phi + 33°)}{2}\right] = 3\tan^2\left[45° + \frac{(35° + 33°)}{2}\right] = 79.40$$

$$N_\gamma = \frac{1}{2}\left(\frac{K_{p\gamma}}{\cos^2\phi} - 1\right)\tan\phi = \frac{1}{2}\left(\frac{79.40}{\cos^2 35°} - 1\right)\tan35° = 41.08$$

상재하중 q는 다음과 같다.

$$q = \gamma D_f = 18 \times 1.0 = 18\,\text{kPa}$$

그러므로 Terzaghi의 극한지지력은 다음과 같다.

$$q_{ult} = cN_c + qN_q + \frac{1}{2}\gamma BN_\gamma = 5.0 \times 57.75 + 18 \times 41.44 + \frac{1}{2} \times 18 \times 4 \times 41.08$$

$$= 2513.6\,\text{kPa}$$

(2) 내부 마찰각이 $\phi = 15°$, $20°$, $30°$, $35°$, $40°$, $45°$일 때의($c = 5\,\text{kPa}$) Terzaghi의 극한지지력은 다음 표와 같다.

(예제 표 2.1)

$\phi(°)$	15°	20°	30°	35°	40°	45°
q_{ult} (kPa)	244.9	414.6	1301.1	2513.6	5383.1	13739.2

내부 마찰각–극한지지력 그래프는 다음 (예제 그림 2.1a)와 같다. 그림에서 보듯이 ϕ값이 커짐에 따라 극한지지력은 기하급수적으로 커짐을 알 수 있다.

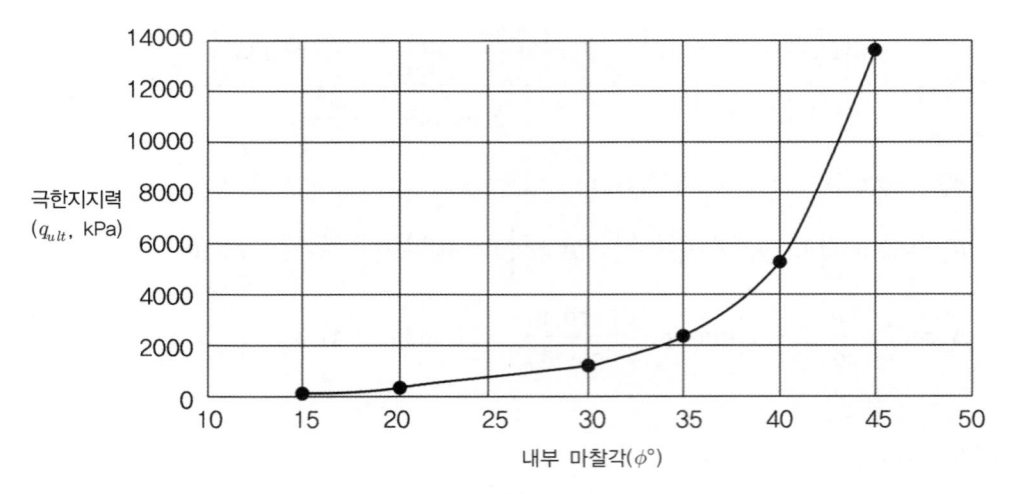

(예제 그림 2.1a)

2.2.3 일반적인 극한지지력 공식

1) 서 론

식 (2.29)로 제시된 Terzaghi의 극한지지력 공식은 그림 2.8에 제시된 파괴 형태 중 전반전단파괴가 발생할 때, 특히 기초형태는 줄기초인 경우를 근간으로 유도된 식이다. Terzaghi는 여기에 제시된 조건과 다른 경우에 대한 수정식으로서 다음을 제안하기도 하였다.

먼저, 기초의 파괴 유형이 전반전단파괴 대신에 국부전단파괴의 형태를 띠는 경우는 식 (2.29)를 그대로 이용하되 토질 정수를 다음과 같이 수정할 것을 제안하였다.

- 수정된 점착력 $= \dfrac{2}{3}c$를 사용

- 수정된 내부 마찰각 $= \tan^{-1}\left(\dfrac{2}{3}\tan\phi\right)$ 사용

또한 기초형태가 줄기초 대신에 원형 기초 또는 정사각형 기초인 경우에 대한 수정 공식도 제안하였다.

Meyerhof(1963)는 극한지지력에 영향을 미치는 추가요소로서 다음이 있음을 밝혔다.

① 기초형상에 따른 영향

줄기초의 경우는 지반의 저항력이 그림 2.10에서와 같이 2방향에서만 발생하여 직사각형의

경우는 네 방향에서 저항할 수 있으므로 극한지지력은 커지게 된다.

② 기초 근입깊이에 따른 영향

그림 2.10에서와 같이 기초의 근입깊이가 D_f인 경우, 이를 $q = \gamma D_f$의 상재하중으로 고려하였다. 수많은 모형 실험에 의하면 그림 2.10에서 'gh'부분(또는 'ej'부분)의 전단저항을 무시한 영향 등으로 인하여 근입깊이가 깊어질수록 지지력은 커진다고 알려져 있다.

③ 경사하중의 영향

그림 2.10으로부터 유도된 극한지지력은 하중 q를 연직방향으로 증가시키어 파괴가 이를 때의 저항력 q_{ult}를 구한 것이다. 만일 가해준 하중의 작용방향이 연직이 아니라 다음 그림 2.16(a)와 같이 연직방향과 $i\,(°)$만큼 기울었다면 지반에 응력이 한쪽으로 쏠리게 되어 연직방향에 비하여 극한지지력이 작아지는 것으로 알려져 있다. 물론 그림 2.16(a)의 응력은 그림 2.16(b)의 하중을 기초면적으로 나눈 것으로서 작용점은 중심에 있는 경우에 한한다. 편심하중이 작용하는 경우는 다음 절에서 따로 서술할 것이다.

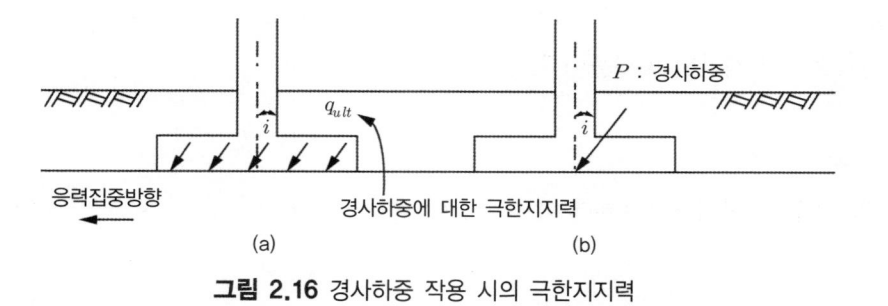

그림 2.16 경사하중 작용 시의 극한지지력

2) Meyerhof의 일반적인 극한지지력 공식

앞서 서술된 요소들을 총망라할 수 있는 일반적인 지지력 공식을 Meyerhof(1963)가 제시하였으며, 이와 별도로 Vesic(1973), Hasen(1970) 등도 독자적인 지지력 계수를 제시하였다. 종합적인 의미로서 Meyerhof가 제시한 일반적인 지지력 공식을 소개하고자 하며, 이 공식은 다른 학자들의 제안도 감안한 것이다. Meyerhof가 제안한 극한지지력 공식의 유도도 Terzaghi의 유도방법과 별반 다르지 않다. 다만, 그림 2.10에서 Terzaghi는 $\alpha = \phi$로 가정한데 반하여 Meyerhof는 $\alpha = 45° + \dfrac{\phi}{2}$(smooth base 조건)으로 가정하였으며, 또한 Terzaghi는 그 효과를 무시하였던 그림 2.10의 'gh' 부분에서의 전단저항력을 추가로 고려하였다. 상세한 유도는 여기에서는 생략하고자 하며, 관심 있는 독자는 Das(1987)의 문헌을 참조하기 바란다. 공식은 다음과 같다.

$$q_{ult} = cN_c\,I_{cs}\,I_{cd}\,I_{ci} + qN_q\,I_{qs}\,I_{qd}\,I_{qi} + \frac{1}{2}\gamma BN_\gamma\,I_{\gamma s}\,I_{\gamma d}\,I_{\gamma i}$$ (2.34)

여기서, c, ϕ, γ = 흙의 점착력, 내부 마찰각, 단위중량
q = 상재하중
B = 기초의 폭(직사각형인 경우 작은 폭)
N_c, N_q, N_γ = 지지력 계수
$I_{(\cdot)s}$ = 형상계수
$I_{(\cdot)d}$ = 깊이계수
$I_{(\cdot)i}$ = 경사하중계수

지지력 계수 및 각종 영향계수에 대한 공식들은 다음에 서술한다.
지지력 계수는 소성이론에 근거하여 유도된 이론으로 구하게 되나, 각종 영향계수들은 주로 실험 결과로부터 제안된 공식들이다.

(1) 지지력 계수
N_q 및 N_c는 소성이론으로부터 다음과 같이 제안되었다.

$$N_q = \tan^2\!\left(45° + \frac{\phi}{2}\right)\exp(\pi\tan\phi)$$ (2.35)

$$N_c = (N_q - 1)\cot\phi$$ (2.36)

$$N_\gamma = 2(N_q + 1)\tan\phi\,(\text{Vesic 제안식})$$ (2.37)

표 2.1은 위의 식으로 계산된 내부 마찰각에 따른 지지력 계수를 보여준다. 내부 마찰각 ϕ값이 30° 이하에서는 지지력 계수값이 작으나 32°를 넘어서는 크게 증가함을 알 수 있다. 즉, 식 (2.35)에서 보여주듯이 지지력 계수는 $\tan\phi$에 단순 비례하는 것이 아니라, 지수함수로 크게

증가됨에 유의하여야 한다. 극한지지력에 대한 안전율을 3~4로 크게 보는 주된 이유도 여기에 있다.

표 2.1 지지력 계수 N_c, N_q, N_γ와 ϕ'의 관계

ϕ'	N_c	N_q	N_γ	ϕ'	N_c	N_q	N_γ
0	5.14	1.00	0.00	26	22.25	11.85	12.54
1	5.38	1.09	0.07	27	23.94	13.20	14.47
2	5.63	1.20	0.15	28	25.80	14.72	16.72
3	6.19	1.43	0.34	29	27.86	16.44	19.34
4	6.19	1.43	0.34	30	30.14	18.40	22.40
5	6.49	1.57	0.45	31	32.67	20.63	25.99
6	6.81	1.72	0.57	32	35.49	23.18	30.22
7	7.16	1.88	0.71	33	38.64	26.09	35.19
8	7.53	2.06	0.86	34	42.16	29.44	41.06
9	7.92	2.25	1.03	35	46.12	33.30	48.03
10	8.38	2.06	0.86	36	50.59	37.75	56.31
11	8.80	2.71	1.44	37	55.63	42.92	66.19
12	9.28	2.97	1.69	38	61.35	48.93	78.03
13	9.81	3.26	1.97	39	67.87	55.96	92.25
14	10.37	3.59	2.29	40	75.31	64.20	109.41
15	10.98	3.94	2.65	41	83.86	73.90	130.22
16	11.63	4.34	3.06	42	93.71	85.38	155.55
17	12.34	4.77	3.53	43	105.11	99.02	186.54
18	13.10	5.26	4.07	44	118.37	115.31	224.64
19	13.93	5.80	4.68	45	133.88	134.88	271.76
20	14.83	6.40	5.39	46	152.10	158.51	330.35
21	15.82	7.07	6.20	47	173.64	187.21	403.67
22	16.88	7.82	7.13	48	199.26	222.31	496.01
23	18.08	8.66	8.20	49	229.93	265.51	613.16
24	19.32	9.60	9.44	50	266.89	319.07	762.89
25	20.72	10.66	10.88				

(2) 영향계수

실험에 근거하여 제안된 영향계수 방정식들은 다음과 같다.

① 형상계수

$$I_{cs} = 1 + \left(\frac{B}{L}\right)\left(\frac{N_q}{N_c}\right)$$ (2.38)

$$I_{qs} = 1 + \frac{B}{L}\tan\phi$$ (2.39)

$$I_{\gamma s} = 1 - 0.4\left(\frac{B}{L}\right)$$ (2.40)

여기서, $L =$ 기초의 길이(B는 기초의 폭이며 $L \geq B$)

② 깊이계수
– $D_f \leq B$인 경우

$$I_{cd} = 1 + 0.4\left(\frac{D_f}{B}\right)$$ (2.41)

$$I_{qd} = 1 + 2\tan\phi(1 - \sin\phi)^2\left(\frac{D_f}{B}\right)$$ (2.42)

$$I_{\gamma d} = 1.0$$ (2.43)

– $D_f > B$인 경우

$$I_{cd} = 1 + 0.4\tan^{-1}\left(\frac{D_f}{B}\right)$$ (2.44)

$$I_{qd} = 1 + 2\tan\phi(1 - \sin\phi)^2\tan^{-1}\left(\frac{D_f}{B}\right)$$ (2.45)

$$I_{\gamma d} = 1.0 \tag{2.46}$$

단, $\tan^{-1}\left(\dfrac{D_f}{B}\right)$의 단위는 라디안이다.

③ 경사하중계수

$$I_{ci} = I_{qi} = \left(1 - \frac{i°}{90°}\right)^2 \tag{2.47}$$

$$F_{\gamma i} = \left(1 - \frac{i°}{\phi°}\right)^2 \tag{2.48}$$

여기서, i = 경사하중과 연직면이 이루는 각도(그림 2.16 참조)

[예제 2.2] (예제 2.1) 문제를 Meyerhof가 제시한 극한지지력 공식을 이용하여 다시 풀고
　　　　　　Terzaghi 공식을 이용한 결과와 비교되는 그래프를 그려라.

[풀이]
(1) Meyerhof의 극한지지력(q_{ult})인 식 (2.34)를 이용한다.

$$q_{ult} = cN_cI_{cs}I_{cd}I_{ci} + qN_qI_{qs}I_{qd}I_{qi} + \frac{1}{2}\gamma BN_\gamma I_{\gamma s}I_{\gamma d}I_{\gamma i}$$

여기서, 지지력 계수는 식 (2.35)~(2.37)이나 표 2.1을 통해 구할 수 있다.

$$N_q = \tan^2\left(45° + \frac{\phi}{2}\right)\exp(\pi\tan\phi) = \tan^2\left(45° + \frac{35°}{2}\right)\exp(\pi\tan35°) = 33.30$$

$$N_c = (N_q - 1)\cot\phi = (33.30 - 1)\cot35° = 46.13$$

$$N_\gamma = 2(N_q + 1)\tan\phi = 2(33.30 + 1)\tan35° = 48.03$$

형상계수는 식 (2.38)~(2.40)을 통해 구할 수 있다. (예제 2.1)은 줄기초 조건으로 $L = \infty$

이기 때문에 다음 형상계수에서 $\dfrac{B}{L} = 0$이다.

$$I_{cs} = 1 + \left(\dfrac{B}{L}\right)\left(\dfrac{N_q}{N_c}\right) = 1$$

$$I_{qs} = 1 + \dfrac{B}{L}\tan\phi = 1$$

$$I_{\gamma s} = 1 - 0.4\dfrac{B}{L} = 1$$

(예제 2.1)은 $D_f \le B$ 조건이기 때문에 깊이계수는 식 (2.41)~(2.43)을 통해 구할 수 있다.

$$I_{cd} = 1 + 0.4\left(\dfrac{D_f}{B}\right) = 1 + 0.4\left(\dfrac{1}{4}\right) = 1.1$$

$$I_{qd} = 1 + 2\tan\phi(1 - \sin\phi)^2\dfrac{D_f}{B} = 1 + 2\tan35°(1 - \sin35°)^2\dfrac{1}{4} = 1.06$$

$$I_{\gamma d} = 1.0$$

경사하중계수는 식 (2.47)~(2.48)을 통해 구할 수 있다. (예제 2.1)은 하중작용방향이 연직방향이므로 $i = 0°$이다.

$$I_{ci} = I_{qi} = \left(1 - \dfrac{i°}{90°}\right)^2 = \left(1 - \dfrac{0°}{90°}\right)^2 = 1$$

$$I_{\gamma i} = \left(1 - \dfrac{i°}{\phi°}\right)^2 = \left(1 - \dfrac{0°}{35°}\right)^2 = 1$$

그러므로 Meyerhof의 극한지지력은 다음과 같다.

$$q_{ult} = cN_cI_{cs}I_{cd}I_{ci} + qN_qI_{qs}I_{qd}I_{qi} + \dfrac{1}{2}\gamma BN_\gamma I_{\gamma s}I_{\gamma d}I_{\gamma i}$$

$$= 5 \times 46.13 \times 1 \times 1.1 \times 1 + 18 \times 33.30 \times 1 \times 1.06 \times 1$$

$$+ \dfrac{1}{2} \times 18 \times 4 \times 48.03 \times 1 \times 1 \times 1$$

$$= 2620.4\text{kPa}$$

(2) 내부 마찰각이 $\phi = 15°$, $20°$, $30°$, $35°$, $40°$, $45°$일 때의($c = 5\,\text{kPa}$) Meyerhof의 극한지지력은 다음과 같다.

(예제표 2.2)

$\phi(°)$	15°	20°	30°	35°	40°	45°
q_{ult} (kPa)	231.9	399.9	1327.3	2620.4	5570.8	13050.7

내부 마찰각–극한지지력 그래프는 다음 (예제 그림 2.2)와 같다. 그림에서 (예제 2.1)에서 구했던 Terzaghi의 해도 같이 표시하였다. 두 값이 거의 같음을 알 수 있다.

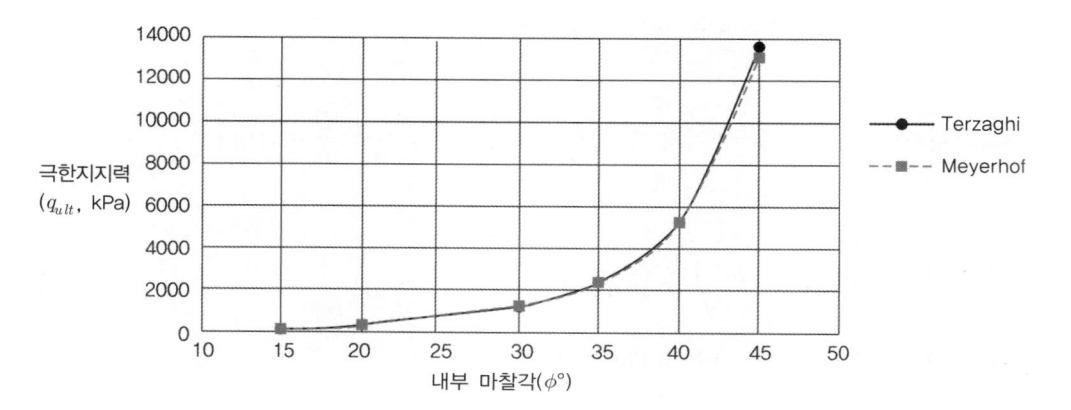

(예제 그림 2.2)

[예제 2.3] 다음 그림과 같은 정사각형 기초에 하중이 $i = 15°$로 경사지어 작용되고 있다. Meyerhof의 공식을 이용하여 극한지지력을 구하라.

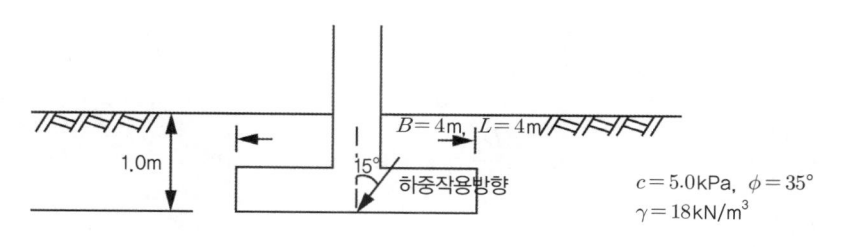

(예제 그림 2.3)

[풀이]

Meyerhof의 극한지지력(q_{ult})은 식 (2.34)를 통해 구할 수 있다.

$$q_{ult} = cN_cI_{cs}I_{cd}I_{ci} + qN_qI_{qs}I_{qd}I_{qi} + \frac{1}{2}\gamma BN_\gamma I_{\gamma s}I_{\gamma d}I_{\gamma i}$$

여기서, 지지력 계수는 (예제 2.2)의 지지력 계수와 같은 값을 가진다.

$$N_q = \tan^2\left(45° + \frac{\phi}{2}\right)\exp(\pi\tan\phi) = \tan^2\left(45° + \frac{35°}{2}\right)\exp(\pi\tan35°) = 33.30$$

$$N_c = (N_q - 1)\cot\phi = (33.30 - 1)\cot35° = 46.13$$

$$N_\gamma = 2(N_q + 1)\tan\phi = 2(33.30 + 1)\tan35° = 48.03$$

정사각형 기초로 $B = L = 1$이기 때문에 다음 형상계수에서 $\frac{B}{L} = 1$이다.

$$I_{cs} = 1 + \left(\frac{B}{L}\right)\left(\frac{N_q}{N_c}\right) = 1 + 1 \times \frac{33.30}{46.13} = 1.72$$

$$I_{qs} = 1 + \frac{B}{L}\tan\phi = 1 + 1 \times \tan35° = 1.7$$

$$I_{\gamma s} = 1 - 0.4\frac{B}{L} = 1 - 0.4 \times 1 = 0.6$$

(예제 2.2)와 같이 $D_f \leq B$ 조건이기 때문에 깊이계수는 식 (2.41)~(2.43)을 통해 구할 수 있다.

$$I_{cd} = 1 + 0.4\left(\frac{D_f}{B}\right) = 1 + 0.4\left(\frac{1}{4}\right) = 1.1$$

$$I_{qd} = 1 + 2\tan\phi(1 - \sin\phi)^2\frac{D_f}{B} = 1 + 2\tan35°(1 - \sin35°)^2\frac{1}{4} = 1.06$$

$$I_{\gamma d} = 1.0$$

경사하중계수는 식 (2.47)~(2.48)을 통해 구할 수 있다.

$$I_{ci} = I_{qi} = \left(1 - \frac{i^\circ}{90^\circ}\right)^2 = \left(1 - \frac{15^\circ}{90^\circ}\right)^2 = 0.69$$

$$I_{\gamma i} = \left(1 - \frac{i}{\phi}\right)^2 = \left(1 - \frac{15}{35}\right)^2 = 0.33$$

그러므로 Meyerhof의 극한지지력은 다음과 같다.

$$q_{ult} = cN_cI_{cs}I_{cd}I_{ci} + qN_qI_{qs}I_{qd}I_{qi} + \frac{1}{2}\gamma BN_\gamma I_{\gamma s}I_{\gamma d}I_{\gamma i}$$

$$= 5 \times 46.13 \times 1.72 \times 1.1 \times 0.69 + 18 \times 33.30 \times 1.7 \times 1.06 \times 0.69$$

$$+ \frac{1}{2} \times 18 \times 4 \times 48.03 \times 0.6 \times 1 \times 0.33$$

$$= 1388.7\,\text{kPa}$$

2.2.4 다양한 조건에서의 극한지지력 산정

1) 지하수가 존재하는 경우의 극한지지력

이제까지 제시된 극한지지력의 유도는 근본적으로 지하수는 전혀 존재하지 않는다는 연속체 역학에 근거한 것이다. 지반문제에서는 언제나 그렇듯이 지하수로 인한 물문제는 항상 있을 수 있다. 그림 2.11에서 보듯이 극한지지력은 근본적으로 흙이 전단으로 저항하는 것이다. 만일 지하수가 존재하여 수압이 있는 경우는 수압이 차지하는 만큼은 전단저항을 할 수가 없다. 따라서 다음의 세 경우에는 식 (2.34)로 제시된 극한지지력 공식을 수정하여 사용하여야 한다.

(1) Case I
지하수위가 지표면과 기초저면 사이에 존재하는 경우(그림 2.17 참조)

① 수압은 부력으로 작용하므로 상재하중이 될 수 없다. 따라서 식 (2.34)에서 상재하중 q는 다음과 같이 수정되어야 한다.

$$q = \gamma D_1 + \gamma' D_2 \tag{2.49}$$

여기서, γ = 습윤 단위중량

γ' = 유효 단위중량($= \gamma_{sat} - \gamma_w$)

② 수압은 전단저항을 할 수 없으므로 유효응력에 해당되는 만큼만 저항한다. 따라서 식 (2.34)에서 γ는 γ'으로 대치되어야 한다.

(2) Case II

지하수위가 기초 저면 아래 d 깊이에 존재하는 경우

그림 2.10을 보면 기초지반이 전단저항을 유발하는 깊이는 기초저면 밑 H 깊이까지이다. 즉, 그 하부에 존재하는 지반은 전단저항에 도움을 줄 수가 없다. 편의상 깊이 H를 기초폭 B와 같다고 하자. 만일, 지하수위가 기초저면과 영향깊이 $H = B$ 사이에 존재하면(즉, $0 \le d \le B$), 지하수위 위의 지반은 전응력으로 전단저항을 하나 지하수위 밑의 지반은 유효응력에 해당되는 부분만이 전단저항을 할 수 있다. 이에 근거하여 단위중량은 다음과 같이 평균 단위중량(weighted average)을 이용한다. 즉, 식 (2.34)에서 γ는 다음 식으로 대치되어야 한다.

$$\gamma_{avg} = \gamma' + \frac{d}{B}(\gamma - \gamma') \tag{2.50}$$

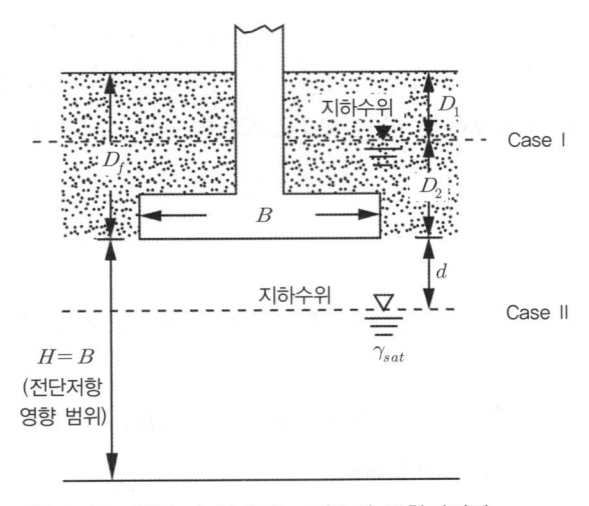

그림 2.17 지하수가 존재하는 경우의 극한지지력

예를 들어서, 지하수위가 기초저면 밑 $\dfrac{B}{2}$인 곳에 위치해 있다면, $d = \dfrac{B}{2}$이므로 $\gamma_{avg} =$

$\gamma' + \dfrac{1/2B}{B}(\gamma - \gamma') = \dfrac{\gamma + \gamma'}{2}$ 을 사용한다.

만일, 지하수위가 깊이 $H = B$ 아래에 존재한다면 극한지지력은 지하수에 의한 영향을 받지 않을 것이다.

[예제 2.4] 다음 그림과 같은 정사각형 기초에 연직방향으로 하중이 작용된다고 가정하고, 다음의 세 경우 각각에 대하여 Meyerhof 공식을 이용하여 극한지지력을 구하라.

(1) 지하수위가 지표면으로부터 $Z = 8\,\mathrm{m}$ 밑에 위치해 있을 경우
(2) 지하수위가 지표면으로부터 $Z = 3\,\mathrm{m}$ 밑에 위치해 있을 경우
(3) 지하수위가 지표면으로부터 $Z = 0.5\,\mathrm{m}$ 밑에 위치해 있을 경우

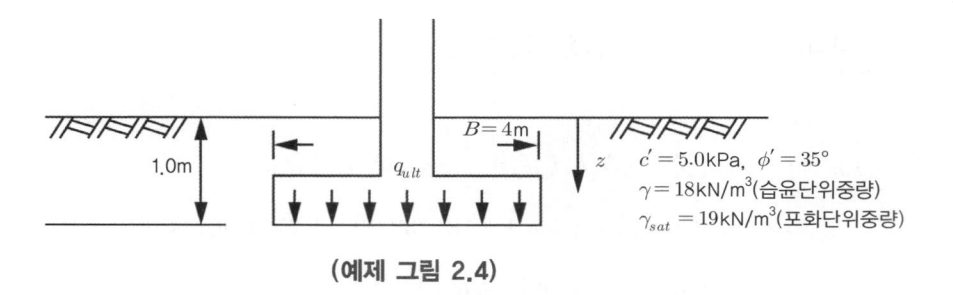

(예제 그림 2.4)

[풀이]

(1) $z = 8\,\mathrm{m}$, $B = 4\,\mathrm{m}$일 때, $d = z - D_f = 8 - 1 = 7\,\mathrm{m}$로 지하수위가 영향깊이 $H = B$ 아래에 존재하므로 극한지지력은 지하수에 의한 영향을 받지 않을 것이다.

지지력 계수, 형상계수, 깊이계수는 다음과 같이 (예제 2.3)과 동일한 값을 가지고,

$N_q = 33.30$	$N_c = 46.13$	$N_\gamma = 48.03$
$I_{cs} = 1.72$	$I_{qs} = 1.7$	$I_{\gamma s} = 0.6$
$I_{cd} = 1.1$	$I_{qd} = 1.06$	$I_{\gamma d} = 1.0$

경사하중계수는 연직방향의 하중이 작용하기 때문에 $i = 0°$로 $I_{ci} = I_{qi} = I_{\gamma i} = 1$이다. 따라서 극한지지력($q_{ult}$)은 다음과 같다.

$$q_{ult} = c'N_cI_{cs}I_{cd}I_{ci} + qN_qI_{qs}I_{qd}I_{qi} + \frac{1}{2}\gamma BN_\gamma I_{\gamma s}I_{\gamma d}I_{\gamma i}$$

$$= 5 \times 46.13 \times 1.72 \times 1.1 \times 1 + 18 \times 33.30 \times 1.7 \times 1.06 \times 1$$

$$+ \frac{1}{2} \times 18 \times 4 \times 48.03 \times 0.6 \times 1 \times 1$$

$$= 2554.0\,\text{kPa}$$

(2) $z = 3\,\text{m}$, $B = 4\,\text{m}$일 때, $d = 2\,\text{m}$로 지하수위가 기초저면과 영향깊이 $H = B$ 사이에 존재하므로 (Case II)에 속한다. 따라서 평균 단위중량(γ_{avg})을 이용한다.

$$\gamma_{avg} = \gamma' + \frac{d}{B}(\gamma - \gamma') = \gamma' + \frac{2}{4}(\gamma - \gamma') = \frac{\gamma + \gamma'}{2} = \frac{18 + (19 - 9.81)}{2} = 13.60\,\text{kN/m}^3$$

따라서 극한지지력(q_{ult})은 다음과 같다.

$$q_{ult} = c'N_cI_{cs}I_{cd}I_{ci} + qN_qI_{qs}I_{qd}I_{qi} + \frac{1}{2}\gamma_{avg}BN_\gamma I_{\gamma s}I_{\gamma d}I_{\gamma i}$$

$$= 5 \times 46.13 \times 1.72 \times 1.1 \times 1 + 18 \times 33.30 \times 1.7 \times 1.06 \times 1$$

$$+ \frac{1}{2} \times 13.60 \times 4 \times 48.03 \times 0.6 \times 1 \times 1$$

$$= 2300.4\,\text{kPa}$$

(3) $z = 0.5\,\text{m}$, $B = 4\,\text{m}$일 때, 지하수위가 지표면과 기초저면 사이에 존재하는 (Case I)의 경우로 수정된 상재하중을 이용해야 한다. $D_1 = D_2 = 0.5\,\text{m}$로 수정된 상재하중은 다음과 같다.

$$q = \gamma D_1 + \gamma' D_2 = 18 \times 0.5 + (19 - 9.81) \times 0.5 = 13.60\,\text{kPa}$$

따라서 극한지지력(q_{ult})은 다음과 같다.

$$q_{ult} = c'N_cI_{cs}I_{cd}I_{ci} + qN_qI_{qs}I_{qd}I_{qi} + \frac{1}{2}\gamma' BN_\gamma I_{\gamma s}I_{\gamma d}I_{\gamma i}$$

$$= 5 \times 46.13 \times 1.72 \times 1.1 \times 1 + 13.60 \times 33.30 \times 1.7 \times 1.06 \times 1$$

$$+\frac{1}{2}\times(19-9.81)\times4\times48.03\times0.6\times1\times1$$

$$=1782.2\,\mathrm{kPa}$$

2) 편심하중을 받는 기초의 극한지지력

이제까지 서술하였던 접지압과 극한지지력은 기본적으로 하중이 기초 중심에 작용되는 경우였다. 기초에 작용하는 하중이 그림 2.18(a)와 같이 편심하중으로 작용하거나 연직하중과 함께 모멘트로 작용되는 경우는(편심 e 는 M/P) 접지압과 극한지지력이 달라질 수밖에 없다.

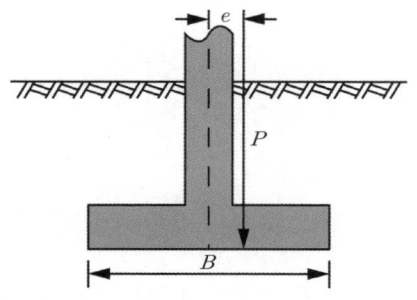
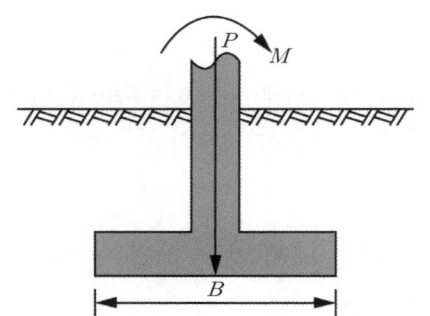

(a) 편심하중

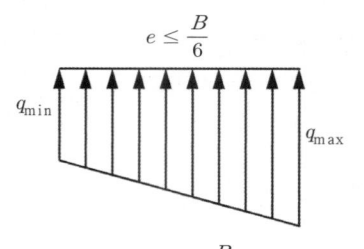

(b) 접지압 분포($e \leq \dfrac{B}{6}$인 경우)

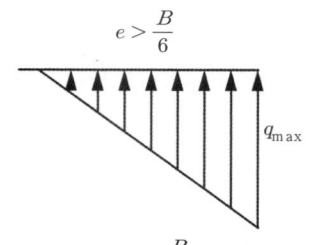

(c) 접지압 분포($e > \dfrac{B}{6}$인 경우)

그림 2.18 편심하중 작용 시의 접지압 분포

(1) 접지압

접지압 분포는 더 이상 그림 2.2(c)에서 제시한 등분포를 이루지 않고 그림 2.18(b)에 보여주는 바와 같이 사다리꼴 분포를 이룬다. 그림 2.18(b)에서 최대접지압과 최소접지압은 다음과 같이 구할 수 있다.

$$q_{\max} = \frac{P}{BL} + \frac{6M}{B^2 L} = \frac{P}{BL}\left(1 + \frac{6e}{B}\right) \qquad (2.51)$$

$$q_{\min} = \frac{P}{BL} - \frac{6M}{B^2 L} = \frac{P}{BL}\left(1 - \frac{6e}{B}\right) \qquad (2.52)$$

여기서, $P =$ 기초에 작용하는 축하중(설계축하중)
$M =$ 기초에 작용하는 모멘트(설계모멘트)
$e =$ 편심(M/P)

위에서 제시한 식 (2.52)에서, 편심 e 가 $\frac{B}{6}$ 보다 크게 되면 그림 2.18(c)에서 보여주는 바와 같이 접지압이 인장력으로 작용하게 되는 부분이 존재하게 되며, 흙은 인장력을 전혀 견딜 수 없으므로 그림에서와 같이 이 부분의 접지압은 '0'으로 된다. 이때의 최대접지압은 다음 식으로 계산할 수 있다.

$$P = \frac{1}{2}q_{\max} \cdot 3\left(\frac{B}{2} - e\right) \cdot L \qquad (2.53)$$

로부터

$$q_{\max} = \frac{4P}{3L(B - 2e)} \qquad (2.54)$$

(2) 극한지지력

편심 하중을 받는 기초의 극한지지력은 기초 중심에 하중이 작용되는 경우와 비교하여 편심으로 인하여 하중을 지지할 수 있는 면적이 작아지는 것으로 이해하면 될 것이다. 그림 2.19와 같이 직사각형 기초에 폭/길이 방향으로 각각 e_B, e_L의 크기로 편심하중 P가 작용된다고 하자. 편심으로 인한 기초의 유효 폭 B'과 유효 길이 L'은 다음과 같다.

$$B' = B - 2e_B \tag{2.55}$$

$$L' = L - 2e_L \tag{2.56}$$

이때의 극한지지력 공식은 식 (2.34)를 다음과 같이 수정하면 될 것이다.

$$q_{ult} = cN_c\,I_{cs}\,I_{cd}\,I_{ci} + qN_q\,I_{qs}\,I_{qd}\,I_{qi} + \frac{1}{2}\gamma B'N_\gamma\,I_{\gamma s}\,I_{\gamma d}\,I_{\gamma i} \tag{2.57}$$

즉, 유효폭에 가장 영향을 받는 요소는 흙의 자중으로 견디는 위 식의 세 번째 요소이다. 한편, 영향계수는 형상계수만이 기초폭의 영향을 받으므로 I_{cs}, I_{qs}, $I_{\gamma s}$를 구할 때는 유효크기 B', L'을 사용해야 하며, 깊이계수 I_{cd}, I_{qd}, $I_{\gamma d}$를 구할 때는 B, L을 그대로 사용한다.

식 (2.57)로서 극한지지력 q_{ult}를 구했다면 기초가 저항할 수 있는 극한하중 Q_u는 다음 식으로 구할 수 있다.

$$Q_u = q_{ult} \cdot B' \cdot L' \tag{2.58}$$

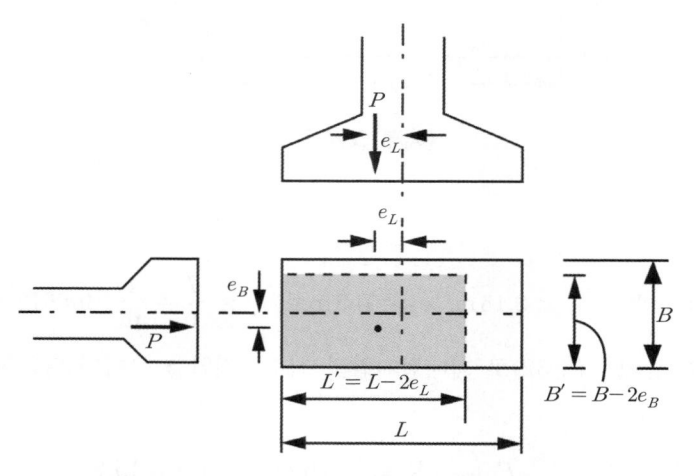

그림 2.19 편심하중을 받을 때의 유효폭과 유효길이

[예제 2.5] 다음 그림과 같이 4×4m 크기의 정사각형 기초에 $P = 1600\text{kN}$의 하중이 $e_L = 0.15\text{m}$, $e_B = 0.3\text{m}$의 편심하중으로 작용되고 있다.

(1) 접지압 분포를 구하라.
(2) 극한지지력과 극한하중을 구하라.

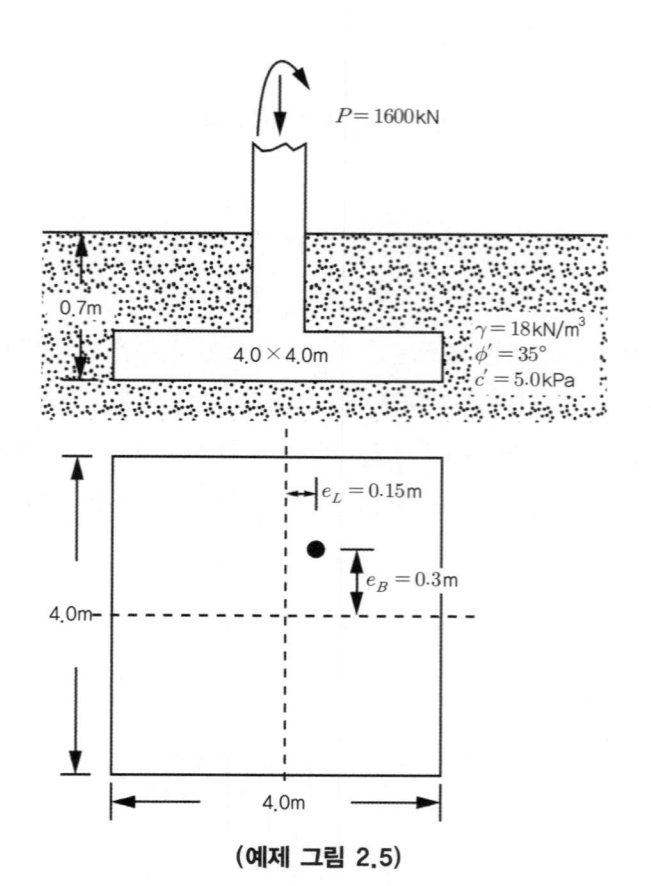

(예제 그림 2.5)

[풀이]

(1) 폭과 길이의 편심 $e_L = 0.15\,\text{m}$, $e_B = 0.3\,\text{m}$로 $e_L \leq \dfrac{L}{6} = \dfrac{4}{6} = 0.667$, $e_B \leq \dfrac{B}{6} = \dfrac{4}{6} = 0.667$이므로 식 (2.51)~(2.52)로 최대접지압과 최소접지압을 구하면 다음과 같다.

$$q_{\max, L} = \frac{P}{BL} + \frac{6M}{B^2 L} = \frac{P}{BL}\left(1 + \frac{6e_L}{B}\right) = \frac{1600}{4 \times 4}\left(1 + \frac{6 \times 0.15}{4}\right) = 122.5\,\text{kPa}$$

$$q_{\min, L} = \frac{P}{BL} - \frac{6M}{B^2 L} = \frac{P}{BL}\left(1 - \frac{6e_L}{B}\right) = \frac{1600}{4 \times 4}\left(1 - \frac{6 \times 0.15}{4}\right) = 77.5\,\text{kPa}$$

$$q_{\max, B} = \frac{1600}{4 \times 4}\left(1 + \frac{6 \times 0.3}{4}\right) = 145\,\text{kPa}$$

$$q_{\min, B} = \frac{1600}{4 \times 4}\left(1 - \frac{6 \times 0.3}{4}\right) = 55\,\text{kPa}$$

(2) 편심하중을 받는 기초의 극한지지력은 식 (2.57)을 이용해 구할 수 있다. 지지력 계수, 깊이계수, 경사하중계수는 다음과 같다.

$$N_q = 33.30 \qquad\qquad N_c = 46.13 \qquad\qquad N_\gamma = 48.03$$

$$I_{cd} = 1.07 \qquad\qquad I_{qd} = 1.04 \qquad\qquad I_{\gamma d} = 1.0$$

$$I_{ci} = I_{qi} = I_{\gamma i} = 1$$

형상계수에 적용할 유효폭과 유효길이는 다음과 같다.

$$B' = B - 2e_B = 4 - 2 \times 0.3 = 3.4\,\text{m}$$

$$L' = L - 2e_L = 4 - 2 \times 0.15 = 3.7\,\text{m}$$

이 유효폭과 유효길이로 형상계수를 구하면 다음과 같다.

$$I_{cs} = 1 + \left(\frac{B'}{L'}\right)\left(\frac{N_q}{N_c}\right) = 1 + \frac{3.4}{3.7} \times \frac{33.30}{46.13} = 1.66$$

$$I_{qs} = 1 + \frac{B'}{L'}\tan\phi = 1 + \frac{3.4}{3.7} \times \tan 35° = 1.64$$

$$I_{\gamma s} = 1 - 0.4\frac{B'}{L'} = 1 - 0.4 \times \frac{3.4}{3.7} = 0.63$$

상재하중 q는 다음과 같다.

$$q = \gamma D_f = 18 \times 0.7 = 12.6\,\text{kPa}$$

따라서 편심하중을 받는 기초의 극한지지력은 다음과 같다.

$$q_{ult} = cN_cI_{cs}I_{cd}I_{ci} + qN_qI_{qs}I_{qd}I_{qi} + \frac{1}{2}\gamma B'N_\gamma I_{\gamma s}I_{\gamma d}I_{\gamma i}$$

$$= 5 \times 46.13 \times 1.66 \times 1.07 \times 1 + 12.6 \times 33.30 \times 1.64 \times 1.04 \times 1$$

$$+ \frac{1}{2} \times 18 \times 3.4 \times 48.03 \times 0.63 \times 1 \times 1$$

$$= 2051.2\,\mathrm{kPa}$$

극한하중 Q_u 는 다음과 같다.

$$Q_u = q_{ult} \cdot B' \cdot L' = 2051.2 \times 3.4 \times 3.7 = 25,804.1\,\mathrm{kN}$$

3) 다양한 조건하의 극한지지력

(1) 층상지반에서의 극한지지력

이제까지 제시된 극한지지력은 근본적으로 지반이 균질한 경우이었다. 다층지반으로 이루어진 경우는 하부로 갈수록 단단한 지반으로 변해가는지 혹은 오히려 연약한 지반이 출현하는지의 여부에 따라 거동이 달라질 것이다. 실무적인 목적으로는 기초의 파괴면이 형성되는 깊이까지의 층상지반에 대하여 각층 깊이를 고려한 산술평균값(weighted average)으로 지반의 평균 물성을 구하여 Terzaghi 공식 또는 Meyerhof 공식을 이용하여 구하면 무리가 없을 것이다.

(2) 경사면 위에 기초가 설치되는 경우

지반의 지표면이 수평이 되지 못하고 그림 2.20에서 보여주는 바와 같이 경사면에 놓여 있거나 경사면 상부에 위치한 경우는, 그림에서 보여주는 바와 같이 파괴면이 기초를 중심으로 양쪽으로 다 형성되지 못하고 사면방향으로만 형성될 것이다. 따라서 이 경우의 극한지지력은 수평면인 경우보다 작아질 수밖에 없을 것이다. Meyerhof(1957), Shields(1977) 등에 의하여 이 경우의 극한지지력이 소개되었으며, (사)한국지반공학회에서 발간한 구조물 기초 설계기준 해설(2003)을 참조하기 바란다.

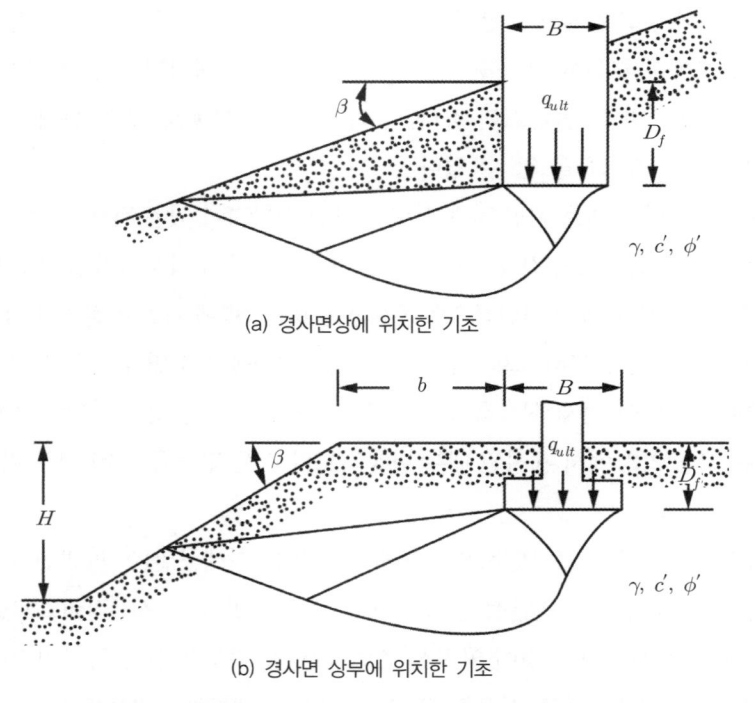

(a) 경사면상에 위치한 기초

(b) 경사면 상부에 위치한 기초

그림 2.20 경사면에 축조된 기초지반의 파괴면 양상

(3) 화강풍화토에서의 지지력

토질역학은 근본적으로 모래(또는 사질토), 점토(점성토)로 양분되어 발전해왔다. 한반도에 편재해 있는 속칭 화강풍화토는 화강암 또는 화강편마암이 풍화되어 형성된 잔류토(residual soil)이다. 이 흙은 모래와 점토의 중간자적 성격을 갖고 있다. 모암에 따라 사질토에 가까운 성질을 띠는 경우도 있고, 오히려 점성토적 성질을 가진 것도 있다.

또한 모암의 풍화 정도에 따라 완전히 잔류토로 된 경우도 있으나, 풍화가 완전히 진행되지 않아서 모암조직이 남아 있는 경우도 있다. 전자는 잔류토로서 흙으로 분류되는 것이 당연하나, 모암조직이 있는 경우는 풍화암으로 보는 것이 더 타당할 것이다. 현재 실무적으로는 표준관입시험 N값이 $N < 50/15$ (즉, 15cm 관입에 50타 미만)인 경우는 풍화토로, $N \geq 50/15$인 경우는 풍화암으로 구분하고 있으나 공학적 근거는 없다고 생각한다. 다음과 같이 국토교통부와 서울시에서 제시한 TCR과 RQD로 분류하는 것이 더 합리적으로 생각된다(TCR 및 RQD에 대한 정의는 필자의 저서 '암반역학의 원리' 5.2.1절 참조).

- 풍화토 : TCR = RQD = 0%(암편 존재하지 않음)
- 풍화암 : 0% < TCR < 30%, 0% < RQD < 10%

풍화토의 경우에 부끄럽게도 현장실험을 통하여 강도정수를 구한 경험을 필자는 갖고 있지 않다. 다만, 현장에서 채취한 시료를 95% 정도의 다짐토로 재성형하여 강도정수를 구한 경우는 여러 경우가 있는 바 그림 2.21과 같다. 그림에서 보듯이 #200번체 통과량이 많으면 많을수록 내부 마찰각이 감소함을 알 수 있다.

현장 시료를 채취한 그대로 직접 전단 실험을 하면 점착력이 있는 것으로 실험 결과가 얻어질 것이다. 이는 대부분 잔류토의 점착력이 아니다. 불포화토를 포화시키지 않고 그대로 실험한 결과로 인한, 즉 불포화된 흙에서 필연적으로 존재하는 표면장력에 기인한 겉보기 점착력(apparent cohesion)이다. 시료를 완전히 포화시킨 후 삼축압축실험을 해보면 점착력은 거의 '0'에 접근함을 알 수 있다. ϕ값만이 존재하는 흙으로 극한지지력을 구하는 것이 타당할 것이다.

실무에서는 그림 2.21에서 제시된 내부 마찰각보다 작은 값들을 설계 내부 마찰각으로 적용한다.

잔류토 지반에 남아 있을 수 있는 불연속면(절리 또는 미세균열)이 파괴면을 형성할 가능성이 있는 경우는(예를 들어 사면안정 검토 시 또는 흙막이공 설계 시) 절리효과를 감안하여 감소된 내부 마찰각을 사용하는 것이 안정성 측면에서 권고할 만하나, 극한지지력을 구할 때는 굳이 감소된 값을 설계값으로 사용할 필요는 없다. 풍화암의 경우도 Terzaghi 공식이나 Meyerhof 공식을 이용하여 극한지지력을 구할 수 있다. 다만, 모암조직이 살아 있음을 감안하여, 점착력이 존재한다는 점이 잔류토와 다르다.

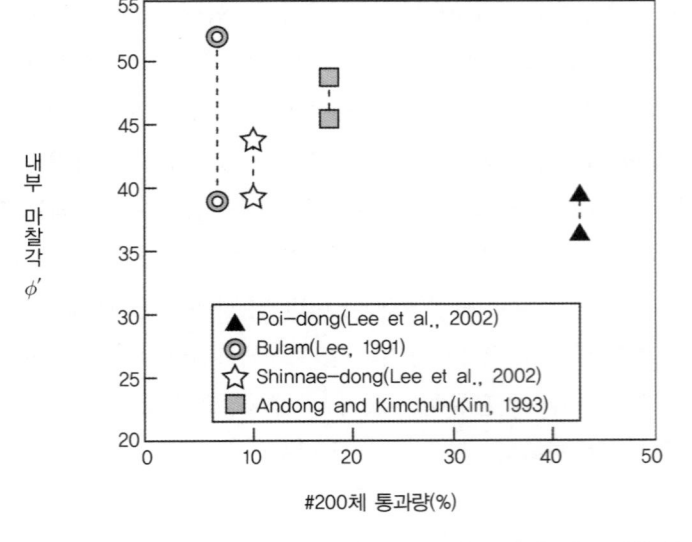

그림 2.21 재성형된 화강풍화토(decomposed granite soil)의 내부 마찰각(Lee와 Cho, 2008)

기초의 극한지지력은 점착력에 의하여 저항하는 요소, 상재하중으로 인하여 저항하는 요소, 흙 자체의 무게에 의하여 저항하는 요소로 이루어지며, 또한 줄기초와 비교하여 정사각형에 가까울수록, 또한 기초가 깊이 묻히면 묻힐수록 극한지지력은 커지며, 이에 반하여 하중이 경사져서 작용되거나 편심을 가지고 작용되는 경우는 지지력은 감소한다.

2.3 얕은 기초의 침하

2.3.1 서 언

앞 절 (2.1.3절)에서 서술한 대로 기초설계에서 지반의 지지력 못지않게 중요한 것이 침하문제이다. 자연지반(In-situ mechanics) 위에 구조물 설치로 인하여 하중이 지반에 전달되는 것은 대부분 기존 지반이 받고 있는 상재압력에 추가로 가해진 응력의 증가량이다. 즉, 식 (2.3)으로 구해진 접지압이 지표면에 가해지면 이로 인하여 지중에는 $\Delta\sigma_z$, $\Delta\sigma_x$, $\Delta\sigma_y$ 등의 응력의 증가량이 발생한다('토질역학의 원리' 5.2절 참조). 접지압만큼의 하중증가에 의해서 지반은 탄성적으로 거동한다고 가정하면 '토질역학의 원리' 9.1절에서 서술한 대로 그림 2.22('토질역학의 원리' 그림 9.1)로부터 'A'입자에서의 연직방향 변형율 ϵ_z를 다음과 같이 적분하면 침하량을 구할 수 있다.

$$S = \int_0^\infty \epsilon_z dz$$
$$= \int_0^\infty \frac{1}{E}\{\Delta\sigma_z - \mu(\Delta\sigma_x + \Delta\sigma_y)\}dz \tag{2.59}$$

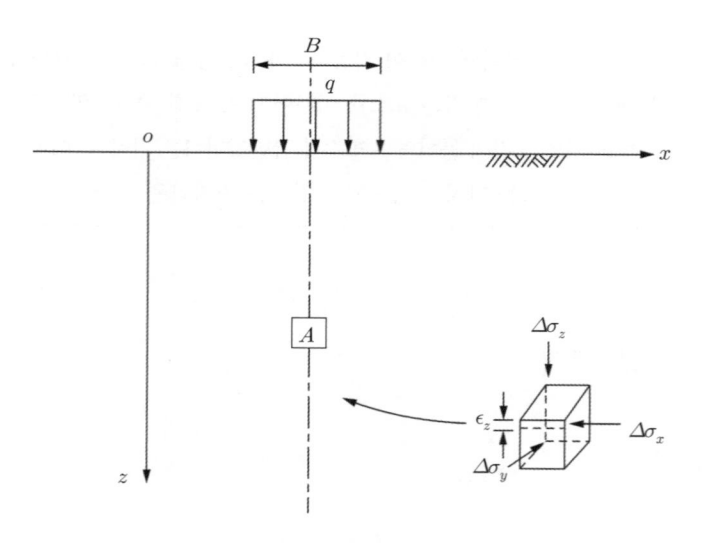

그림 2.22 외부하중으로 인한 자중응력 증가

1) 얕은 기초의 침하공식 개요

그림 2.22에서 보여주는 하중은 대상하중(strip footing, 폭= B, 길이= ∞), 또는 독립기초에 작용되는 하중(폭= B, 길이= L)을 뜻한다. 이 경우에 식 (2.59)으로부터 얻어지는 침하량 공식은 일반적으로 다음과 같다.

$$S = \frac{q_{net}B(1-\mu^2)}{E}I \qquad (2.60)$$

여기서, q_{net} : 기초에 작용하는 순하중(순하중에 대하여는 '토질역학의 원리' 9.7.1절 Note 를 참조할 것).

B : 기초의 폭

E : 지반의 탄성계수

μ : 지반의 포아송비

I : 영향계수로서 기초의 형상과 근입깊이에 영향을 받는다.

식 (2.60)이 의미하는 바를 보면 침하량은 기초에 작용되는 하중이 클수록, 기초의 크기가 크면 클수록 커지며, 특히 지반의 탄성계수에 반비례함을 알 수 있다. 이를 다시 정리해보면,

① 식 (2.3)에서 보여주는 바와 같이 $q = \dfrac{P}{BL}$ 로서 기초의 크기를 크게 하면 할수록 접지압이
작아지므로 침하량이 작아지게 되나, 반대로 기초의 크기가 커질수록 침하량은 증가하게
되어, 상반된 효과를 갖게 됨에 유의해야 한다. 기초의 면적이 크면 클수록 침하량은 커지
게 되므로 같은 접지압 조건에서 확대기초에 비하여 대상기초가 더 침하량이 큰 것은 자
명할 것이다.

② 지표면에 가해준 하중이 연성기초에 작용되는 경우와 강성기초에 작용되는 경우에 따라
접지압이 다르거나 침하 양상이 달라질 수 있다고 2.1.2절에서 이미 서술하였다(그림
2.2). 연성기초인 경우는 접지압은 일정하게 되나 침하 양상은 다르게 되며, 일반적으로
중심부에서의 침하량이 모서리 부분보다 더 크다. 강성기초인 경우의 접지압은 그림 2.2
와 같으며, 설계용으로는 일정하다고 가정한다. 강성기초의 침하량은 중심부나 모서리
나 일정할 것이다. 일반적으로 같은 하중에 대해서 강성기초에서의 침하량이 연성기초
에서의 평균 침하량보다 작은 것으로 알려져 있다.

③ 기초가 깊이 D_f 만큼 파묻혀 있다면, 지표면에 놓인 경우와 비교하여 침하량은 작아지는
것으로 알려져 있다.

④ 침하량 예측에 있어서 가장 큰 영향을 미치는 것은 지반의 탄성계수 E이다. 탄성계수의
합리적 예측이 무엇보다도 중요하다.

2) 즉시침하와 압밀침하

'토질역학의 원리' 9.1절에서 서술한 대로 모래지반(건조, 포화 불문) 위에 기초가 설치되는
경우와 건조한 점토지반 위에 기초가 설치되는 경우는 구조물에 하중이 가해짐과 동시에 지반
에 하중이 전달되기 때문에 즉시 침하만이 발생한다. 즉, '전체침하＝즉시침하'로서 식 (2.60)
을 사용하면 된다. 물론 이 경우에 사용되는 탄성계수 및 포아송비 E와 μ는 배수 시(즉, 물의
영향을 받지 않는 경우)의 지반정수이다.

반면에 포화된 점토지반 위에 기초가 축조되는 경우는 즉시침하와 함께 압밀침하도 발생한
다. 즉, 전체침하량 S는 다음 식으로 표시된다.

$$S = S_i + S_c \tag{2.61}$$

여기서, S_i는 즉시침하량을 뜻하며 식 (2.60)을 이용하여 즉시침하를 구하고자 하면, 침하
에 소요되는 지반정수를 비배수 상태의 지반정수를 사용해야 한다. 즉,

$$S_i = \frac{q_{net}B(1-\mu_u^2)}{E_u}I \qquad\qquad (2.62)$$

여기서, E_u : 비배수 조건하의 탄성계수

μ_u : 비배수 조건하의 포아송비

'토질역학의 원리' 10장에서 서술한 삼축하중 조건에서 축차하중을 가할 시, 배수를 시키지 않는다면(즉, CU 또는 UU 실험), 비배수 조건하의 탄성계수 및 포아송비를 구할 수 있다(다음 그림 참조).

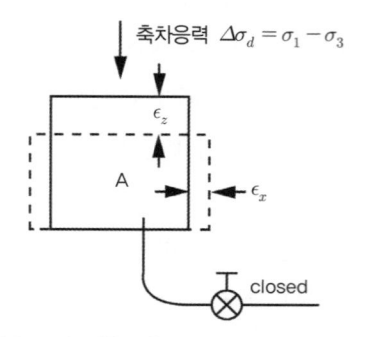

A : 포화된 점토 시료(축차응력 재하 시 과잉간극수압 발생)

즉, $E_u = \dfrac{\Delta \sigma_d}{\epsilon_z}$ 로 구할 수 있으며, 포화된 점토지반에서 배수를 시키지 않는다면, 체적변화 $\Delta V = 0$가 된다. 따라서 비배수 조건하의 포아송비 $\mu_u = -\dfrac{\epsilon_x}{\epsilon_z} = 0.5$가 된다.

한편 S_c는 압밀침하량으로서 '토질역학의 원리' 9장에서 제시한 대로 압밀 침하량을 구할 수 있다. 한 예로서 정규압밀점토에서 압밀침하량은 다음과 같다.

$$S_c = \frac{C_c H}{1+e_o}log\frac{\sigma'_o + \Delta \sigma}{\sigma'_o} \qquad\qquad (2.63)$$

여기서, C_c : 압축지수

$\Delta \sigma$: 연직응력의 증가량(q의 함수)

반면에 배수조건하의 지반정수를 구할 수 있다면 포화된 점토라 하더라도 굳이 즉시침하와 압밀침하로 구분하지 않고 전체침하량을 구할 수 있다. 즉, 전체침하량 공식은

$$S = \frac{q_{net}B(1-\mu'^2)}{E'}I \qquad\qquad (2.64)$$

여기서, E' : 배수조건하의 탄성계수

μ' : 배수조건하의 포아송비

압밀배수 삼축압축시험을 수행한다고 하자. 다음 그림은 축차응력을 가하는 단계이고, 축차응력은 최대한 천천히 가하여, 축차응력 재하 시 과잉간극수압이 발생하지 않았다고 하면, 가해준 응력은 모두 흙입자가 받게 될 것이다. 즉, 유효응력 증가로 귀착될 것이다.

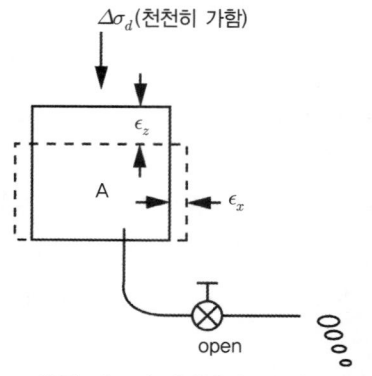

A : 포화된 점토시료(과잉간극수압 발생=0)

그림으로부터, $E' = \frac{\Delta\sigma_d}{\epsilon_z}$, $\mu' = -\frac{\epsilon_x}{\epsilon_z}$ 의 수식으로 배수조건하의 지반정수를 구할 수 있다.

토질역학 교과서에서 소개되는 압밀침하량 공식은 대부분 식 (2.63)일 것이다. 이에 반하여 대부분 독자들에게 식 (2.64)는 생소할 것으로 생각된다. 먼저 알아둘 것은 두 식 모두 탄성론에 근거한 침하공식이라는 것이다. 단, 포화된 점토층에서는 일반적으로 모래지반에 비하여 상대적으로 침하량이 과다하므로 응력-변위관계 곡선이 직선이 아니라 비선형 곡선 (non-linear curve)으로 이루어진다. 즉, 응력 증가 초기에는 침하량이 과다하며, 응력이 증가할수록 침하량은 감소하게 된다. 비선형 곡선을 선형 곡선으로 바꾸어주기 위하여 ϵ_z(또는 e) v.s. σ' 곡선 대신에 ϵ_z v.s. $\log\sigma'$ 관계식을 이용하면 직선식을 얻을 수 있으며, 그때의 기울기가 C_c, 즉 압축지수이다.

반면에 식 (2.64)는 비선형 곡선을 선형으로 가정하고 침하량을 구하는 공식으로서 이때는 탄성계수 E'을 적절히 가정하는 것이 가장 중요하다.

또한 식 (2.63)으로 압밀침하량을 구하는 경우는 즉시침하량도 구하여 두 값을 합산하여야 하나, 식 (2.64)로 침하량을 구하는 경우는 충분히 시간이 흐른 후의 최후침하량을 구하는 공식이므로 즉시침하량을 합산하지 말아야 한다.

2.3.2 얕은 기초의 침하공식 유도

이 책의 서두에서 밝힌 대로 본 저서의 목적이 기초공학 기본 원리를 설명하는 데 주안점을 두기 때문에, 핸드북과 같이 침하공식을 모두 나열하지 않고 대표적인 것만을 예시하고자 한다. 여러 경우에 대한 상세한 공식은 참고문헌 Das(1997)를 참조하기 바란다.

1) 탄성침하 공식

탄성침하는 모래지반에서는 전체침하량을 나타내며 포화된 점토지반에서는 즉시침하량을 나타낸다. 그림 2.23에서와 같이 단위면적당 순하중 q_{net}를 받고 있는 얕은 기초의 탄성침하량은 다음 식으로 나타낼 수 있다(단, 우선 파묻힘깊이 $D_f = 0$이고, 암반까지의 근입깊이 $H = \infty$로서 반무한 탄성체로 가정한 경우를 먼저 가정한다).

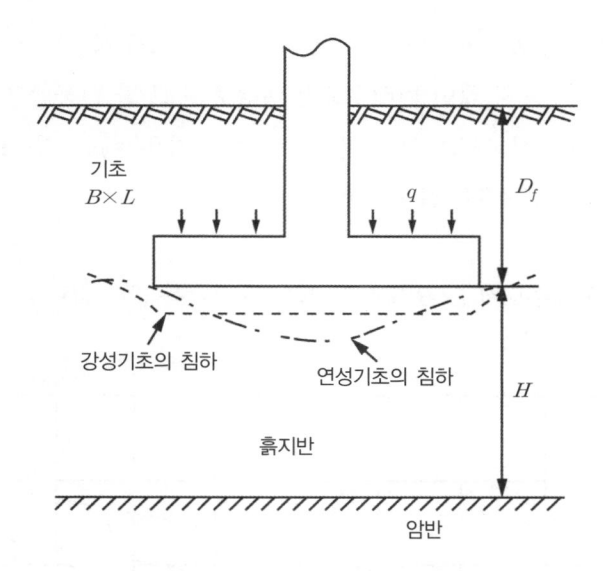

그림 2.23 얕은 기초의 탄성침하

(1) 연성기초의 모서리에서의 침하

$$S = \frac{q_{net}B(1-\mu^2)}{E}\frac{I}{2}$$ (2.65)

(2) 연성기초의 중심부에서의 침하량은 모서리에서의 두 배이다. 즉,

$$S = \frac{q_{net}B(1-\mu^2)}{E}I$$ (2.66)

(3) 연성기초의 평균 침하량은

$$S = \frac{q_{net}B(1-\mu^2)}{E}I_{avg.}$$ (2.67)

(4) 강성기초의 침하량은 연성기초의 평균 침하량보다 일반적으로 적다.

$$S = \frac{q_{net}B(1-\mu^2)}{E}I_{rig.}$$ (2.68)

여기서, B = 기초의 폭, L = 기초의 길이, E = 탄성계수로서 사질토와 같이 배수조건인 경우는 E', 점성토와 같이 비배수조건인 경우는 E_u를 사용한다.

μ = 포아송비로서 사질토와 같이 배수조건인 경우는 μ', 점성토와 같이 비배수조건인 경우는 $\mu_u(=0.5)$를 사용한다.

I, $I_{avg.}$, $I_{rig.}$는 영향계수로서 L/B의 함수이다. 이 계수들 값이 그림 2.24에 표시되어 있다.

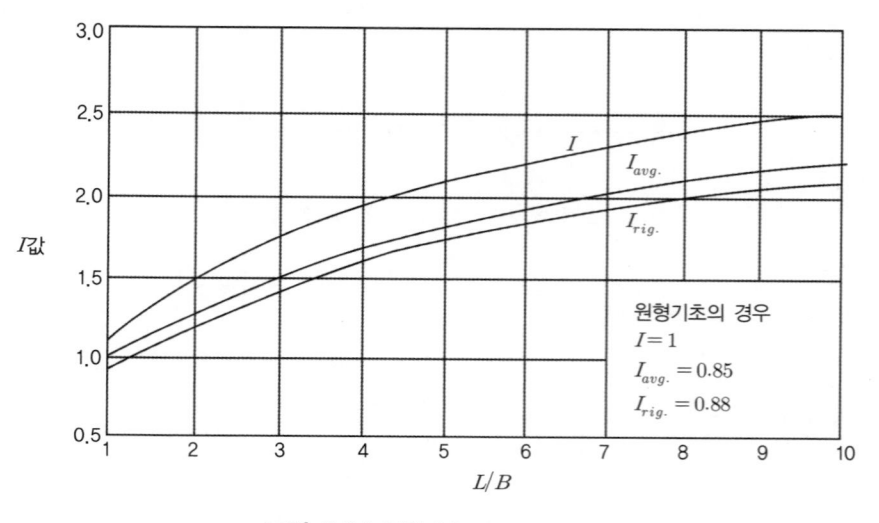

그림 2.24 영향계수 I, $I_{avg.}$, $I_{rig.}$

위에서 제시한 식들은 탄성계수를 적절히 사용함으로써 사질토의 전체침하량과 점토지반의 즉시침하량을 구할 수 있는 식이다. 다만, 위의 식들은 주로 사질토의 침하량을 구하는 데 사용된다.

포화된 점토의 즉시침하량은 Janbu가 제안한 공식을 많이 사용한다. 원리적으로는 앞의 수식과 같다고 할 수 있다. Janbu의 공식을 이용한 즉시침하량 산정법은 저자가 집필한 '토질역학의 원리' 중 9.7.1절을 공부하기 바란다.

또한 기본적으로 위에서 제시한 식들은 $H = \infty$인 조건과 $D_f = 0$인 조건에 맞는 식이라고 서술하였다. 암반까지의 깊이 H가 작으면 작을수록 침하량은 작아질 것이다. 그러나 '토질역학의 원리'의 그림 5.15로 표시한 등압선에서 보여준 대로 $0.2q$의 등압선이 $3B$(대상하중) 또는 $2B$(정사각형 하중) 정도의 깊이에서 존재함을 볼 때, 암반까지의 깊이가 대략 $2B \sim 3B$ 이상이면 침하량에 큰 차이가 없음을 알 수 있다. 한편 기초의 근입깊이 D_f가 깊으면 깊을수록 침하량은 적어지는 것으로 알려져 있다. 근입깊이에 따른 수정계수 C_{D_f}의 예가 그림 2.25에 표시되어 있다. 식 (2.65)~(2.68)을 이용하여 구한 침하량에 수정계수 C_{D_f}를 곱해주면 근입 깊이를 감안한 침하량을 구할 수 있다.

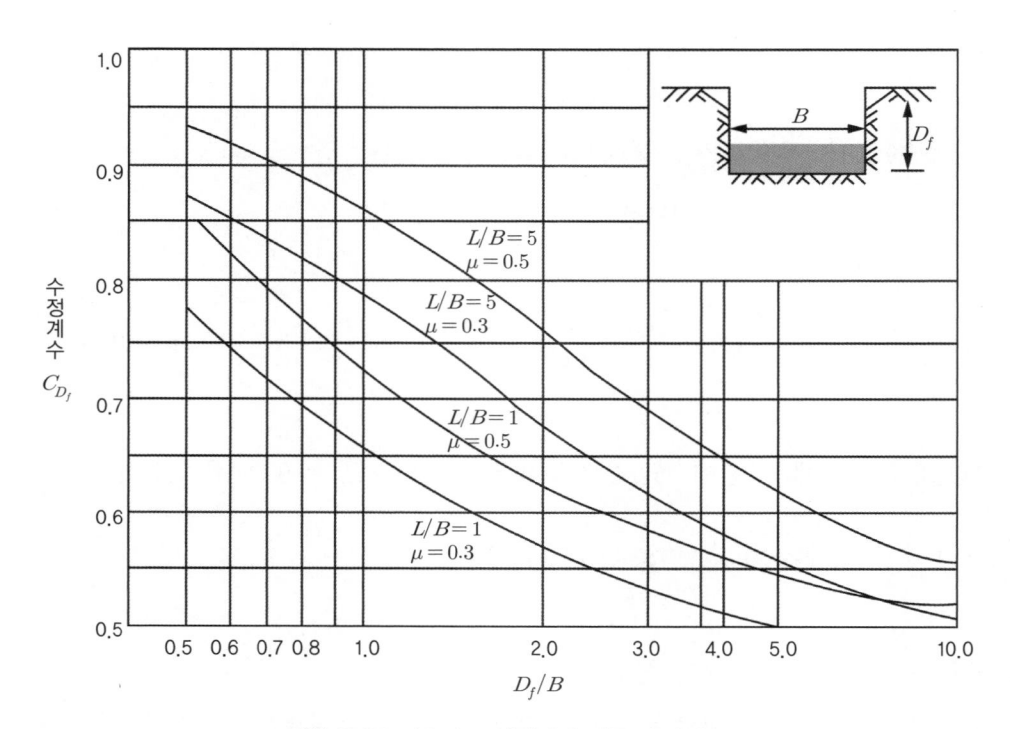

그림 2.25 기초의 근입깊이에 따른 수정계수

[예제 2.6] 균질한 사질토에 3×3m의 정사각형 기초를 설치하였다. 그림에서 보는 바와 같 이 기초는 $D_f = 1.5\,\mathrm{m}$ 근입되었다. 기초에 작용되는 하중 $q = 100\,\mathrm{kPa}$, 지반의 $\mu = 0.3$, $E = 12,000\,\mathrm{kPa}$이다. 기초의 침하량을 구하라.

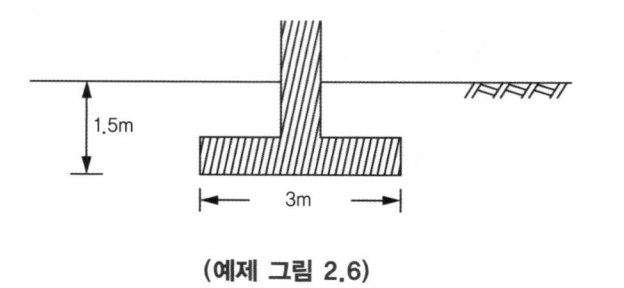

(예제 그림 2.6)

[풀이]

침하량은 식 (2.68)을 이용해 구할 수 있다.

$$S = \frac{q_{net}B(1-\mu^2)}{E}I_{rig}$$

영향계수(I_{rig})는 그림 2.24를 통해 0.85임을 알 수 있다$\left(\frac{L}{B} = \frac{3}{3} = 1\right)$.

순하중 $q_{net} = q = 100\,\mathrm{kPa}$이므로, 침하량은 다음과 같다.

$$S = \frac{q_{net}B(1-\mu^2)}{E}I_{rig} = \frac{100 \times 3 \times (1-0.3^2)}{12000} \times 0.85 = 19.3 \times 10^{-3}\,\mathrm{m} = 19.3\,\mathrm{mm}$$

그림 2.25를 통해 이 값에 근입깊이에 따른 수정계수($C_{D_f} = 0.78$)를 적용하면 $\left(\frac{L}{B} = 1,\right.$
$\left.\frac{D_f}{B} = 0.5\right)$, 침하량은 $19.3 \times 0.78 = 15.1\,\mathrm{mm}$이다.

2) 연직방향 변형률을 이용한 침하

식 (2.59)로 표시되는 침하량 공식은 연직방향 변형률 ϵ_z를 지표면 ($z = 0$)부터 무한깊이까지($z = \infty$) 적분하여 유도함을 보여준다. 이의 기본 조건은 지반이 탄성계수 E인 균질지반이어야 한다는 것이다. 만일 지반이 다른 E값을 갖는 몇 개의 층으로 된 지반으로 이루어져 있다면 다음과 같은 방법으로 공학적 문제를 다루어야 할 것이다.

(1) 가중치를 이용한 평균 탄성계수 사용

다음 식과 같은 평균 탄성계수를 사용한다. 침하에 영향을 미치는 깊이는 전술한 바와 같이 $5B$(B는 기초의 폭) 이하이다. 이를 감안하여,

$$E_{avg.} = \frac{\sum E_i \Delta z_i}{\bar{z}} \qquad (2.69)$$

여기서, E_i = 토층깊이 Δz_i 내에서의 탄성계수

$\overline{z}$ = 총 토층두께로서 H(암반까지의 깊이)와 $5B$ 중에서 작은 값

(2) 각 층에서의 연직방향 변형률에 층두께를 곱하여 구하는 방법

전체깊이를 n층으로 나누어 각 층에서 다음의 기본식으로 침하량을 구할 수 있다.

$$S = \sum_{i=1}^{n} \epsilon_{zi} \Delta z_i \tag{2.70}$$

여기서, ϵ_{zi} = i층에서의 연직방향 평균 변형률

Δz_i = i층의 두께

위의 개념에 근거하여 Schmertmann 교수(1970)는 각 토층에서의 영향계수를 이용한 사질토의 침하량을 구하는 공식을 다음과 같이 제시하였다.

연직방향 변형률은 다음 식으로 표시할 수 있다.

$$\epsilon_z = \frac{q_{net}}{E} I_z \tag{2.71}$$

여기서, I_z = 토층깊이 z에서의 영향계수

Schmertmann 교수는 정사각형 기초($L/B = 1$) 및 대상기초($L/B \geq 10$)에 대하여 영향계수 I_z를 그림 2.26과 같이 제시하였다. 또한 침하량 공식은 다음과 같이 제시하였다.

$$S = C_{D_f} \cdot C_{creep} q_{net} \sum \frac{I_z}{E} \cdot \Delta z \tag{2.72}$$

여기서, q_{net} : 기초에 작용하는 순하중

C_{D_f} : 기초의 근입깊이에 대한 수정계수로서 다음 식으로 제안

$$C_{D_f} = 1 - 0.5 \left(\frac{\gamma D_f}{q - \gamma D_f} \right) \tag{2.73}$$

γ : 흙의 단위중량

D_f : 기초의 근입깊이

q : 기초에 작용하는 하중 $\left(q = \dfrac{P}{B \cdot L}\right)$

C_{creep} : 흙의 크립현상을 고려한 계수로서 다음 식으로 제안

$$C_{creep} = 1 + 0.2\log\left(\frac{t}{0.1}\right) \tag{2.74}$$

여기서, t는 시간(년)

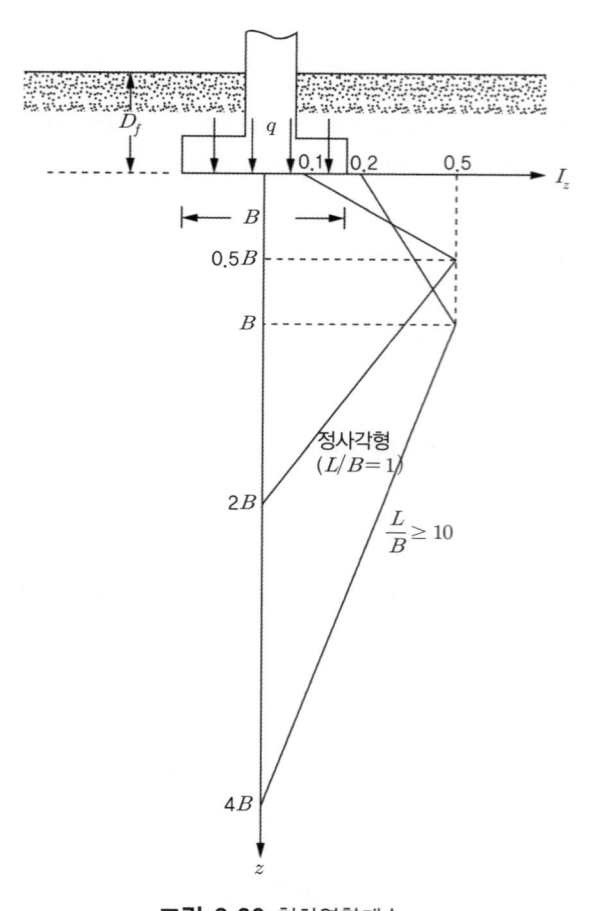

그림 2.26 침하영향계수

식 (2.72)를 이용하여 침하량을 계산하기 위해서는 지반을 몇 개의 층으로 나누고 각 층에서

의 평균 영향계수와 탄성계수를 이용하여 구할 수 있다.

식 (2.72)는 Schmertmann 교수가 실험 결과에 근거하여 제안한 식이다. 필자의 소견으로는 사질토에서 정말로 크립현상에 의한 침하가 많이 발생하는지 의심이 간다. 특히 t는 연수로 표시된 시간으로서 t값이 길면 길수록 침하량은 커지게 된다. 실무적으로는 5~10년 정도를 최대기간으로 본다.

[예제 2.7] 다음 그림과 같이 기초의 폭이 2m인 대상기초에 $q = 150\,\mathrm{kPa}$의 하중이 작용하고 있다. 기초의 근입깊이는 $D_f = 2.0\,\mathrm{m}$이다. 지반은 3층으로 구성되어 있다. Schmertmann 공식을 이용하여 탄성침하량을 예측하라. 단, $t = 5$년으로 하라.

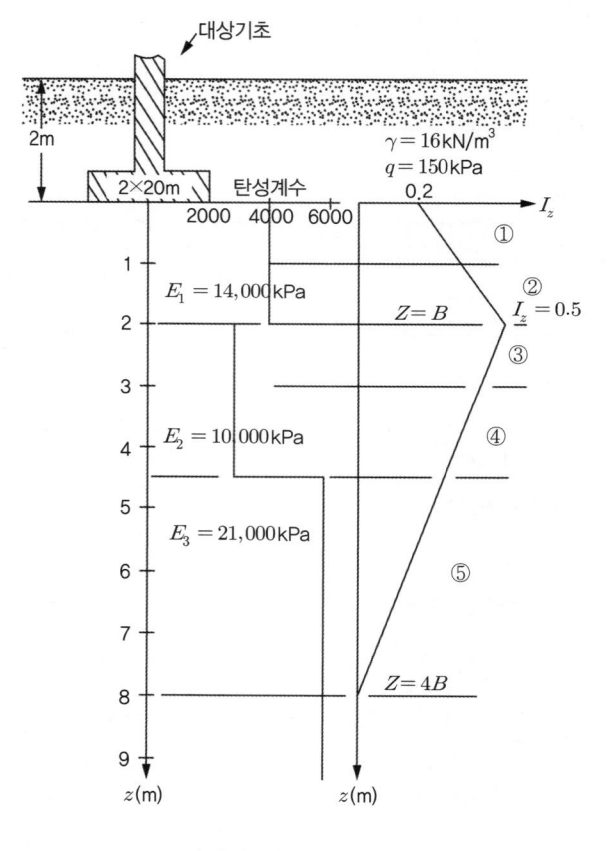

(예제 그림 2.7)

[풀이]

Schmertmann의 공식은 식 (2.72)로 다음과 같다.

$$S = C_{D_f} C_{creep} q_{net} \sum \frac{I_z}{E} \Delta z$$

식 (2.73)~(2.74)를 이용해 구한 C_{D_f}와 C_{creep}값은 다음과 같다.

$$C_{D_f} = 1 - 0.5 \left(\frac{\gamma D_f}{q - \gamma D_f} \right) = 1 - 0.5 \left(\frac{16 \times 2}{150 - 16 \times 2} \right) = 0.864$$

$$C_{creep} = 1 + 0.2 \log \left(\frac{t}{0.1} \right) = 1 + 0.2 \log \left(\frac{5}{0.1} \right) = 1.34$$

I_z와 Δz는 다음 표와 같다.

	①	②	③	④	⑤
I_z	0.275	0.425	0.458	0.354	0.145
$\Delta z \text{(m)}$	1	1	1	1.5	3.5

$$\sum \frac{I_z}{E} \Delta z = \frac{0.275 \times 1 + 0.425 \times 1}{14000} + \frac{0.458 \times 1 + 0.354 \times 1.5}{10000} + \frac{0.145 \times 3.5}{21000}$$

$$= 173.07 \times 10^{-6}$$

따라서 탄성침하량은 다음과 같다.

$$S = C_{D_f} C_{creep} q_{net} \sum \frac{I_z}{E} \Delta z = 0.864 \times 1.34 \times 150 \times 173.07 \times 10^{-6}$$

$$= 30.1 \times 10^{-3} \text{m} = 30.1 \text{mm}$$

[예제 2.8] 다음 그림과 같이 기초의 폭 $B = L = 4$m인 정사각형 기초인 경우 Schmertmann 공식을 이용하여 침하량을 예측하라. 기타 조건은 (예제 2.7)과 동일하다.

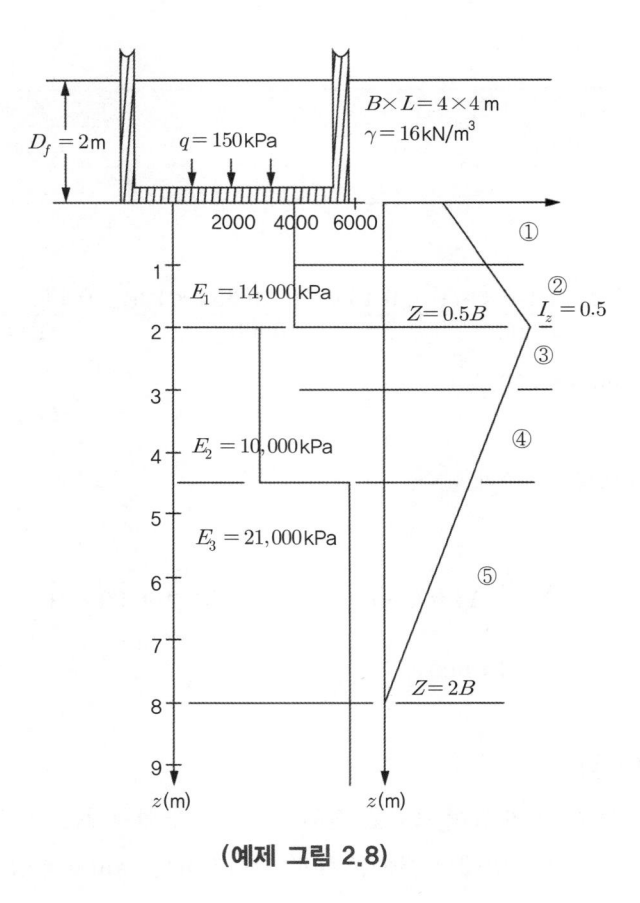

(예제 그림 2.8)

[풀이]

C_{D_f}와 C_{creep}값은 (예제 2.7)과 동일하게 다음 같은 값을 가진다.

$$C_{D_f} = 0.864$$
$$C_{creep} = 1.34$$

순하중 $q_{net} = q - \gamma D_f = 150 - 16 \times 2 = 118\text{kPa}$이다.

I_z와 Δz는 다음 표와 같다.

(예제 표 2.8)

	①	②	③	④	⑤
I_z	0.2	0.4	0.458	0.354	0.146
$\Delta z(\mathrm{m})$	1	1	1	1.5	3.5

$$\sum \frac{I_z}{E}\Delta z = \frac{0.2\times 1 + 0.4\times 1}{14000} + \frac{0.458\times 1 + 0.354\times 1.5}{10000} + \frac{0.146\times 3.5}{21000}$$

$$= 166.09\times 10^{-6}$$

따라서 탄성침하량은 다음과 같다.

$$S = C_{D_f}C_{creep}q_{net}\sum \frac{I_z}{E}\Delta z = 0.864\times 1.34\times 118\times 166.09\times 10^{-6}$$

$$= 22.7\times 10^{-3}\,\mathrm{m} = 22.7\,\mathrm{mm}$$

3) 포화된 점토의 침하

식 (2.61)에서 제시된 바와 같이 포화된 점토층에 기초가 설치되는 경우는 즉시침하뿐만 아니라 압밀침하도 일어난다. 앞에서 서술한 대로 즉시침하는 Janbu의 공식을 주로 이용한다('토질역학의 원리' 9.7.1절).

압밀침하 부분도 '토질역학의 원리' 9장에 상세히 서술되어 있으므로 이 책에서는 반복하지 않으므로 독자는 '토질역학의 원리' 9.7.2절을 공부하기 바란다.

> **정리**
> 기초의 침하는 순하중 $(q_{net} = q - \gamma D_f)$이 증가할수록, 또한 기초의 크기가 클수록 증가하며, 지반의 탄성계수에는 반비례함을 숙지하기 바란다.

2.3.3 기초의 허용침하량

기초에 과다한 침하가 발생하면 상부구조물은 균열이 생기는 등의 손상을 입게 된다. 따라서 상부구조물의 종류에 따라서 허용 가능한 침하량을 설계기준이나 시방서상에 제시함이 일반적이다.

침하는 전체침하량뿐만 아니라 기초와 기초 사이에 발생하는 상대적인 침하, 즉 부등침하량

(differential settlement)도 아주 중요하다.

그림 2.27은 기초침하의 양상을 보여주고 있다. 그림에서 A, B, C, D, E는 각각 독립적인 기초의 저면을 가리킨다. 중요시되는 침하량의 정의는 다음과 같다(그림 2.27 참조).

① 기초의 전체 최대침하량 : $S_{t(\max)}$

② 기초 사이의 최대부등침하량 : $\Delta S_{t(\max)}$

③ 기초 사이의 최대각변위 : $\beta_{\max} = \left(\dfrac{\Delta S_t}{\ell}\right)_{\max}$

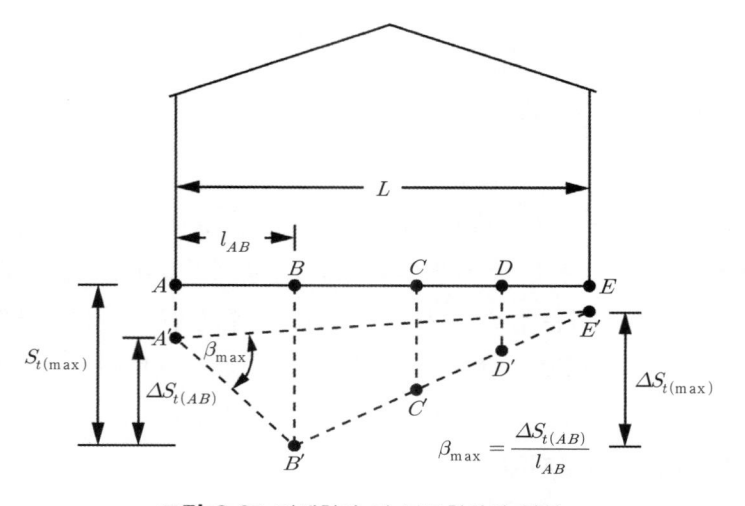

그림 2.27 전체침하 및 부등침하의 정의

각 나라, 각 기관마다 허용침하량 및 허용부등침하량을 용도에 맞게 제시하고 있다. 일례로 표 2.2는 유럽 연합(European Union, EU)에서 제시한 허용침하량의 예를 제시하고 있다 (Eurocode). Eurocode에서는 한계상태 설계법으로 기준을 제시한다. 한계상태 설계법에서는 허용기준을 사용성 한계와 최대 허용 가능 변위값의 두 가지로 제시함이 일반적이다. 한계상태 설계법은 이 책의 한계를 넘는 내용으로서 자세한 서술은 생략하고자 한다.

표 2.2 Eurocode에서 제시한 허용침하량

항목	변수	크기	비고
사용성의 한계값 (Eurocode 1)	$S_{t(\max)}$	25mm 50mm	독립된 얕은 기초 전면기초
	$\Delta S_{t(\max)}$	5mm 10mm 20mm	강성 철골 연성 철골 개방형 철골
	$\beta_{\max}$	1/500	–
최대의 허용 가능한 기초의 변위 (Eurocode 7)	$S_{t(\max)}$	50	독립된 얕은 기초
	$\Delta S_{t(\max)}$	20	독립된 얕은 기초
	$\beta_{\max}$	≈1/500	–

2.4 전면기초와 보상기초

앞에서 서술한 대로 그림 2.4(d)에서와 같이 하나의 넓은 슬래브로 지지하는 기초를 전면기초(mat foundation)라고 한다. 각 기둥마다 설치되는 확대기초의 면적을 더한 것이 전체 건물 면적의 반 이상을 차지하는 경우, 오히려 전면기초로 설계하는 것이 더 경제적일 수 있다. 전면기초의 평면도 및 단면도의 일반적인 형태는 그림 2.28과 같다.

2.4.1 전면기초의 극한지지력

전면기초의 극한지지력 또한 식 (2.34)를 이용하여 구할 수 있다. 식 (2.34)에서 기초의 폭 B가 독립기초에 비하여 상당히 크기 때문에 세 번째 항인 '$\frac{1}{2}\gamma BN_{\gamma}$'항, 즉 흙의 무게 자체로 견디는 저항력이 매우 커지므로 전면기초의 극한지지력은 매우 크게 되어 지지력 파괴가 발생하는 경우는 흔하지 않다.

2.4.2 전면기초의 침하량

전면기초의 근입깊이가 D_f인 경우 γD_f만큼의 흙은 파내게 된다. 따라서 침하에 영향을 미치는 하중은 순하중으로서 다음과 같이 될 것이다(순하중 개념은 '토질역학의 원리' 9.7.1절 참조).

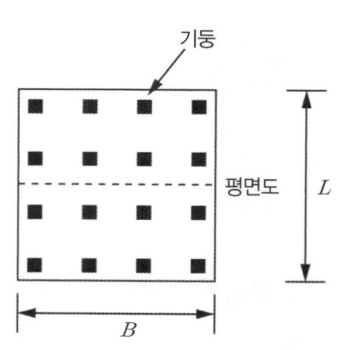

기둥

평면도

L

B

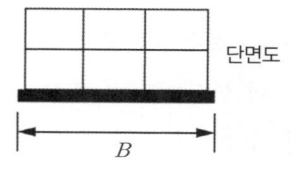

단면도

B

(a) 전면기초의 평면 및 단면도

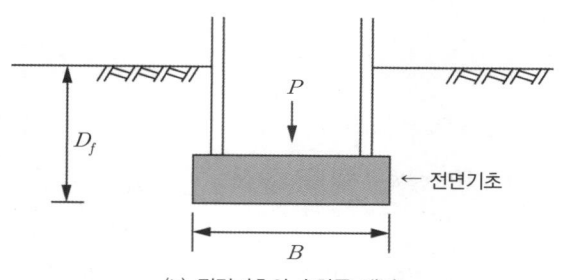

P

D_f

← 전면기초

B

(b) 전면기초의 순하중 개념

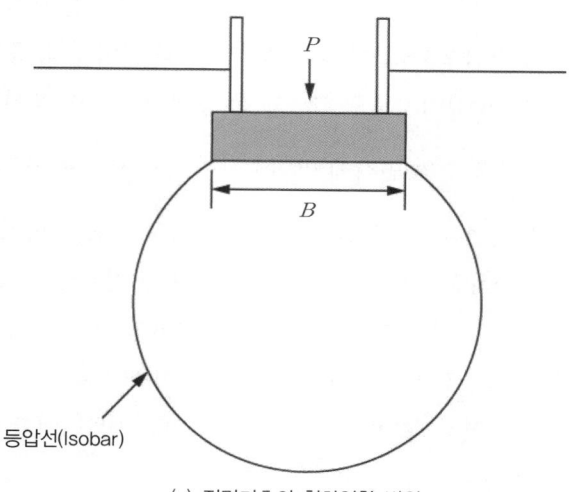

P

B

등압선(Isobar)

(c) 전면기초의 침하영향 범위

그림 2.28 전면기초의 개요

$$q_{net} = q - \gamma D_f$$

$$= \frac{P}{A} - \gamma D_f$$

$$= \frac{P}{B \cdot L} - \gamma D_f \qquad\qquad\qquad (2.75)$$

여기서, P = 상부구조물의 전체설계하중(식 (2.1))

A = 전면기초의 단면적($= B \cdot L$)

상부구조물에 지하실을 설치하는 경우 순하중에 의한 하중 감소 효과는 무시할 수 없을 만큼 크다는 것을 독자는 주시하여야 한다.

예를 들어서 $\gamma = 18\text{kN/m}^3$인 지반에 총 10층으로 이루어진 빌딩을 건설하는 경우, 2개 층은 지하실로 계획하게 되면 $D_f \approx 6\text{m}$ 정도가 될 것이다. 각 층당 건물하중은 크게 잡아서 15kPa로 가정하면

$$q = 15 \times 10 = 150\,\text{kPa}, \ \gamma D_f = 18 \times 6 = 108\,\text{kPa},$$

$$q_{net} = q - \gamma D_f = 150 - 108\,\text{kPa} = 42\,\text{kPa로서}$$

건물하중의 1/3 정도만 침하에 영향을 미치는 순하중으로 작용함을 알 수 있다. 침하량 또한 앞 절에서 제시한 식 (2.61)~(2.68) 등을 이용하여 구할 수 있다. 한 가지 주지할 사실은 기초의 크기가 커지면 커질수록 그림 2.28(c)에서 보여주는 바와 같이 응력 증가에 의한 영향 범위를 나타내는 등압선(isobar)이 깊어지므로 기초의 폭 B에 비례하여 증가할 수 있다. 다만 하중은 반대로 $q = \dfrac{P}{B \cdot L}$로서 기초의 면적에 반비례하여 작아지므로 전면기초의 침하량은 문제시되지 않는 경우가 대부분이다. 또한 건물 기초가 하나로서 흡사 방석처럼 일체화되어 움직이므로, 일반적으로 허용침하량 또한 독립기초에 비하여 큰 것이 일반적이다. 다만, 한 가지 주지할 사항은 전면기초는 그 폭과 길이가 독립기초에 비하여 크고 길기 때문에 기초 자체가 강성기초로 작용되기 위해서는 기초의 두께가 충분히 두꺼워야 한다는 점이다.

두께가 충분치 않은 경우 연성기초로 작용될 수도 있다. 이에 대한 상세한 사항은 Das (2008)의 책을 참조하길 바란다.

2.4.3 보상기초 개념

앞에서 서술한 대로 기초에 작용하는 순하중은 기초의 근입깊이 D_f를 증가시킴으로써 감소시킬 수 있다. 특히 지반조건이 비교적 연약한 지반 위에 고층 건물을 설계하는 경우, 지하실을 추가로 계획하면서 순하중을 감소시킬 수 있다. 순하중을 감소시킨 기초를 보상기초(compensated foundation)이라고 한다. 그림 2.29에서와 같이 상대적으로 건물의 높이가 높은 부분에는 부분적으로 지하실을 추가로 계획함으로써 건물에 작용하는 침하량을 최대한 줄일 수 있다. 다만, 이 경우에는 기초의 형태가 단순하지 않아서 보다 정밀한 기초설계가 이루어져야 할 것이다.

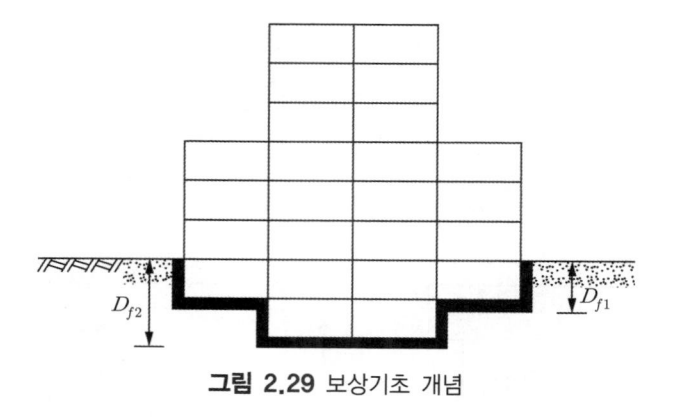

그림 2.29 보상기초 개념

2.5 기초부재 설계의 개요

2.1.3절의 기초설계의 근간에서 서술한 대로 지반공학적 관점에서 크기 '$B \cdot L$'로 이루어진 기초는 지반에 가해진 지압 q가 허용지지력(q_{allow})보다 작아야 하며, 동시에 순하중 q_{net}로 계산된 침하량이 허용침하량보다 작아야 한다($S \leq S_{allow}$).

위의 두 조건을 동시에 만족하는 기초의 종류와 크기가 정해지면 구조역학적 관점에서 부재 설계를 해야 한다. 이때 부재 설계용 접지압은 2.1.2절에서 서술한 대로 사하중과 활하중에 하중계수를 곱한 접지압을 사용해야 한다. 즉, 식 (2.8), 접지압 $q' = \dfrac{P_u}{B \cdot L} = \dfrac{1.4D + 1.7L}{B \cdot L}$ 을 이용해야 한다. 부재 설계의 경우 근간은 기초의 유효높이와 소요 철근량을 구하는 것으로, 이 책에서는 그 근간만을 설명할 것이며, 상세한 사항은 '철근콘크리트 공학' 교재를 참조하면 될 것이다.

2.5.1 독립확대기초의 구조 설계

접지압 q'을 받고 있는 독립확대기초가 그림 2.30(a)에 표시되어 있다. 부재 설계를 위해서는 접지압만큼의 등분포하중을 받는 콘크리트 구조물로 보면 될 것이다.

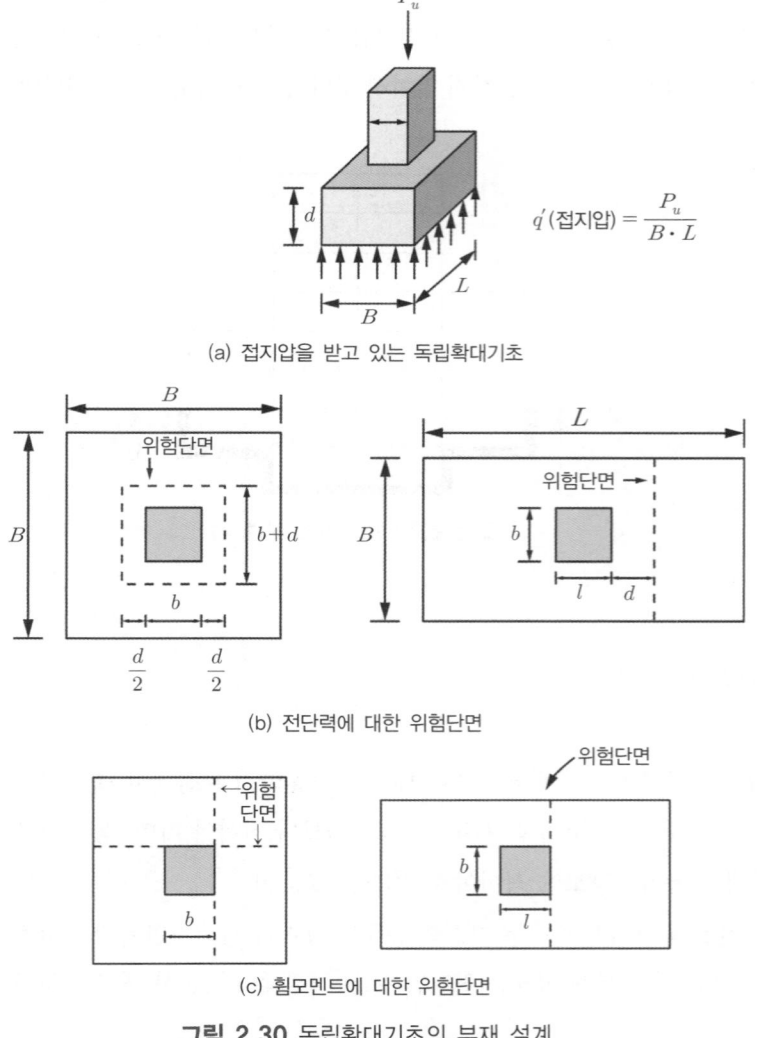

$$q'(접지압) = \frac{P_u}{B \cdot L}$$

(a) 접지압을 받고 있는 독립확대기초

(b) 전단력에 대한 위험단면

(c) 휨모멘트에 대한 위험단면

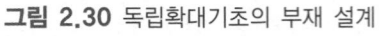

그림 2.30 독립확대기초의 부재 설계

1) 기초의 두께 설계

독립확대기초의 두께를 결정하는 요소는 전단응력이다. 전단에 대하여 가장 위험한 단면은 정사각형 기초의 경우는 그림 2.30(b)에서와 같이 기둥으로부터 $d/2$(d는 기초의 유효높이)만큼 떨어진 곳으로 본다. 즉, 2방향 슬래브로 가정하여 펀칭(punching)이 일어난다고 가정한다. 반면에 직사각형 독립확대기초의 경우는 기둥으로부터 d만큼 떨어진 단면을 위험단면으로 본다. 즉, 1방향 슬래브로 가정한다. 가정된 위험단면에서의 전단력과 콘크리트의 허용전단응력을 이용하여 기초의 유효높이 d를 구한다.

2) 철근량 산정

독립확대기초에서의 휨에 대한 위험단면은 그림 2.30(c)에서와 같이 기둥의 전면으로 가정한다. 이 단면에서의 휨모멘트를 구하고, 소요 철근량을 구한다.

2.5.2 전면기초의 구조 설계

1) 강성법과 연성법

전면기초의 구조 설계는 강성법(conventional rigid method)과 연성법(approximate flexible method)으로 나눌 수 있다.

강성법은 기초의 두께가 충분히 두꺼워서 강체로 작용하는 경우로서 접지압은 직선으로 분포한다고 가정한다(그림 2.31(a)). 반면에 연성법은 기초의 두께가 충분히 두텁지 않아서 기둥과 기둥 사이에서 부등침하가 발생하는 경우로서 지반은 무수히 많은 스프링으로 이루어져 있다고 가정한다(그림 2.31(b)). 이 스프링 상수를 지반반력 계수(coefficient of subgrade reaction, K)라고 한다.

그림 2.32에서와 같이 폭이 B인 기초가 단위면적당 하중 q를 받고 있을 때, 지반이 δ만큼 침하하였다고 하자. 지반반력 계수 K는 다음과 같이 정의된다.

$$K = \frac{q}{\delta} \tag{2.76}$$

K의 단위는 응력/변위^{3}로서 kN/m^3 등으로 될 것이다. 이 K값은 불행하게도 지반의 종류에만 영향을 받는 것이 아니라 기초의 크기와 깊이에도 영향을 받는 것으로 알려져 있다. 한편 기초의 특성값 β를 다음과 같이 정의하자.

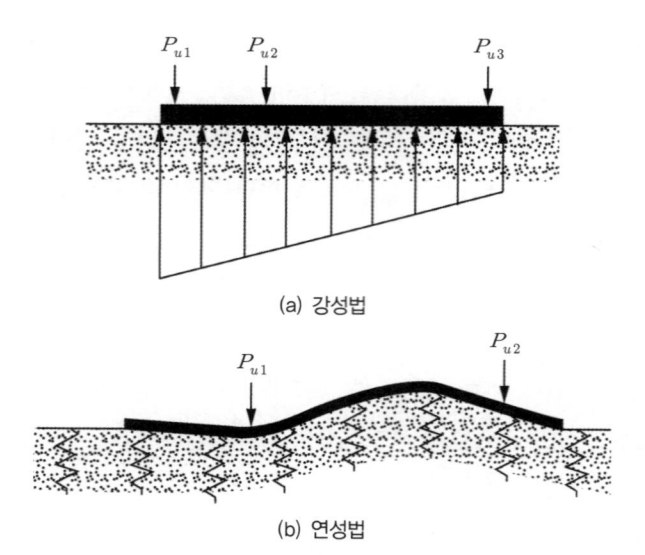

(a) 강성법

(b) 연성법

그림 2.31 전면기초의 강성법과 연성법 개요

$$\beta = \sqrt[4]{\frac{BK}{4EI}} \tag{2.77}$$

여기서, K＝지반반력 계수

B, E, I＝기초의 폭, 탄성계수, 단면2차 모멘트

β의 단위는 '1/길이'이 된다. ACI code에서는 기둥간격이 $1.75/\beta$보다 작으면 강성법을 사용하고, $1.75/\beta$보다 큰 경우는 연성법을 사용하도록 규정하고 있다.

이 책에서는 강성법의 근간만을 서술하고자 하며, 연성법의 개요는 Das(2008)의 기초공학을 참조하기 바란다.

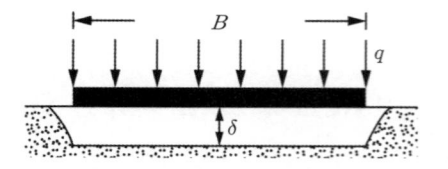

그림 2.32 지반반력 계수의 정의

2) 강성법에 의한 구조 설계 개요

독립확대기초와 마찬가지로 우선적으로 검토해야 할 사항은 전면기초에 작용하는 지압 q를 계산하여 지압이 허용지지력 q_{allow} 보다 작은지를 검토하여야 한다.

이때 유의할 사항은 각 기둥에 작용되는 하중이 각각 다르므로 지압 q는 일정하지 않다는 것이다. 그림 2.33과 같이 12개의 기둥을 가진 $B \times L$의 전면기초의 지압은 다음과 같이 구할 수 있다.

• 기둥하중의 합력, P

$$P = \sum_{i=1}^{12} P_i \tag{2.78}$$

• 지압, q

$$q = \frac{P}{A} \pm \frac{M_y \cdot x}{I_y} \pm \frac{M_x \cdot y}{I_x} \tag{2.79}$$

여기서, A = 전면기초의 면적 = $B \cdot L$

$\qquad I_x = x$축에 관한 관성 모멘트 = $\frac{1}{12} BL^3$

$\qquad I_y = y$축에 관한 관성 모멘트 = $\frac{1}{12} LB^3$

식 (2.79)로 구한 q의 최대값이 q_{allow} 보다 작아야 한다.

부재 설계를 위해서는 그림 2.33(a)에서 P_{u_i}로 나타낸 것처럼 하중계수를 곱한 기둥하중을 이용하여야 한다. 위와 같은 방법으로 부재 설계용 지압 q'을 구한 다음 전면기초를 $B \times B_1$, $B \times B_2$, $B \times B_3$로 이루어진 띠로 나눈다(각각을 보로 가정한다). 각 띠에 대하여 그림 2.33(b)와 같은 하중조건에서 전단력도 및 모멘트 다이아그램을 그린다. 그림 2.33(c)에서와 같이 여러 기둥 주위에서 전단력을 검토함으로써 전면기초의 유효깊이 d를 구하고, 모멘트 다이아그램을 이용하여 소요 철근량을 구한다.

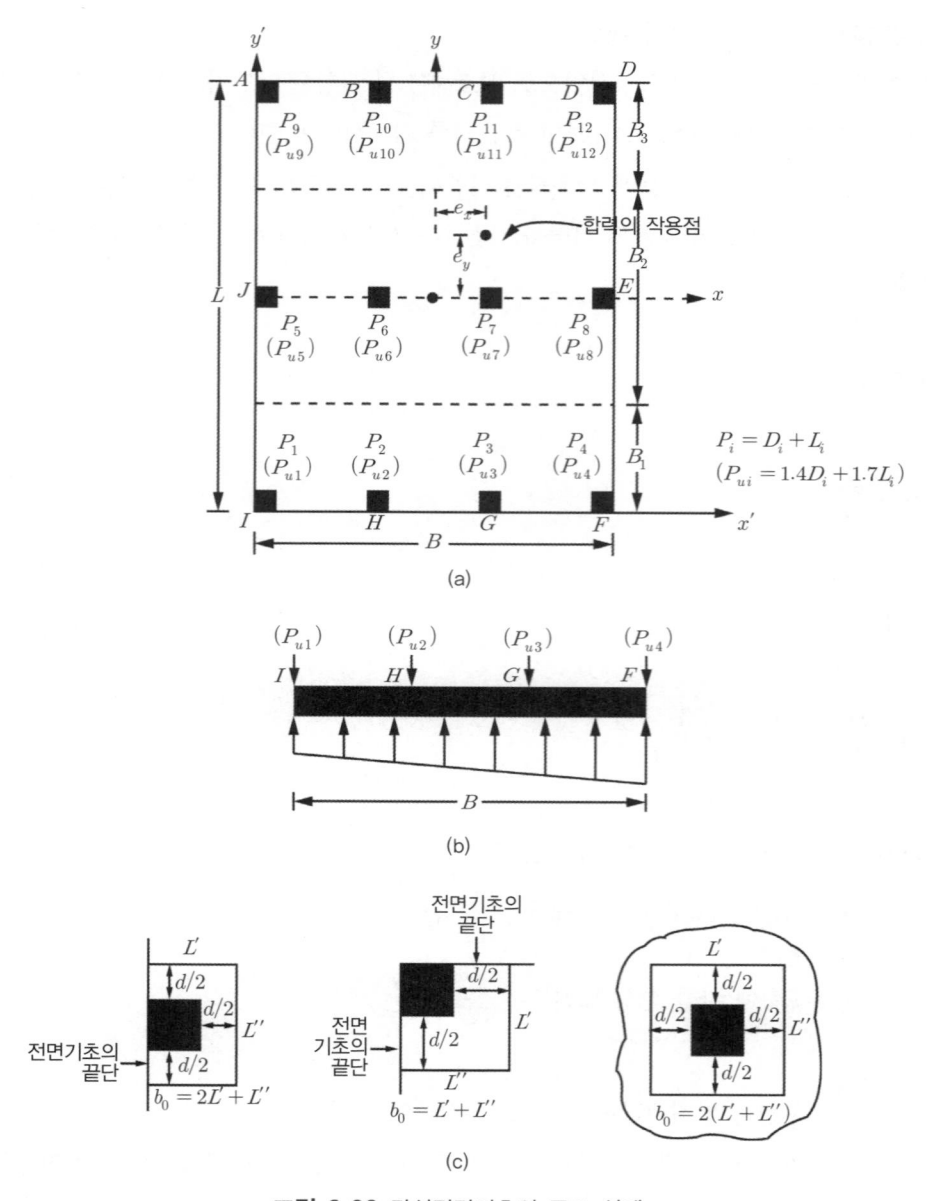

(a)

(b)

(c)

그림 2.33 강성전면기초의 구조 설계

참고문헌

주요 참고문헌

- (사)한국지반공학회(2003), 구조물 기초 설계기준 해설, 구미서관.
- Das, B. M.(2008), Principles of Foundation Engineering, 6th Edition, Cergage Learning.
- Das, B. M.(1997), Theoretical Foundation Engineering, Elsevier.

기타 참고문헌

- Das, B. M.(1997), Advanced Soil Mechanics, 2nd Edition, Taylor & Francis.

제3장

깊은 기초 I

깊은 기초 I

3.1 개 괄

지지력 부족 또는 과도한 침하 등의 이유로서 상부구조물을 얕은 기초(shallow foundation)로 지지할 수 없는 경우에는 그림 2.1(b), (c)에서 소개한 깊은 기초(deep foundation)로 지지함이 일반적이며, 깊은 기초의 대표적인 것이 말뚝기초(pile foundation)이다. 이장에서는 말뚝기초를 주로 서술할 것이다.

말뚝은 강재 또는 콘크리트로 만들어진 비교적 가늘고 긴 관(또는 기둥)을 항타로 흙속에 관입시키거나 또는 구멍을 뚫어서 설치한다. 일반적으로 말뚝의 거동에 따라서 다음의 두 가지로 분류하기도 한다.

첫째, 그림 3.1(a)에서와 같이 상부지반은 아주 연약하고, 그 하부에 암반과 같이 단단한 층이 존재하는 경우 상부구조물에 의한 하중은 대부분 말뚝의 축방향을 통하여 단단한 지층에 전달된다. 말뚝의 선단부에서 거의 모든 하중을 지지하는 말뚝을 선단지지말뚝(end bearing pile)이라고 한다.

반대로 그림 3.1(b)에서와 같이 상부지반은 비록 얕은 기초로 견딜 수 있을 만큼 견고하지는 않더라도 아주 연약하지는 않고, 반대로 상당히 깊은 깊이까지 암반과 같은 단단한 층이 존재하지 않을 경우 상부구조물에 의한 하중을 주로 말뚝과 지반 사이의 저항력, 즉 부착력에 의하여 지지하게 되며 이를 마찰말뚝(skin friction pile)이라고 한다. 상부구조물에 대한 저항을 상대적으로 선단과 주면 중 어디에서 분담하느냐에 따라 선단말뚝 또는 마찰말뚝으로 구분함이 일반적이나 두 요소가 골고루 분담하는 경우도 많다.

2장 서론부에서 이미 서술한 바 있지만, 여기서 다시 한 번 하중지지 미케니즘을 밝혀두고 싶다. 말뚝을 지반에 설치했다고 해도 결국 최종적으로 상부구조물 하중을 지지하는 것은 지반임을 명심하기를 바란다. 앞에서 서술한 선단지지이든지 주면마찰저항이든지 지반이 지지하는 것이며, 지반이 지지력을 발휘하기 위해서는 말뚝과 지반 사이에 상대적인 변위 차가 있어야 하며, 반드시 말뚝의 침하량이 지반의 침하량보다 커야 한다. 하중전이 미케니즘은 차후에 보다 상세히 서술할 것이다.

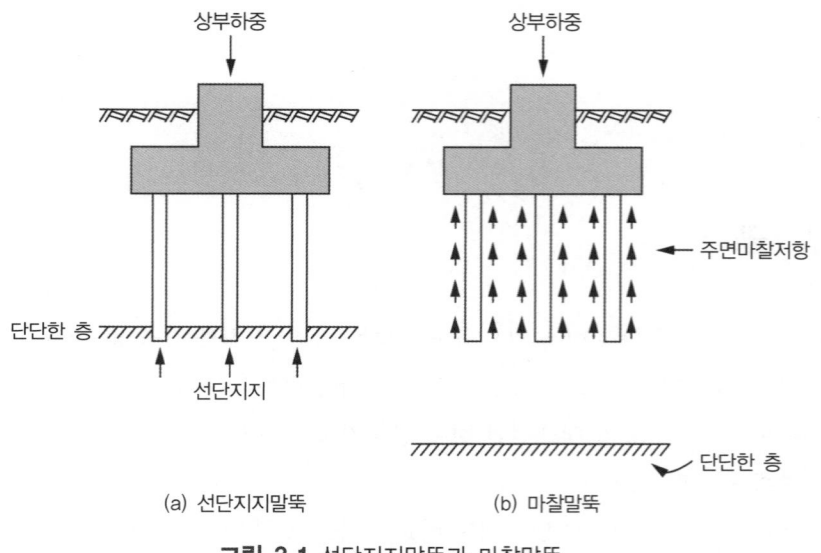

(a) 선단지지말뚝   (b) 마찰말뚝

그림 3.1 선단지지말뚝과 마찰말뚝

3.2 말뚝의 종류 및 시공방법

서두에서 밝힌 대로 이 책을 서술하는 기본 목적은 기초구조물에 대한 설계 및 시공상세를 소개하는 것이 아니라, 기초구조물 거동의 기본 원리를 제공함에 있다. 따라서 말뚝의 분류 및 시공법은 그 기본 사항만을 간략히 서술하고자 한다. 이에 대한 보다 실무적인 상세 사항은 참고문헌 조천환(2010)을 참조하기 바란다.

3.2.1 말뚝의 종류

재료에 따라 말뚝을 분류하여 정리하면 그림 3.2와 같다. 크게 대별하여 기성말뚝과 현장 타설말뚝으로 나눌 수 있다. 기성말뚝에는 강말뚝, 콘크리트말뚝, 합성말뚝이 있다. 강말뚝의 경우 해외에서는 H형 강말뚝도 사용하나, 국내에서는 주로 강관말뚝이 사용된다. 콘크리트 말뚝의 경우 예전에는 PSC 말뚝(Pre-Stressed Concrete 말뚝)을 사용했으나 요즈음에는 고강도인 PHC 말뚝을 주로 사용한다. PHC 말뚝은 콘크리트의 일축압축강도가 50MPa 또는 그 이상의 고강도이다. 현장타설말뚝은 말 그대로 지반을 먼저 천공하고 천공된 구멍을 철근콘크리트로 채우는 공법이다.

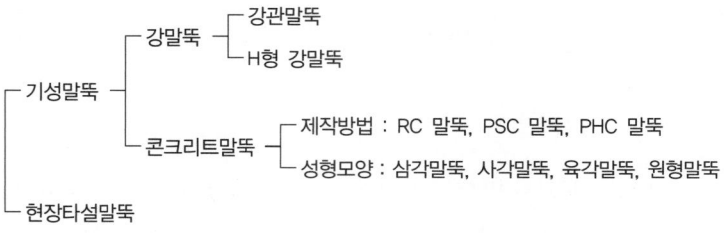

그림 3.2 말뚝의 종류

3.2.2 말뚝 시공법에 의한 분류

말뚝의 시공법은 크게 다음의 세 가지로 대별될 수 있다.

1) 타입 공법

타입 공법은 말뚝의 머리를 해머를 이용하여 타격으로 관입시키어 지지력을 확보하는 공법이다(그림 3.3 참조). 가장 단순하고 경제적인 공법이다. 다만, 타입 공법은 필연적으로 소음, 진동을 유발할 수밖에 없기 때문에 도심지에서 타입 공법을 선택하기란 쉽지 않다. 또한 말뚝의 재료 및 항타장비(예를 들어서 해머 무게 등)의 선택이 잘못되었을 때는 항타에 의하여 말뚝 자체가 손상을 입을 수도 있음을 주지하여야 한다.

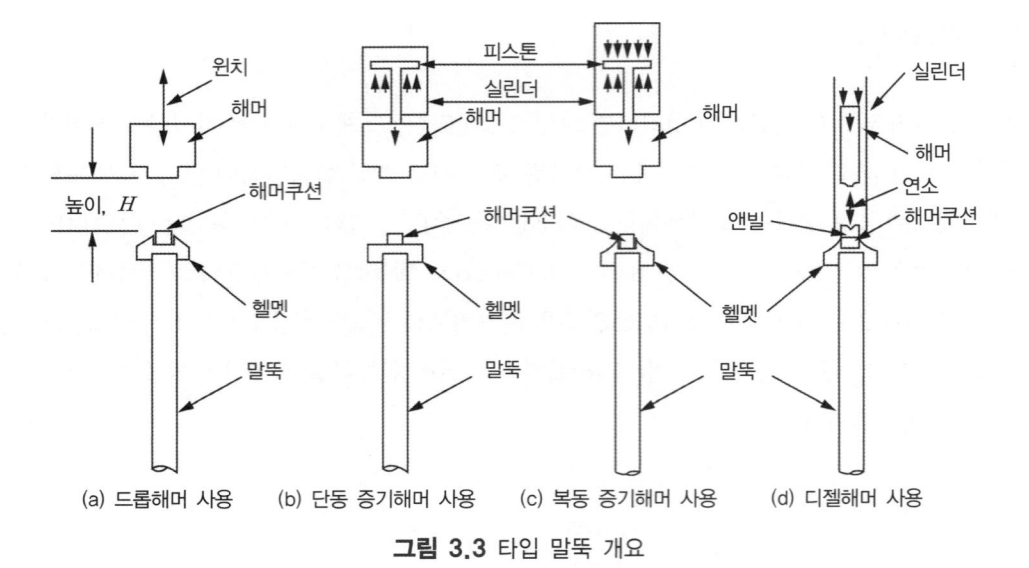

(a) 드롭해머 사용   (b) 단동 증기해머 사용   (c) 복동 증기해머 사용   (d) 디젤해머 사용

그림 3.3 타입 말뚝 개요

2) 매입 공법

매입 공법은 타입 말뚝 시공 시 발생하는 소음·진동 문제를 해결하기 위하여 개발된 공법으로서 기성말뚝을 사용한다는 점은 타입 공법과 같으나, 말뚝이 시공될 곳을 미리 천공한 뒤, 기성말뚝을 삽입하고 시멘트풀로 공간을 채워주는 공법이다. 이 공법에는 그 방법에 따라 여러 종류로 나뉜다(조천환, 2010 참고). 국내에서 가장 많이 사용되는 공법은 SIP 공법(Soil-cement Injected precast Pile), SDA 공법(Separated Doughnut Auger), PRD 공법(Percussion Rotary Drill)의 세 가지이다. 사용되는 장비와 굴착 및 고정액 사용 여부에 따라 다르나, 선굴착에 기성말뚝을 매입한다는 점에서는 동일하다.

이 세 가지 중 가장 먼저 적용되었던 것이 SIP 공법이다. SIP 공법은 말 그대로 선굴착 시멘트풀 주입 공법으로 불리기도 한다. 그림 3.4에 시공순서를 나타내었다. SIP 공법은 그림 3.4(a)에서와 같이 마지막에 경타를 실시하는 공법과 그림 3.4(b)에서와 같이 경타 없이 선단 고정액을 사용하는 두 방법으로 나눌 수 있다.

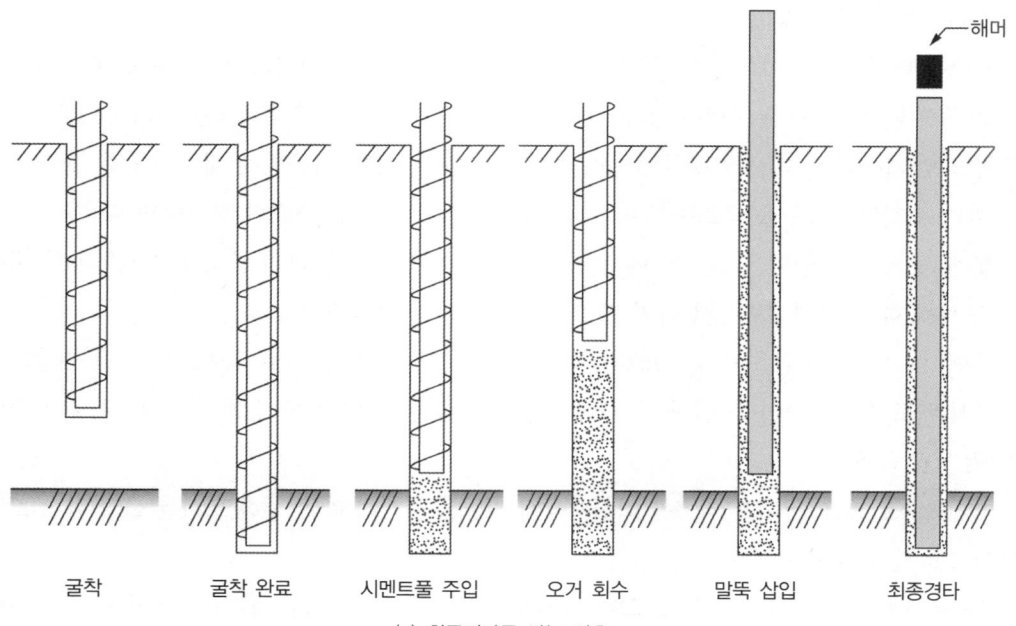

| 굴착 | 굴착 완료 | 시멘트풀 주입 | 오거 회수 | 말뚝 삽입 | 최종경타 |

(a) 최종경타를 하는 경우

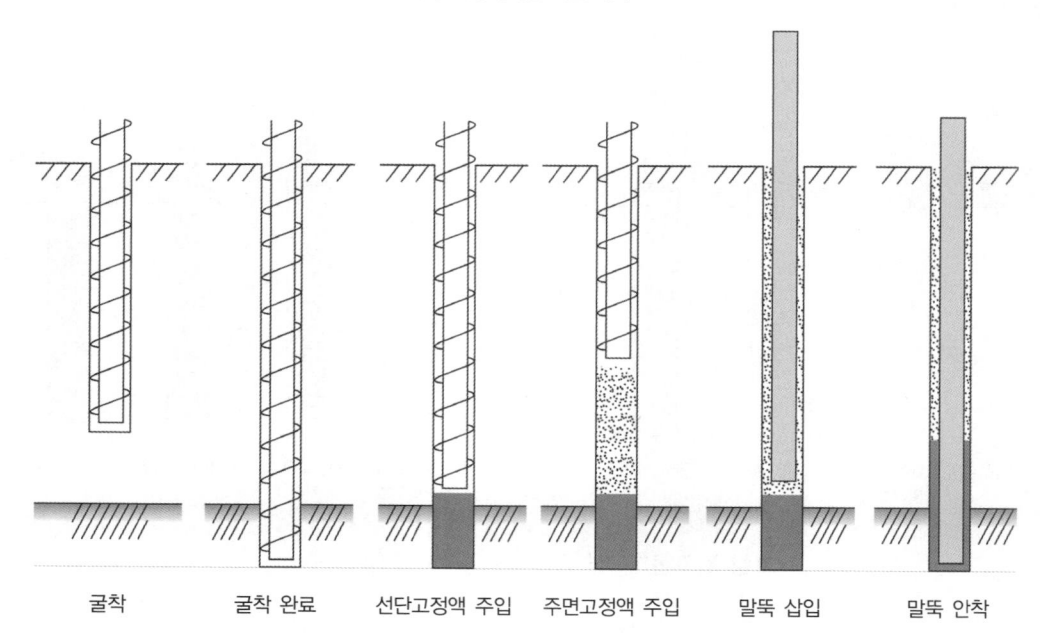

| 굴착 | 굴착 완료 | 선단고정액 주입 | 주면고정액 주입 | 말뚝 삽입 | 말뚝 안착 |

(b) 선단고정액을 사용하는 경우

그림 3.4 SIP 공법의 시공순서(조천환, 2010)

3) 현장타설말뚝 공법

지반을 먼저 천공하고 천공된 구멍을 철근콘크리트로 채우는 현장타설말뚝 공법에는 대구경과 소구경 현장타설말뚝 공법이 있다. 대구경에는 대표적으로 올케이싱 공법(all casing), 어스드릴 공법(earth drill), RCD 공법 등이 대표적이다. 상세한 시공법에 대한 서술은 생략하고자 하며 조천환(2010)을 참조하기 바란다. 각 공법의 핵심적인 개요만 정리하면 다음과 같다.

첫째, 올케이싱 공법은 전 길이에 걸쳐 삽입한 케이싱으로 공벽의 붕괴를 방지하면서 내부의 토사를 해머 그래브로 굴착하여 배출하는 공법이다(그림 3.5 참조).

둘째, 어스드릴 공법은 버켓(bucket)을 회전시켜 지반을 깎아 버켓 내로 모은 다음 지상으로 올려서 배토하는 공법이며, 굴착 중 공벽의 붕괴 방지는 천공홀을 안정액으로 채워서 유지한다(그림 3.6 참조).

마지막으로 RCD 공법은 비트를 회전시켜서 지반을 굴착하고, 발생한 토사는 물과 함께 드릴파이프를 통해 배토시키는 공법이다(그림 3.7 참조).

소구경 현장타설말뚝은 일명 스크류(screw) 말뚝 공법이라고도 불리며, 유럽 및 미국에서 주로 이용되고 있는 공법이다.

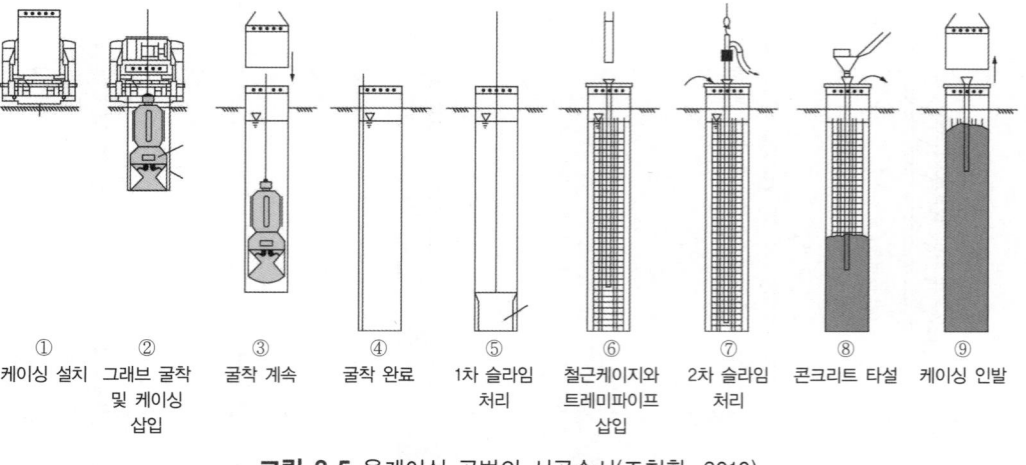

①	②	③	④	⑤	⑥	⑦	⑧	⑨
케이싱 설치	그래브 굴착 및 케이싱 삽입	굴착 계속	굴착 완료	1차 슬라임 처리	철근케이지와 트레미파이프 삽입	2차 슬라임 처리	콘크리트 타설	케이싱 인발

그림 3.5 올케이싱 공법의 시공순서(조천환, 2010)

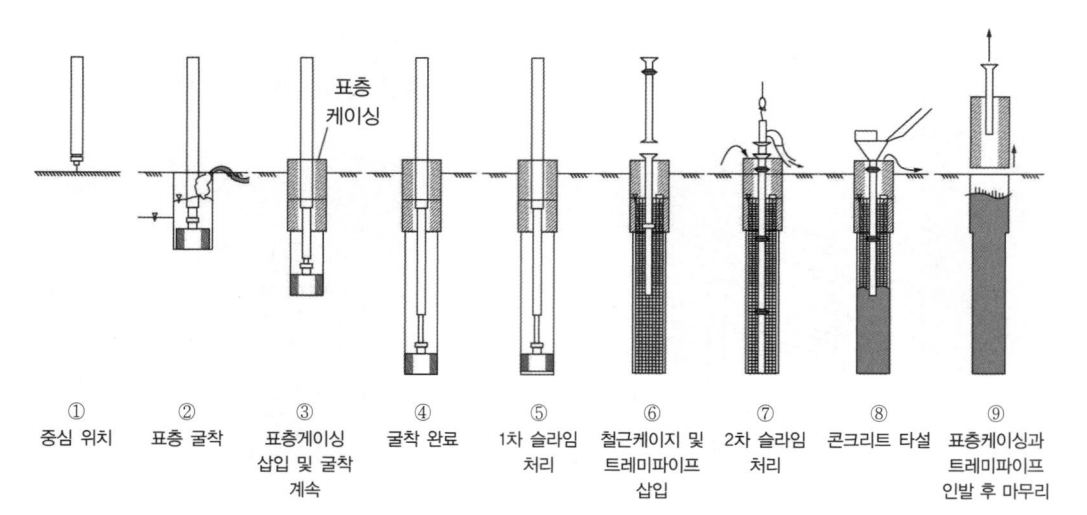

①	②	③	④	⑤	⑥	⑦	⑧	⑨
중심 위치	표층 굴착	표층케이싱 삽입 및 굴착 계속	굴착 완료	1차 슬라임 처리	철근케이지 및 트레미파이프 삽입	2차 슬라임 처리	콘크리트 타설	표층케이싱과 트레미파이프 인발 후 마무리

그림 3.6 어스드릴 공법의 시공순서(조천환, 2010)

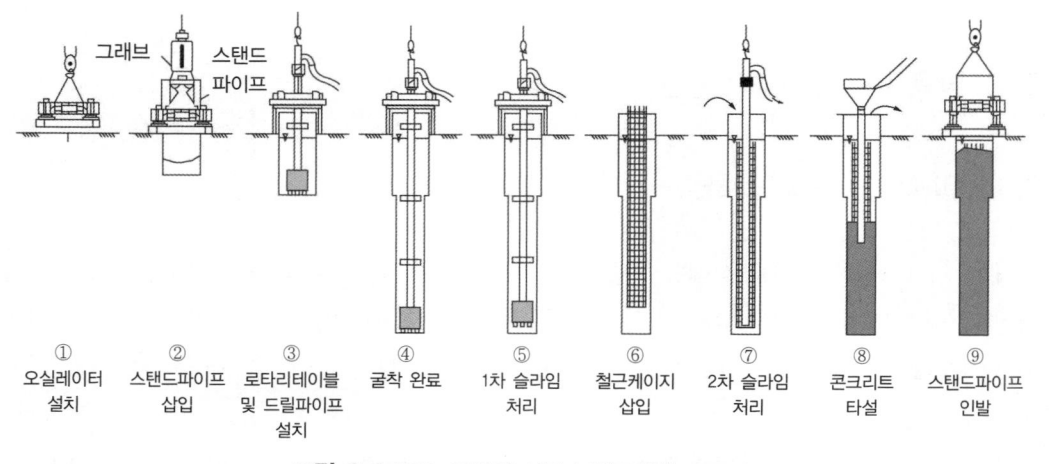

①	②	③	④	⑤	⑥	⑦	⑧	⑨
오실레이터 설치	스탠드파이프 삽입	로타리테이블 및 드릴파이프 설치	굴착 완료	1차 슬라임 처리	철근케이지 삽입	2차 슬라임 처리	콘크리트 타설	스탠드파이프 인발

그림 3.7 RCD 공법의 시공순서(조천환, 2010)

3.2.3 변위 말뚝과 비변위 말뚝

말뚝의 시공법에 따라서 말뚝 시공 시 주변 흙의 거동에 따라 지지력에 영향을 미친다. 말뚝 시공 시 그림 3.8(a)에서와 같이 흙을 밀어내는 양상의 말뚝을 변위 말뚝(soil displacement pile)이라고 한다. 타입 공법으로 시공되는 말뚝이 이 범주에 속한다. 사질토(모래) 지반에 말뚝을 항타하는 경우, 주변 지반의 변위로 말미암아 지반은 다져지게 되어 지지력 향상 효과를 가져 온다. 이에 반하여 말뚝 시공 시 변위가 거의 발생하지 않거나, 오히려 천공한 구멍 쪽으로 밀려들어오는 양상을 띠는 말뚝을 비변위 말뚝(soil excavation pile)이라고 한다(그림 3.8(b)). 매입말뚝이나 현장타설말뚝이 이 범주에 속하며 굴착 시 주변 지반이 이완되어서 비변위 말뚝은 지지력(특히 주면마찰력)이 감소하는 경향을 보인다.

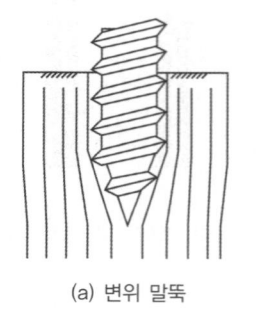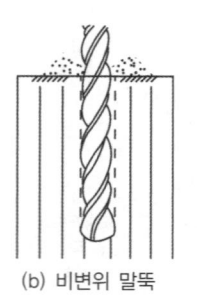

(a) 변위 말뚝　　　　　　　　　　　(b) 비변위 말뚝

그림 3.8 변위 말뚝과 비변위 말뚝

3.3 말뚝기초 설계의 근간

3.3.1 말뚝에 작용되는 하중

제2장 2.1.2절에서 기초 설계용 하중 P가 기둥에 작용될 때, 이 하중은 사하중과 활하중을 더한 값이라고 하였다. 지반이 연약하여 얕은 기초로는 이 하중을 견딜 수 없을 때, 깊은 기초인 말뚝기초로 계획하게 된다. 이때에도 다음 그림 3.9에서 보여주는 바와 같이 확대기초(footing) 또는 파일캡은 두게 되며 그 하부에 수 개의 말뚝으로 견디도록 한다. 말뚝기초로 계획하는 경우는 확대기초(파일캡)에 의한 지지효과는 무시하는 것이 일반적이다. 그 이유는 기둥에 P의 하중이 작용되는 경우 그 하중이 주로 먼저 말뚝주면에 전달되며, 확대기초 하부가 지반과 완전히 밀착되었다고 확신하기 어렵기 때문이다. 이에 대한 것은 차후에 하중전이(load transfer mechanism) 원리를 설명할 때 보다 상세히 서술할 것이다.

그림 3.9에서 보여주는 바와 같이 기둥하중 P를 견디기 위하여 n개의 말뚝을 설치한다고 하면 연직하중 P가 기초의 중심에 작용되는 경우 각 말뚝에는 $P_i = P/n$의 하중이 작용될 것이다. 한편, 편심하중이나 수평하중으로 인하여 파일캡에 모멘트가 작용되는 경우에는 각 말뚝이 분담하는 축하중은 다음 식으로 구할 수 있다.

$$P_i = \frac{P}{n} + \frac{M_y}{\sum x_i^2} x_i + \frac{M_x}{\sum y_i^2} y_i \tag{3.1}$$

여기서, $P_i = i$번째 말뚝에 작용하는 축하중

$\quad\quad\quad P =$ 연직하중의 합력($= DL + LL$)

$\quad\quad\quad M_x, M_y = x$축, y축 각각에 대한 모멘트

$\quad\quad\quad x_i, y_i = i$번째 말뚝에서 x축, y축까지의 거리

$\quad\quad\quad n =$ 말뚝의 개수

한편, 그림 3.9에서 또한 보여주는 바와 같이 수평하중 H가 기초에 작용된다면, 이 수평하중이 각 말뚝에 고루 작용된다고 가정한다. 즉, 각 말뚝에 작용되는 수평하중은 다음과 같다.

$$H_i = \frac{H}{n} \tag{3.2}$$

여기서, $H_i = i$번째 말뚝에 작용되는 수평하중

$\quad\quad\quad H =$ 수평하중의 합력

$\quad\quad\quad n =$ 말뚝의 개수

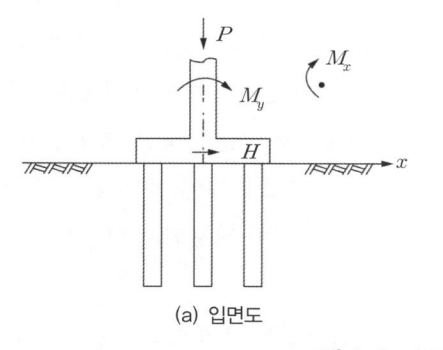
(a) 입면도
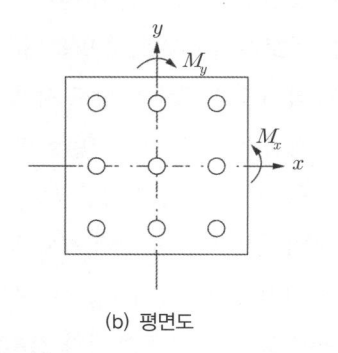
(b) 평면도

그림 3.9 말뚝기초에 작용되는 하중

위에서 서술한 수평하중은 상부구조물에 작용되는 수평하중이 확대기초를 거쳐 말뚝머리에 작용되는 경우이다(그림 3.10(a) 참조). 즉, 말뚝에 작용되는 수평하중이 상부구조물에 작용되는 하중에 기인하는 경우로서, 이를 <u>주동말뚝</u>이라고 한다.

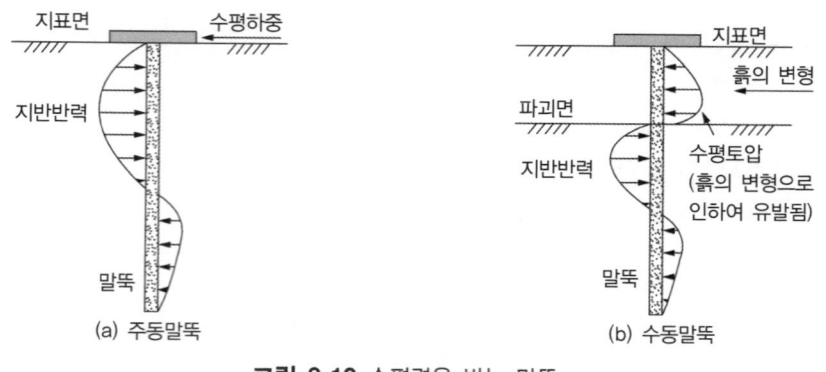

그림 3.10 수평력을 받는 말뚝

이에 반하여, 말뚝 주변 지반이 먼저 변형을 하게 되어 지반의 변형으로 인한 하중이 말뚝에 작용되기도 한다. 즉, 말뚝에 작용되는 수평하중의 주체가(상부구조물에 의한 것이 아니라) 주변 지반의 변형에 기인하는 경우로서 앞과는 완전히 다르며, 이를 <u>수동말뚝</u>이라고 한다(그림 3.10(b) 참조).

말뚝에 작용되는 하중이 주동말뚝인가, 아니면 수동말뚝인가에 따라서 해석하는 방법이 완전히 다르다. 이는 차후의 '수평저항력' 절에서 서술할 것이다.

연직하중말뚝, 주동말뚝, 수동말뚝의 예

그림 3.11에 보여주는 바와 같이 교대뒤채움은 사질토로 성토된 지반이라고 하자.

그림 3.11(a)에서와 같이 원지반 조건이 비록 얕은 기초로는 교대를 지지할 만한 충분한 지지력을 확보하기 어려워서 말뚝기초로 계획되기는 하였으나 상대적으로 강성이 있는 풍화잔류토라고 하면 교대뒤채움 성토 시에 미량의 즉시침하는 전부 발생하므로 교대시공 후에는 원지반에 추가침하는 발생하지 않을 것이다. 따라서 교대말뚝에 작용되는 하중은 교량 상판하중 및 교대자중으로 인한 연직하중 P, 교대뒤채움 성토지반으로 인해 교대에 작용되는 주동토압으로 인하여 발생하는 수평력 H와 모멘트 M_y이다. 즉, 상부교대에 작용되는 하중으로 인해 말뚝에 수평하중이 작용된 경우이므로 이는 주동말뚝이다.

반면에 그림 3.11(b)에서와 같이 원지반에 연약한 포화점토가 존재한다고 하자. 교대시공 후에 발생하는 추가침하를 발생시키지 않기 위하여 당연히 원지반의 압밀을 촉진시킬 수 있는 공법을 사용하여(예, 연직배수재 공법 등) 압밀침하를 충분히 시킨 후에 교대시공 및 성토가 이루어져야 하나, 만일 원지반의 강도 증진 없이 시공이 이루어졌다고 하면 우선 그림 3.11(a)에서 서술한 연직하중(P), 수평하중(H), 모멘트(M_y)는 당연히 존재하며, 이에 추가로 반드시 고려하여야 할 사항이 있다. 비록 교대말뚝을 견고한 지반까지 근입한 연유로 교대 자체는 침하하지 않을 수 있으나, 뒤채움부의 성토지반은 성토지반하중으로 인하여 원지반에 서서히 압밀침하가 발생할 것이다. 그러면 단순계산으로 압밀침하량에 점토의 포아송비를 곱한 정도만큼 원지반은 수평방향으로 변위가 발생하려고 한다. 이를 '측방유동'이라고 한다. 다만, 교대말뚝기초가 존재하는 연고로 측방유동 대신 말뚝에 지중하중이 작용될 것이다. 즉, 수동말뚝으로 작용할 것이다. 말뚝기초에 측방유동하중이 작용되어 말뚝이 수평으로 밀려가기 시작하면 잘 멈추지 않아서 교대 전체가 밀려나가는 무서운 거동 양상을 보여주게 된다.

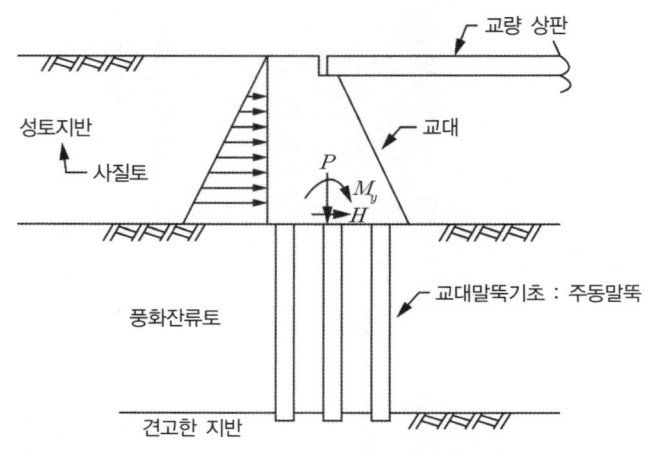

(a) 원지반이 사질토로 이루어진 경우의 교대말뚝기초

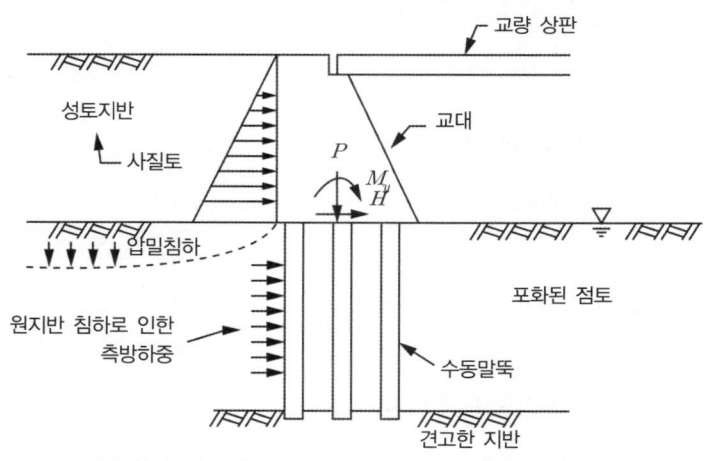

(b) 원지반이 연약한 포화점토로 이루어진 경우의 교대말뚝기초

그림 3.11 연직하중말뚝, 주동말뚝, 수동말뚝

[예제 3.1] 다음 (예제 그림 3.1)에서 보여주는 바와 같이 기둥에 ('A' 부분) 기둥하중 6,000 kN이 편심 $e_x = 0.3\,\mathrm{m}$, $e_y = 0.4\,\mathrm{m}$가 되게 작용되고 있다. 말뚝 5, 7, 3에 작용되는 연직하중을 구하라. 또한 수평하중 $H = 600\,\mathrm{kN}$이 작용될 때, 각 파일에 작용하는 수평하중을 구하라.

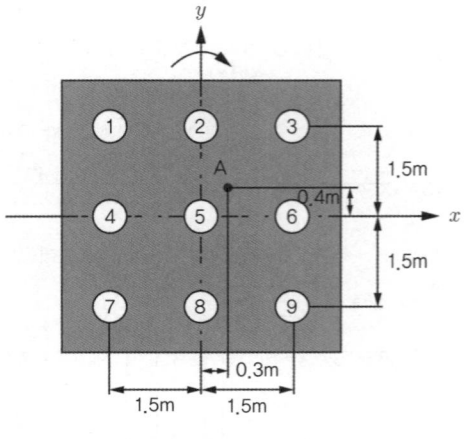

(예제 그림 3.1)

[풀이]

$P_i = \dfrac{P}{n} + \dfrac{M_y}{\sum x_i^2} x_i + \dfrac{M_x}{\sum y_i^2} y_i$ 을 이용하면,

$$\sum x_i^2 = 6 \times 1.5^2 = 13.5\,\mathrm{m}^2$$

$$\sum y_i^2 = 6 \times 1.5^2 = 13.5\,\mathrm{m}^2$$

$$M_y = Pe_x = 6000 \times 0.3 = 1,800\,\mathrm{kN \cdot m}$$

$$M_x = Pe_y = 6000 \times 0.4 = 2,400\,\mathrm{kN \cdot m}$$

말뚝 3, 5, 7에 작용하는 연직하중은 다음과 같다.

$$P_3 = \frac{6000}{9} + \frac{1800 \times (1.5)}{13.5} + \frac{2400 \times (1.5)}{13.5} = 1,133\,\mathrm{kN}$$

$$P_5 = \frac{6000}{9} + \frac{1800 \times (0)}{13.5} + \frac{2400 \times (0)}{13.5} = 667\,\mathrm{kN}$$

$$P_7 = \frac{6000}{9} + \frac{1800 \times (-1.5)}{13.5} + \frac{2400 \times (-1.5)}{13.5} = 200\,\text{kN}$$

한편, 각 말뚝에 작용하는 수평하중은 다음과 같다.

$$H_i = \frac{H}{n} = \frac{600}{9} = 66.7\,\text{kN}$$

3.3.2 설계의 근간

앞에서 각 말뚝에 실제로 작용하는 축하중을 구하는 방법을 서술하였다. 여기서 주지하여야 할 사실은 그림 3.9에서 보여주는 바와 같이 말뚝기초로 계획하는 경우 각기둥에 대하여 말뚝을 한 개로 견디도록 하는 경우는 드물고 몇 개의 말뚝으로 배치함이 일반적이다. 이를 무리말뚝이라고 한다. 그러나 말뚝설계를 위해서는 먼저 단일말뚝으로 가정하고, 단일 말뚝에 대한 분석을 먼저 하게 된다. 단일말뚝에 대한 분석이 이루어진 다음에 무리말뚝 효과를 추가로 고려한다.

1) 단일말뚝에 작용되는 설계하중

단일말뚝에 작용되는 설계하중은 다음과 같이 설정할 수 있다.

(1) 단일말뚝의 설계 축하중

예를 들어서 그림 3.9(또는 예제 그림 3.1)에서 제시된 각 말뚝에 실제로 작용되는 축하중은 식(3.1)로 구할 수 있다. 설계 축하중(working load)은 식(3.1)의 P_i값 중에서 최대값으로 보면 무리가 없다. 즉, 단일말뚝의 설계 축하중 P_w는 다음 식으로 표시할 수 있다.

$$P_w = \max[P_i] \tag{3.1a}$$

여기서, P_w = 단일말뚝의 설계 축하중

P_i = 각 말뚝에 작용되는 축하중

(2) 설계 수평하중

설계 수평하중 H_w는 식(3.2)로부터 다음 식으로 구할 수 있다.

$$H_w = H_i = \frac{H}{n} \tag{3.2a}$$

여기서, H_w = 설계 수평하중

H_i = 각 말뚝에 작용되는 수평하중

n = 말뚝의 개수

이 설계하중에 대하여 말뚝은 다음의 두 가지 관점에서 설계되어야 한다.

① 첫째, 말뚝재료 자체의 허용하중이 설계하중(working load)보다 커야 한다. 만일 말뚝에 작용되는 축하중이 말뚝 자체의 허용하중보다 크다면 말뚝 자체에 손상이 생기게 된다. 얕은 기초의 경우에는 구조 설계용 하중은 식(2.7), (2.8)을 근거로 극한강도 설계법으로 기초의 두께 및 소요 철근량을 구하는 것이 일반적이나, 말뚝의 경우는 기성제품을 사용하므로 제품 생산업체에서 제공하는 허용응력에 말뚝단면적을 곱한 재료허용하중보다 큰 하중이 말뚝에 작용되지 않도록 해야 한다. 다시 말하여 말뚝 부재 설계는 허용응력 설계법을 사용하고 있다(현장타설말뚝의 경우도 대부분 허용응력 설계법을 사용한다). 말뚝재료 자체의 허용하중은 국가별로 또는 기관별로 다르다. 한국에서 주로 적용되는 구조물 기초 설계기준 해설(2009)에서 제시한 허용응력은 다음 표 3.1과 같다. 표에서 보여주는 바와 같이 기성 콘크리트말뚝은 콘크리트 압축강도의 1/4에다가 말뚝 제조과정에서 가한 프리스트레스량을 제외한 응력을 허용응력으로 설정한다. 예로 압축강도가 50MPa인 A 종 PHC 말뚝의 허용응력은 50/4 − 4 = 8.5MPa이 된다. 강말뚝의 경우는 강재료에 따라서 140 또는 190MPa의 허용응력을 사용한다. 다만 허용하중을 구하기 위해서 허용응력에 단면적을 곱하는 경우 철판의 두께를 실제 두께에서 2mm 감한 두께를 사용한다. 이는 철판이 장시간 거치되는 경우 부식됨을 감안한 것이다(즉, 부식두께를 2mm로 가정한다).

연직방향 하중에 대해서는 허용압축응력을 검토해야 하는 반면, 수평방향 하중에 대해서는 허용휨응력을 검토하여야 한다.

표 3.1 말뚝재료별 허용응력

말뚝재료		허용응력(MPa)	비고
기성 콘크리트 말뚝	RC 말뚝	$\sigma_{ck}/4$	
	PSC 말뚝 PHC 말뚝	$\sigma_{ck}/4 - \sigma_{ep}$ $\sigma_{ck}/4 - \sigma_{ep}$	유효 프리스트레스 제외
강말뚝	SPS400 강관말뚝 SPS490 강관말뚝	140 190	부식두께 공제한 유효면적 적용
현장타설말뚝		$\sigma_{ck}/4(\leq 8.5) + 0.4\sigma_y$	보강재 고려

[주] 1. 강관말뚝에 대한 허용압축응력을 검토할 때는 부식에 의한 유효단면적 감소(부식두께 공제 2mm)를 고려한다.
　　2. PSC 및 PHC 말뚝의 경우 종류별로 아래와 같은 유효 프리스트레스(σ_{ep})의 영향을 고려한다.
　　　A종 : 4MPa, B종 : 8MPa, C종 : 10MPa
　　3. σ_{ck}는 콘크리트 압축강도이다.
　　4. σ_y는 보강재의 항복강도이다.

② 둘째, 상부구조물로부터 오는 하중은 일차적으로는 말뚝으로 전이되나, 궁극적으로 이 하중을 받아주는 것은 지반이다. 즉, 지반의 지지력이 충분하여야 한다. 지반의 지지력 검토는 다음과 같이 축하중과 수평하중 각각에 대하여 이루어져야 한다.

2) 축방향 안정성 검토

말뚝기초의 축방향 극한지지력을 Q_u라 하자. 얕은 기초에서의 정의와 마찬가지로 단일말뚝의 극한지지력이란 말뚝에 하중을 계속적으로 증가시켜서 지반 자체에 전단파괴가 일어날 때의 하중을 말한다. 이때 허용하중 Q_{allow}은 극한지지력을 소요안전율 F_s로 나눈 값이다. 이렇게 구한 허용지지력보다 설계하중이 작아야 안전하다. 즉, 다음 식을 만족해야 한다.

$$P_w \leq Q_{allow} \tag{3.3}$$

둘째, 위의 조건과 병행해서 말뚝에 설계하중 P_w가 작용되었을 때의 침하량을 S라 하면 이 침하량이 허용침하량보다 작아야 한다. 즉, 다음 식을 만족해야 한다.

$$S \leq S_{allow} \tag{3.4}$$

단일말뚝에 대한 설계 시 침하량에 대한 검토는 생략하기도 한다. 이는 말뚝에 작용되는 실하중이 말뚝의 허용지지력보다 작으면 침하에도 큰 문제없다는 가정에 기인한다.

3) 수평방향 안정성 검토

단일말뚝에 수평하중 H_w가 적용되는 경우, 연직하중과는 다른 거동을 보인다. 말뚝은 축방향으로는 강체로 거동하며, 말뚝 자체는 탄성변위 정도만 수축된다. 이에 반하여 수평하중을 받는 말뚝은 연성체(flexible structure)로 거동하여 작은 하중에도 수평변위는 상대적으로 크게 발생한다. 수평하중을 받는 말뚝의 거동을 지배하는 것은 앞에서 서술한 말뚝에 작용되는 휨응력과 함께 수평변위이다. 따라서 말뚝의 수평방향 지지력은 다음의 두 가지 기준을 동시에 만족하도록 결정해야 한다.

① 말뚝에 발생하는 수평변위량(y_0)이 허용수평변위량(y_{allow})을 초과하지 말아야 한다. 즉,

$$y_o \leq y_{allow} \tag{3.5}$$

② 말뚝에 발생한 수평변위로 인하여 말뚝에 발생하는 최대휨응력 σ_b가 말뚝재료가 허용하는 최대휨응력 σ_{allow}를 초과해서는 안 된다. 즉,

$$\sigma_b \leq \sigma_{\text{allow}} \tag{3.6}$$

3.4 말뚝의 축방향 극한지지력

3.4.1 개 괄

말뚝의 축방향 극한지지력 공식을 설명하기에 앞서서, 우선 말뚝머리에 축방향 하중을 가했을 때 말뚝의 거동 양상을 서술하고자 한다.

1) 하중전달 미케니즘(Load-transfer Mechanism)

그림 3.12(a)에서 보여주는 바와 같이 말뚝머리에 축하중 $Q_{(z=0)}$를 가하면 이 하중에 대하여 우선은 말뚝과 주변 흙 사이의 접촉마찰로 인해 유발되는 주면마찰저항력 Q_1에 의하여 저

항하고(그림 3.12(b)의 곡선①), 그 나머지를 말뚝선단에서 Q_2의 값만큼 저항한다. 물론 Q_1 과 Q_2를 합하면 말뚝머리에 작용되는 하중 $Q_{(z=0)}$와 같이 될 것이다.

말뚝머리에 가해진 $Q_{(z=0)}$에 대해서 주면마찰저항이든지, 선단저항이든지 궁극적으로 이 하중을 지지하는 것은 지반임을 다시 한 번 강조하며, 당연히 말뚝이 주변 지반보다 더 많이 침하를 해야 저항력을 발휘할 수 있다. 즉, 말뚝과 주변 지반 사이에 상대변위가 존재해야 한다.

2) 단위면적당 주면마찰저항

그림 3.12(b)의 곡선 ①에서 보여주는 바와 같이 말뚝에 작용되는 하중은 깊이가 깊어짐에 따라 $z=0$에서 $Q_{(z=0)}$로부터 주변 지반과 말뚝 사이의 주면마찰저항에 의하여 $z=z$에서는 $Q_{(z=z)}$로 줄어들게 되며, 결국 선단에까지 전달되는 하중이 Q_2가 된다. 이때 미소깊이 Δz에서 유발되는 단위면적당 주면마찰저항 $f_{s(z=z)}$는 다음 식으로 구할 수 있다.

$$f_{s(z=z)} = \frac{\Delta Q_{(z)}}{p \cdot \Delta z} \tag{3.7}$$

여기서, p = 말뚝 단면적의 윤변(perimeter)

식 (3.7)로 구한 단위면적당 주면마찰저항의 변화의 개략도를 그리면 그림 3.12(c)와 같다.

3) 축방향 극한지지력의 정의 및 구성

이제 말뚝머리에 작용되는 하중 $Q_{(z=0)}$를 점차 증가시키어 말뚝의 주변지반에서(말뚝주면 및 선단부분) 지지력 파괴가 일어났을 때의 하중은 Q_u가 되며 이 하중을 축방향 극한지지력이라고 한다(그림 3.12(b)의 곡선②).

이때의 Q_1값은 $Q_1 = Q_s$로서 극한주면마찰저항력으로 불리며, Q_2값은 $Q_2 = Q_p$로서 극한선단지지력으로 불린다(그림 3.12의 (d)를 참조하라). 즉, 말뚝의 축방향 극한지지력은 극한선단지지력 Q_p와 극한주면마찰저항력 Q_s의 합으로 이루어진다.

$$Q_u = Q_p + Q_s \tag{3.8}$$

여기서, Q_u = 말뚝의 축방향 극한지지력

Q_p = 말뚝의 극한선단지지력

Q_s = 말뚝의 극한주면마찰저항력

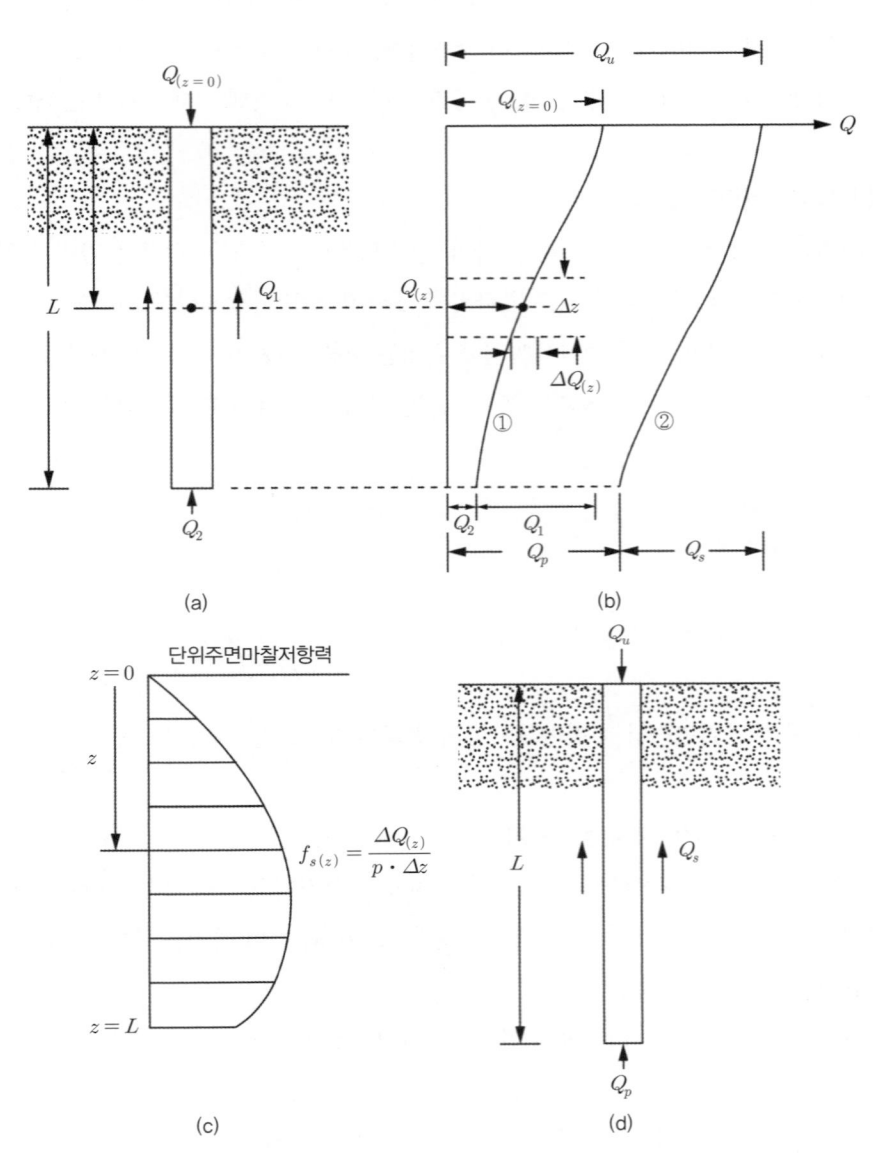

그림 3.12 말뚝의 하중전달 미케니즘(Load-transfer mechanism of piles)

4) 극한주면마찰저항력과 극한선단지지력이 유발될 때의 변위

비록 전체 극한지지력 Q_u는 극한주면마찰저항력 Q_s와 극한선단지지력 Q_p의 단순합으로

구하게 되나, Q_s와 Q_p가 다다르는 시기는 워낙 다름에 유의할 필요가 있다. 먼저 극한주면마
찰저항력 Q_s는 일반적으로 말뚝의 제원에 상관없이 말뚝과 주변 흙 사이에 상대변위가
5~10mm 사이에서 충분히 최대값을 발휘한다. 이에 반하여 극한선단지지력이 최대로 발휘되
는 시점은 완전히 다르다. 말뚝선단에서, 말뚝직경의 10~25% 정도 침하가 이루어져야 최대
값에 이르게 된다(예를 들어서 $\phi600$ 말뚝의 경우 60mm 이상).

그림 3.13에 축하중–침하량 곡선의 개략도(schematic diagram)가 잘 나타나 있다. 그림
에서 보면 Q_p값은 Q_s값보다 크다. 그러나 극한주면마찰저항력 Q_s는 말뚝이 침하량 S_{u1}(통
상 5~10mm)에 도달하면 최대에 도달하여 추가침하에도 이 값은 더 이상 증가하지 않는다.

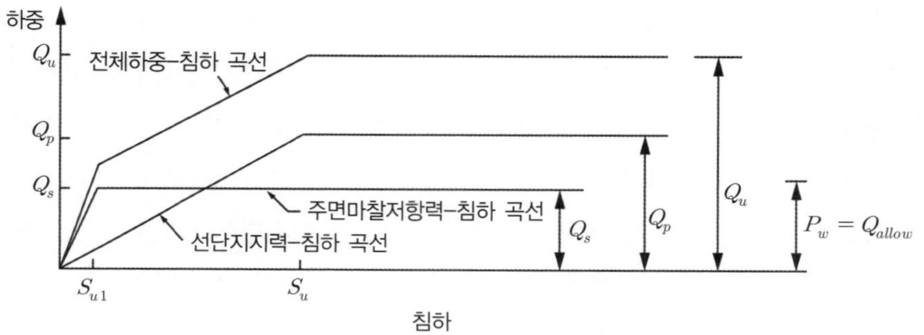

그림 3.13 말뚝의 축하중–침하 곡선

이에 반하여 극한선단지지력 Q_p는 침하량 S_u(말뚝 직경의 10% 이상)에 도달해야 최대치
에 이른다. 이때 $Q_u = Q_p + Q_s$로서 축방향 극한지지력을 구할 수 있다. 만일 축방향 극한지
지력에 대한 안전율 $F_s = 3$으로 가정하면 허용지지력은 $Q_{allow} = \dfrac{Q_u}{3}$로서 그림 3.13의 경우
에는 극한주면 마찰저항력 Q_s보다 약간 크다. 말뚝에 실제로 적용되는 설계 축하중 P_w값을
$P_w = Q_{allow}$로 가정하면, 설계 축하중이 말뚝에 작용될 때에는 주면마찰저항으로 주로 저항
하며, 선단에서 분담하는 저항력은 극소하다. 즉, 다음의 관계에 유의하길 바란다.

$$Q_u = Q_p + Q_s \tag{3.9}$$
$$Q_s < Q_p \text{ (그림 3.13의 경우)}$$

$$P_w = Q_{wp} + Q_{ws} \tag{3.10}$$
$$Q_{ws} \gg Q_{wp} \text{ (그림 3.13의 경우)}$$

여기서, Q_{ws} = 말뚝머리에 설계 축하중 P_w를 작용시켰을 때의 주면마찰저항력

Q_{wp} = 말뚝머리에 설계 축하중 P_w를 작용시켰을 때의 선단지지력

5) 말뚝 선단에서의 지지력 파괴 형상

말뚝의 침하로 인한 기초 파괴의 양상은 얕은기초의 파괴양상으로부터 유추할 수 있을 것이다. 그림 2.7을 보면 기초의 파괴 유형은 전반, 국부, 관입전단파괴의 세 유형으로 나눌 수 있다. 그림 2.8을 보면 지반이 연약할수록, 근입깊이가 깊을수록, 전반 → 국부 → 관입전단파괴 순으로 유형이 옮겨감을 알 수 있다. 특히 근입깊이가 기초폭의 5배 이상인 경우는 대부분 관입전단파괴 유형임을 감안할 때 말뚝선단은 대부분 관입전단파괴(punching failure mode)가 발생됨을 유추할 수 있다. 그림 2.7(c)의 형상을 유추하여 볼 때, 그림 3.14(a)에서 보여준 파괴 영역 가운데, 구역 I의 파괴면 형상만이 주로 나타나며, 구역 I를 포함한 말뚝선단이 추가적인 파괴면 없이 아래방향으로 쑥 내려가는 거동만을 보일 것이다. 다만, 선단 부분의 지반이 비교적 단단한 경우는 관입/국부파괴의 중간 형태를 보여 구역 II로 표시한 파괴 형상도 존재할 수 있다. Vesic(1977)은 3.14(b)(c)에서와 같이 구역 I/II에 의하여 지반이 경사방향으로 밀려나면 수평방향으로 소성 영역이 발생된다고 가정하기도 하였다(소성 영역 III). 즉, 이 부분이 팽창한다고 가정한 소위 공동팽창이론(cavity expansion theory)으로 지지력을 구하기도 하였다. 자세한 사항은 참고문헌을 참조하기 바란다(Prakash와 Sharma, 1990).

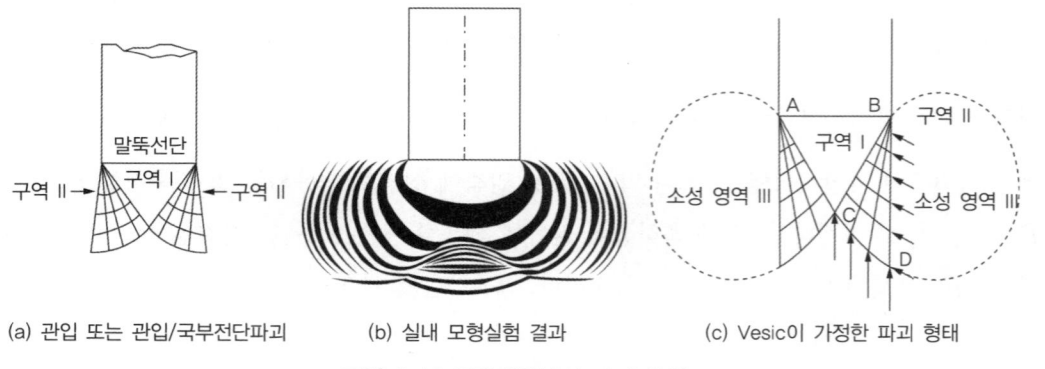

(a) 관입 또는 관입/국부전단파괴   (b) 실내 모형실험 결과   (c) Vesic이 가정한 파괴 형태

그림 3.14 말뚝선단부의 파괴 유형

지지력 발휘를 위한 핵심요건

말뚝의 극한지지력 발휘를 위한 기본 요건은 말뚝이 주변 지반보다 침하를 많이 해야 한다는 것이다. 즉, 말뚝과 주변 지반 사이에 상대변위가 생겨야 한다.

말뚝주면과 선단에서의 변위

말뚝주면에서는 말뚝의 침하가 크지 않아도 쉽게 극한주면마찰저항력이 발휘되나, 선단지지력이 극한값에 도달하려면 상대적으로 큰 침하량이 필요하다.

3.4.2 말뚝의 정역학적 극한지지력

앞 절에서 서술한 대로 말뚝의 축방향 극한지지력은 다음 식으로 표시된다(그림 3.15(a) 참조).

$$Q_u = Q_p + Q_s \tag{3.11}$$

여기서, Q_p = 말뚝의 극한선단지지력
Q_s = 말뚝의 극한주면마찰저항력

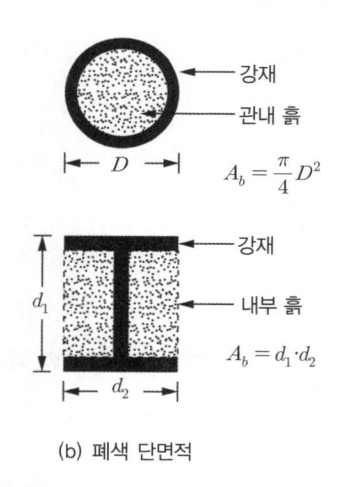

(a)

(b) 폐색 단면적

그림 3.15 말뚝의 축방향 극한지지력

1) 극한선단지지력 Q_p

말뚝의 극한선단지지력 Q_p는 다음 식으로 표시된다.

$$Q_p = q_p \cdot A_b \tag{3.12}$$

여기서, q_p = 단위면적당 극한선단지지력 (약칭 '단위선단지지력'으로 명명한다)

$\quad\quad\quad A_b$ = 말뚝 저부의 면적(단, 선단부 내부로 흙이 채워져서 선단부가 완전히 폐색되
었다고 가정하는 경우, 그림 3.15(b) 참조)

가장 일반적인 얕은 기초의 극한지지력 공식은 식 (2.34)와 같다. 이를 간략히 표현하면 다음
과 같다.

$$q_{ult} = cN_c^* + qN_q^* + \frac{1}{2}\gamma B N_\gamma^* \tag{3.13}$$

식 (3.13)에서 N_c^*, N_q^*, N_γ^*는 공히 형상계수, 깊이계수, 경사하중까지를 모두 감안한 지지
력 계수이다.

말뚝선단에서의 극한선단지지력도 식 (3.13)과 유사하게 유도할 수 있다. 기초의 폭 B는 말
뚝 기초의 경우, 말뚝의 직경 D이므로 단위선단지지력은 다음 식으로 표시할 수 있다.

$$q_p = cN_c^* + qN_q^* + \frac{1}{2}\gamma D N_\gamma^* \tag{3.14}$$

식 (3.14)에서 말뚝직경 D는 크지 않으므로 세 번째 항은 무시할 수 있다. 결국 다음 식으로
표시할 수 있다(말뚝선단지지력 계수 N_c^*, N_q^*는 형상계수 및 깊이계수를 감안한 지지력 계수
로 간주한다).

$$q_p = cN_c^* + \sigma_v{}' N_q^* \tag{3.15}$$

식 (3.15)에서 $\sigma_v{}'$은 그림 3.15(a)에 표시된 바와 같이 유효상재압력이다. 결국 말뚝의 극한

선단지지력은 다음 식으로 귀착된다.

$$Q_p = q_p \cdot A_b$$
$$= (cN_c^* + \sigma_v' N_q^*) \cdot A_b \tag{3.16}$$

말뚝의 극한선단지지력 공식은 어느 제안식을 막론하고 식 (3.16)으로 동일하다. 달라지는 것은 파괴단면의 형상에 따라 유도된 N_c^* 및 N_q^* 지지력 계수이다. 서문에서 서술한 대로 이 책의 서술 근본 목적이 그 원리를 전달하는 데 있으므로, 제안된 지지력 계수공식의 나열은 지양하고, 대표적인 제안식만을 예시로 서술하고자 한다. 특히 실무설계에 필요한 계수들은 조천환(2010) 책을 활용하기 바란다.

(1) 사질토의 단위선단지지력

사질토의 경우 $c = 0$이므로 단위선단지지력은 다음 식으로 표시된다.

$$q_p = \sigma_v' N_q^* \tag{3.17}$$

여기서, N_q^*는 당연히 말뚝선단부에서의 내부 마찰각 ϕ의 함수이다. 표 3.2에 여러 학자들에 의해 제안된 $\phi - N_q^*$ 관계의 예를 보여주고 있다. 제안자에 따라서 그 값이 천차만별인 것을 알 수 있다. 선단지지력에 대한 일반사항을 서술하면 다음과 같다.

① 식 (3.17)로 제안된 단위선단지지력은 깊이가 깊어짐에 따라 σ_v' 증가로 인하여 계속 증가되는 것으로 되어 있으나, 실내 및 현장 실험 결과에 의하면 어느 한계깊이까지는 증가하되, 한계깊이 이하에서는 일정한 것으로 알려져 있다(그림 3.16 참조). 실무목적으로는 한계 깊이를 말뚝 직경의 20배 정도로 볼 수 있다. 즉, $\sigma_v' \le \gamma' L_b = \gamma'(20D)$로 보면 될 것이다.

② 단위선단지지력은 파일 시공법에 따라서 또한 달라질 수밖에 없다. 사질토에 시공되는 타입말뚝의 경우 다짐효과에 기인하여 현장타설말뚝의 지지력보다 더 크다.

표 3.2 여러 제안자에 의한 사질토에서의 N_q^* 값

ϕ값 (°)	N_q^* 값				
	25	30	35	40	45
De Beer(1945)	59	155	380	1150	4000
Meyerhof(1953)	38	89	255	880	4000
Caquot–Kerisel(1956)	26	55	140	350	1050
Hansen(1961)	23	46	115	350	1650
Skempton, Yassin and Gibson(1953)	46	66	110	220	570
Hansen(1951)	32	54	97	190	400
Berezantsev(1961)	16	33	75	186	–
Vesic(1963)	15	28	58	130	315
Vesic(1972): $I_r = 60$	20	27	40	59	85
Vesic(1972): $I_r = 200$	29	46	72	110	165
Terzaghi(1943): 전반전단	12.7	22.5	41.4	81.3	173.3
Terzaghi(1943): 국부전단	5.6	8.3	12.6	20.5	35.1

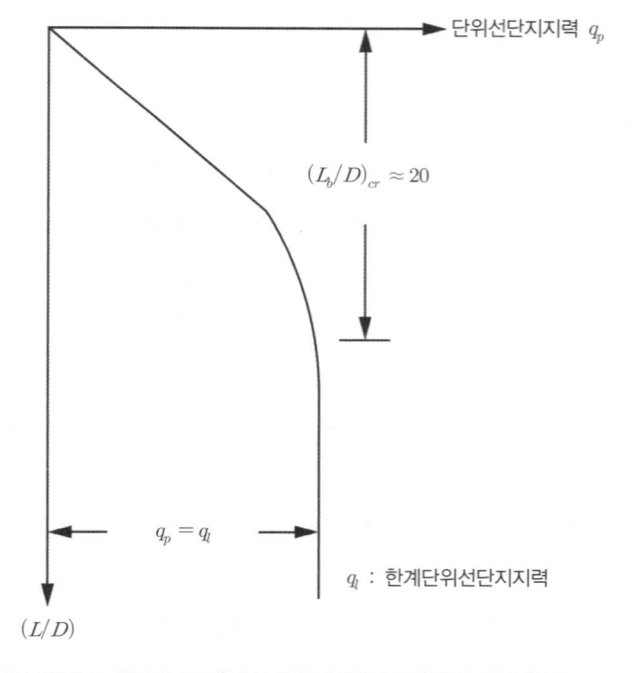

그림 3.16 균질한 사질토 지반에서의 단위선단지지력의 변화형상

결국 N_q^*값은 현장재하시험 결과를 근거로 역산해서 얻는 것이 가장 신뢰할 만하다고 볼 수 있다. Meyerhof(1976), Coyle과 Castello(1981)가 현장시험 결과를 역산하여 설계에 사용할 수 있는 $\phi \sim N_q^*$ 관계식을 표로 제시하였다(표 3.3 참조). 표에서 보듯이 매입(또는 현장타설) 말뚝의 N_q^*값은 타입말뚝 N_q^*값의 반 정도임을 알 수 있다.

표 3.3 $\phi \sim N_q^*$ 제안값(실측 데이터 역산)

$\phi°$	20	25	28	30	32	34	36	38	40	42	45
N_q^* (타입형)	8	12	20	25	35	45	60	80	120	160	230
N_q^* (매입/현장타설)	4	5	8	12	17	22	30	40	60	80	115

(2) 점토의 단위선단지지력

점토의 경우 비배수조건으로 보면 $\phi_u = 0$이므로 포화된 점토에서의 단위선단지지력은 다음 식으로 표시된다.

$$q_p = c_u N_c^*$$
(3.18)

여기서, c_u = 점토의 비배수 전단강도

N_c^*는 2장에서 소개한 얕은 기초의 지지력 계수 N_c(즉, 표 2.1에서 $\phi = 0$일 때의 $N_c = 5.14$)에다가 형상계수 및 깊이계수를 곱한 값으로 구할 수 있다. 그림 3.17을 보면 관입비 4 이상인 정방향/원형기초의 N_c^*값은 9로 볼 수 있다. 따라서 식 (3.18)은 다음 식으로 된다.

$$q_p = 9c_u$$
(3.19)

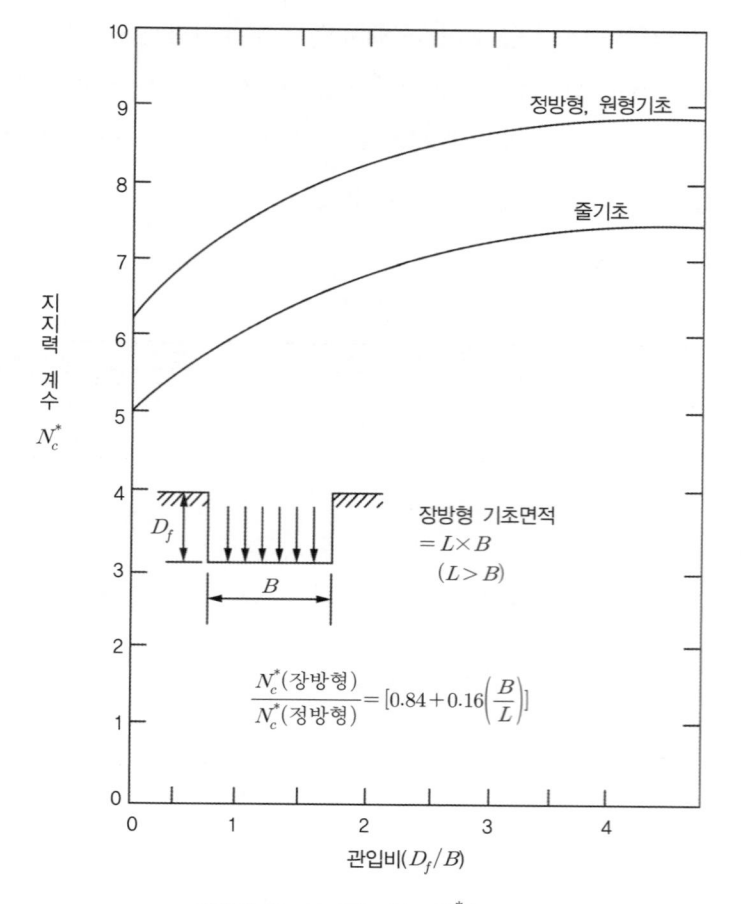

그림 3.17 지지력 계수 N_c^* (Skempton, 1951)

2) 극한주면마찰저항력

말뚝의 주면마찰저항력은 다음 식으로 표현된다.

$$Q_s = \sum p \Delta L \cdot f_s \tag{3.20}$$

여기서, p = 말뚝단면의 윤변

ΔL = p와 f_s가 일정한 곳에서 말뚝의 길이

f_s = 깊이 z에서의 단위주면마찰저항력

단위주면마찰저항력 f_s는 '토질역학의 원리'의 10.3.1의 2)절에서 서술하였듯이 흙과 구조

체(즉, 말뚝) 사이의 전단강도 식으로 부터 다음 식으로 표시할 수 있다.

$$f_s = c_a + \sigma_n{}'\tan\delta$$
$$\quad = c_a + K_s\sigma_v{}'\tan\delta \qquad (3.21)$$

여기서, c_a = 말뚝과 주변 흙 사이의 부착력

δ = 말뚝과 주변 흙 사이의 벽면마찰각

K_s = 말뚝면에 작용하는 토압계수

(1) 사질토의 단위주면마찰저항력

사질토의 경우는 $c_a = 0$이므로 f_s는 다음과 같다(그림 3.18(a)).

$$f_s = K_s\sigma_v{}'\tan\delta \qquad (3.22)$$

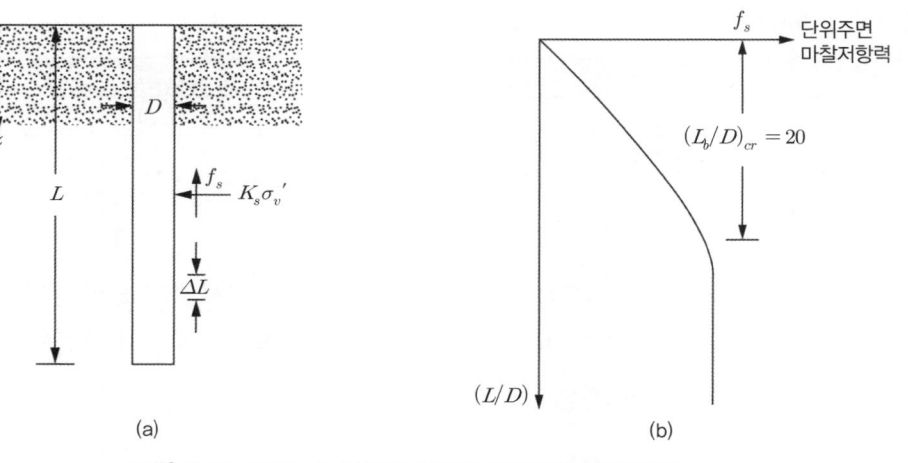

그림 3.18 사질토에 근입된 말뚝의 단위주면마찰저항력

사질토의 주면마찰저항은 다음의 특성을 가진다.

① 타입식으로 시공된 말뚝의 주면저항력이 다짐효과로 인하여 천공식으로 시공된 저항력보다 크다.

② 선단지지력의 경우와 마찬가지로 주면마찰저항력도 깊이가 깊어짐에 따라 계속 증가하는

것이 아니라 한계깊이에 도달하면 일정한 것으로 알려져 있다. 한계깊이는 말뚝 직경의 10~30배 정도로 알려져 있으며, 설계목적으로는 $20D$(D는 말뚝직경) 정도로 보면 될 것이다(그림 3.18(b)). 즉, $\sigma_v' \le \gamma'(20D)$를 한계로 한다.

식 (3.22)에서의 토압계수 K_s는 말뚝 타입 시의 다짐도에 따라 달라지며 예가 표 3.4에 표시되어 있다. 한편 δ값은 일반적으로 $(0.5 \sim 0.8)\phi'$ 정도로 알려져 있으며, 표 3.5를 참조하면 될 것이다.

표 3.4 사질토에 근입된 말뚝에 작용되는 토압계수 K_s

말뚝형태	K_s
굴착말뚝	0.5
타입H 말뚝	0.5 ~ 1.0
타입배토말뚝	1.0 ~ 2.0

* 주 : Meyerhof(1976) 제안값

표 3.5 벽면마찰각, δ

말뚝재료	δ
강말뚝	20°
콘크리트말뚝	$3\phi/4$

* 주 : Aas(1966) 제안

[예제 3.2] $\phi508\text{mm}$ 강관말뚝을 모래지반에 타입하였다(예제 그림 3.2)(선단부는 폐색된 것으로 가정하라). 지반은 $\phi' = 36°$, $\gamma_{sat} = 20\text{kN/m}^3$로서 균질하며, 지하수는 지표면에 존재한다. 말뚝의 길이는 $L = 9\text{m}$이다.

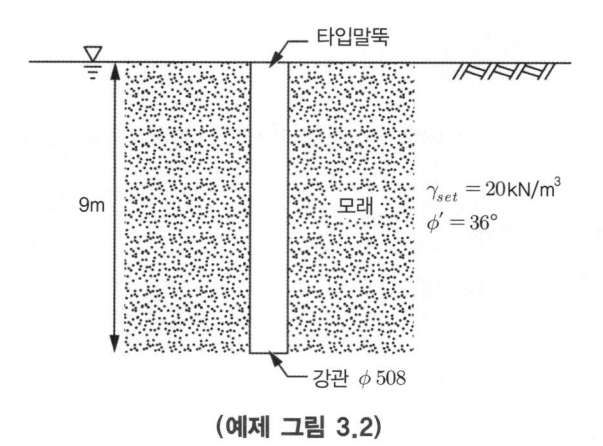

(예제 그림 3.2)

(1) 말뚝의 축방향 극한지지력을 구하라.

(2) 매입말뚝으로 가정하고 지지력을 구하라.

[풀이]

말뚝 내부의 흙을 포함한 폐색단면적은

$$A_b = \frac{\pi}{4}D^2 = \frac{\pi}{4}(0.508)^2 = 0.2027\,\text{m}^2$$

(1) 타입 말뚝의 극한 지지력

① 극한선단지지력 계산

모래지반($c = 0$)이므로 식 (3.17)에 따라

$$q_p = \sigma_v{}' N_q^*$$

표 3.3에 의하여 $\phi' = 36°$일 때, $N_q^* = 60$(타입형)이다.

선단부의 한계길이 검토 결과는 다음과 같다.

$$\sigma_v{}' = (20 - 9.81)(9) = 91.71\,\text{kPa}$$
$$\gamma'(20D) = (20 - 9.81)(20)(0.508) = 103.53\,\text{kPa}$$

따라서, $\sigma_v' \le \gamma'(20D)$이다.

$$\therefore \quad Q_p = q_p A_b = \sigma_v' N_q^* A_b = (20 - 9.81)(9)(60)(0.2027) = 1115.4\,\text{kN}$$

② 극한주면마찰저항력 계산

모래지반($c_a = 0$)이므로 식 (3.22)에 따라

$$f_s = K_s \sigma_v' \tan\delta$$

표 3.4~3.5에 따라 토압계수 $K_s = 1.0$(타입 시), 벽면마찰각 $\delta = 20°$(강말뚝)로 본다. 주면마찰의 한계깊이 검토 결과는 다음과 같다.

$$\sigma_v' = (20 - 9.81)(9) = 91.71\,\text{kPa}$$
$$\gamma'(20D) = (20 - 9.81)(20)(0.508) = 103.53\,\text{kPa}$$

따라서, $\sigma_v' \le \gamma'(20D)$이다.

식 (3.20)에 의해 $Q_s = \sum p \Delta L f_s$

윤변 p는 $p = \pi D = \pi(0.508)$이다.

$f_s(z)$는 깊이에 따라 증가하므로 $z = 4.5\text{m}$의 값을 대표값으로 하면

$$f_s = (1)(20 - 9.81)(4.5)\tan 20°$$
$$= 16.7\,\text{kPa}$$

따라서, $Q_s = (0.508\pi)(9)(16.7) = 239.9\,\text{kN}$

타입 시 축방향 극한지지력은,

$$\therefore \quad Q_u = Q_p + Q_s = 1115.4 + 239.9 = 1355.3\,\text{kN}$$

(2) 매입 말뚝의 극한 지지력

① 극한선단지지력 계산

표 3.3에 의하여 $\phi' = 36°$일 때, $N_q^* = 30$(매입형)이다. 따라서,

$$Q_p = q_p A_b = \sigma_v' N_q^* A_b = (20 - 9.81)(9)(30)(0.2027) = 557.7 \text{kN}$$

② 극한주면마찰저항력 계산

표 3.4~3.5에 따라 토압계수 $K_s = 0.5$(굴착말뚝), 벽면마찰각 $\delta = 20°$(강말뚝)이다. 따라서,

$$f_s = (0.5)(20 - 9.81)(4.5)\tan 20°$$
$$= 8.3 \text{kPa}$$

$$Q_s = \sum p \Delta L f_s = (0.508\pi)(9)(8.3) = 119.2 \text{kN}$$

매입 시 축방향 극한지지력은

$$\therefore \ Q_u = Q_p + Q_s = 557.7 + 119.2 = 676.9 \text{kN}$$

$$* * * * *$$

(2) 점토의 단위주면마찰저항력

점토지반에서의 말뚝의 단위주면마찰저항력을 산정하는 방법에는 전응력 해석법인 α 계수법과 유효응력 해석법인 β 계수법이 있다('토질역학의 원리' 13.6.1절을 먼저 숙지하길 바란다).

① α 계수법 : α 계수법은 전응력 해석법으로서 비배수 전단강도 c_u를 이용한다. 즉, 식 (3.21)에서 $\phi_u = 0$이므로 $\delta = 0$가 된다. 따라서 저항력은 다음 식으로 표시된다.

$$f_s = c_a$$
$$= \alpha \cdot c_u \quad\quad\quad\quad\quad (3.23)$$

여기서, $\alpha = $ 부착력 계수

$\quad\quad c_u = $ 점토의 비배수 전단강도

α 값은 타입말뚝의 경우 비배수 전단강도 c_u 의 함수로 알려져 있다. c_u 값이 클수록 α 값은 작아지는 경향을 볼 수 있다(그림 3.19 참조). 육상말뚝의 경우는 Woodward 곡선을, 해상말뚝은 API 곡선을 주로 사용하는 것으로 알려져 있다.

현장타설말뚝의 경우의 α 계수값에 대한 자료는 타입말뚝과 비교하여 많지 않다. 표 3.6을 참조하기 바란다.

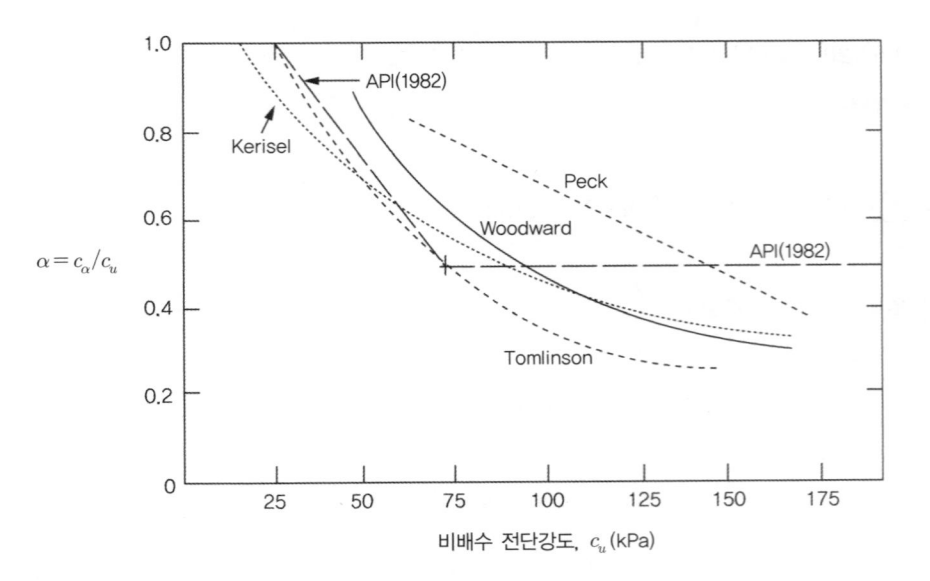

그림 3.19 타입말뚝의 부착력 계수, α

표 3.6 현장타설말뚝의 부착력 계수, α

점토형태	부착력 형태	값	참조물
London 점토	c_a/c_u	0.25 ~ 0.7 (평균 0.45)	Golder and Leonard(1954) Tomlinson(1957) Skempton(1959)
예민한 점토	c_a/c_r	1	Golder(1957)
팽창성 점토	c_a/c_u	0.5	Mohan and Chandra(1961)

* 주) c_r : 재성형 시료의 비배수 전단강도

② β계수법 : 포화된 점토지반에 말뚝을 타입하면 물이 쉽게 배수되지 않으므로 타입과 동시에 과잉간극수압이 발생한다. 물론 점토지반은 교란될 것이다. 말뚝타입 후 시간이 경과할수록 생성되었던 과잉간극수압은 소산되고 교란된 점토는 재성형될 것이다. 이 경우 유효응력 해석법을 이용할 수 있는 바, 저항력은 다음 식으로 표시할 수 있다.

$$\begin{aligned} f_s &= c_r' + \sigma_n' \tan \phi_r' \\ &= c_r' + K_s \sigma_v' \tan \phi_r' \end{aligned} \tag{3.24}$$

여기서, c_r' = 재성형된 점토의 점착력(≈ 0으로 가정할 수 있다)

$\qquad K_s$ = 토압계수

$\qquad \phi_r'$ = 재성형된 점토의 내부 마찰각

K_s는 보통 정지토압계수로 가정한다.

$$\begin{cases} K_s = 1 - \sin\phi_r' & ; 정규압밀점토 \tag{3.25} \\ \quad = (1 - \sin\phi_r')\sqrt{OCR} & ; 과압밀점토 \tag{3.26} \end{cases}$$

재성형된 점토의 점착력 $c_r' \approx 0$이므로 식 (3.24)는 다음 식으로 간략화된다.

$$\begin{aligned} f_s &= K_s \sigma_v' \tan\phi_r' \\ &= \beta \sigma_v' \end{aligned} \tag{3.27}$$

여기서, β는 β계수로 불리며 다음 식과 같다.

$$\beta = K_s \tan\phi_r' \tag{3.28}$$

β값은 ϕ_r' 값에 따라 달라지나, 주로 0.25~0.32 사이에 분포한다(단, ϕ_r' 값이 25~30° 사이인 경우).

[예제 3.3] (예제 그림 3.3)과 같이 점토지반에 강관말뚝을 타입하였다. 강관은 $\phi 508\,\text{mm}$이다.

(1) 말뚝의 축방향 극한선단지지력을 구하라.

(2) 말뚝의 극한주면마찰저항력을 α 계수법, β 계수법 각각으로 구하라. 모든 층에서 $\phi_r{}' = 30°$ 로 가정하라. 단, 말뚝은 육상에 시공되었다. 또한 각층의 점토는 모두 정규압밀 점토이다.

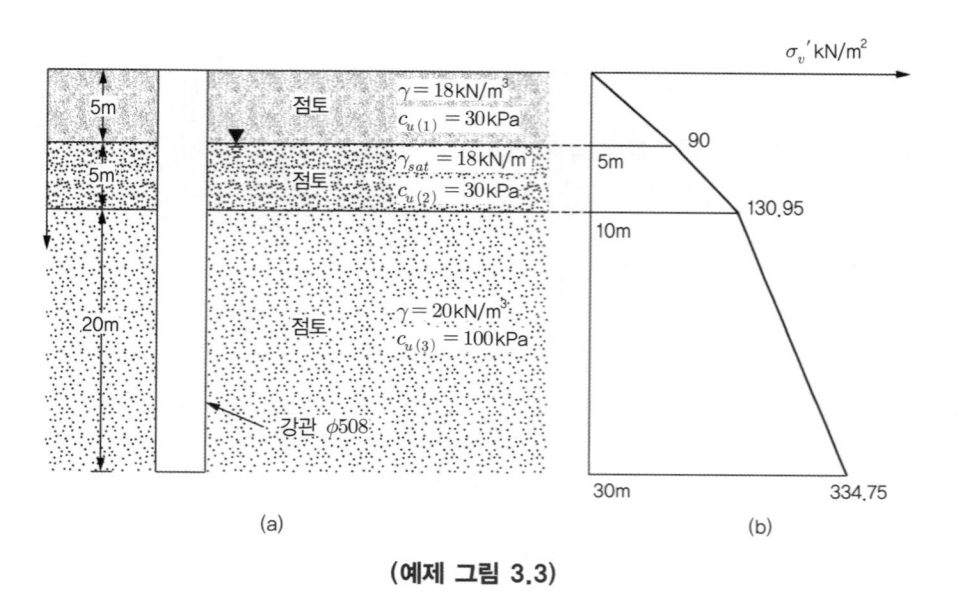

(예제 그림 3.3)

[풀이]

(1) 강관말뚝 내부의 흙을 포함한 폐색단면적은 다음과 같다.

$$A_b = \frac{\pi}{4} D^2 = \frac{\pi}{4}(0.508)^2 = 0.2027\,\text{m}^2$$

점토의 축방향 극한선단지지력(Q_p)는 식 (3.12)와 식 (3.18)~(3.19)를 통해 구할 수 있다.

$$Q_p = q_p A_b = A_b N_q^* c_{u(3)} = (0.2027)(9)(100) = 182.43\,\text{kN}$$

(2)

① α 계수법

식 (3.20)과 식 (3.23)으로부터

$$Q_s = \sum \alpha c_u p \Delta L \ (\because \ f_s = \alpha c_u)$$

깊이에 따른 유효응력은 (예제 그림 3.3(b))와 같으며, 다음과 같은 표를 만들 수 있다.

(예제 표 3.3a)

깊이(m)	평균 길이(m)	평균 유효응력(kN/m^2)	c_u(kN/m^2)	α
0~5	2.5	$\left(\dfrac{90+0}{2}\right) = 45$	30	1.0
5~10	7.5	$\left(\dfrac{90+130.95}{2}\right) = 110.48$	30	1.0
10~30	20	$\left(\dfrac{130.95+334.75}{2}\right) = 232.85$	100	0.45

육상에 시공된 말뚝임으로, α계수는 그림 3.19의 Woodward 곡선을 이용하였다. 따라서,

$$\therefore \ Q_s = p[\alpha_1 c_{u(1)}L_1 + \alpha_2 c_{u(2)}L_2 + \alpha_3 c_{u(3)}L_3]$$
$$= (\pi \times 0.508)[(1.0)(30)(5) + (1.0)(30)(5) + (0.45)(100)(20)]$$
$$= 1915.1 \, \text{kN}$$

② β계수법

모든 점토층은 모두 정규압밀점토이므로,

식 (3.24)~(3.25)을 적용하면, ($\phi'_r = 30°$, $c'_r \cong 0$)

$z = 0 \sim 5\text{m}$에서,

$$f_{av(1)} = (1 - \sin\phi'_r)\tan\phi'_r \overline{\sigma_v'}$$
$$= (1 - \sin 30°)(\tan 30°)\left(\frac{0+90}{2}\right) = 13.00 \, \text{kN/m}^2$$

$z = 5 \sim 10\text{m}$에서,

$$f_{av(2)} = (1 - \sin 30°)(\tan 30°)\left(\frac{90 + 130.95}{2}\right) = 31.89\,\text{kN/m}^2$$

$z = 10 \sim 30\,\text{m}$에서,

$$f_{av(3)} = (1 - \sin 30°)(\tan 30°)\left(\frac{130.95 + 334.75}{2}\right) = 67.22\,\text{kN/m}^2$$

따라서,

$$\therefore \ Q_s = p[f_{av(1)}(5) + f_{av(2)}(5) + f_{av(3)}(20)]$$
$$= \pi(0.508)[13.00 \times 5 + 31.89 \times 5 + 67.22 \times 20] = 2503.8\,\text{kN}$$

＊ ＊ ＊ ＊ ＊

3) 표준관입시험 결과를 이용한 축방향 극한지지력

앞에서 제시한 정역학적 극한지지력은 기본적으로 극한지지력 이론을 근간으로 유도되었으며 지지력을 구하는 데 필요한 필수요소가 ϕ', K_s, δ 등의 지반정수이다. 이러한 지반정수를 구하기란 쉽지가 않다. 더욱이 말뚝선단 부근에서 ϕ'값을 구하는 방법이 별로 없다. 이런 연유로 현장시험 결과를 그대로 이용하여 극한지지력을 예측하는 방법들이 더 신뢰성 있고, 특히 실제 조건에 맞는 것으로 생각할 수 있다. 말뚝설계에 대표적으로 이용될 수 있는 현장시험은 표준 관입시험(SPT)과 콘 관입시험(CPT)이다. 두 시험으로부터 지지력을 예측하는 방법은 이미 잘 정립되었으니 여타의 문헌을 참조하기 바란다(조천환, 2010).

이 책에서는 표준관입시험 N값을 이용한 지지력 예측식을 간략히 서술할 것이다. 물론 표준관입시험을 이용하는 것은 사질토에 국한된다.

① 극한선단지지력

Meyerhof(1976)는 모래(sand) 및 실트 섞인 사질토(cohesionless or non-plastic silt)에 대하여 현장시험 결과를 근거로 타입말뚝에 대하여 다음과 같은 단위선단지지력 공식을 제안하였다.

순수 모래지반의 경우 :

$$q_p = 40 \cdot N_{60}' \cdot \frac{L}{D} \leq 400 N_{60}' \ (\text{단위} : \text{kN/m}^2) \tag{3.29}$$

$$N_{60}' = C_N \cdot N_{60} \tag{3.30}$$

여기서, N_{60} = 말뚝선단 부근에서의 효율을 60%로 보정한 N값

C_N = 유효상재압력 보정계수(식 (1.5) 참조).

실트 섞인 사질토의 경우 :

$$q_p = 30 \cdot N_{60}' \cdot \frac{L}{D} \leq 300 N_{60}' \ (\text{단위} : \text{kN/m}^2) \tag{3.31}$$

식 (3.29) 또는 (3.31)로 계산된 q_p값의 상한값은 일반적으로 15,000~18,000kN/m^2 사이에 존재하는 것으로 알려져 있다.

매입말뚝이나 현장타설말뚝의 경우는 다짐효과는 없이 오히려 교란효과 등만이 존재하므로 식 (3.29), (3.31)보다 적은 값을 가진다.

② 극한주면마찰저항력

Meyerhof(1976)는 타입말뚝에 대하여 다음의 단위주면마찰저항력 공식을 제안하였다.

배토량이 큰 타입말뚝의 경우,

$$f_s = 2.0 N_{60}' \ (\text{단위} : \text{kN/m}^2) \tag{3.32}$$

여기서, N_{60}' = 말뚝 주면부 사질토지반의 평균 N값(효율 및 유효상재압력 수정치)

> **Note**
> 실제 설계에서 극한지지력을 구할 때는 그 편리성으로 인하여 대부분 N값에 근거한 지지력이 가장 많이 이용된다. 현장실험결과를 바탕으로 다양한 공식이 제안되었으며, 관심있는 독자들은 조천환(2010)의 참고문헌을 참고하기 바란다.

4) 암반에 근입된 말뚝의 축방향 극한지지력

이제까지 제시된 극한지지력은 기본적으로 토사(soil)에 적용 가능한 것이다. 그림 3.20과 같이 암반에 근입된 말뚝의 선단지지력 및 주면마찰저항력은 토사의 경우와 사뭇 다르다.

우선 밝혀두고자 하는 것은 타입말뚝의 경우 암반에 근입되도록 타입하는 것은 불가능하다. PHC 말뚝은 주로 풍화토/풍화암 경계면까지 타입되는 것이 최대이다. 강관말뚝은 PHC 말뚝보다는 더 깊은 곳까지 타입이 가능하나 풍화암에서 근입이 더 이상 되지 않는다.

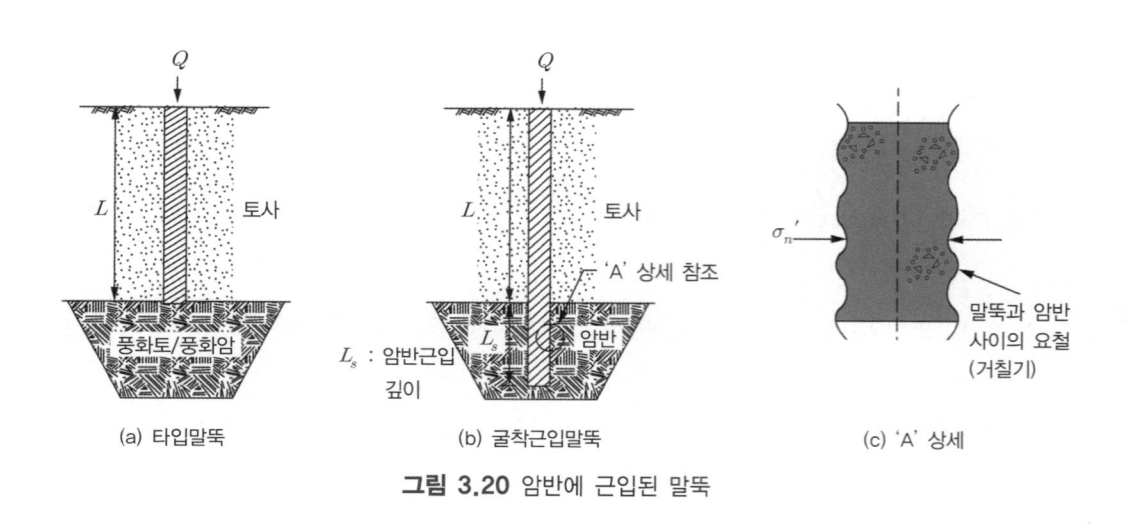

그림 3.20 암반에 근입된 말뚝

암반에 말뚝을 근입시킬 수 있는 것은 매입말뚝과 현장타설말뚝이다. 시공성이 향상된 천공장비를 이용하여 연암암반까지도 근입이 가능하다. 암반에서의 극한지지력은 토사의 경우와는 상이하다. 실무적인 관점에서 극한선단지지력 및 극한주면마찰저항력은 암석의 일축압축강도의 함수로 볼 수 있다. 일례를 들어보면 다음과 같다.

① 단위선단지지력

$$q_p = 2.5q_u \; ; \; \text{Rowe와 Armitage(1987) 제안} \tag{3.33}$$

또는

$$q_p = 1,500\left(\frac{q_u}{100}\right)^{0.5} \; ; \; \text{Zhang과 Einstein(1998) 제안 (단위 : kN/m}^2) \tag{3.34}$$

여기서, q_u = 암석의 일축압축강도(kN/m^2)

② 단위주면마찰저항력

주면마찰저항력은 암반/암석의 강도뿐만 아니라 말뚝과 암반 사이의 거칠기 등에도 크게 영향을 받는다.

$$f_s = 100\,C\left(\frac{q_u}{100}\right)^{0.5} \;;\; \text{FHWA 제안(2010) (단위: kN/m}^2\text{)} \tag{3.35}$$

여기서, C는 상수로서 일반적으로 $C = 1$, 하한값으로 $C = 0.63$, 인공돌기인 경우 $C = 1.9$를 적용한다.

5) 인발저항력

이제까지 일관되게 기술한 것은 그림 3.21(a)에서 보여주는 것과 같이 말뚝의 압축방향(下방향) 극한지지력이다. 현장 여건에 따라서 말뚝에 압축하중 대신 그림 3.21(b)에서와 같이 인발력이 작용되는 경우도 종종 존재한다. 예를 들어서 부력을 방지할 목적으로 설치된 말뚝은 인발력이 작용되는 대표적인 경우이다. 인발저항력 역시 말뚝주면에서 작용되는 주면마찰저항력이다. 단, 저항력의 작용방향이 압축의 경우와 반대이다(下방향). 그림 3.22를 참조하면 인발시의 단위주면마찰력은 압입 시의 단위주면마찰력의 (2/3~1) 사이로 보고되고 있다. 따라서 단위인발저항력은 보수적인 관점에서 하한값이 2/3를 사용하면 다음 식으로 구할 수 있다.

① 사질토의 경우

$$f_{s-p} \cong 2/3K_s\sigma_v'\tan\delta \tag{3.36}$$

② 점토의 경우

$$f_{s-p} \cong 2/3\alpha c_u \tag{3.37}$$

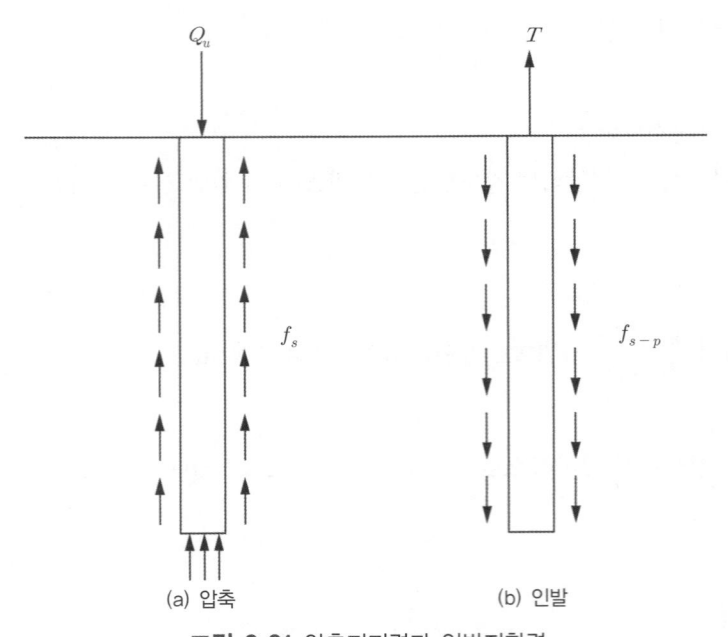

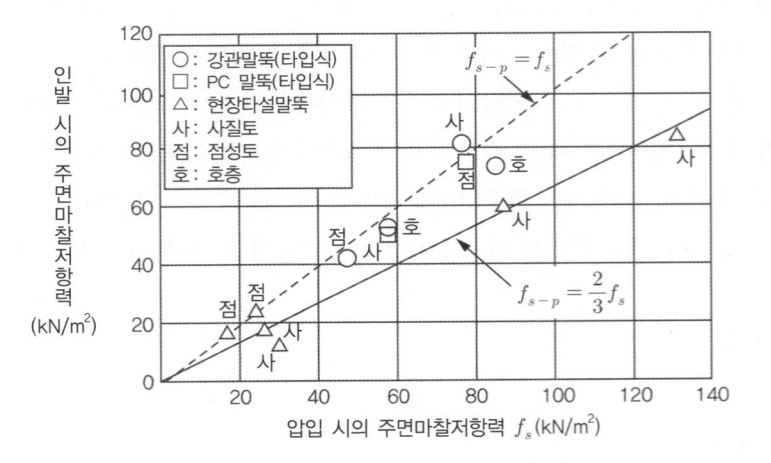

그림 3.21 압축지지력과 인발저항력

그림 3.22 압입 시와 인발 시의 주면마찰저항력 비교

또는

$$f_{s-p} \simeq 2/3\beta\sigma_v'$$
$$= 2/3K_s\sigma_v'\tan\phi_r'$$

(3.38)

극한인발저항력은 결국 다음 식으로 표시된다.

$$T = \sum p \Delta L f_{s-p} + W \qquad (3.39)$$

여기서, W = 말뚝의 무게

p = 말뚝단면의 윤변

ΔL = p와 f_{s-p}가 일정한 곳에서의 말뚝의 길이

f_{s-p} = 깊이 z에서의 말뚝의 단위인발저항력

Note 설계자에 따라서 단위인발저항력을 단위주면마찰력의 80~90% 정도로 간주하기도 한다.

6) 부주면마찰력

말뚝이 축방향 압축하중에 대하여 제대로 거동하려면 말뚝의 침하량이 주변 지반의 침하량보다 더 커야 한다. 이미 수차례에 걸쳐 서술하였었다. 만일, 이와 정반대로 주변 지반이 말뚝보다 더 많이 침하하는 경우는 주면마찰저항력이 반대방향으로 생긴다. 즉, 하(下)방향으로 일어난다. 이를 부주면 마찰력이라고 한다. 주변 지반이 말뚝 자체보다 더 많이 침하하는 경우를 그림 3.23(a)에 나타내었다. 그림에서 포화된 점토지반 위에 두께 H_f만큼 사질토로 성토를 하게 되면 원점토지반은 압밀침하를 하게 된다. 만일 압밀침하가 완료되기 전에 말뚝을 설치하면, 말뚝 설치 이후에도 주변 지반은 압밀침하를 계속하기 때문에 말뚝주면에는 하(下)방향으로 부주면 마찰력이 발생된다.

부주면마찰력을 구하기 위해서 제일 먼저 알아야 하는 것이 중립축의 위치이다(그림 3.23(b)). 중립축 상단에서는 주변 지반침하가 말뚝침하보다 크기 때문에 부주면마찰력이 발생하나, 중립축 하단에서는 그 반대이므로 원래대로 (정)주면마찰저항력이 발생한다. 중립축 위치를 구하기 위해서는 먼저 말뚝과 주변 지반에 대한 침하해석이 선행되어야 한다. 침하해석이 어려운 경우는 마찰말뚝의 경우 중립축은 압밀층 두께(그림 3.23(a)에서 H)의 80% 하부에 있다고 가정함이 보통이다. 선단지지말뚝의 경우, 중립축 깊이는 말뚝선단에 위치한다고 가정한다. 말뚝선단이 단단한 층에 근입되어 있으면 말뚝의 침하량은 크지 않기 때문에 주변 점토층의 압밀침하량보다 작을 확률이 크기 때문이다.

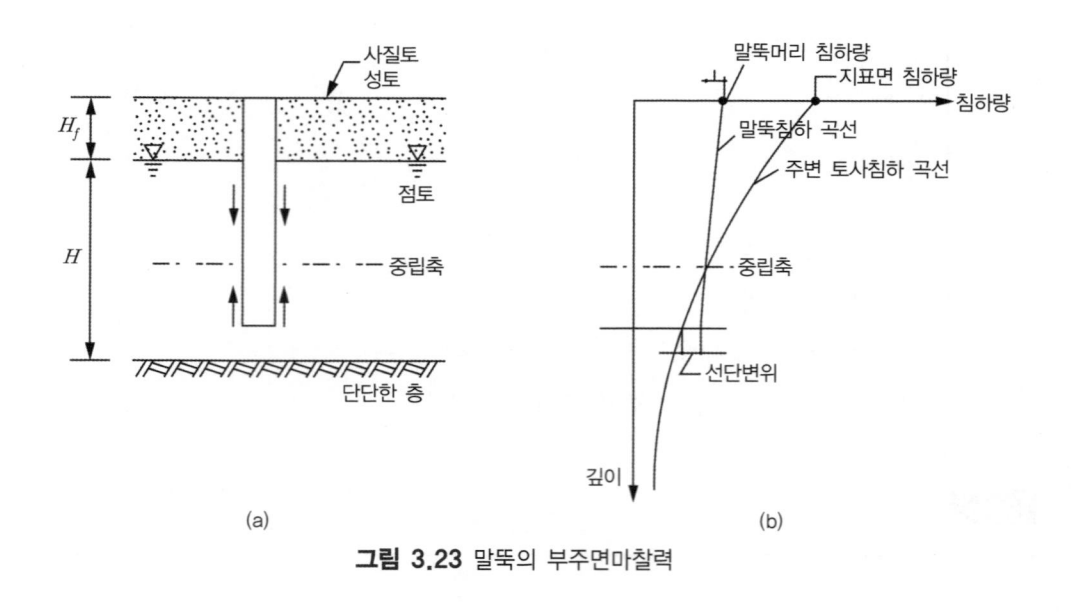

그림 3.23 말뚝의 부주면마찰력

부주면마찰력은 방향만 반대일 뿐, 그 크기는 압축말뚝의 극한주면마찰저항력과 같다고 가정한다. 즉,

$$f_{neg.} = \alpha c_u \tag{3.40}$$

또는

$$f_{neg.} = \beta \sigma_v' \tag{3.41}$$

말뚝에 부마찰력이 작용되면 하($下$)방향의 주면마찰저항력으로 인하여 말뚝에 하중으로 작용된다. 즉, 말뚝을 주변 지반이 꽉 붙잡고 같이 침하하게 되는 무서운 현상이다. 부마찰력을 경감시키는 근본 대책은 물론 주변 지반에 과도한 침하가 발생하지 않도록 하는 것이다. 만일 어쩔 수 없이 부마찰력이 발생된다면 이를 경감시키는 방법으로써 말뚝을 타입하기 전에 말뚝에 역청재(bitumen)로 미리 코팅하는 방법 등을 사용한다. 주면에 작용하는 하방향 힘이 역청재에 작용되면 분명 역청재는 하방향으로 변위가 발생할 것이나 역청재 내부의 말뚝의 침하는 많이 줄어들 수가 있을 것이다. 따라서 부마찰력을 경감시킬 수 있다.

3.4.3 동적 방법에 의한 지지력 및 시공성 평가

1) 개 괄

이제까지 일관되게 서술해온 것은 소위 말뚝의 정역학적 축방향 극한지지력이다. 말뚝이 소요 깊이까지 설치가 완료되었다는 가정하에(이는 타입말뚝이든 매입말뚝이든지 무관하다) 토질역학적 관점에서 지반의 지반정수를 이용하여 극한지지력을 산정하는 방법을 서술하였다. 현장 재하시험으로 확인하지 않는 한, 예측된 극한지지력의 신뢰도는 아무도 쉽게 가늠할 수 없다.

한편, 말뚝의 시공법으로서 타입식을 선택하는 경우, 해머 또는 램(ram)으로 말뚝을 항타하게 된다. 말뚝을 항타하면 말뚝머리에 동하중이 작용되며, 이때 간단한 계측으로 항타 시 말뚝의 관입량(말뚝이 지반에 관입된 양)을 구할 수 있다. 정하중과 순간 동하중의 차이는 동하중이 작용되면 관성력(inertia force = 질량×가속도)이 동하중 작용방향과 반대방향으로 작용되며, 또한 파가 매질을 따라 전달된다는 점이다. 이러한 동적 하중을 잘 이용하면 항타 시에 지지력을 예측할 수도 있고, 항타 시 말뚝에 작용되는 응력을 예측하여 항타 시공 가능성 여부도 평가할 수 있다. 동적 거동을 이용하는 방법에는 다음의 세 가지가 있다.

① 항타공식(driving formula) 이용 : 항타에너지와 관입량을 이용하여 항타공식을 유도하는 방법
② 파동이론(wave equation) 이용 : 해머를 이용하여 말뚝머리에 충격을 가하면 종파(longitudinal wave)가 생성되어 말뚝을 따라 전파된다. 이 파전파이론을 이용하여 지지력 및 항타 시 응력을 이용하는 방법
③ 동재하시험(dynamic pile loading test)을 이용하는 방법 : 해머를 이용하여 말뚝머리에 충격을 가할 때, 말뚝에 변형률계와 가속도계를 설치하고, 계측을 통하여 지지력 및 항타 시 응력을 이용하는 방법. 파동이론에 근간을 둔 것은 ②와 같으나 실측치를 통해 분석한다는 점이 다르다.

동재하시험은 말뚝시험편에서 서술할 수도 있으나 파동이론에 근거한 동적 시험의 관점에서 이 절에서 서술하기로 한다.

본 절에서는 위의 세 경우를 차례로 설명하고자 한다.

2) 항타공식(Pile-Driving Formulas)

(1) 항타공식의 유도

당구장에서 다음 그림과 같이 흰색 공에 순간 하중을 주어 정지해 있는 빨간공을 맞추었다고 하자. 빨간공은 충력(impact)에 의해 오른쪽으로 이동할 것이다(대학 물리책을 참조하라).

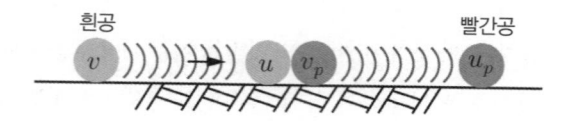

충격 전의 흰공 및 빨간공의 속도를 v 및 $v_p(v_p = 0$이다), 충격 후의 흰공 및 빨간공의 속도를 u 및 u_p, 흰공의 질량을 m, 빨간공의 질량을 m_p라 하면 충력의 법칙(law of impulse)에 의하여 다음 식이 성립된다.

$$mv + m_p v_p = mu + m_p u_p \tag{3.42}$$

또는

$$\frac{W}{g}(v - u) = -\frac{W_p}{g}(v_p - u_p) \tag{3.42a}$$

또한, 반발계수는 다음 식과 같다.

$$n = \frac{u_p - u}{v - v_p} \tag{3.43}$$

해머에 의한 말뚝항타의 경우도 같은 원리를 이용한다. 흰공은 해머, 빨간공은 말뚝을 의미한다. 말뚝은 길이가 긴 재료이나 빨간공과 같이 집중질량을 가진 물체로 가정한다.

무게 W, 낙하고 H인 해머가 말뚝을 항타하였을 때의 말뚝의 거동이 그림 3.24에 표시되어 있다. 그림 3.24(a)는 항타 전을 나타내며 그림 3.24(b)는 항타 순간을 나타낸다.

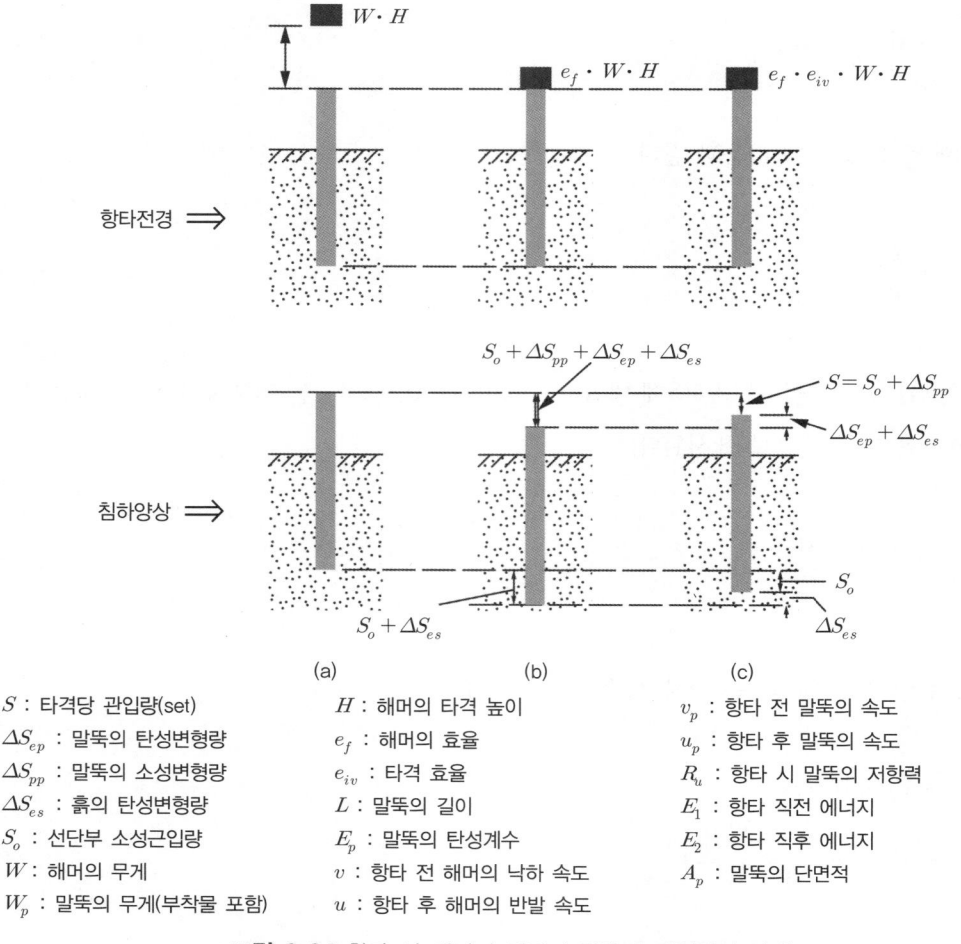

S : 타격당 관입량(set) H : 해머의 타격 높이 v_p : 항타 전 말뚝의 속도

ΔS_{ep} : 말뚝의 탄성변형량 e_f : 해머의 효율 u_p : 항타 후 말뚝의 속도

ΔS_{pp} : 말뚝의 소성변형량 e_{iv} : 타격 효율 R_u : 항타 시 말뚝의 저항력

ΔS_{es} : 흙의 탄성변형량 L : 말뚝의 길이 E_1 : 항타 직전 에너지

S_o : 선단부 소성근입량 E_p : 말뚝의 탄성계수 E_2 : 항타 직후 에너지

W : 해머의 무게 v : 항타 전 해머의 낙하 속도 A_p : 말뚝의 단면적

W_p : 말뚝의 무게(부착물 포함) u : 항타 후 해머의 반발 속도

그림 3.24 항타 시 에너지 전달과 말뚝의 관입량의 관계

그림 3.24(b) : 말뚝항타 순간의 거동을 나타낸다. 항타에너지 E_1은 다음과 같다.

$$E_1 = e_f WH = W\frac{v^2}{2g} + W_p\frac{v_p^2}{2g} \tag{3.44}$$

항타에 의해 말뚝선단은 '$S_o + \Delta S_{es}$'만큼 침하하며 여기에 말뚝 자체의 소성 및 탄성변위를 합하면, 말뚝머리에서의 침하량은 '$S_o + \Delta S_{pp} + \Delta S_{ep} + \Delta S_{es}$'가 될 것이다.

그림 3.24(c) : 항타 후 리바운드가 일어난 시점을 보면, 선단에서 발생된 탄성변위 ΔS_{es} 및 말뚝의 탄성변위 ΔS_{ep}는 리바운드될 것이다. 항타 직후 에너지는 다음 식과 같다.

$$E_2 = W\frac{u^2}{2g} + W_p\frac{u_p^2}{2g} \tag{3.45}$$

타격에 의한 효율은 다음과 같다.

$$e_{iv} = \frac{E_2}{E_1} \tag{3.46}$$

식 (3.44), (3.45)를 식 (3.46)에 대입하고 식 (3.42a), (3.43)을 이용하여 v, v_p, u를 소거하면 효율은 다음 식으로 표시된다.

$$e_{iv} = \frac{W + n^2 W_p}{W + W_p} \tag{3.47}$$

결국 항타 후의 에너지는 다음 식으로 표시된다.

$$\begin{aligned} E_2 &= e_f e_{iv} WH \\ &= e_f WH\left(\frac{W + n^2 W_p}{W + W_p}\right) \end{aligned} \tag{3.48}$$

위의 에너지에 의해서 말뚝은 일을 한다(work done). 항타하는 동안 이루어진 일은 다음과 같다. 소성일은 '힘×관입깊이', 탄성일은 '힘×$\frac{1}{2}$관입깊이'임을 감안하면,

$$E_2 = R_u(\underbrace{S_o + \Delta S_{pp}}_{S} + \frac{1}{2}\Delta S_{ep} + \frac{1}{2}\Delta S_{es}) \tag{3.49}$$

여기서, $S = S_o + \Delta S_{pp}$로서 말뚝머리에서의 항타 관입량이다(set으로 불린다). 식 (3.49)를 보면 항타에 의해 한 일은 다음의 합이다.

① 말뚝이 지반에 박혀서(소성관입되어서) 생긴 일= $R_u S_o$

② 말뚝의 소성변형(영구변형)에 의한 일= $R_u \Delta S_{pp}$

③ 말뚝의 탄성변형에 의한 일= $(1/2)R_u \Delta S_{ep}$

④ 선단부 지반의 탄성변형에 의한 일= $(1/2)R_u \Delta S_{es}$ → 무시할 만큼 작다.

말뚝의 탄성변형 ΔS_{ep}는 다음 식과 같다.

$$\Delta S_{ep} = C\frac{R_u L}{A_p E_p} \tag{3.50}$$

여기서, C=상수, L, A_p, E_p는 각각 말뚝의 길이, 단면적, 탄성계수이다.
항타 시 말뚝의 저항력 R_u는 다음 식으로 일반화될 수 있다.

$$R_u = \frac{e_f WH}{S + C \cdot \dfrac{R_u \cdot L}{2A_p E_p}} \cdot \underbrace{\frac{W + n^2 W_p}{W + W_p}}_{e_{iv}} \tag{3.51}$$

$$= \frac{e_f \cdot e_{iv} WH}{S + (\text{탄성변형량})/2} \tag{3.52}$$
$$\uparrow \text{소성변형량}$$

항타공식에 의한 R_u 값은 말뚝의 극한지지력으로 불리지 않고 '항타 시 말뚝의 저항력'으로 불린다. 다음 사항에 유의할 필요가 있다.

① 말뚝의 길이가 L인 긴 재료임에도 불구하고 당구공과 같이 집중질량으로 간주하고 저항력을 구한다.

② 항타저항력에는 정적 저항력 외에 순간하중에(impact load) 의한 동적 저항력도 포함되어 있다.

③ 항타공식에 의한 말뚝의 저항력은 항타 시점에서의 저항력이다. 말뚝은 항타 후에 시간이 경과하면 저항력에도 변화가 있을 수 있다. 시간이 갈수록 저항력이 증가될 수도 있고(이를 set up 효과라고 한다), 흔치는 않지만 감소할 수도 있다(이를 relaxation이라고 한

다). 시간경과효과는 차후에 상세히 서술할 것이다.

상기와 같은 문제점에도 불구하고, 항타공식들은 간단하게 현장 품질관리 목적으로 지금도 애용되고 있다.

(2) 대표적인 말뚝의 항타공식

식 (3.52)를 근간으로 수많은 항타공식이 제안되었다. 대표적인 항타공식 2개만 소개하면 다음과 같다.

① Hiley 공식 : $R_u = \dfrac{e_f WH}{S + (C_1 + C_2 + C_3)/2} \cdot \dfrac{W + n^2 W_p}{W + W_p}$ \hfill (3.53)

여기서, C_1, C_2, C_3 = 말뚝 캡, 말뚝, 지반의 탄성변형량

$\quad$ n = 해머와 말뚝머리 사이의 반발계수, 나머지는 그림 3.24에 표시된 용어명을 참조하라.

탄성변형량을 나타내는 C_1, C_2, C_3에 대한 예시는 이 책에서는 생략한다. Poulos와 Davis(1980)의 책을 참조하기 바란다.

② 수정 ENR 공식 : $R_u = \dfrac{e_f WH}{S + C} \cdot \dfrac{W + n^2 W_p}{W + W_p}$ \hfill (3.54)

여기서, $C = 2.54\,\text{mm}$로 가정

해머 효율 e_f의 대표적인 값은 표 3.7과 같고 반발계수 n의 대표적인 값은 표 3.8과 같다.

표 3.7 해머 효율 e_f의 대표적인 값

해머 종류	효율 e_f
단동증기 해머, 복동증기 해머	$0.7 \sim 0.85$
디젤해머	$0.8 \sim 0.9$
드롭해머	$0.7 \sim 0.9$

표 3.8 반발계수 n의 대표적인 값

말뚝 재질	반발계수 n
주철 해머와 콘크리트말뚝	$0.4 \sim 0.5$
강말뚝 위에 목재쿠션	$0.3 \sim 0.4$

(3) S(말뚝의 타격당 관입량, set)의 측정

말뚝의 타격당 관입량은 현장에서 손쉽게 구할 수 있다. 말뚝이 예정소요깊이 근처까지 타입되면 그림 3.25에서와 같이 말뚝표면에 측정용지를 붙이고 항타 시 말뚝의 항타궤적(pile driving trace)을 측정하여 구할 수 있다. 그림 3.25에 표시된 측정 결과를 보면 항타에 의하여 관입되었다가 탄성변형량 만큼은 리바운드(rebound) 된다. 전체관입량에서 리바운드 양을 뺀 값이 관입량 S이다. 보통은 항타 시 관입량을 여러 번 측정하고 이를 평균하여 타격당 관입량(set)으로 결정한다.

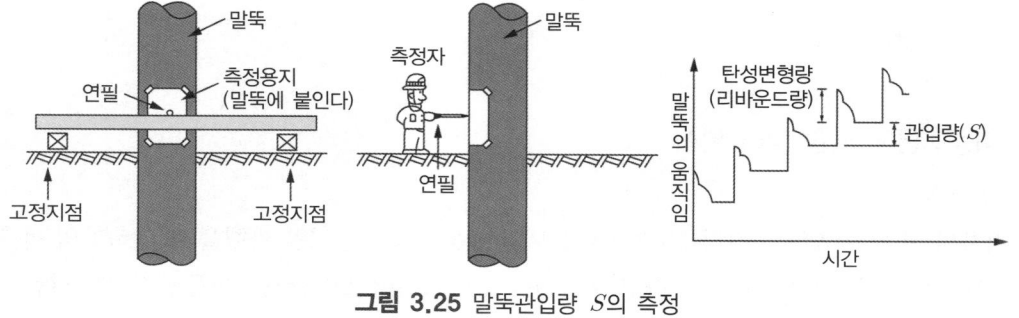

그림 3.25 말뚝관입량 S의 측정

정리

항타공식의 기본 원리

항타공식에 의한 저항력은 당구공 원리와 같다. 해머가 낙하하여 말뚝머리를 타격하면 운동에너지가 발생하고, 이 운동에너지원리인 '운동에너지＝말뚝저항력×관입량'으로부터 항타공식이 유도된다.

[예제3.4] 직경이 $30\,cm$인 콘크리트말뚝(solid 말뚝)을 디젤 해머로 타입하였을 때 수정 ENR 공식을 이용하여 말뚝의 항타저항력 R_u를 구하라. 단, 해머의 타격에너지＝ $36\,kN \cdot m$, 해머의 무게＝$40\,kN$, 말뚝의 길이＝$15\,m$, 해머 효율＝0.85, 반발계수＝0.45, 말뚝 캡의 무게＝$3\,kN$, $25\,mm$ 관입에 필요한 타격횟수＝5, $\gamma_{con'c} = 24\,kN/m^3$로 가정하라.

[풀이]

말뚝의 무게를 구할 때, 부착물의 무게도 합산하여야 한다.

$$W_p = 말뚝의\ 무게 + 캡의\ 무게$$

$$= A_p L \gamma_{con'c} + 3$$

$$= \frac{\pi}{4}(0.3)^2(15)(24) + 3$$

$$= 28.45\,\text{kN}$$

말뚝의 항타저항력은 다음과 같이 구한다.

$$R_u = \left(\frac{e_f E_1}{S + 0.254}\right)\left(\frac{W + n^2 W_p}{W + W_p}\right)$$

$$= \left(\frac{0.85 \times 36 \times 100}{\frac{2.5}{5} + 0.254}\right)\left(\frac{40 + 0.45^2 \times 28.45}{40 + 28.45}\right)$$

$$= 2713.15\,\text{kN}$$

3) 파동이론에 의한 항타 분석

(1) 개요

저자의 책 '암반역학의 원리' 10.2.2절을 보면 강봉에 압축응력을 가했을 때 압축파의 전파원리는 1차원 파동방정식을 따른다고 서술되어 있다(그림 3.26 참조). 파동방정식은 다음과 같다.

$$\frac{\partial^2 D}{\partial t^2} = c^2 \frac{\partial^2 D}{\partial z^2} \tag{3.55}$$

여기서, D = 강봉의 변위

$$c = 파의\ 전파속도 = \frac{\sqrt{E_p}}{\rho} \tag{3.55a}$$

이때 강봉에 작용되는 응력과 속도와의 관계식은 다음과 같다.

$$\sigma_z = \rho \cdot c \cdot \dot{D} \tag{3.56}$$

여기서, $\dot{D}$는 강봉입자의 속도

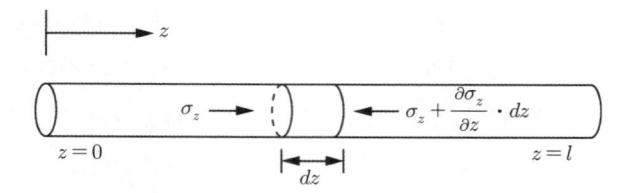

그림 3.26 강봉에서의 압축파 거동

위에서 생성된 압축파가 강봉의 끝까지 도달하면 파가 강봉을 타고 되돌아오게 되며, 이때 끝단이 자유면이면 인장파로 바뀌어 되돌아오고, 끝단이 고정단이면 똑같은 압축파로 되돌아온다고 하였다.

해머에 의해 말뚝머리에 충격이 가해지면 역시 압축파가 생성된다는 것은 앞의 강봉과 같다. 이 압축파가 그림 3.27에서와 같이 지반에 관입된 부위에 도달하면 그 변위와 속도는 지반의 저항력에 의하여 감소된다.

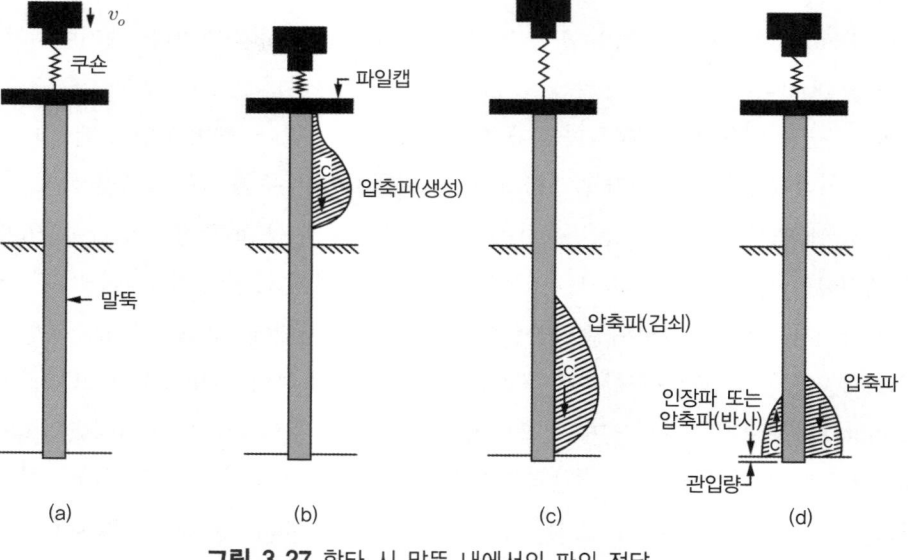

그림 3.27 항타 시 말뚝 내에서의 파의 전달

이후 압축파가 선단부에 이르게 되면 말뚝주면과 선단부에서의 지반저항력의 크기에 따라 다시 말뚝머리 쪽으로 향하는 상향의 압축 또는 인장반사파를 유발시킨다. 이 반사파가 말뚝머리에 다다르면 다시금 반사되어 하향의 압축 또는 인장파가 되며 가해준 에너지가 소진될 때까지 전술한 경로를 반복하게 된다. 이와 같은 초기 압축파와 이로 인한 계속되는 반사파에 의하여 말뚝선단부에는 변위가 계속적으로 발생된다. 결국 말뚝에 작용되는 속도가 '0'이 될 때까지 말뚝은 아래로 관입되며 이때의 마지막 관입량이 타격당 항타관입량(set)이다.

말뚝(강봉)이 지반 속에 관입되어 있고, 항타 시 지반은 주면마찰저항으로 또한 선단지지로 저항하므로 파동방정식은 다음 식으로 수정되어야 한다.

$$\frac{\partial^2 D}{\partial t^2} = \frac{E_p}{\rho} \frac{\partial^2 D}{\partial z^2} \pm R \tag{3.57}$$

여기서, R은 주변 지반의 저항력

식 (3.57)을 이론해로 풀기는 거의 불가능하며 말뚝과 지반을 수 개의 요소로 나누어서 유한차분법을 이용한 수치해석을 이용한다. 수치해석에 관한 상세한 사항은 이 책에서는 생략하고자 하며 Poulos와 Davis(1980), 또는 조천환(2010)을 참조하기 바란다. 여기에서는 그 개요만을 서술할 것이다.

유한차분법을 이용한 수치모형화의 개요는 그림 3.28과 같다. 해머가 말뚝 캡을 타격하면 압축응력에 의하여 말뚝에 변위가 발생하고, 이 변위에 대하여 주변 흙은 저항을 하게 된다. 말뚝의 요소 m에 대하여 흙의 저항은 우선은 탄성변위가 최대 $Q(m)$까지 발생하며, 이때의 저항력은 $R_u(m)$이 된다(그림 3.29(a)). 이후에는 변위만 발생할 뿐 저항력 증가는 없다. $R_u(m)$은 정적 저항이다. 이에 추가하여 순간하중에 대한 동적 저항력에 의하여 추가로 저항력이 생긴다(그림 3.29(b)). 이러한 저항력은 구조동역학 원리처럼 그림 3.29(c)의 스프링과 대쉬포트(dashpot)로 모델링할 수 있으며, 스프링에 slide 요소를 두어 스프링이 최대변위 $Q(m)$(이를 quake라고 한다)에 도달하면, 저항력 최대치 $R_u(m)$으로 고정하는 스프링 하중 한계치를 모사한다. 댐핑계수 J에 의해 모사되는 dashpot는 동적 저항을 모사하기 위함이다. 따라서 지반의 저항력을 모사하기 위해서는 다음의 지반계수들이 필요하다. 요소 m에 대해,

$Q(\mathrm{m}) =$ 지반의 최대탄성변위 (quake)

$R_u(\mathrm{m}) =$ 지반의 정적 저항력

지반 강성은 다음 식으로 표시할 수 있다.

$$K'(\mathrm{m}) = \frac{R_u(\mathrm{m})}{Q(\mathrm{m})} \tag{3.58}$$

여기서, $K'(\mathrm{m}) =$ 요소 m 에서의 지반의 스프링 계수

$J(\mathrm{m}) =$ 지반의 댐핑계수

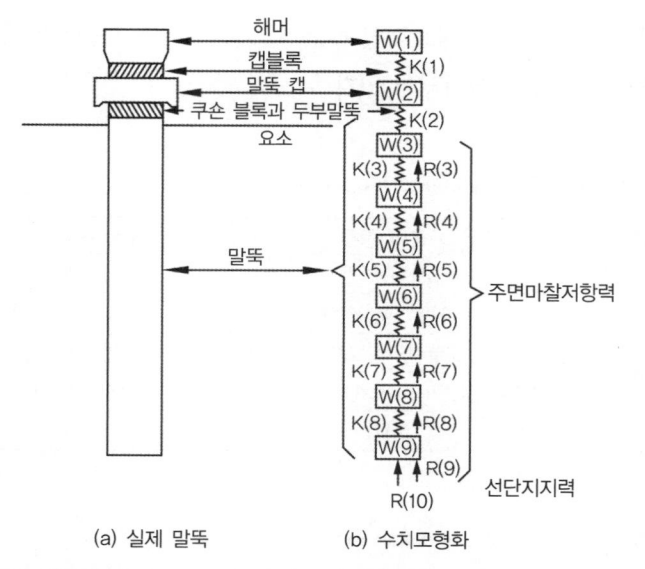

(a) 실제 말뚝   (b) 수치모형화

그림 3.28 말뚝항타에 의한 파저파의 수치모형

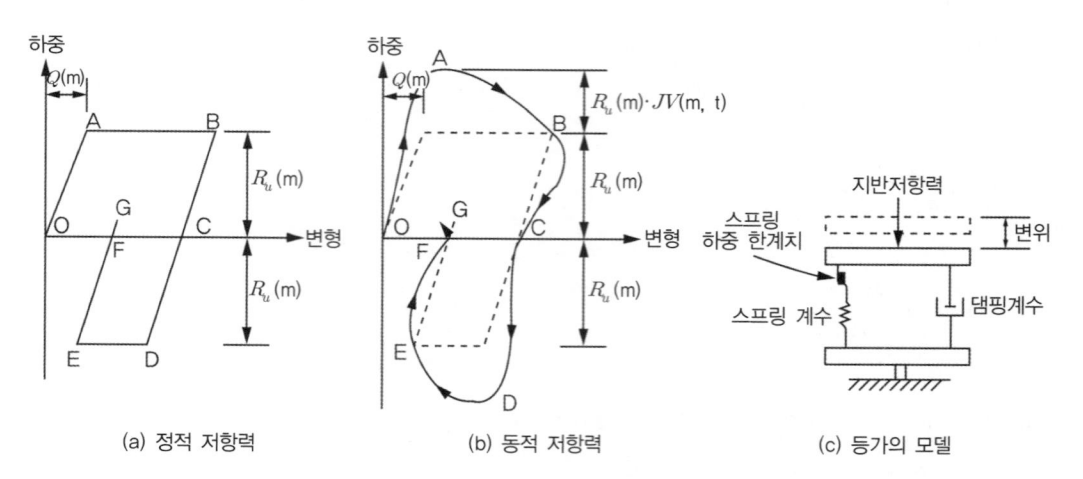

| | (a) 정적 저항력 | (b) 동적 저항력 | (c) 등가의 모델 |

그림 3.29 지반의 하중-변형 관계

주변 지반의 종류에 따른 대표적인 Q값 및 J값은 여러 제안자들에 의해 제시되었다. 그 예가 표 3.9 및 표 3.10에 제시되어 있다.

표 3.9 추천 Quake값(Pile Dynamics Inc., 1998)

	흙의 종류	말뚝 종류(또는 제원)	quake(mm)
주면부 $Q(m)$	모든 지반	모든 말뚝	2.54
선단부 $Q(p)$	모든 흙, 연암	개단 말뚝	2.54
	건조한 흙, 또는 매우 조밀한, 단단한 흙	직경 D인 변위말뚝	$D/120$
	포화된 흙, 또는 느슨한, 연약한 흙	직경 D인 변위말뚝	$D/60$
	경암	모든 말뚝	1.0

표 3.10 추천 댐핑 계수(Pile Dynamics Inc., 1998)

	흙의 종류	댐핑 계수(s/m)
주면부 $J(m)$	사질토	0.16
	점성토	0.65
선단부 $J(p)$	모든 흙	0.50

그림 3.30은 수치모형화로 구할 수 있는 시간에 따른 지반변형 곡선이다. 그림 3.30(b)에서 $D(p, t)$는 말뚝선단에서의 총 지반변형량을, $Q(p)$는 quake를, $D'(p, t)$는 관입량 또는 소성변형량을 나타낸다. $D'(p, t)$이 더 이상 증가하지 않을 때, 또는 말뚝 각 요소의 입자속도가 '0'이 될 때, 말뚝은 더 이상 관입되지 않으며 그때의 $D'(p, t)$값이 항타관입량 S(set)이다.

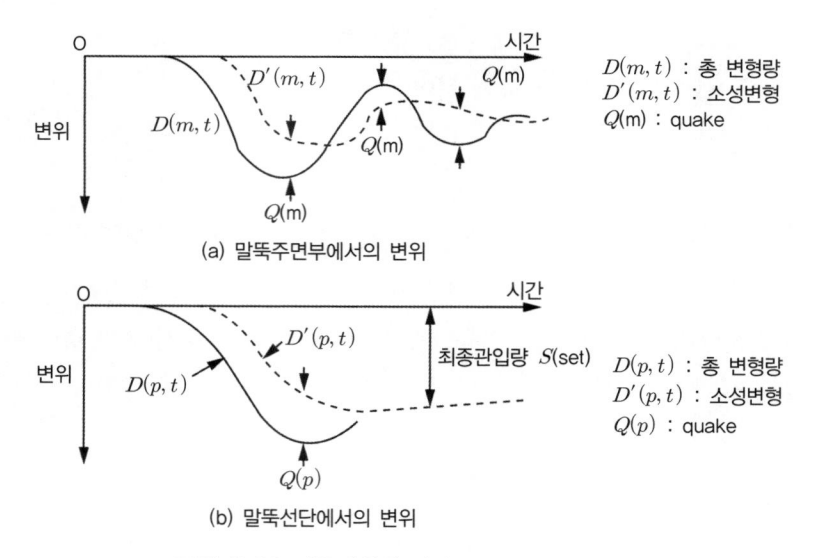

(a) 말뚝주면부에서의 변위

$D(m, t)$: 총 변형량
$D'(m, t)$: 소성변형
Q(m) : quake

(b) 말뚝선단에서의 변위

$D(p, t)$: 총 변형량
$D'(p, t)$: 소성변형
$Q(p)$: quake

그림 3.30 말뚝변위와 시간

(2) 파동방정식 계산을 위한 입력값

파동해석을 위해서 필수적으로 입력해주어야 하는 입력변수는 다음과 같다.

① 해머 타격으로 인한 초기 속도

$E_2 = e_f \cdot e_{iv} WH$이며, 이를 운동에너지로 바꾸면 다음과 같다.

$$E_2 = \frac{1}{2}\frac{W}{g}v_r^2 \tag{3.59}$$

따라서 초기 속도는 다음 식과 같다.

$$v_r = \sqrt{e_f e_{iv}\frac{2g}{W}} \tag{3.60}$$

② 말뚝에서 요소 m의 강성계수

$$K(\mathrm{m}) = \frac{A_p E_p}{\Delta L} \tag{3.61}$$

여기서, A_p, E_p = 말뚝의 단면적, 탄성계수

$\quad\quad \Delta L$ = 말뚝 요소 m의 길이

③ 주변 지반의 강성계수 $K'(\text{m})$ 및 $K(\text{p})$

주변 지반의 강성계수를 입력하기 위해서는 지반의 정적 저항력 R_u를 먼저 가정해야 하며, 이 R_u값이 주면 및 선단에서 몇 %씩 분담하는지를 알아야 한다.

만일 선단에서 R_u값의 β_u 비율만큼을 저항한다고 하면 선단 및 주면에서의 강성계수는 다음과 같이 구할 수 있다.

$$K(p) = \frac{\beta_u R_u}{Q(p)} \tag{3.62}$$

여기서, $Q(p)$ = 말뚝선단에서의 quake값

또한,

$$K'(\text{m}) = \frac{(1-\beta_u)R_u}{n Q(m)} \tag{3.63}$$

여기서, $Q(\text{m})$ = 요소 m에서의 quake값

$\quad\quad n$ = 수치모형화를 위한 말뚝의 요소 갯수

β_u값은 입력 데이터로서 먼저 가정하여야 한다. 앞 절에서 서술한 정적 극한지지력은 $Q_u = Q_p + Q_s$인 바, 먼저 정적지지력을 구하고 그 비율대로 β_u 및 $(1-\beta_u)$값을 예측할 수 있을 것이다. 즉,

$$\beta_u \cong \frac{Q_p}{Q_u} \tag{3.64}$$

$$(1-\beta_u) \cong \frac{Q_s}{Q_u} \tag{3.65}$$

여기서, Q_u = 말뚝의 축방향 극한지지력(정적지지력)

Q_s = 말뚝의 극한주면마찰저항력

Q_p = 말뚝의 극한선단지지력

④ 앞에서 서술한 quake 및 댐핑값 : Q(m), Q(p)(표 3.9), J(m), J(p)(표 3.10)

(3) 파동해석 결과 및 이용

독자들이 오해하지 말아야 할 것은 파동해석을 이용하면 지반의 극한저항력 R_u를 프로그램에서 우리에게 결과물로서 제공하는 것이 아니라는 점이다. 그 반대로 파동해석 시에 R_u 값을 입력치로 미리 프로그램에 입력값으로 제공한다. 프로그램을 실행시킨 결과로 제공되는 결과물은 입력된 R_u에 소요되는 단위길이 관입에 필요한 항타회수이며, 이를 통상 BPM(Blows Per Meter)으로 부른다. 타격당 관입량 S는 BPM의 역수로 구할 수 있다(즉, $S = 1/BPM$이다). 이와 함께 말뚝에 가해지는 최대압축응력 및 인장응력도 파동해석 결과물로 얻을 수 있다. 그림 3.31에 한 예가 표시되어 있다.

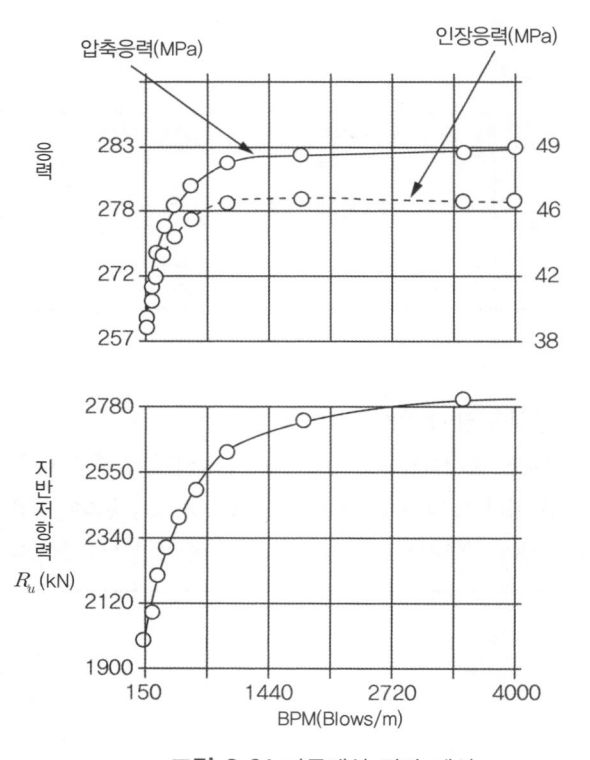

그림 3.31 파동해석 결과 예시

R_u값은 작은 값으로부터 큰 값으로 증가시켜가며 입력변수로 제공하고, 각각의 R_u값에 대하여 파동해석을 실시하면, 각각의 S값을 구할 수 있다.

항타 시공성 예측

정적 지지력 분석으로부터 소요말뚝의 관입 깊이가 정해졌다고 하자. 이때 항타에 의해 소요 근입깊이까지 관입될 수 있는지를 반드시 평가해야 한다. 파동분석은 이를 판단할 수 있는 근거를 제공할 수 있다(물론 매입말뚝은 이러한 분석이 필요 없다). 그림 3.31에 항타 시 말뚝에 가해지는 최대압축 및 인장응력이 표시되어 있다. 이 응력이 허용 기준을 초과하면 말뚝은 손상을 입게 된다.

시공성의 판단 기준인 BPM은 강관말뚝의 경우 500($S=2\,\mathrm{mm}$/타), PHC 말뚝의 경우 200(S=5mm/타)이 적용되며, 이때의 항타응력이 허용응력을 초과하지 말아야 한다. 말뚝 재료별 허용항타응력은 표 3.11에 정리되어 있다. 항타 시 극한저항력이 소요지지력에 못 미치거나, 또는 말뚝에 작용되는 항타응력이 허용응력을 초과하는 경우 해머, 해머쿠션, 또는 필요시 말뚝 종류까지도 변경하여 지지력도 만족하고 항타 시공성도 만족하는 최상의 장비조합을 도출해내는데, 파동방정식을 십분 이용할 수 있음을 독자들은 주지하길 바란다.

표 3.11 말뚝 재료별 허용항타응력

구분	말뚝종류	허용응력
허용압축항타응력	강말뚝	σ_y(강재의 항복강도)$\times 90\%$
	기성콘크리트말뚝	$\sigma_{ck} \times 60\%$
허용인장항타응력	강말뚝	$\sigma_y \times 90\%$
	기성콘크리트말뚝	$0.8\sqrt{\sigma_{ck}} + \sigma_{ep}\,(\mathrm{kPa})$

정리 **파동이론으로부터 무엇을 알 수 있나?**

해머로 말뚝을 타격하면, 충격하중으로 인한 파가 생성되며, 말뚝을 따라 전파된다. 파동이론으로 알 수 있는 것은 항타 시 말뚝에 작용하는 응력이다. 항타응력이 허용치를 초과한다는 것은 사용하고자 하는 해머, 말뚝으로는 소요깊이까지 관입시킨다는 것이 불가능함을 의미한다.

---

4) 동재하시험을 이용하는 방법

(1) 개요

항타에 의한 파동이론을 이용한다는 것은 앞과 같으나 이론에만 의존하지 않고 그림 3.32에 보여주는 바와 같이 말뚝머리 부근에 변형률계(strain transducers)와 가속도계(accelerometer)를 설치하여 해머로 말뚝머리에 타격을 가할 시 변형률 및 가속도를 측정한다. 변형률계로 계측된 변형률에 말뚝의 $E_p A_p$를 곱하면 말뚝에 작용되는 힘의 시간적 변화를 얻을 수 있다.

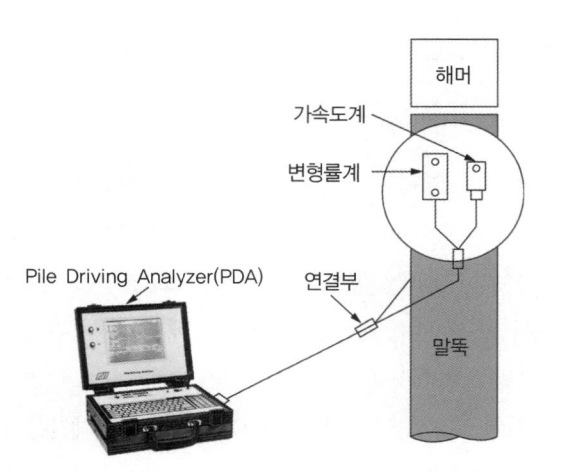

그림 3.32 동재하시험장치 개요도

즉, $F = \epsilon E_p A_p$ (3.66)

여기서, ϵ = 측정된 변형률

한편, 가속도계로 측정된 가속도를 시간에 관해 적분하면 입자의 속도 $V = \dot{D}$의 파형을 얻을 수 있다. 만일 압축파가 그림 3.26과 같이 단면이 일정하고 공기 중에 있는 강봉을 타고 간다면 식 (3.56)에서 보여주는 것처럼 강봉에 가해지는 응력은 강봉입자의 속도 $\dot{D}$에 비례하는 것을 알 수 있다. 식 (3.56)의 양변에 단면적 A_p를 곱하고, 식 (3.55a)로부터 $\rho = \dfrac{E_p}{c^2}$를 식 (3.56)에 대입하면 강봉(말뚝)에 가해지는 힘은 다음 식으로 표시될 수 있다.

$$F = \sigma_z A_p$$

$$= \rho c \dot{D} A_p$$

$$= \frac{E_p}{c^2} c A_p \dot{D} = \frac{E_p A_p}{c} V \tag{3.67}$$

여기서, $V = \dot{D} =$ 말뚝의 입자속도

즉, 지반에 의한 저항이 없는 한 말뚝에 작용되는 힘과 입자속도는 비례관계에 있다. 식 (3.67)에서 $\frac{E_p A_p}{c}$ 를 임피던스(impedance, Z)라고 한다.

변형률(힘) 및 가속도(속도)는 계측기가 부착된 말뚝머리 부근에서만 계측되기 때문에, 다음을 주지하여야 한다. 힘 및 속도의 파형은 초기에는 하향의 압축파에 의하여 생성되고 이후로는 지반의 저항으로 인하여 반사되는 상향파에 의해 주로 영향을 받는다. 흙의 저항력은 힘의 파형에 대해서는 증가를 가져오며, 속도는 저항요소에 의하여 감소를 가져온다.

가장 단순한 경우로서 그림 3.33(a)에서와 같이 말뚝(강봉)깊이 A 및 B 지점에 저항요소가 있다고 하자. A 지점에서 저항요소로 인하여 반사파가 돌아오는 시간은 $2A/c$이다. 또한 B 지점으로 부터 반사되어 오는 시간은 $2B/c$, 선단에서 반사되어 오는 시간은 $2L/c$이다.

말뚝머리에서 계측된 힘과 속도 파형을 그림으로 나타내면 그림 3.33(b)와 같을 것이다. 처음에는 힘과 속도가 같은 곡선이다가 A 저항요소가 반사되어 오는 시간 $2A/c$에서 힘은 저항요소로 인하여 증가하고 속도는 감소한다. 더 큰 B 저항 요소가 반사되어 오는 시점 $2B/c$에서는 힘과 속도의 차는 더 크게 벌어질 것이다. 파가 말뚝선단 L에 도달하면 선단에서는 저항요소 없이 공중에 노출되어 있으므로 자유단으로서 인장파가 반사되며, 이 인장파는 앞의 경우와 반대로 힘은 감소시키고, 속도는 증가시킨다. 이는 그림 3.33(b)에서 시간 $2L/c$에 잘 나타나 있다.

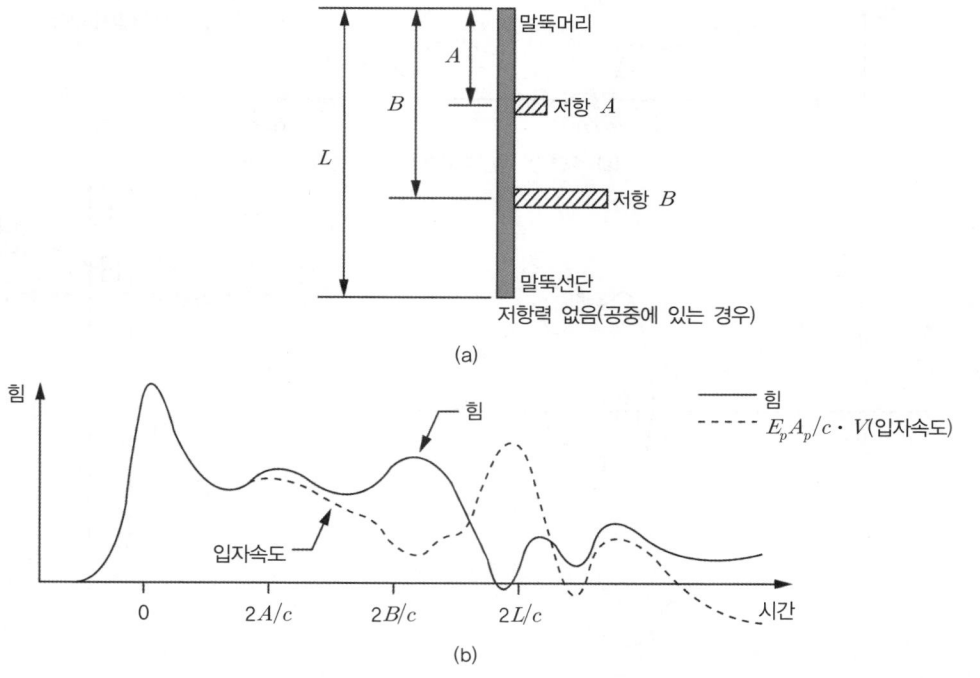

(a)

(b)

그림 3.33 힘과 속도 파형에 대한 저항력의 영향

실제로 그림 3.34에서와 같이 말뚝이 지반에 근입되어 있는 경우 지반조건에 따라서 전혀 다르게 측정된 세 가지 파형 예가 그림에 표시되어 있다. 힘과 속도의 파형으로부터 지반조건을 유추해보면 다음과 같다.

① 그림 3.34(a) : 초기에 파분리가 크지 않고 시간 $2L/c$에서 속도는 증가하고 힘은 감소하였다. 주면마찰력이 크지 않은 지반에 관입되었으며, 선단은 아직도 견고한 층에 다다르지 못하였다고 유추할 수 있다.

② 그림 3.34(b) : 초기에 파분리가 크지 않고 시간 $2L/c$에서 힘은 크게 증가하고, 속도는 감소하였다. 주면마찰력이 크지 않은 선단지지말뚝으로 유추할 수 있다.

③ 그림 3.34(c) : 초기부터 파분리가 크게 발생한 경우로서 주면마찰력이 큰 마찰말뚝의 경우이다.

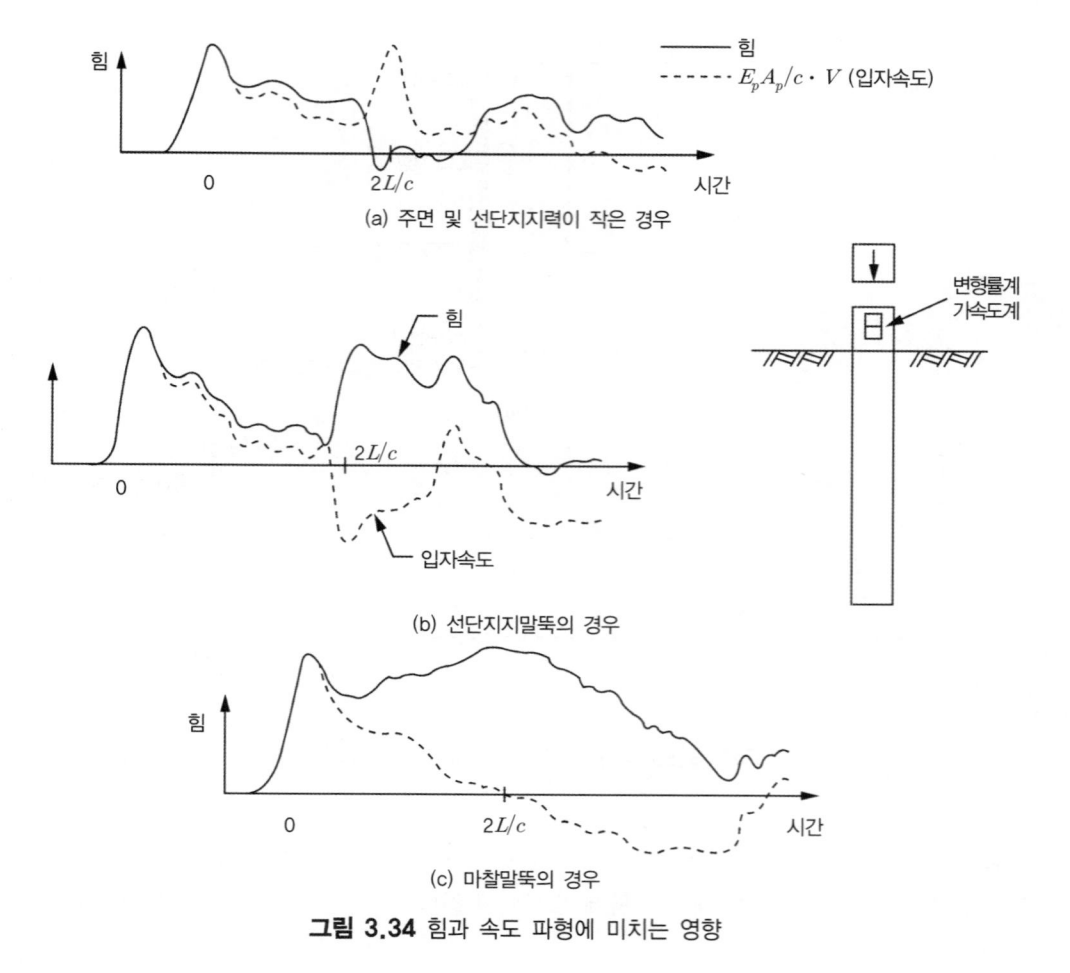

(a) 주면 및 선단지지력이 작은 경우

(b) 선단지지말뚝의 경우

(c) 마찰말뚝의 경우

그림 3.34 힘과 속도 파형에 미치는 영향

(2) 시험 결과의 분석 및 이용

전술한 대로 시험 결과로 얻을 수 있는 것은 힘과 속도의 파형이다. 이를 이용하여 말뚝의 관입저항력을 구할 수 있는 간편식이 개발되었으며 CASE 방법이라고 불린다.

한편 파동해석을 이용하여 측정된 힘과 계산되어진 힘에 대한 signal matching을 이용하여 지지력 및 말뚝에 작용되는 응력, 주면마찰저항력의 분포 및 크기, 선단지지력의 크기 등을 구할 수 있는 CAPWAP 방법이 있다. CAPWAP 방법의 개념도가 그림 3.35에 표시되어 있다.

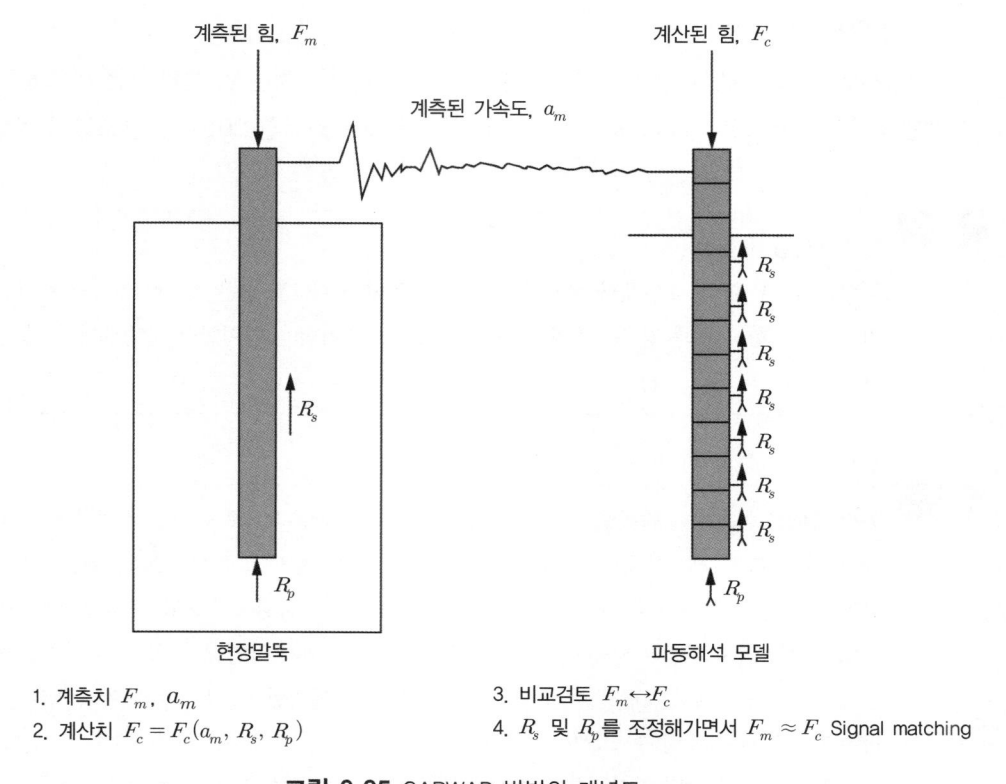

계측된 힘, F_m

계산된 힘, F_c

계측된 가속도, a_m

R_s

R_p

R_s
R_s
R_s
R_s
R_s
R_s
R_s

R_p

현장말뚝

파동해석 모델

1. 계측치 F_m, a_m
2. 계산치 $F_c = F_c(a_m, R_s, R_p)$

3. 비교검토 $F_m \leftrightarrow F_c$
4. R_s 및 R_p를 조정해가면서 $F_m \approx F_c$ Signal matching

그림 3.35 CAPWAP 방법의 개념도

그림에서 보여주는 바와 같이 계측된 가속도 파형(a_m), 주면마찰저항력(R_s), 선단지지력(R_p)을 입력변수로 하여 파동해석을 실시하여 구한 힘의 파형(F_c)이 계측된 파형(F_m)과 같아질 때까지 반복적인 계산을 실시한다. 동재하시험 결과로서 다음의 결과물을 얻을 수 있다.

① 말뚝의 축방향 극한저항력
② 항타응력을 이용하여 재료의 파손 가능성 검토
③ 지반조건 확인-주면마찰저항력 분포 예측
④ 선단지지력과 주면 마찰력 분리 가능
⑤ 시간경과 효과 확인

전술한 대로 말뚝의 극한저항력에는 시간경과 효과(set-up 혹은 relaxation)가 있다고 하였다. 동재하시험을 항타 시에(EOID, End of Initial Driving) 먼저 실시하고, 추가로 일정 시간이 경과한 후에 재항타(restrike)로 시험을 실시하여 결과를 비교하면 시간경과 효과를 비교적 명확히 알 수 있다.

동재하시험 개요 및 해석 방법, 그 활용도를 상세히 기록하는 것은 이 책의 근본 의도를 넘으므로 개념적인 서술만으로 끝내고자 하며 관심 있는 독자는 조천환(2010)을 참조하기 바란다.

> **정리** **동재하시험의 핵심**
>
> 동재하시험은 항타 시 말뚝에 작용하는 힘과 속도이다. 계측된 힘은 증가하고 속도는 감소하면, 흙의 저항력이 큰 경우를 뜻한다. 즉, 지지력이 증가함을 의미한다(말뚝주면부 및 선단부 공통).

> **정리** 동적 방법을 이용하여 말뚝을 평가하는 경우, 독자들은 근본적으로 동하중에 의한 역학적 거동, 즉 동역학에 대한 이해가 필수적이다. 동적해석을 이용한다고 해서 말뚝의 극한 지지력을 구할 수 있는 것은 아니다. 다만, 항타공식을 이용하면 현장 품질관리를 할 수 있고, 파동 이론으로 부터는 말뚝의 항타 시공성, 즉, 말뚝을 소요의 깊이까지 타입할 수 있는 지의 여부를 알 수 있다. 특히 동재하 시험을 실시하면, 동적 지지력을 예측할 수 있을 뿐만 아니라, 재료의 파손 가능성 여부도 알 수 있으며, 주면마찰저항력의 분포를 어느 정도 예측할 수 있으며, 또한 선단지지력과 주면 마찰력을 분리하는 것도 가능해지므로, 매우 유용한 시험으로 본다.

3.4.4 무리말뚝의 극한지지력

1) 개요

대부분의 경우 말뚝은 그림 3.36에서 보여준 것처럼 말뚝 캡을 설치하고 그 하부로 무리말뚝(group pile)으로 지지하는 것이 보통이다.

대부분의 경우에는 말뚝 캡은 그림 3.36(a)와 같이 지표면과 접촉하고 있으나, 해상 플랫폼과 같이 지면보다 위에 돌출되어 있는 경우도 있다(그림 3.36(b)). 말뚝을 근접하여 설치하는 경우 말뚝에 의해서 흙으로 전달되는 응력이 겹치게 되어 말뚝의 지지력은 감소할 수 있다. 무리말뚝 영향을 최소화하기 위하여 말뚝 중심 간 간격을 말뚝 직경의 2.5배 이상이 되도록 설계함이 보통이다. 그림 3.36(c)에서 보여주는 바와 같이 무리말뚝의 경우는 응력에 영향을 받는 범위가 단일말뚝에 비하여 넓고 깊어서 침하에는 더 많은 영향을 받을 것이다('토질역학의 원리' 5.2.3 2)의 등압선의 개요를 숙지할 것).

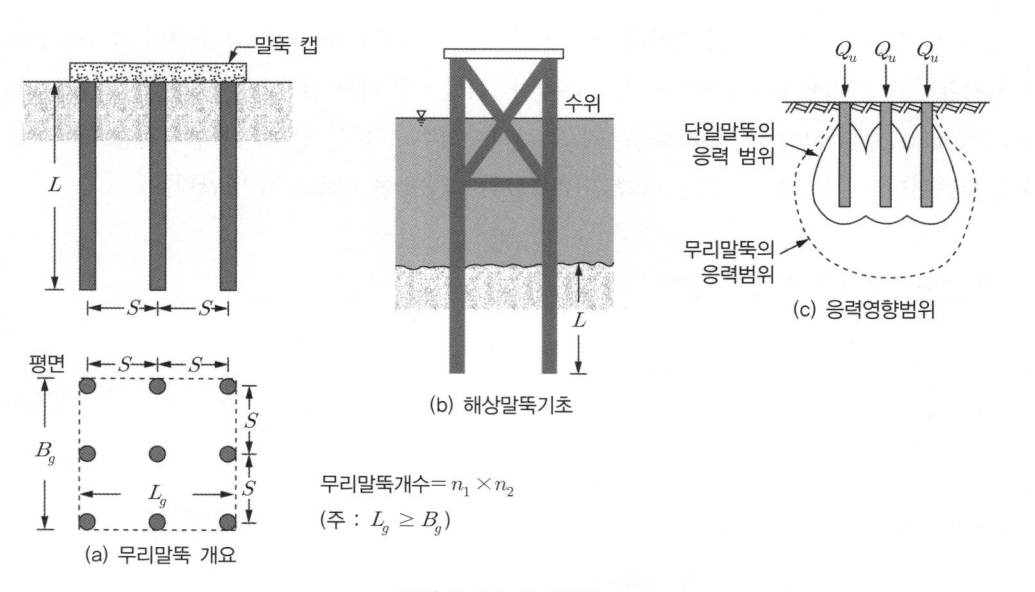

무리말뚝개수 = $n_1 \times n_2$

(주 : $L_g \geq B_g$)

그림 3.36 무리말뚝 효과

무리말뚝 효과를 우선적으로 정리해보면 다음과 같다.

① 극한선단지지력은 관입전단파괴 형상이므로 말뚝의 간격에 영향을 거의 받지 않는다.

② 결국 무리말뚝 효과에 영향을 받는 것은 극한주면마찰저항력이다.

③ 사질토지반에 타입 공법으로 시공된 말뚝은 타입 시 다짐 효과로 인하여 극한주면마찰저항력은 오히려 커지는 것이 보통이다. 안전 측 설계 관점에서 사질토에 타입된 말뚝은 무리말뚝 효과를 고려할 필요가 없다.

④ 결국 무리말뚝 효과에 영향을 받는 말뚝은 매입 공법으로 시공된 말뚝과, 점토지반에 근입된 말뚝이다. 무리말뚝의 효율은 이 경우에 국한하여 주로 서술할 것이다.

⑤ 그림 3.36(a)에서, 말뚝 캡 하부지반과 말뚝 캡이 잘 접촉되어 있다면, 주어진 상부하중에 대하여 말뚝으로 저항하는 요소 외에 말뚝 캡 저면에서의 지지력(이것은 얕은 기초의 지지력과 같은 원리이다)도 있을 수 있다. 대부분의 경우 실제 설계 시에는 다음의 이유로 저면에서의 지지력은 고려하지 않는다.

– 캡 저면이 하부지반과 완전히 접촉되어 있다고 확신하기 어렵다.

– 접촉되어 있다고 하더라도, 말뚝과 비교하여 말뚝캡 저면에서 침하가 훨씬 많이 발생되어야 저면에서 저항력을 발휘할 수 있다. 즉, 그림 3.13에서 보여준 말뚝의 축하중–침하 곡선보다도 더 완만한 곡선을 이루기 때문에 설계하중 작용 시에 캡 저면에서의 저항력은 아주 작다.

단, 마찰 말뚝의 경우 말뚝캡 저면과 지반의 접촉을 완벽하게 해주어서 말뚝뿐만 아니라 캡에서의 저항력도 고려해주는 설계법도 존재하는 바, 이를 말뚝지지 전면 기초 또는 뜬 기초(piled raft foundation)라고 한다. 설계하중은 캡으로 저항해주고, 하부 말뚝은 침하저감용으로 이용하는 개념이다. 관심 있는 독자는 조천환(2010)의 책 8장을 참조하기 바란다.

무리말뚝의 효율은 다음과 같이 정의한다.

$$\eta = \frac{Q_{g(u)}}{\sum Q_u} \qquad\qquad (3.68)$$

여기서, $Q_{g(u)}$ = 무리말뚝의 극한지지력

$\qquad\quad Q_u$ = 단일말뚝의 극한지지력

2) 마찰말뚝의 무리말뚝 효율

이 경우는 주로 사질토지반에 매입 시공된 말뚝이나 점토에 시공된 마찰말뚝에 적용할 수 있다. 전술한 대로 극한선단지지력은 상대적으로 무리말뚝 효과가 크지 않으나 안전 측으로서 같은 효율을 적용한다. 파괴형태는 ① 단일말뚝의 파괴 형태, 또는 ② 그림 3.36(a)에 보여준 바와 같이 $B_g \times L_g \times L$의 크기를 가진 블록 자체가 파괴된다고 가정한다.

  - 단일말뚝으로 작용하는 경우 주면마찰저항력은

$$Q_u = pLf_{s(avg)} \qquad\qquad (3.69)$$

이다. 여기서, $f_{s(avg)}$ = 평균 단위주면마찰저항력

  - 블록으로 작용하는 경우 주면마찰저항력은

$$\begin{aligned} Q_{g(u)} &= p_g Lf_{s(avg)} \\ &= [2(n_1 + n_2 - 2)S + 4D]Lf_{s(avg)} \end{aligned} \qquad (3.70)$$

여기서, p_g = 블록 단면의 윤변, S = 말뚝의 중심 사이의 간격

$$n_1 = \text{말뚝의 길이방향}(L_g) \text{ 개수}$$
$$n_2 = \text{말뚝의 폭방향}(B_g) \text{ 개수}$$

무리말뚝의 효율은

$$
\eta = \frac{Q_{g(u)}}{\sum Q_u} = \frac{[2(n_1 + n_2 - 2)S + 4D] \cdot L \cdot f_{s(avg)}}{n_1 n_2 p L f_{s(avg)}}
$$

$$
= \frac{2(n_1 + n_2 - 2)S + 4D}{p n_1 n_2} \leq 1.0 \tag{3.71}
$$

따라서, 무리말뚝의 극한지지력은 다음 식으로 구할 수 있다.

$$
Q_{g(u)} = \left[\frac{2(n_1 + n_2 - 2)S + 4D}{p n_1 n_2} \right] \sum Q_u \tag{3.72}
$$

단, 식 (3.71)로 표시된 효율 η은 S가 커질수록 커지므로 $\eta > 1$이 될 수 있다. η의 상한치는 1로 본다.

Converse–Labrre 방정식

위에서 제시한 효율 외에도 여러 다른 제안식들이 제시된 바 Converse–Labrre 제안식은 다음과 같다.

$$
\eta = 1 - \left[\frac{(n_1 - 1)n_2 + (n_2 - 1)n_1}{90 n_1 n_2} \right] \theta \tag{3.73}
$$

여기서, $\theta(°) = \tan^{-1}\left(\dfrac{D}{S}\right)$

[예제 3.5] 무리말뚝의 개수 $n_1 = 4$, $n_2 = 3$이며, $D = 400\,\text{mm}$, $S = 2.5D$이다. 사질토에 설치된 다음 말뚝 각각에 대하여 무리말뚝의 효율을 구하라. 단, 식 (3.71) 및 (3.73) 각각을 사용하라.

(1) 사질토에 타입된 말뚝

(2) 사질토에 매입된 말뚝

(3) 암반까지 근입된 말뚝

[풀이]

(1) 사질토에 근입된 타입말뚝은 다짐효과로 인하여 오히려 주면마찰저항력은 증가된다. $\eta = 1$로 가정한다.

(2) $\eta = \dfrac{2(n_1 + n_2 - 2)S + 4D}{pn_1 n_2}$

$\quad = \dfrac{2(4 + 3 - 2) \times 2.5 \times 400 + 4 \times 400}{3.14 \times 400 \times 4 \times 3}$

$\quad = 0.77$

또는

$\eta = 1 - \left[\dfrac{(n_1 - 1)n_2 + (n_2 - 1)n_1}{90 n_1 n_2} \right] \tan^{-1}\left(\dfrac{D}{S} \right)$

$\quad = 1 - \left[\dfrac{(4-1) \times 3 + (3-1) \times 4}{90 \times 4 \times 3} \right] \tan^{-1}\left(\dfrac{1}{2.5} \right)$

$\quad = 0.66$

(3) 암반에 근입된 말뚝의 효율은 $\eta = 1$로 본다.

* * * * *

3) 점토지반에 근입된 무리말뚝의 극한지지력

그림 3.37에 표시된 것과 같이 점토층에 근입된 무리말뚝의 경우는 단일말뚝의 극한지지력에 말뚝의 개수를 곱한 지지력과 아니면 그림에서($B_g \times L_g \times L$) 블록 자체의 극한지지력을 구하여 이 중 작은 값으로 무리말뚝의 극한지지력으로 구한다. 앞의 사질토에서는 주면마찰저항력의 비(ratio)로써 효율을 구하였지만 점토의 경우는 전체 극한지지력을 비교하여(즉, 극한주면마찰저항력+극한선단지지력) 작은 값으로 정함에 유의하자. 또한 말뚝이 점토층을 통과

하여 견고한 층에 근입된 경우는 선단지지말뚝이므로 $\eta = 1$로 가정한다.

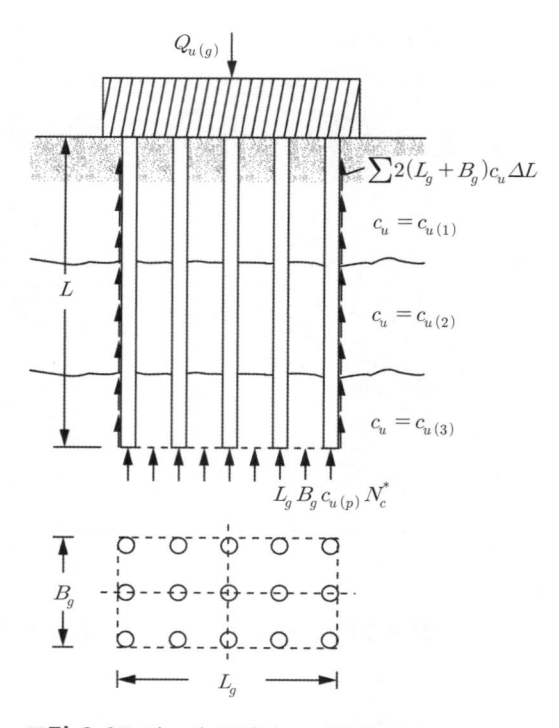

$$\sum 2(L_g + B_g)c_u \Delta L$$

그림 3.37 점토에 근입된 무리말뚝 효과

① 단일말뚝의 극한지지력

$\sum Q_u = n_1 n_2 (Q_p + Q_s)$로 지지력을 구한다.

$$\text{단일 말뚝의 } Q_p = q_p A_b = 9 c_{u(b)} A_b \tag{3.74}$$

여기서, $c_{u(b)}$ = 말뚝저면에서의 비배수전단강도

$$\text{단일 말뚝의 } Q_s = \sum f_s A_s = \sum \alpha c_u p L \tag{3.75}$$

$$\text{따라서, } \sum Q_u = n_1 n_2 \left(9 c_{u(b)} A_b + \sum \alpha c_u p L \right) \tag{3.76}$$

② $(B_g \times L_g \times L)$ 블록의 극한지지력

블록의 극한선단지지력

$$Q_{g(p)} = q_p A_b = c_{u(b)} N_c^* (B_g \cdot L_g) \tag{3.77}$$

지지력 계수 N_c^*는 L_g/B_g 및 B_g/L의 함수로서 그림 3.38을 이용하여 구한다.

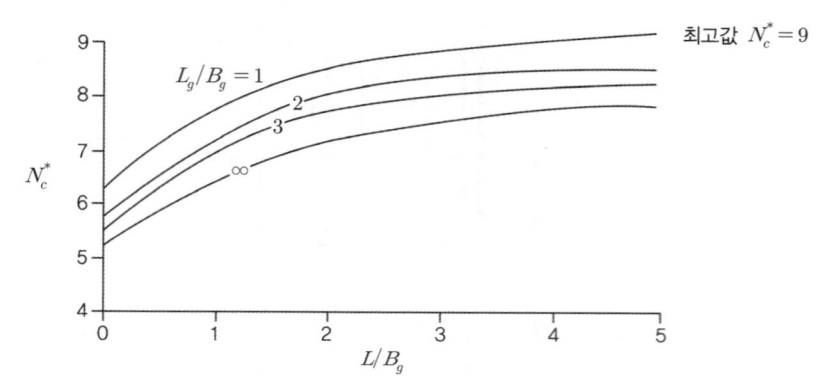

그림 3.38 L_g/B_g와 L/B_g에 따른 N_c^*의 변화

블록의 극한마찰저항력

$$\begin{aligned} Q_{g(s)} &= \sum c_u p_g \Delta L \\ &= \sum c_u \cdot 2(B_g + L_g) \cdot \Delta L \end{aligned} \tag{3.78}$$

따라서 $(B_g \times L_g \times L)$ 블록의 극한지지력은 다음 식과 같다.

$$\begin{aligned} Q_{g(u)} &= Q_{g(p)} + Q_{g(s)} \\ &= c_{u(b)} N_c^* (B_g \cdot L_g) + \sum c_u \cdot 2(B_g + L_g) \Delta L \end{aligned} \tag{3.79}$$

③ 무리말뚝의 축방향 극한지지력 결정

식 (3.74)와 식 (3.79)로 극한지지력을 구하여 이 중 작은 값을 무리말뚝의 축방향 극한지지력으로 한다.

[예제 3.6] (예제 그림 3.6)과 같이 포화된 점토지반에 4×3의 무리말뚝이 점토지반에 근입되었다. 말뚝은 $\phi = D = 350\,\mathrm{mm}$의 원형말뚝이고 $S = 0.9\,\mathrm{m}$이다. 무리말뚝의 극한지지력을 구하라.

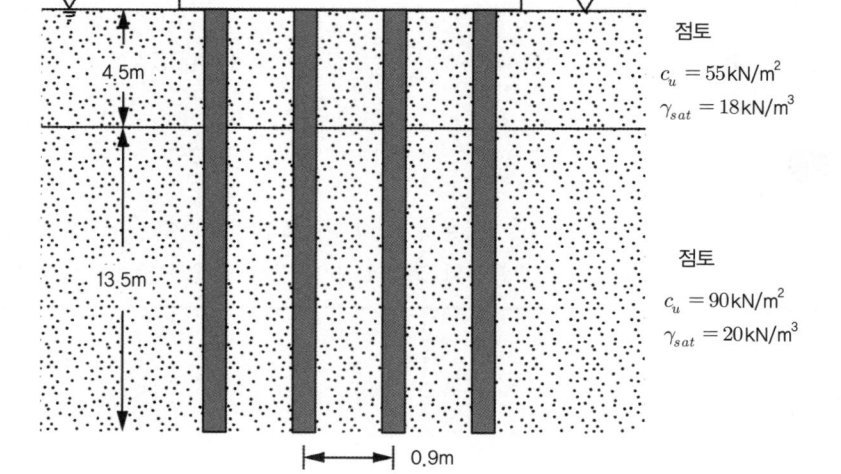

점토
$c_u = 55\,\mathrm{kN/m^2}$
$\gamma_{sat} = 18\,\mathrm{kN/m^3}$

점토
$c_u = 90\,\mathrm{kN/m^2}$
$\gamma_{sat} = 20\,\mathrm{kN/m^3}$

4.5m

13.5m

0.9m

(예제 그림 3.6) 포화점토지반에 타입된 무리말뚝

[풀이]

(1) 단일말뚝의 지지력의 합

식 (3.76)에 따라서

$$\begin{aligned}
\sum Q_u &= n_1 n_2 (9 c_{u(b)} A_b + \sum \alpha c_u p L) \\
&= 4 \times 3 \times \left\{ (9)(90)\frac{\pi}{4}(0.35)^2 + (0.35\pi)[(4.5)(0.75)(55) + (13.5)(0.5)(90)] \right\} \\
&= 11400.2\,\mathrm{kN}
\end{aligned}$$

여기서, α 계수는 육상말뚝으로 가정하여 그림(3.19)의 Woodward 곡선에 따라 $\alpha_1 = 0.75$, $\alpha_2 = 0.5$이다.

(2) 블록의 극한지지력으로 산정

$L_g = 0.9 \times 3 + 0.35 = 3.05\,\mathrm{m}$, $B_g = 0.9 \times 2 + 0.35 = 2.15\,\mathrm{m}$, $L = 18\,\mathrm{m}$이므로, 그림 3.38

에 따라 $N_c^* = 8.8$, 식 (3.75)에 따라서

$$Q_{g(u)} = c_u N_c^* (B_g L_g) + \sum c_u 2 (B_g + L_g) \Delta L$$

$$= (90)(8.8)(3.05)(2.15) + 2(55)(3.05 + 2.15)(4.5) + 2(90)(3.05 + 2.15)(13.5)$$

$$= 20,403.5 \, \text{kN}$$

$$\therefore \text{무리말뚝의 극한지지력} = \min\left(\sum Q_u, Q_{g(u)}\right) = 11400.2 \, \text{kN}$$

정리 **무리말뚝 효과**

사질토지반에 근입된 타입말뚝은 항타 시 다짐효과로 인하여 무리말뚝의 지지력이 증가하나, 매입말뚝이나 점토에 근입된 말뚝의 경우는 무리말뚝의 지지력은 항상 감소한다.

참 고 문 헌

주요 참고문헌

- 조천환(2010), 『말뚝기초 실무』, 이엔지·북
- Prakash,S., Sharma, H.D.(1990), Pile Foundations in Engineering Practice, John Wiley & Sons.
- Poulos, H.G., Davis, E.H.(1980), Pile Foundation Analysis and Design, John Wiley & Sons.

기타 참고문헌

- (사)한국지반공학회(2012), 선단 확대 구근부 품질관리 방안 및 설계시공 가이드 개발, 연구보고서, Report No. KGS 12-107
- (사)한국지반공학회(2012), PHC 파일을 사용한 선단확장형 중굴 공법의 설계 가이드 개발, 연구보고서, Report No. KGS 14-043

제4장

깊은 기초 II

제4장

깊은 기초 II

4.1 개 괄

말뚝기초는 그 이론 및 고려사항이 방대하여 한 개의 장으로 모든 주제를 수록하기에는 무리가 되어 두 개의 장으로 계획하였다. 제3장에서는 말뚝에 관한 일반사항과 함께, 특히 말뚝의 축방향 극한지지력을 집중적으로 수록하였다. 이번 제4장에서는 이에 추가하여 말뚝기초의 침하, 말뚝의 수평저항력, 말뚝의 재하시험법의 근간을 수록하고자 한다. 마지막으로 케이슨 기초에 대하여 간략히 서술하고자 한다. 참고로 피어(Pier) 기초도 있으나, 이는 직경이 비교적 큰 현장타설말뚝으로 볼 수 있어서 이 책에서는 생략한다.

4.2 말뚝기초의 침하

4.2.1 개 괄

말뚝기초의 축방향 안정성 검토를 위해서는 3.3.2절 설계의 근간에서 서술한 대로 말뚝에 작용되는 설계하중(P_w)이 말뚝의 축방향 허용지지력(Q_{allow})보다 작아야 할 뿐 아니라(식 (3.3) 참조), 말뚝에 설계하중 P_w가 작용할 때의 침하량(S)이 허용침하량(S_{allow})보다 작아야 한다(식 3.4 참조). 이 장에서의 주제인 침하량 산정도 먼저 단일말뚝의 침하량 산정공식을 소개하고, 후에 무리말뚝 효과를 서술할 것이다.

설계축하중, P_w 작용 시 선단부에 전달되는 하중

다음 절에서 소개할 단일말뚝의 침하량 예측에서 필수적으로 알아야 할 것이 설계하중 P_w가 말뚝머리에 작용되었을 때(그림 3.12(a)에서 $Q_{(z=0)} = P_w$일 때) 선단부에 전달되는 하중을 예측하는 것이다. 선단부에 β비율만큼 전달된다면 주면마찰저항성분 $Q_1 = Q_{ws}$, 선단부에서의 저항성분 $Q_2 = Q_{wp}$는 다음 식과 같이 될 것이다.

$$Q_{ws} = (1 - \beta)P_w \tag{4.1}$$

$$Q_{wp} = \beta P_w \tag{4.2}$$

여기서, $\beta = \dfrac{Q_{wp}}{P_w} =$ 선단부에 전달된 하중 비율

재삼 강조하는 것은 그림 3.13에서 설명한 대로 비록 극한선단지지력 Q_p가 극한주면마찰저항력 Q_s보다 크다 하더라도 설계하중 작용 시에 선단에 전달되는 비율 β는 훨씬 작을 수도 있다는 것이다. 식 (3.64)에서 정의된 β_u값보다 β값은 언제나 더 작다. 즉, 말뚝에 P_w의 설계하중(working load)이 작용될 때 주면에서의 저항성분이 선단에서의 저항성분보다 더 큰 역할을 할 수도 있다는 것이다(선단지지말뚝은 어차피 주면마찰저항력이 크지 않아서 선단지지 성분의 역할이 역시 커서 앞과는 반대일 수도 있기는 하다).

선단부에 전달되는 하중 비율은 다음 식으로 구할 수 있다(Poulos와 Davis, 1980).

$$\beta = \beta_o C_K C_\mu C_b \tag{4.3}$$

여기서, $\beta_o =$ 말뚝이 완전 강체로 가정했을 때의 β값

$\quad\quad\quad C_K =$ 말뚝 압축성을 고려하기 위한 수정계수로서 말뚝강성계수 K의 함수

$$K = \frac{E_p \cdot R_A}{E_s} \tag{4.4}$$

$$R_A = \frac{A_p}{\dfrac{\pi}{4}D^2} \qquad\qquad (4.5)$$

여기서, E_p, E_s = 각각 말뚝과 주변 흙의 탄성계수

R_A = 말뚝단면적 A_p와 외경단면적의 비율(solid 말뚝의 경우 $R_A = 1$, 중공관의 경우 $R_A < 1$).

D = 말뚝의 직경, D_b = 말뚝 선단부의 직경

C_μ = 주변 지반의 포아송비, μ를 고려하기 위한 수정계수

C_b = 말뚝의 선단부가 견고한 지층에 근입된 선단지지말뚝 영향을 고려하기 위한 계수로서 E_b/E_s의 함수이다. 단, E_b는 선단부 견고한 지층의 탄성계수이다.

β_o, C_K, C_μ 및 C_b의 값들이 그림 4.1, 4.2, 4.3 및 4.4에 표시되어 있다.

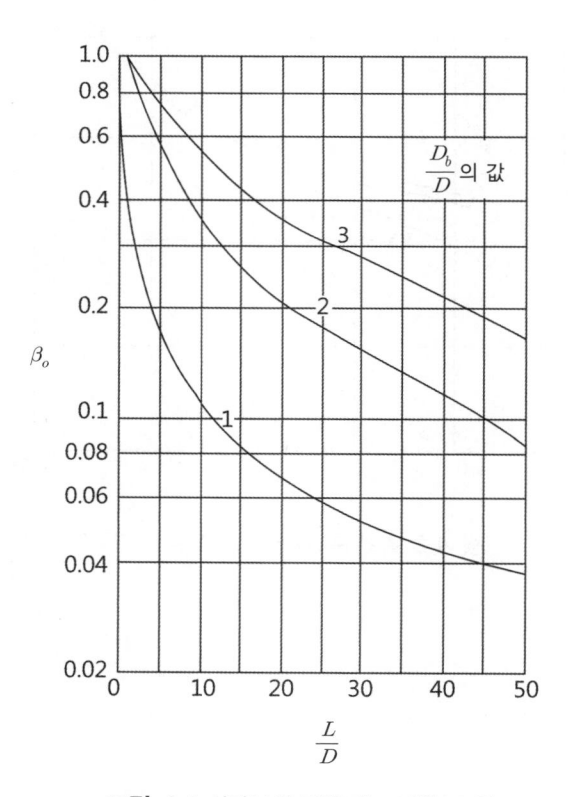

그림 4.1 선단부에 전달되는 비율 β_o값

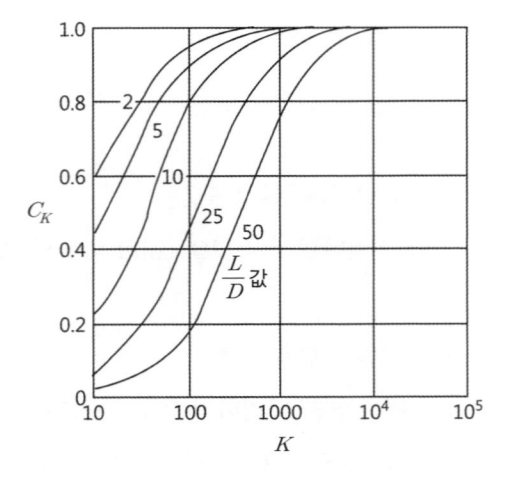

그림 4.2 말뚝압축성을 고려한 수정계수 C_K값

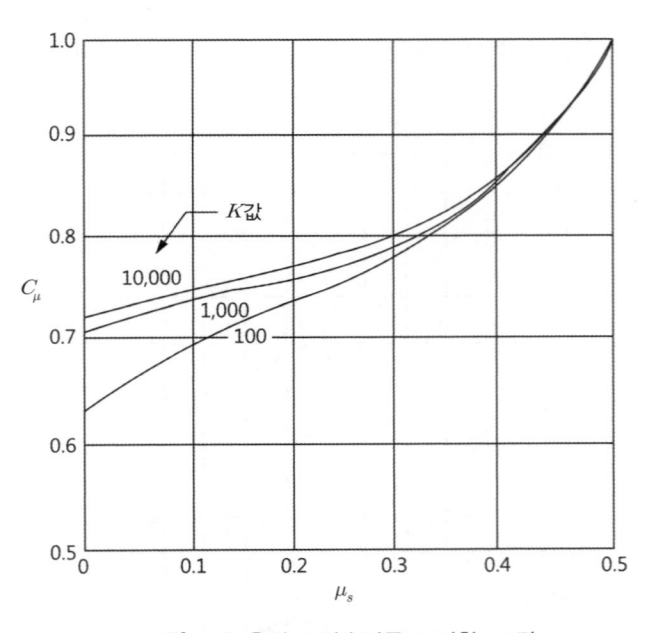

그림 4.3 흙의 포아송비를 고려한 C_μ 값

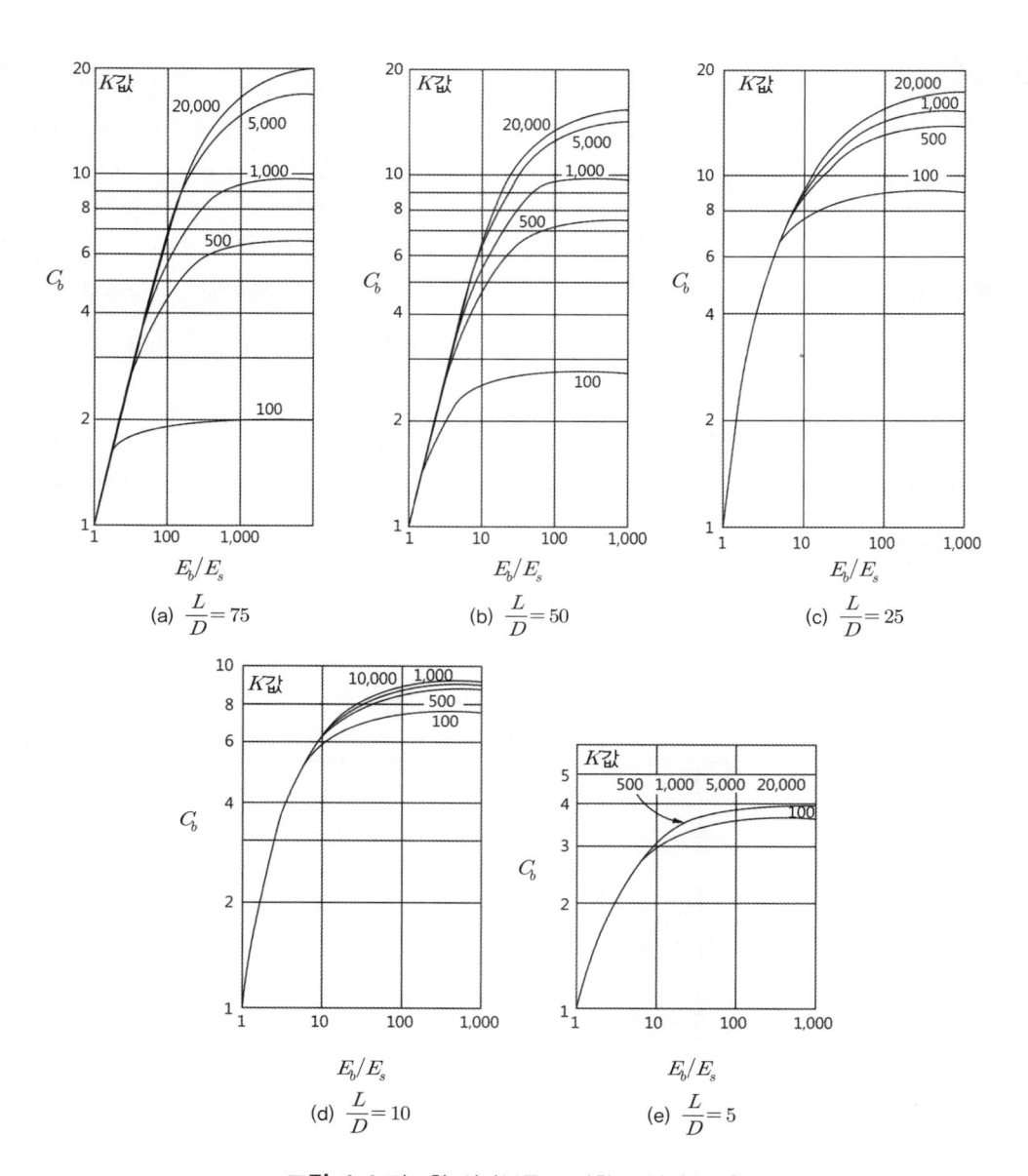

그림 4.4 견고한 선단부를 고려한 수정계수 C_b값

<table>
<tr><td>Note</td><td></td></tr>
</table>

(1) 그림 4.1에 표시된 β_o값은 근본적으로 말뚝과 주변 지반사이에 상대변위 없이 완전히 밀착되어 있다고 가정 하에 구한 이론해로서, 사질토에 타입된 말뚝 등에 더 적합한 값이며, 상대변위가 쉽게 발생될 수 있는 매입말뚝에서는 β_o값이 더 커질 수도 있다.

(2) 그림 4.1에서 보면 β_o값은 D_b/D에 크게 영향을 받음을 알 수 있다. 선단부의 말뚝직경을 더 크게 할수록 선단부에 전달되는 비율이 커진다.

말뚝머리에 설계하중이 작용될 때, 이 하중을 주면 및 선단에서 분담하는 비율을 알아야 말뚝의 실제 거동을 알 수 있다. 극한선단지지력이 주면마찰저항력보다 큰 경우에도 실제 설계하중 작용 시에는 주면에서 받아주는 비율(portion)이 더 큰 경우가 허다하다.

[예제 4.1] 다음 (예제 그림 4.1)에서와 같이 $L = 17.5\,\text{m}$인 $D = 350\,\text{mm}$ PHC 말뚝을 사질토에 타입하였다. 말뚝의 $A_p = 547\,\text{cm}^2$, $E_p = 2.1 \times 10^7\,\text{kN/m}^2$, 주변 흙의 $E_s = 1.3 \times 10^4\,\text{kN/m}^2$, $\mu_s = 0.35$이다.

(1) 말뚝머리에 설계하중 $P_w = 600\,\text{kN}$이 작용될 때 선단에 전달되는 하중, 주면마찰저항하중을 구하라.

(2) 만일 말뚝의 선단부가 $E_b = 2.6 \times 10^6\,\text{kN/m}^2$인 비교적 견고한 층에 근입되었을 때, 위의 문제를 풀라.

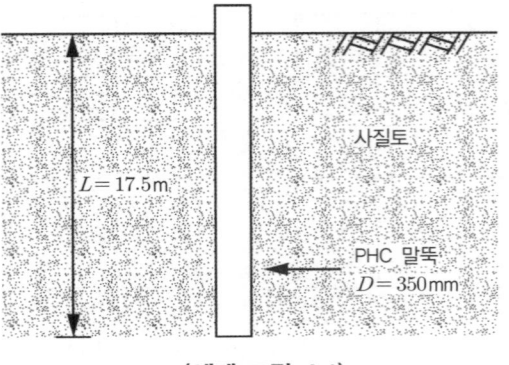

(예제 그림 4.1)

[풀이]

(1) 말뚝 강성계수는

$$K = \frac{E_p R_A}{E_s} = \frac{2.1 \times 10^7}{1.3 \times 10^4} \frac{547}{(\pi/4)(35)^2} = 918$$

$$\frac{L}{D} = \frac{17.5}{0.35} = 50$$

그림 4.1에 따라 $\beta_0 = 0.037$

그림 4.2에 따라 $C_K = 0.70$

$\mu_s = 0.35$이므로, 그림 4.3에 따라 $C_\mu = 0.82$

선단부가 견고한 지층에 근입되지 않았음으로, $C_b = 1$

따라서, 식 (4.3)에 따라 $\beta = \beta_0 C_K C_\mu C_b = (0.037)(0.70)(0.82)(1) = 0.0212$

$$\therefore \ Q_{wp} = (0.0212) \times 600 = 12.7 \, \text{kN}$$
$$Q_{ws} = (1 - 0.0212) \times 600 = 587.3 \, \text{kN}$$

결과적으로 이 말뚝은 설계하중이 작용될 때, 주면에서 거의 모든 하중을 받음을 알 수 있다.

(2) $C_b = f\left(\dfrac{E_b}{E_s}\right)$

$$\dfrac{E_b}{E_s} = \dfrac{2.6 \times 10^6}{1.3 \times 10^4} = 200$$

그림 4.4(b)에 따라서, $C_b = 9.0$

따라서, 식 (4.3)에 따라 $\beta = \beta_0 C_K C_\mu C_b = (0.037)(0.70)(0.82)(9.0) = 0.191$

$$\therefore \ Q_{wp} = (0.191) \times 600 = 114.6 \, \text{kN}$$
$$Q_{ws} = (1 - 0.191) \times 600 = 485.4 \, \text{kN}$$

선단에 단단히 지층이 있음에도 사질토에서의 말뚝의 길이가 길어서 80% 이상의 하중을 주면에서 받는다.

> **정리**
> 완전한 선단지지말뚝을 제외하고는 실제 설계하중 작용 시 주면부에서 저항하는 역할이 상당히 큼이 일반적이다.

4.2.2 단일말뚝의 침하

말뚝머리에 설계하중 P_w가 작용될 때 말뚝의 침하는 주로 탄성침하가 발생하며, 다음의 세 가지 요인에 의하여 발생한다고 가정한다.

$$S = S_1 + S_2 + S_3 \tag{4.6}$$

여기서, S_1 = 말뚝 자체의 탄성침하량(말뚝 자체가 찌그러진 양)
$\qquad$ S_2 = 말뚝선단에 전달되는 하중에 의한 말뚝침하량
$\qquad$ S_3 = 말뚝주면을 따라 전달되는 하중에 의한 말뚝침하량

1) S_1의 산정

말뚝재료가 탄성이라고 가정하면(공중에 강봉이 존재하고 하중 P인 경우 $\delta = \dfrac{PL}{AE}$ 임을 감안하면) 다음 식으로 S_1, 즉 말뚝 자체가 압축된 양을 구할 수 있다.

$$S_1 = \frac{(Q_{wp} + \xi Q_{ws})L}{A_p E_p} \tag{4.7}$$

여기서, Q_{wp} = 설계축하중하에서 말뚝선단에 전달된 하중(식 (4.2))
$\qquad$ Q_{ws} = 설계축하중하에서 주면마찰력으로 전달된 하중(식 (4.1))
$\qquad$ ξ = 단위주면 마찰 저항력의 분포에 따른 계수(그림 4.5 참조)

그림 4.5를 보면 마찰력 분포가 균등하거나, 포물선 분포를 할 때의 영향계수보다 삼각형 분포 시의 영향계수 ξ가 큼을 알 수 있다. 마찰저항력이 하부에 분포할수록 다음 그림과 같이 말뚝을 찌그러트리는 데 더 많이 기여하기 때문이다.

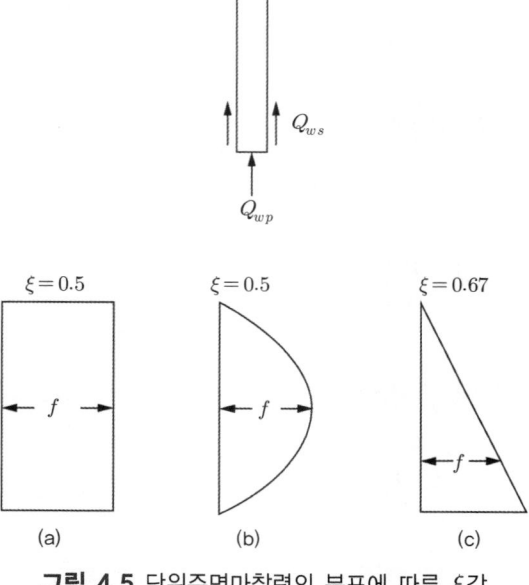

그림 4.5 단위주면마찰력의 분포에 따른 ξ값

2) S_2의 산정

말뚝선단에 다음 그림과 같이 Q_{wp}의 하중이 작용되므로 이로 인하여 다음의 식으로 선단에서 침하가 발생한다(식 (2.60)과 유사한 식으로 보면 된다).

$$q_{wp} = \frac{Q_{wp}}{\frac{\pi}{4}D^2} \qquad (4.8)$$

$$S_2 = \frac{q_{wp}D}{E_s}(1 - \mu^2)I_{wp} \qquad (4.9)$$

여기서, E_s = 말뚝선단부 또는 그 하부에 위치한 흙의 탄성계수

μ = 흙의 포아송비

I_{wp} = 영향계수 ≈ 0.85

3) S_3의 산정

말뚝주면으로 전달된 마찰력으로 인해 말뚝 주변 지반이 말뚝을 역시 아래로 끌어내릴 것이다(다음 그림 참조).

$$= f_{ws} = \frac{Q_{ws}}{pL}, \; p\text{는 윤변} \tag{4.10}$$

주면으로 전달된 응력

따라서, 이로 인하여 발생하는 침하는 식 (4.9)와 유사하게 다음 식으로 구할 수 있다.

$$S_3 = \frac{f_{ws}D}{E_s}(1 - \mu^2)I_{ws} \tag{4.11}$$

여기서, I_{ws} = 영향계수로서 다음 식으로 구한다.

$$I_{ws} = 2 + 0.35\sqrt{\frac{L}{D}} \tag{4.12}$$

> **Note**
>
> **S_2, S_3의 경험공식**
>
> Vesic(1977)은 S_2 및 S_3를 구할 수 있는 경험공식을 다음과 같이 제안하였다. 먼저 S_2는 다음과 같다.
>
> $$S_2 = \frac{Q_{wp}\,C_p}{D\,q_p} \tag{4.9a}$$
>
> 여기서, q_p = 말뚝의 단위면적당 선단지지력
> C_p = 경험계수로서 다음 표를 표준으로 한다.

표 4.0 C_p의 일반적인 값

지반의 종류	타입말뚝	천공말뚝
사질토(조밀~느슨)	0.02~0.04	0.09~0.18
점토(굳음~연약)	0.02~0.03	0.03~0.06
실트(조밀~느슨)	0.03~0.05	0.09~0.12

한편 S_3를 구하기 위한 경험공식은 다음과 같다.

$$S_3 = \frac{Q_{ws} \cdot C_s}{L\, q_p} \tag{4.11a}$$

여기서, C_s =경험계수로서 다음 식으로 구한다.

$$C_s = \left(0.93 + 0.16\sqrt{\frac{L}{D}}\right)C_p \tag{4.12a}$$

위의 두 식은 경험공식이기는 하나 실무에서는 많이 쓰이는 것으로 알려져 있다. 식 (4.9a) 및 (4.11a)를 보면 침하량은 단위선단지지력 q_p에 반비례한다. q_p가 크면 클수록 선단에서의 탄성계수는 증가됨에 기인한다.

[예제 4.2] 앞의 (예제 4.1)에서 제시한 말뚝에 대하여 말뚝의 탄성침하량을 예측하라. 단, 주면마찰력은 균등하게 분포한다고 가정하라.

[풀이]

말뚝의 탄성침하량은 식 (4.6)에 따라 다음과 같이 나타낼 수 있다.

$$S_e = S_1 + S_2 + S_3$$

식 (4.7), (4.9), (4.11)을 이용하여 각각의 변수를 산정하면 다음과 같다.
단위주면마찰저항력 분포가 균등하다고 가정하면, 그림 4.5에 따라 $\xi = 0.5$

$$S_1 = \frac{(Q_{wp} + \xi Q_{ws})L}{A_p E_p} = \frac{\{12.7 + (0.5)(587.3)\}(17.5)}{(547)(2.1 \times 10^7)(10^{-4})} \cong 0.47\,\mathrm{cm}$$

$$S_2 = \frac{q_{wp}D}{E_s}(1-\mu^2)I_{wp} = \frac{\dfrac{12.7}{(\pi/4)(0.35)^2}\times 0.35}{1.3\times 10^4}(1-0.35^2)(0.85) \cong 0.27\,\text{cm}$$

$$S_3 = \frac{f_{ws}D}{E_s}(1-\mu^2)I_{ws} = \frac{\dfrac{587.3}{\pi(0.35)(17.5)}(0.35)}{1.3\times 10^4}(1-0.35^2)(2+0.35\sqrt{50}\,) \cong 0.32\,\text{cm}$$

따라서 말뚝의 탄성침하량은,

$$\therefore\ S_e = S_1 + S_2 + S_3 = 0.47 + 0.27 + 0.32 \cong 1.06\,\text{cm}$$

> **Note**
> (1) 식 (4.6), (4.7), (4.9), (4.11)에서 제시한 말뚝의 침하량 수식은 기본적으로 토사에 근입된 말뚝에 맞는 조건으로써 지반의 탄성계수는 깊이에 따라 크게 변하지 않는 기본 가정으로 이루어진 공식이다. 만일의 경우 선단부 및 그 하부의 탄성계수가 E_b로서 주면부의 탄성계수 E_s보다 크다면 어차피 S_2 및 S_3는 결국 말뚝 자체가 흙속으로 가라앉는 것이기 때문에 수식 S_2 및 S_3에서의 탄성계수를 E_s 대신에 E_b를 쓰면 될 것이다.
> (2) 말뚝선단이 아예 신선한 암반과 같이 견고한 지층에 근입된 경우는 말뚝 자체가 침하는 거의 하지 않고(즉, $S_2 = S_3 \approx 0$), 말뚝 자체의 압축량(즉, S_1)만큼만 찌그러져서 침하가 생길 것이다.
> (3) 선단지지말뚝은 맞으나, 연약한 암반(soft rock)에 근입된 말뚝에 대해서는 침하량을 고려해야 할 경우도 종종 있다. 관심 있는 독자는 조천환(2010)의 책을 참조하기 바란다.

4.2.3 무리말뚝의 침하

1) 무리말뚝의 탄성침하

그림 3.36(c)를 보면 단일말뚝에 비하여 무리말뚝에서는 응력 범위가 훨씬 넓고 깊게 분포한다. 이는 그림에서 보여주는 바와 같이 더 이상 단일말뚝으로 거동하는 것이 아니라 하나의 큰 블록으로 작용하기 때문이다. 영향 범위가 깊으면 깊을수록 침하량은 커진다. 이는 얕은 기초에서 기초의 크기가 클수록 침하는 커지는 원리와 같다. 사질토인 경우에 무리말뚝의 탄성침하량은 단일말뚝의 침하량으로부터 다음 식으로 유추할 수 있다.

$$S_g = \sqrt{\frac{B_g}{D}} \cdot S \qquad\qquad (4.13)$$

여기서, S_g = 무리말뚝의 탄성침하량

S = 단일말뚝의 탄성침하량(식 (4.6) 참조)

B_g = 무리말뚝 단면의 폭(그림 3.36(a) 참조)

D = 단일말뚝의 직경

식 (4.13)으로 유추해보면, 블록의 폭은 말뚝직경의 수 배이므로 탄성침하량은 단일말뚝침하량의 몇 배까지 커질 수 있다는 것이다. 단, 식 (4.13)이 적용되는 지반조건은 토사에 근입된 말뚝으로서 지반의 탄성계수가 깊이에 따라 크게 변하지 않는 경우에 한한다. 말뚝 선단부에 견고한 지층이 존재하는 경우는 무리말뚝효과는 아주 극소하다.

2) 무리말뚝의 압밀침하량

말뚝기초가 그림 4.6과 같이 포화된 점토층에 타입되었다면 앞에서 서술한 대로 무리말뚝의 영향 범위가 크기 때문에 말뚝기초 하부에서 발생하는 압밀침하를 반드시 고려하여야 하며, 침하의 주종을 이루는 것이 압밀침하량임을 독자는 주지하기 바란다. 압밀침하량을 구하는 방법은 다음과 같다.

(1) 무리말뚝에 작용하는 하중 P가 말뚝 캡에 작용된다고 하자. 캡 하부에 길이 L인 말뚝이 설치되었을 때, 하중이 말뚝을 타고 내려와서 말뚝 길이의 $2/3L$되는 지점에 하중이 작용되는 것으로 가정한다. 즉, 말뚝은 무시하고 그림 4.6의 ab면에 하중이 작용된다고 가정한다. 물론 이때의 응력은 순하중 개념을 적용해야 함을 잊지 말아야 한다('토질역학의 원리' 9.7.1절의 Note 참조).

즉, 말뚝 캡의 파묻힘 깊이가 D_f이고 지하실이 있는 경우는,

$$q_{net} = \frac{P}{B_g \cdot L_g} - \gamma D_f \qquad\qquad (4.14)$$

를 적용한다. 지하실 없이 기둥을 타고 내려온 하중이라면

$$q_{net} = q = \frac{P}{B_g \cdot L_g} \tag{4.15}$$

이다.

(2) 그림 4.6의 ab 면에 q_{net}의 응력이 작용된다면, 이로 인하여 점토층에서 추가되는 응력의 증가량 $\Delta\sigma$를 구하여야 한다. 물론 '토질역학의 원리' 5.2절을 이용하여도 되나 편의상 2:1법을 많이 이용한다. 즉, 그림 4.6에서 보는 바와 같이 ab에 작용되는 추가응력 q_{net}가 연직으로 2, 수평으로 1의 비율로 확장되어 나간다고 가정한다. 그러면 점토층에서의 응력증가량은 쉽게 구할 수가 있다.

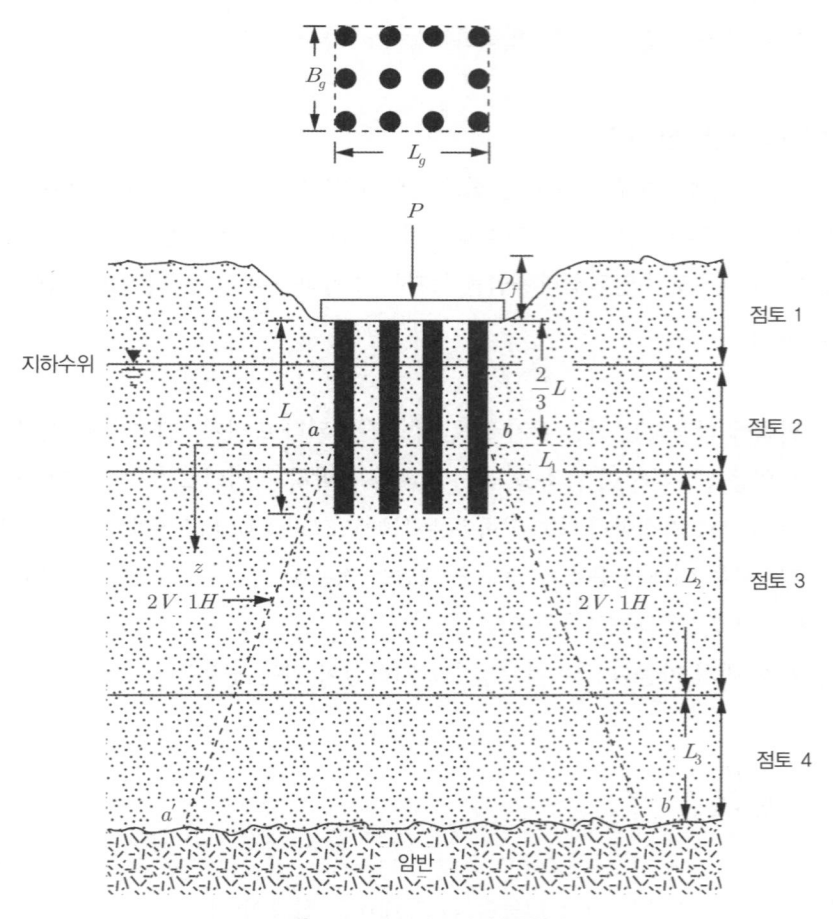

그림 4.6 무리말뚝의 압밀침하

(3) 압밀침하량을 구하는 것은 '토질역학의 원리' 9장과 동일하다. 여기에서는 반복하지 않으므로 '토질역학의 원리' 9장을 숙지하기 바란다.

[예제 4.3] (예제 그림 4.3)과 같이 점토지반에 무리말뚝이 설치되어 있다. 단, 말뚝 캡은 상부 구조물로부터 기둥으로 연결되어 있으며, 캡은 흙으로 다시 되메우기 되었다. 압밀침하량을 구하라. 점토는 모두 정규압밀 점토로 가정하라.

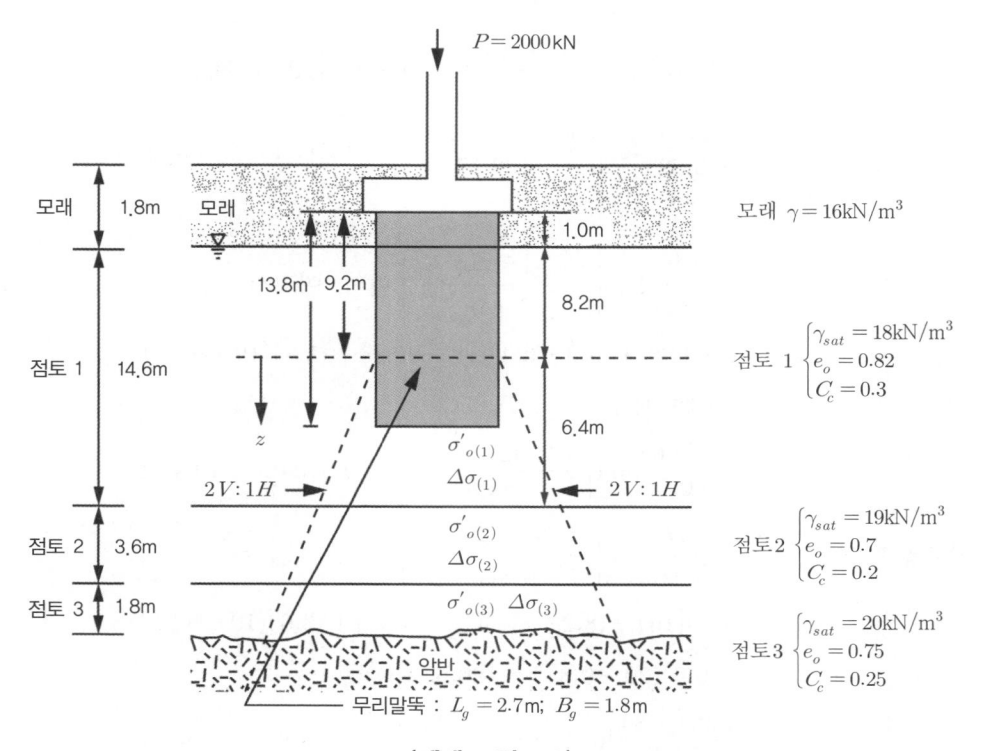

(예제 그림 4.3)

[풀이]

설치된 무리말뚝의 응력분포 형태는 2:1법으로 (예제 그림 4.3)과 같다.

무리말뚝의 $2/3L(z = 0)$부터 점토 1~3에 대해 응력의 증가분은 2:1법을 이용하여 다음과 같이 구한다.

$$\Delta\sigma'_{(1)} = \frac{P}{(L_g + z_1)(B_g + z_1)} = \frac{2000}{\left(2.7 + \dfrac{6.4}{2}\right)\left(1.8 + \dfrac{6.4}{2}\right)} = 67.80 \, \text{kN/m}^2$$

$$\Delta\sigma'_{(2)} = \frac{P}{(L_g + z_2)(B_g + z_2)} = \frac{2000}{(2.7 + 8.2)(1.8 + 8.2)} = 18.35 \, \text{kN/m}^2$$

$$\Delta\sigma'_{(3)} = \frac{P}{(L_g + z_3)(B_g + z_3)} = \frac{2000}{(2.7 + 10.9)(1.8 + 10.9)} = 11.58 \, \text{kN/m}^2$$

정규압밀점토로 가정한다면 각 층의 침하량은 다음과 같다.

점토층 1 : $S_{c(1)} = \dfrac{C_{c(1)} H_1}{1 + e_{0(1)}} \log \left[\dfrac{\sigma'_{0(1)} + \Delta\sigma'_{(1)}}{\sigma'_{0(1)}} \right]$ 이며, 여기서 $\sigma'_{0(1)}$ 은

$$\sigma'_{0(1)} = (1.8)(16) + \left(8.2 + \frac{6.4}{2} \right)(18 - 9.81) = 122.17 \, \text{kN/m}^2$$

$$\therefore \ S_{c(1)} = \frac{(0.3)(6.4)}{1 + 0.82} \log \left[\frac{122.17 + 67.80}{122.17} \right] = 0.2023 \, \text{m} = 202.3 \, \text{mm}$$

점토층 2 : $S_{c(2)} = \dfrac{C_{c(2)} H_2}{1 + e_{0(2)}} \log \left[\dfrac{\sigma'_{0(2)} + \Delta\sigma'_{(2)}}{\sigma'_{0(2)}} \right]$ 이며, 여기서 $\sigma'_{0(2)}$ 는

$$\sigma'_{0(2)} = (1.8)(16) + (8.2 + 6.4)(18 - 9.81) + (1.8)(19 - 9.81)$$
$$= 164.92 \, \text{kN/m}^2$$

$$\therefore \ S_{c(2)} = \frac{(0.2)(3.6)}{1 + 0.7} \log \left[\frac{164.92 + 18.35}{164.92} \right] = 0.0194 \, \text{m} = 19.4 \, \text{mm}$$

점토층 3 : $S_{c(3)} = \dfrac{C_{c(3)} H_3}{1 + e_{0(3)}} \log \left[\dfrac{\sigma'_{0(3)} + \Delta\sigma'_{(3)}}{\sigma'_{0(3)}} \right]$ 이며, $\sigma'_{0(3)}$ 은

$$\sigma'_{0(3)} = (1.8)(16) + (8.2 + 6.4)(18 - 9.81) + (3.6)(19 - 9.81)$$
$$+ (0.9)(20 - 9.81) = 190.63 \, \text{kN/m}^2$$

$$\therefore \ S_{c(3)} = \frac{(0.25)(1.8)}{1 + 0.75} \log \left[\frac{190.63 + 11.58}{190.63} \right] = 0.0065 \, \text{m} = 6.5 \, \text{mm}$$

$$\therefore \ S_{c(g)} = 202.3 + 19.4 + 6.5 = 228.2 \, \text{mm} \cong 22.8 \, \text{cm}$$

> **정리**   말뚝의 침하는 하중에 의해서 말뚝 자체가 찌그러지는 양과 말뚝주면에서의 침하량, 그리고 말뚝선단에서의 침하량을 합하여 구할 수 있다. 마찰말뚝의 경우에는, 단일말뚝의 침하와 비교하여 군말뚝의 침하는 몇 배로 클 수도 있다. 군말뚝 전체가 하나의 블록으로 거동하기 때문에 하중에 의한 영향 범위가 큼에 기인하기 때문이다. 이에 반하여, 선단지지 말뚝의 경우는 무리말뚝효과는 극소하다.

4.3 말뚝의 수평저항력

4.3.1 개 괄

제3장 3.3.1절에서 수평력을 받는 말뚝은 말뚝과 지반 중 어느 것이 움직이는 주체인가에 따라 주동말뚝과 수동말뚝으로 분류된다고 정리하였다(그림 3.10). 주동말뚝은 그림 3.10(a)에서와 같이 말뚝머리에 수평력이 재하되어 말뚝에 수평변형을 유발하는 경우이며, 이에 반하여 수동말뚝은 그림 3.10(b)에서와 같이 흙이 먼저 움직여서 이 움직이는 힘으로 지반이 말뚝에 하중을 가하는 경우이다. 이를 '측방유동하중'이라고 한다.

다음 장에서는 먼저 주동말뚝을 서술하고, 그 다음 장에 수동말뚝을 서술할 것이다.

1) 주동말뚝 해석의 근간

말뚝은 축방향으로는 비교적 강성이 커서 강체(rigid structure)로 가정해도 될 것이다(물론 식 (4.7)에 의한 탄성 압축량은 있다). 그러나 수평방향으로는 연성체(flexible structure)로 거동하여 변위가 상대적으로 크게 일어나며, 말뚝 변형에 의한 휨모멘트 또한 과도할 수 있다. 축방향에 관한 한 극한지지력 검토가 중요하며, 축방향 설계하중이 극한지지력을 안전율로 나눈 허용지지력보다 크지 않은 한 일반적으로 침하량에도 큰 문제가 없는 것으로 알려져 있다(물론 4.2절에 제시한 침하량 검토는 해야 한다).

이에 반하여 수평하중에 대해서는 수평방향 극한지지력까지 이르기 위한 변위는 워낙 과도해서, 대부분의 경우 허용수평변위가 설계를 지배함이 보통이다. 허용수평지지력을 구하는 방법은 대표적으로 극한평형법, 지반반력법의 두가지로 대별할 수 있다.

(1) 극한평형법

말뚝에 수평하중을 계속적으로 증가시켜서 수평방향으로 완전히 극한지지력 파괴가 일어날 때의 지지력 H_u를 구하는 방법이다. 전술한 대로 지지력 파괴가 일어날 때의 수평변위는 아주 큼이 일반적이다. 극한평형법을 이용하는 예를 들어 보면 그림 4.7과 같이 사면안정 대책용 말뚝을 시공하는 경우이다. 사면안정에 필요한 안전율을 확보하지 못하는 경우 그림과 같이 말뚝을 설치하면 말뚝 상단(길이 L_1 부위)에 H_w만큼의 하중이 가해진다. 이 하중을 견디기 위하여 말뚝하단(길이 L_2 부위)에서 극한저항력으로 저항하게 된다. 사면안정은 궁극적으로 안전율만 확보하면 되고 변위는 어느 정도 발생해도 되므로, 극한평행법을 적용할 수 있다. 즉, 사면안정 계산 시 '저항력$= H_u R + H_u e$'만큼의 모멘트를 저항 모멘트에 추가하면 될 것이다.

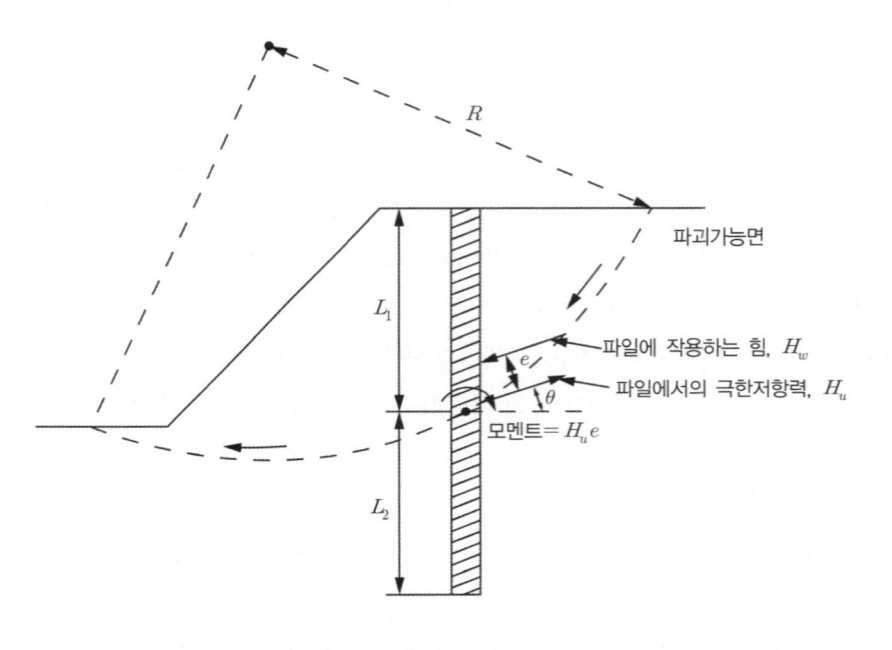

그림 4.7 사면안정용 말뚝의 거동

(2) 지반반력법

그림 3.9(a)와 같이 구조물(건축구조물 또는 토목구조물) 기초나 그림 3.11(a)의 교대기초에 수평하중 H와 모멘트 M_y가 작용하는 경우 설계를 지배하는 것은 수평변위이다. 말뚝은 축하중과 비교하여 수평하중에 대한 저항력은 상대적으로 작아서 작은 하중에도 수평변위가 쉽게 발생하기 때문이다. 지반반력법은 말뚝에 작용되는 수평하중 및 모멘트에 의하여 발생하는 변위와 말뚝에 작용되는 모멘트 등을 구하기 위한 방법으로써, 말뚝을 보(beam)로, 지반은 스프링(spring)으로 가정하는, 소위 'Beam on Winkler foundation' 모델을 이용하는 방법이다.

2) 지반반력 계수의 정의

2.5.2절에서 간단하게 소개한 대로 전면기초를 연성기초로 설계할 때, 그림 2.31에서와 같이 전면 기초 하부의 흙을 무수히 많은 스프링으로 가정한다. 이것을 소위 윙클러 기초(Winkler foundation)라고 하며, 이때의 스프링 계수를 지반반력 계수(coefficient of subgrade reaction), K라고 정의한다. 지반반력 계수는 2.5.2절에서 이미 정의하였지만, 이론적인 흐름의 연속성을 위해 이 절에서 다시 한 번 반복하고자 한다. 지반반력 계수 K는 다음 그림 4.8에서와 같이 폭이 B인 정사각형 평판에 q의 하중(응력으로서 단위는 kN/m^2, kg/cm^2 등이다)이 작용될 때의 변위를 δ라고 하면 다음과 같이 정의할 수 있다.

$$K = \frac{q}{\delta} \tag{4.16}$$

지반반력 계수는 불행하게도 토질정수가 아니다. 이것은 흙의 종류와 함께 기초의 크기(폭 B와 길이 L)의 함수로 알려져 있다.

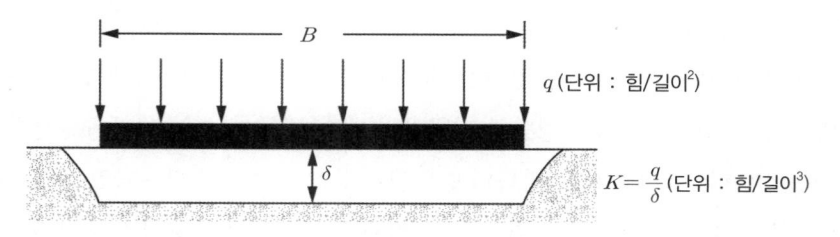

그림 4.8 지반반력 계수 K의 정의

(1) 윙클러 기초 위의 보(Beam on Winkler Foundation)

그림 4.9(a)와 같이 폭이 B인 연성보가 지반 위에 놓여있다. 이 보에 하중이 작용되면, 지반에 작용되는 '폭 B'당 지압 p는 다음 식으로 표시된다(p는 지압 q에다가 폭 B를 곱한 계수로서 단위는 kN/m, kg/cm 등이다).

$$p = qB = KB\delta = k\delta \tag{4.17}$$

여기서, 소문자 k도 역시 지반반력 계수(modulus of subgrade reaction)로 불리며 식 (4.16)에서 정의한 K에 폭 B를 곱한 값이다(k의 단위는 kN/m^2, kg/cm^2 등이다).

(2) 윙클러 기초 개념의 말뚝

그림 4.9(a)의 보를 90° 회전하여 지반에 근입시키면 그림 4.9(b)와 같다. 지반에 작용되는 '폭 D(D는 말뚝의 직경 또는 폭)'당 지압 p는 다음 식으로 표시된다.

$$p = k_h y \qquad (4.19)$$

여기서, $k_h = K_h \cdot D =$ 말뚝의 수평지반반력 계수(modulus of horizontal subgrade reaction)로서 단위는 kN/m^2, kg/cm^2 등이다(대문자 K_h는 지반의 수평지반반력 계수로서 단위는 kN/m^3 또는 kg/cm^3).

한 가지 고무적인 사실은 전술한 대로 K 또는 K_h는 흙의 종류뿐만 아니라 기초의 크기에도 영향을 받으나 말뚝의 수평방향 지반반력 계수 k_h는 기초의 크기에는 영향을 크게 받지 않는 다는 점이다. 그림 4.10은 말뚝의 단위길이에 H의 하중이 작용되었을 때, 폭 D 및 nD에서의 수평변위 양상을 보여주는 것이다. 수평변위는 지압 q와 압력의 영향범위에 비례한다. 또한 기초의 크기가 크면 클수록 응력에 영향을 받는 범위는 커진다. 그림 4.10에서 수평변위 양상을 보자.

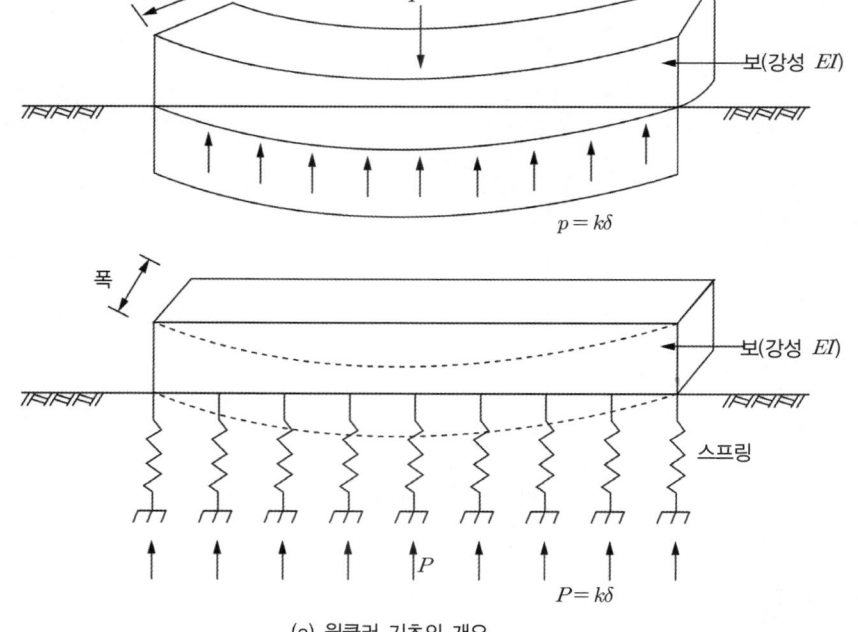

(a) 윙클러 기초의 개요

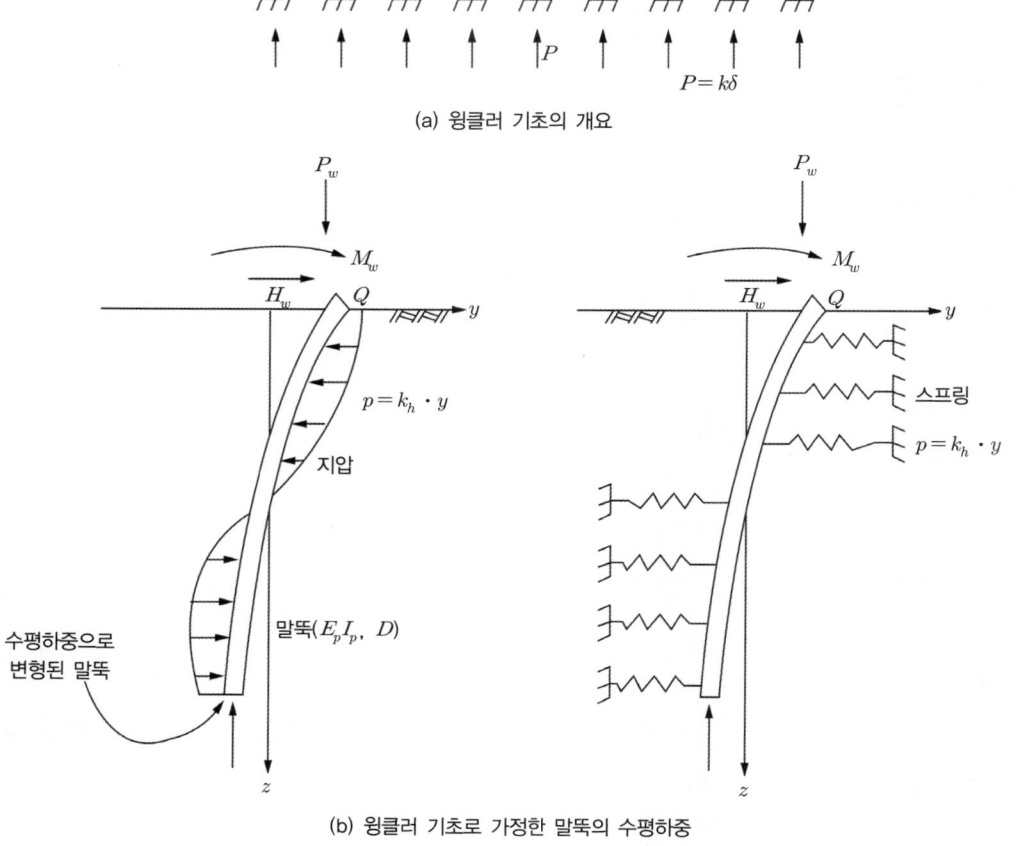

(b) 윙클러 기초로 가정한 말뚝의 수평하중

그림 4.9 보와 말뚝의 윙클러 기초 개념

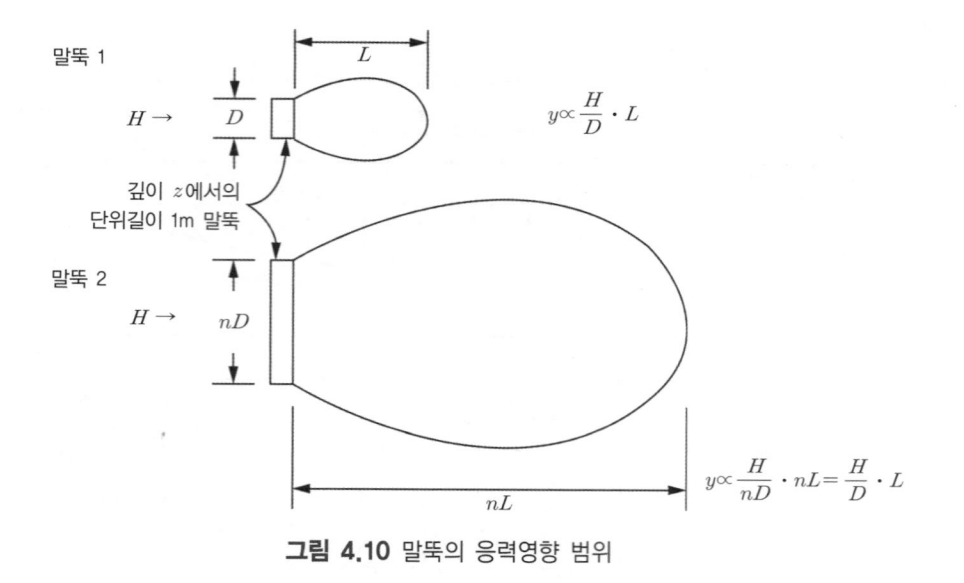

그림 4.10 말뚝의 응력영향 범위

① 말뚝 1에서 수평변위 y는 q 및 L에 비례하므로

$$y \propto \frac{H}{D} \cdot L$$

② 말뚝 2의 경우는

$$y \propto \frac{H}{nD} \cdot nL = \frac{H}{D} \cdot L$$

따라서, 말뚝에 작용하는 하중 H가 같을 때, 수평변위(또는 k_h)는 말뚝의 크기에 비교적 영향을 크게 받지 않음을 알 수 있다.

(3) 말뚝지반반력 계수, k_h의 양상

사질토이거나 정규압밀점토의 경우에는 지중으로 내려갈수록 강도가 증가하므로 말뚝의 수평방향 지반반력 계수 k_h는 다음 식과 같이 깊이에 따라 증가하는 것으로 가정한다.

$$k_h = n_h \cdot z \tag{4.20}$$

여기서, n_h = 말뚝의 수평지반반력 상수(constant of horizontal subgrade reaction)로서 단위는 kN/m^3, kg/cm^3 등이다.

흙의 종류에 따른 대표적인 n_h값이 표 4.1 및 표 4.2에 표시되어 있다.

표 4.1 n_h 대표값(Davisson, 1970)

흙의 종류	n_h 값(kN/m^3)
조립토	$2,700 \sim 28,000$
유기질 실트 점토	$100 \sim 850$ $67c_u$ (c_u는 점토의 비배수 전단강도)

표 4.2 포화사질토의 n_h 대표값(Reese 등, 1974)(kN/m^3)

상대밀도	느슨	중간	조밀
n_h 제안값	5,600	16,700	34,700

한편, 지표면 근처가 주로 과압밀된 점토는 k_h값이 k_h = constant로서 일정한 것으로 가정할 수도 있다.

4.3.2 극한평형법에 의한 수평저항력 산정

1) 수평방향 극한지지력 개념

그림 4.11과 같이 말뚝에 수평하중 H를 계속적으로 증가시켜서, $H = H_u$에 다다랐을 때 지지력 파괴가 발생하였다고 하자. 수평하중이 지상으로 e만큼 돌출된 말뚝머리에 작용되므로 지표면에서는 당연히 $M = H \cdot e$의 모멘트가 작용되며, 지지력 파괴 시에는 최대 $M_u = H_u \cdot e$의 모멘트가 작용된다. 지지력 파괴 시 $z = z_r$에서 말뚝이 회전되었다고 가정하고, 지지력 파괴 시의 지압을 p_{zu}라고 하면 다음의 평행조건식을 세울 수 있다.

– 수평방향 힘의 합 $\sum F_y = 0$으로부터,

$$H_u - \int_{z=0}^{z=z_r} p_{zu}dz + \int_{z=z_r}^{L} p_{zu}dz = 0 \tag{4.21}$$

– 지표면을 중심으로 모멘트의 합 $\sum M_o = 0$ 으로부터,

$$H_u \cdot e + \int_{z=0}^{z=z_r} p_{zu} \cdot z\, dz - \int_{z=z_r}^{L} p_{zu} \cdot z\, dz = 0 \tag{4.22}$$

수평지지력 파괴 시의 극한지압 p_{zu} 의 분포만 알면 식 (4.21)과 식 (4.22)를 연립으로 풀어서 H_u 와 z_r 을 구할 수 있다. H_u 가 수평방향 극한지지력이다. 수평방향 극한지지력을 구하는 방법에는 Hansen 방법과 Broms 방법이 있는 바, 이 책에서는 Broms 방법을 중심으로 서술할 것이다.

Broms(1964) 방법은 사질토와 점토를 구분하여 각 경우에 대하여 지지력을 구하였다.

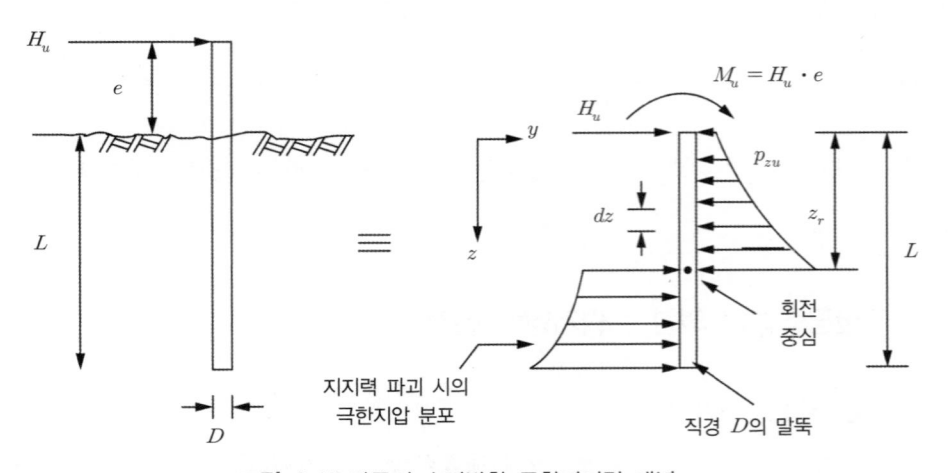

그림 4.11 말뚝의 수평방향 극한지지력 개념

(1) 짧은 말뚝과 긴 말뚝의 구분

Broms의 방법에서 우선적으로 구분해야 하는 것이 짧은 말뚝과 긴 말뚝의 구분이다. 그림 4.12와 4.13에서 보여주는 바와 같이 두 말뚝의 거동이 다르기 때문이다. 짧은 말뚝은 비교적 강체(rigid)로 작용하여 그림 4.12(a), (b)와 같이 수평하중이 작용되면 일체로 움직인다. 이에 반하여 긴 말뚝은 연성(flexible) 재료로 거동하므로 말뚝 자체가 휘게 되어 그 거동이 완전히 다르다. 짧은 말뚝과 긴 말뚝은 다음과 같이 구분한다.

① 짧은 말뚝 : $L/T \leq 2$ 또는 $L/R \leq 2$인 말뚝

② 긴 말뚝 : $L/T \geq 4$ 또는 $L/R \geq 3.5$인 말뚝

  (짧은 말뚝과 긴 말뚝 사이의 말뚝을 중간 말뚝이라고 한다)

여기서, $T = \left(\dfrac{E_p I_p}{n_h}\right)^{1/5}$

$$(4.23)$$

$R = \left(\dfrac{E_p I_p}{k_h}\right)^{1/4}$

$$(4.24)$$

(2) 짧은 말뚝의 수평변위 양상과 극한저항력 분포

  그림 4.12(a), (b)에서 보여주는 바와 같이 말뚝머리가 자유단인 말뚝은 회전하는 모드로, 말뚝머리가 고정인 말뚝은 수평이동으로 가정한다.

① 점토에서의 극한저항력 분포

  점토에 근입된 짧은 말뚝의 극한상태에서의 저항력 분포는 그림 4.12(c)와 같다. 극한저항력은 점토의 비배수 전단 강도의 9배로 가정한다.

$p = 9 c_u D$

$$(4.25)$$

② 사질토에서의 극한저항력 분포

  사질토의 경우는 옹벽에 작용되는 수동토압의 3배로 가정한다. 옹벽의 경우는 plane strain 조건임에 비하여 말뚝은 말뚝배면뿐만 아니라 말뚝의 측면에서도 저항을 할 수 있기 때문이다.

$p = 3 K_p \sigma_v D = 3 K_p \gamma z D$

$$(4.26)$$

  단, 지하수위가 존재하는 경우 γ는 γ'으로 대치하여야 한다.

  따라서, 사질토에 근입된 짧은 말뚝의 극한상태에서의 저항력 분포는 그림 4.12(d)와 같다. 단, 사질토의 경우는 회전 중심이 말뚝 하단에 있다고 가정한다.

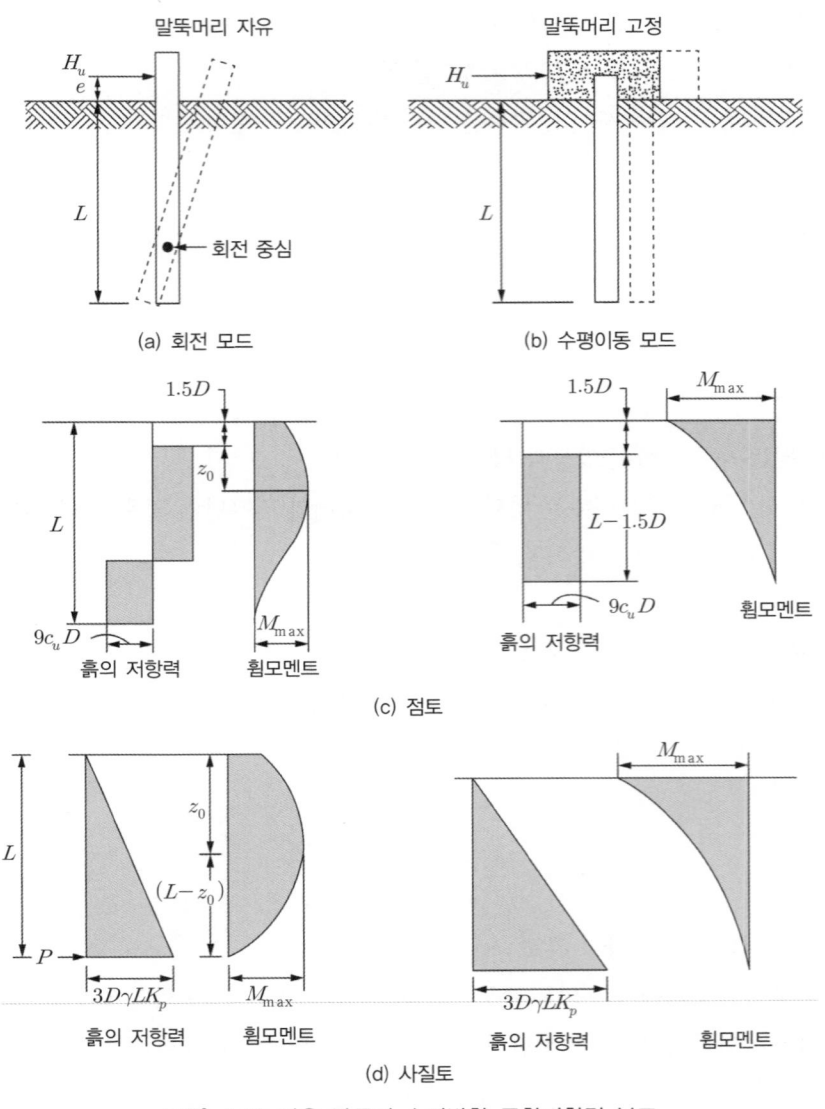

말뚝머리 자유

H_u
e

L

● 회전 중심

(a) 회전 모드

말뚝머리 고정

H_u

L

(b) 수평이동 모드

1.5D

z_0

L

9$c_u D$

흙의 저항력

M_{max}

휨모멘트

1.5D

$L-1.5D$

9$c_u D$

흙의 저항력

M_{max}

휨모멘트

(c) 점토

L

P

z_0

$(L-z_0)$

3$D\gamma LK_p$

흙의 저항력

M_{max}

휨모멘트

M_{max}

3$D\gamma LK_p$

흙의 저항력

휨모멘트

(d) 사질토

그림 4.12 짧은 말뚝의 수평방향 극한저항력 분포

(3) 긴 말뚝의 수평 변위 양상과 극한저항력 분포

긴 말뚝의 수평 변위 양상과 극한상태에서의 저항력 분포는 그림 4.13과 같다. 점토 및 사질
토에서의 최대수평저항력은 식 (4.25), (4.26)과 동일하다. 다만, 긴 말뚝은 기본적으로 연성
체(flexible structure)로 작용하므로 말뚝 자체의 변형 양상에 따라 흙의 저항력이 달라진다.

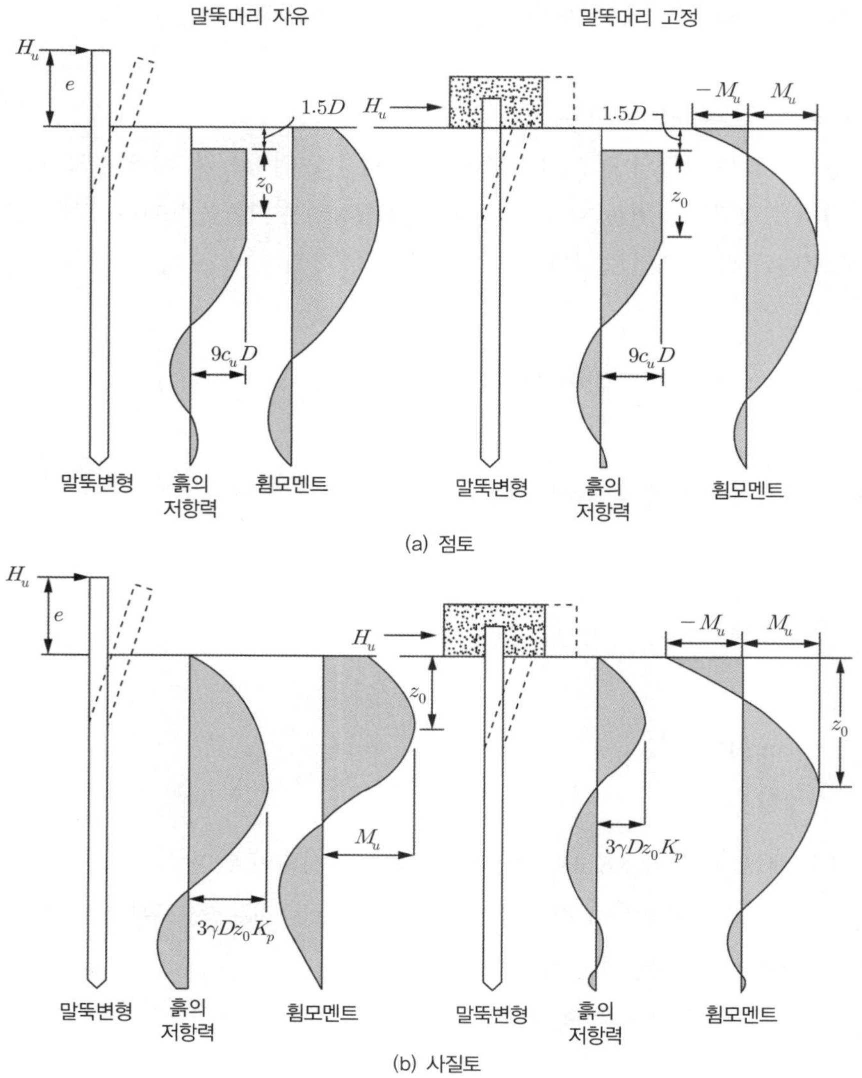

말뚝머리 자유   말뚝머리 고정

말뚝변형   흙의   휨모멘트   말뚝변형   흙의   휨모멘트
       저항력   저항력

(a) 점토

말뚝변형   흙의   휨모멘트   말뚝변형   흙의   휨모멘트
       저항력   저항력

(b) 사질토

그림 4.13 긴 말뚝의 수평방향 극한저항력 분포

그림 4.12 및 4.13의 극한저항력 분포로부터 식 (4.21) 및 (4.22)의 힘의 평형과 모멘트 평형 조건을 이용하여, 수평방향 극한지지력 H_u 및 최대 휨모멘트 M_{max}를 구할 수 있다. 다음 절에서는 사질토 및 점토에서의 수평방향 극한지지력 H_u 및 M_{max}를 산정하는 공식을 소개하고자 한다.

2) 사질토에서의 수평방향 극한지지력(H_u) 및 최대 휨모멘트($M_{\max}$) 산정

(1) 말뚝머리 자유(Fee-Head Piles)

① **짧은 말뚝** : 짧은 말뚝의 경우는($L/T \leq 2$) 그림 4.12의 (a) 및 (d)에서 보여주는 것과 같이, 말뚝은 강체로서 변형하므로 말뚝 자체의 휨강성은 역할을 못한다. 말뚝 하단을 중심으로 모멘트 평형 조건을 구하면

$$\sum M_{toe} = H_u \cdot (e + L) = \frac{1}{2}(3D\gamma L K_p) \cdot L \cdot \left(\frac{L}{3}\right) \tag{4.27}$$

수평방향 극한지지력 H_u는 다음과 같다.

$$H_u = \frac{0.5\gamma L^3 D K_p}{(e + L)} \tag{4.28}$$

단, $K_p = \tan^2\left(45° + \frac{\phi'}{2}\right) \tag{4.29}$

그림 4.14(a)에 L/D와 $H_u/K_p D^3 \gamma$의 관계 곡선이 표시되어 있다.

그림 4.12(c)에서와 같이 말뚝에 작용되는 최대 휨모멘트는 지표면으로부터 깊이 z_o인 점에서 존재하며 이 점에서의 전단력은 '0'이다.

따라서, H_u는 다음 식으로 표시된다.

$$H_u = 1.5\gamma D z_o^2 K_p \tag{4.30}$$

또는 z_o는 다음 식과 같다.

$$z_o = 0.82\left(\frac{H_u}{\gamma D K_p}\right)^{\frac{1}{2}} \tag{4.31}$$

최대 휨모멘트는 다음 식으로 구할 수 있다.

$$M_{\max} = H_u(e + 0.67z_o) \tag{4.32}$$

② 긴 말뚝 : 긴 말뚝의 경우는($L/T \geq 4$), 그림 4.13(b)에 흙의 저항력과 휨모멘트도가 표시되어 있다. 최대 휨모멘트가 발생하는 장소는 식 (4.31)과 동일하다.

$$z_o = 0.82\left(\frac{H_u}{\gamma DK_p}\right)^{\frac{1}{2}} \tag{4.33}$$

수평방향 극한지지력과 최대 휨모멘트는 다음 식으로 구할 수 있다.

$$H_u = \frac{M_u}{e + 0.54\left(\dfrac{H_u}{\gamma DK_p}\right)^{\frac{1}{2}}} \tag{4.34}$$

$$M_{\max} = H_u(e + 0.67z_o) \tag{4.35}$$

여기서, M_u =말뚝 자체의 한계 휨모멘트(항복 휨모멘트의 60%를 한계 휨모멘트로 한다).

그림 4.14(b)에 $H_u/K_pD^3\gamma$와 $M_u/D^4\gamma K_p$ 관계 그래프가 표시되어 있어서 H_u값을 구할 수 있도록 하였다.

(2) 말뚝머리 고정(Fixed-Head Piles)
① 짧은 말뚝 : 그림 4.12(b) 및 그림 4.12(d)의 오른쪽에 말뚝머리가 고정된 경우의 흙의 저항력 및 휨모멘트가 표시되어 있다. 수평방향 극한지지력 및 최대 휨모멘트는 다음과 같다.

$$H_u = 1.5\gamma L^2 DK_p \tag{4.36}$$

$$M_{\max} = \gamma L^3 DK_p \tag{4.37}$$

② 긴 말뚝 : 그림 4.13(b)의 오른쪽 그림으로부터 다음 식으로 구한다.

$$H_u = \frac{2M_u}{(e + 0.67z_o)} \tag{4.38}$$

$$z_o = 0.82\left(\frac{H_u}{\gamma D K_p}\right)^{\frac{1}{2}} \tag{4.39}$$

$$M_{\max} = H_u(e + 0.67z_o) \tag{4.40}$$

그림 4.14(a), (b)에 말뚝머리 고정인 경우에 대한 곡선도 함께 표시되어 있다.

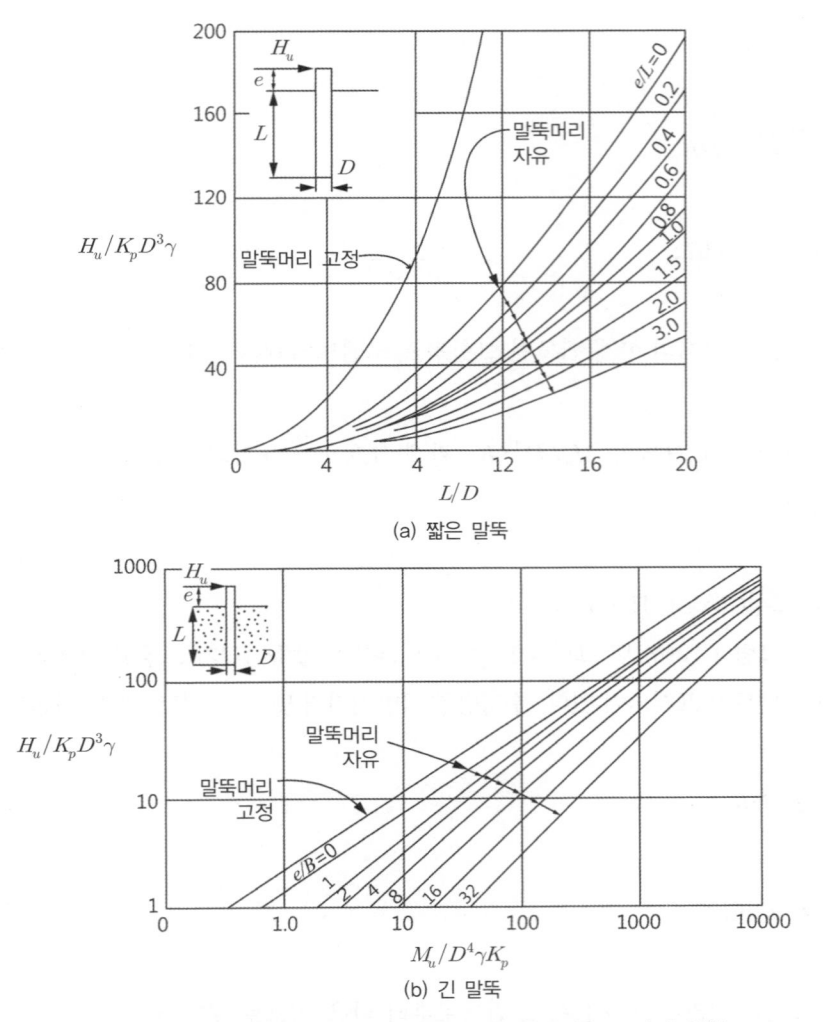

(a) 짧은 말뚝

(b) 긴 말뚝

그림 4.14 사질토에서의 수평방향 극한지지력을 구하기 위한 도표

[예제 4.4] 외경 $\phi 406\,\mathrm{mm}$, 두께 $6\,\mathrm{mm}$인 강관을 사질토 지반에 $L = 9\,\mathrm{m}$로 타입하였다. 강관의 $E = 200\,\mathrm{GPa}$, 항복강도 $\sigma_y = 241\,\mathrm{MPa}$이며, 사질토의 $\gamma = 19\mathrm{kN/m}^3$, $\phi = 32°$, $n_h = 4.7 \times 10^3\,\mathrm{kN/m}^3$이다.

(1) 말뚝머리가 자유인 경우의 수평방향 극한지지력 및 최대 휨모멘트를 구하라.

(2) 말뚝머리가 고정인 경우의 수평방향 극한지지력 및 최대 휨모멘트를 구하라.

(3) 안전율 $F_s = 2.5$로 가정하고 허용수평하중 H_{allow} 및 그 때의 최대 휨모멘트를 구하라.

[풀이]

먼저 강관에 대한 단면2차 모멘트는

$$I_p = \frac{\pi}{64}(D^4 - (D-2t)^4) = 150.83 \times 10^{-6}\,\mathrm{m}^4$$

식 (4.23)으로부터

$$T = \sqrt[5]{\frac{E_p I_p}{n_h}} = \sqrt[5]{\frac{(200 \times 10^6)(150.83 \times 10^{-6})}{(4.7 \times 10^3)}} = 1.45\,\mathrm{m}$$

$L/T = 9/1.45 = 6.21 \geq 4$이므로 긴(연성) 말뚝이다.

(1) 먼저, 말뚝 자체의 한계 모멘트를 구한다.

　　한계모멘트는 $M_u = Z\sigma_{allow}$로 구할 수 있다.

　　여기서, Z = 단면계수, σ_{allow}는 허용휨응력이다.

－단면계수는

$$Z = \frac{\pi}{32}\{D^3 - (D-2t)^3\} = \frac{\pi}{32}\{(40.6)^3 - (40.6 - 2 \times 0.6)^3\} = 565.53\,\mathrm{cm}^3$$

σ_{allow}는 σ_y의 60%를 취한다.

$$\sigma_{allow} = 0.6\sigma_y = (0.6)(241 \times 10^3) = 144{,}600\,\mathrm{kN/m}^2$$

$$M_u = Z\sigma_{allow} = (565.53 \times 10^{-6})(144{,}600) = 81.78 \text{kN·m}$$

$$\frac{M_u}{D^4 \gamma K_p} = \frac{M_u}{D^4 \gamma \tan^2\left(45 + \dfrac{\phi'}{2}\right)} = \frac{81.78}{(0.406)^4 (19) \tan^2\left(45 + \dfrac{32}{2}\right)} = 48.7$$

그림 4.14(b)로부터, $M_y/D^4 \gamma K_p = 48.7$일 때 $H_u/K_p D^3 \gamma$(완전히 관입($e/D = 0$)일 때)은 약 20이다. 따라서, 수평방향 극한지지력은

$$\therefore H_u = 20 K_p D^3 \gamma = 20 \tan^2\left(45 + \frac{32}{2}\right)(0.406)^3 (19) = 82.8 \text{kN}$$

식 (4.31)에 따라,

$$z_0 = 0.82 \sqrt{\frac{H_u}{\gamma D K_p}} = 0.82 \sqrt{\frac{(82.8)}{(19)(0.406)\tan^2\left(45 + \dfrac{32}{2}\right)}} = 1.49 \text{m}$$

최대 휨모멘트는 식 (4.35)에 따라,

$$\therefore M_{\max} = H_u(e + 0.67z_0) = (82.8)(0 + 0.67 \times 1.49) = 82.7 \text{kN·m}$$

(2) 그림 4.14(b)로 부터 $M_u/D^4 \gamma K_p = 48.7$일때 $H_u/K_p D^3 \gamma$는 약 30이다.

$$\therefore H_u = 30 K_p D^3 \gamma = 30 \tan^2\left(45 + \frac{32}{2}\right)(0.406)^3 (19) = 124.2 \text{kN}$$

식 (4.31)에 따라,

$$z_0 = 0.82 \sqrt{\frac{H_u}{\gamma D K_p}} = 0.82 \sqrt{\frac{(124.2)}{(19)(0.406)\tan^2\left(45 + \dfrac{32}{2}\right)}} = 1.82 \text{m}$$

최대 휨모멘트는 식 (4.40)에 따라,

$$\therefore M_{\max} = (124.2)(0 + (0.67)(1.82)) = 151.4 \text{kN·m}$$

(3) 허용수평하중 계산

① 말뚝머리 자유일 때

$$F_s = 2.5 \text{일 때}, \ H_{allow} = H_u / F_s = (82.8)/(2.5) = 33.1 \text{kN}$$

최대 휨모멘트의 작용 위치는 (1)에서 구한 대로, $z_0 = 1.49 \text{m}$
허용 휨모멘트는 식 (4.35)에 따라

$$\therefore M_{allow} = (33.1)(0 + (0.67)(1.49)) = 33.0 \text{kN·m}$$

② 말뚝머리 고정일 때

$$H_{allow} = H_u / F_s = (124.2)/(2.5) = 49.7 \text{kN}$$
$$z_0 = 1.82 \text{m}$$

허용 휨모멘트는 식 (4.40)에 따라

$$\therefore M_{allow} = (49.7)(0 + (0.67)(1.82)) = 60.6 \text{kN·m}$$

* * * * *

3) 점토에서의 수평방향 극한지지력(H_u) 및 최대 휨모멘트($M_{\max}$) 산정

(1) 말뚝머리 자유

① 짧은 말뚝($L/R \leq 2$) : 그림 4.12(a), (c)로부터 $M_{\max}$는 다음 식과 같다.

$$M_{\max} = H_u(e + 1.5D + 0.5z_o) \tag{4.41}$$

또는 말뚝 하단으로부터 $(L-1.5D-z_o)$되는 곳에서의 최대 휨모멘트는 다음 식으로 구할 수 있다.

$$M_{\max} = 2.25Dc_u(L-1.5D-z_o)^2 \qquad (4.42)$$

$$z_o = \frac{H_u}{9c_uD} \qquad (4.43)$$

식 (4.41)과 (4.42)를 연립하여 풀면 H_u를 구할 수 있다. 또한 그림 4.15(a)를 이용하여 H_u를 구할 수도 있다.

② 긴 말뚝$(L/R \geq 3.5)$: 그림 4.13(a)의 왼쪽 그림을 참조하고 깊이$(1.5D+z_o)$에서 말뚝 자체가 항복강도에 도달했다고 가정하면,

$$M_y = H_u(e+1.5D+0.5z_o) \qquad (4.44)$$

$$z_o = \frac{H_u}{9c_uD} \qquad (4.45)$$

그림 4.15(b)로부터 H_u를 구할 수 있고 식 (4.45)를 이용하면 z_o도 구할 수 있다.

(2) 말뚝머리 고정
① 짧은 말뚝 : 그림 4.12(b), (c)로부터,

$$H_u = 9c_uD(L-1.5D) \qquad (4.46)$$

$$M_{\max} = 4.5c_uD(L^2-2.25D^2) \qquad (4.47)$$

그림 4.15(a)로부터 H_u를 구할 수 있다.

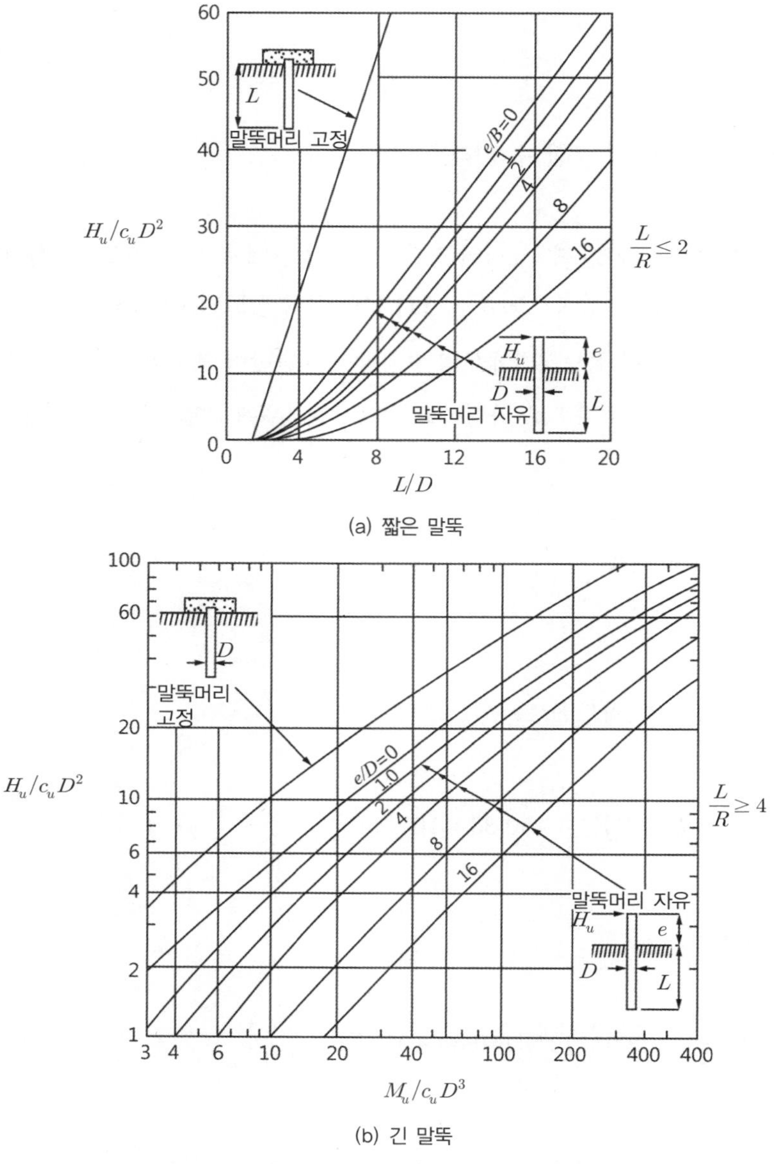

(a) 짧은 말뚝

(b) 긴 말뚝

그림 4.15 점토에서의 극한수평지지력을 구하기 위한 도표

② 긴 말뚝 : 그림 4.13(a)의 오른쪽 그림으로부터,

$$H_u = \frac{2M_u}{(1.5D + 0.5z_o)} \tag{4.48}$$

$$z_o = \frac{H_u}{9c_u D} \qquad (4.49)$$

그림 4.15(b)로부터 H_u 를 구할 수 있다.

[예제 4.5] 외경 $\phi406\,\text{mm}$, 두께 $6\,\text{mm}$인 강관을 점토지반에 $L = 10\,\text{m}$로 타입하였다. 강관의 $E_p = 200\,\text{GPa}$, 항복강도 $\sigma_y = 241\,\text{MPa}$이며 점토의 $\gamma = 18.5\,\text{kN/m}^3$, $c_u = 100$ kPa이다. 또한 점토지반에서의 수평방향 지반반력 계수 $k_h = 2.2 \times 10^4\,\text{kN/m}^2$이 다. 안전율 $F_s = 2.5$로 가정하고 다음 각 경우에 대한 허용수평하중을 구하라.

(1) 말뚝머리 자유인 경우
(2) 말뚝머리 고정인 경우

[풀이]
먼저 강관에 대한 단면2차모멘트는

$$I_p = \frac{\pi}{64}(D^4 - (D-2t)^4) = 150.83 \times 10^{-6}\,\text{m}^4$$

식 (4.24)로부터

$$R = \sqrt[4]{\frac{E_p I_p}{k_h}} = \sqrt[4]{\frac{(200 \times 10^6)(150.83 \times 10^{-6})}{(2.2 \times 10^4)}} = 1.08\,\text{m}$$

$L/R = 10/1.08 = 9.26 \geq 3.5$ 이므로 긴(연성) 말뚝이다.

(1) 먼저, 말뚝 자체의 한계 모멘트를 구한다.

$$M_u = Z\sigma_{allow}$$

단면계수는 $Z = \dfrac{\pi}{32}\{D^3 - (D-2t)^3\} = \dfrac{\pi}{32}\{(40.6)^3 - (40.6-2\times0.6)^3\} = 565.53\,\text{cm}^3$

$\sigma_{allow} = 0.6\sigma_y = 0.6(241\times10^3) = 144{,}600\,\text{kN/m}^2$

따라서, $M_u = (565.53\times10^{-6})(144{,}600) = 81.78\,\text{kN·m}$

$$\frac{M_u}{c_u D^3} = \frac{81.78}{(100)(0.406)^3} = 12.22$$

그림 4.15(b)로부터, $M_u/c_u D^3 = 12.22$ 일 때 $H_u/c_u D^2$(완전히 관입$(e/D=0)$일 때)은 약 8이다. 수평방향 극한지지력은,

$$H_u = 8c_u D^2 = (8)(100)(0.406)^2 = 131.9\,\text{kN}$$

따라서, $F_s = 2.5$ 일 때, 허용수평하중은

$$\therefore H_{allow} = \frac{H_u}{F_s} = \frac{131.9}{2.5} = 52.8\,\text{kN}$$

(2) 그림 4.15(b)로부터, $M_u/c_u D^3 = 12.22$ 일 때 $H_u/c_u D^2$은 약 12이다. 수평방향 극한지지력은,

$$H_u = 12c_u D^2 = (12)(100)(0.406)^2 = 197.8\,\text{kN}$$

따라서, $F_s = 2.5$ 일 때 허용수평하중은,

$$\therefore H_{allow} = \frac{H_u}{F_s} = \frac{197.8}{2.5} = 79.1\,\text{kN}$$

4.3.3 지반반력법에 의한 수평저항력 산정

1) 기본 이론

지반반력법은 그림 4.9(b)에서 보여주는 바와 같이 말뚝에 수평설계하중 H_w 및 설계 모멘트 M_w가 말뚝머리에 작용될 때, 지반을 윙클러 기초로서 스프링으로 가정한다. 윙클러 기초의 기본 방정식은 다음과 같다.

$$E_p I_p \frac{d^4 y}{dz^4} - p = 0 \tag{4.50}$$

또는

$$E_p I_p \frac{d^4 y}{dz^4} + k_h y = 0 \tag{4.51}$$

식 (4.51)은 4차 상미분 방정식으로서 이론해나 유한차분법을 이용한 수치해석법으로 구할 수 있다. 위의 식을 보면 $p = -k_h y$로 되며, 이는 그림 4.16의 부호규약에 의한 것이다. 그림 4.16과 같이 말뚝머리가 자유단이고 말뚝머리에 설계수평하중 H_w, 휨모멘트 M_w가 작용될 때, 1차적으로 구할 수 있는 것은 말뚝의 변위 $y(z)$이다. 변위 y는 다음의 함수로 이루어져 있다. 지반반력 계수 $k_h = n_h z$로서 깊이에 따라 증가하는 경우,

$$y = f(z, \ T, \ L, \ k_h, \ E_p I_p, \ H_w, \ M_w) \tag{4.52}$$

일단 변위가 구해지면, 말뚝에서의 경사 S, 휨모멘트 M, 전단력 V, 흙의 횡방향 저항력 p를 구할 수 있다.

한편, 과압밀 점토와 같이 k_h가 깊이에 따라 일정한 경우,

$$y = f(z, \ R, \ L, \ k_h, \ E_p I_p, \ H_w, \ M_w) \tag{4.53}$$

식 (4.52)와 (4.53)으로 이루어진 해는 이론해로 구하기는 쉽지가 않고, 대부분 유한차분법과 같은 수치해석법을 이용한다. 수치해석법에 의한 해를 다음에 소개하고자 한다.

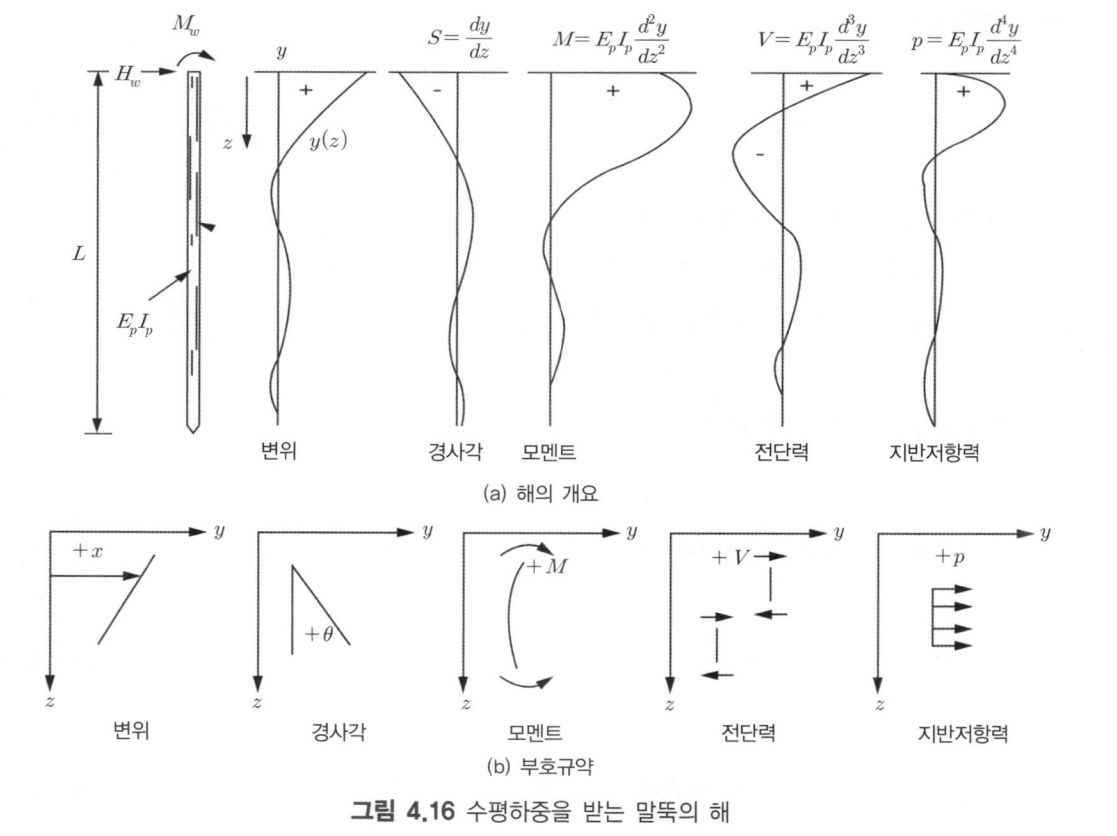

(a) 해의 개요

변위 　 경사각 　 모멘트 　 전단력 　 지반저항력

(b) 부호규약

그림 4.16 수평하중을 받는 말뚝의 해

2) 사질토에서 수평변위 및 휨모멘트

(1) 말뚝머리 자유

그림 4.16(a)에서 표기된 바와 같이 말뚝머리에 수평설계하중 H_w, 설계 모멘트 M_w가 작용될 때, 식 (4.51)을 수치해석법을 이용하여 해를 구하였다. 여기에서는 그 해의 결론만을 소개하고자 한다. 단, 지반반력 계수는 $k_h = n_h \cdot z$로 깊이에 따라 증가하는 것으로 한다. 무차원계수 T는 식 (4.23)로부터

$$T = \left(\frac{E_p I_p}{n_h} \right)^{\frac{1}{5}} \qquad (4.23)$$

말뚝의 거동을 탄성이라고 가정하면, 수평하중 H_w에 의한 해와 모멘트 M_w에 의한 해를 따로 구한 다음 중첩의 원리에 의하여 두 결과를 합해주면 될 것이다. $Z = z/T$로 정의하고 Z에

관한 변위를 구하면

$$y(Z) = y_A(Z) + y_B(Z) \tag{4.54}$$

여기서, $y(Z)$는 $Z = z/T$에서의 변위,

$y_A(Z) =$ 수평하중 H_w에 의한 변위

$y_B(Z) =$ 모멘트 M_w에 의한 변위

수치해석 결과는 다음과 같다.

변위 : $y(Z) = y_A(Z) + y_B(Z) = A_y \dfrac{H_w \cdot T^3}{E_p I_p} + B_y \dfrac{M_w T^2}{E_p I_p}$ \hfill (4.55)

휨모멘트 : $M(Z) = M_A(Z) + M_B(Z) = A_m H_w T + B_m M_w$ \hfill (4.56)

경사각 : $S(Z) = S_A(Z) + S_B(Z) = A_s \dfrac{H_w T^2}{E_p I_p} + B_s \dfrac{M_w T}{E_p I_p}$ \hfill (4.57)

전단력 : $V(Z) = V_A(Z) + V_B(Z) = A_v H_w + B_v \dfrac{M_w}{T}$ \hfill (4.58)

지압 : $p(Z) = p_A(Z) + p_B(Z) = A_p \dfrac{H_w}{T} + B_p \dfrac{M_w}{T^2}$ \hfill (4.59)

$Z_{\max} = \dfrac{L}{T} \geq 5$ 인 긴 말뚝에 대한 A 계수는 표 4.3에, B 계수는 표 4.4에 표시하였다. 한편, $Z_{\max}$ 값이 5보다 작은 경우의 A 및 B 계수는 그림 4.17(a), (b)에 표시하였다. $Z_{\max}$ 값이 2 이하인 경우는 짧은 말뚝으로 거동한다. 즉, 강체가 움직이듯이 말뚝이 휘지 않고 일체로 움직인다.

표 4.3 긴 말뚝($Z_{\max} \geq 5$)의 A계수(말뚝머리 자유)

Z	A_y	A_s	A_m	A_v	A_p
0.0	2.435	−1.623	0.000	1.000	0.000
0.1	2.273	−1.618	0.100	0.989	−0.227
0.2	2.112	−1.603	0.198	0.956	−0.422
0.3	1.952	−1.578	0.291	0.906	−0.586
0.4	1.796	−1.545	0.379	0.840	−0.718
0.5	1.644	−1.503	0.459	0.764	−0.822
0.6	1.496	−1.454	0.532	0.677	−0.897
0.7	1.353	−1.397	0.595	0.585	−0.947
0.8	1.216	−1.335	0.649	0.489	−0.973
0.9	1.086	−1.268	0.693	0.392	−0.977
1.0	0.962	−1.197	0.727	0.295	−0.962
1.2	0.738	−1.047	0.767	0.109	−0.885
1.4	0.544	−0.893	0.772	−0.056	−0.761
1.6	0.381	−0.741	0.746	−0.193	−0.609
1.8	0.247	−0.596	0.696	−0.298	−0.445
2.0	0.142	−0.464	0.628	−0.371	−0.283
3.0	−0.075	−0.040	0.225	−0.349	0.226
4.0	−0.050	0.052	0.000	−0.106	0.201
5.0	−0.009	0.025	−0.033	0.013	0.046

표 4.4 긴 말뚝($Z_{\max} \geq 5$)의 B계수(말뚝머리 자유)

Z	B_y	B_s	B_m	B_v	B_p
0.0	1.623	−1.750	1.000	0.000	0.000
0.1	1.453	−1.650	1.000	−0.007	−0.145
0.2	1.293	−1.550	0.999	−0.028	−0.259
0.3	1.143	−1.450	0.994	−0.058	−0.343
0.4	1.003	−1.351	0.987	−0.095	−0.401
0.5	0.873	−1.253	0.976	−0.137	−0.436
0.6	0.752	−1.156	0.960	−0.181	−0.451
0.7	0.642	−1.061	0.939	−0.226	−0.449
0.8	0.540	−0.968	0.914	−0.270	−0.432
0.9	0.448	−0.878	0.885	−0.312	−0.403
1.0	0.364	−0.792	0.852	−0.350	−0.364
1.2	0.223	−0.629	0.775	−0.414	−0.268
1.4	0.112	−0.482	0.688	−0.456	−0.157
1.6	0.029	−0.354	0.594	−0.477	−0.047
1.8	−0.030	−0.245	0.498	−0.476	0.054
2.0	−0.070	−0.155	0.404	−0.456	0.140
3.0	−0.089	0.057	0.059	−0.213	0.268
4.0	−0.028	0.049	−0.042	0.017	0.112
5.0	0.000	0.011	−0.026	0.029	−0.002

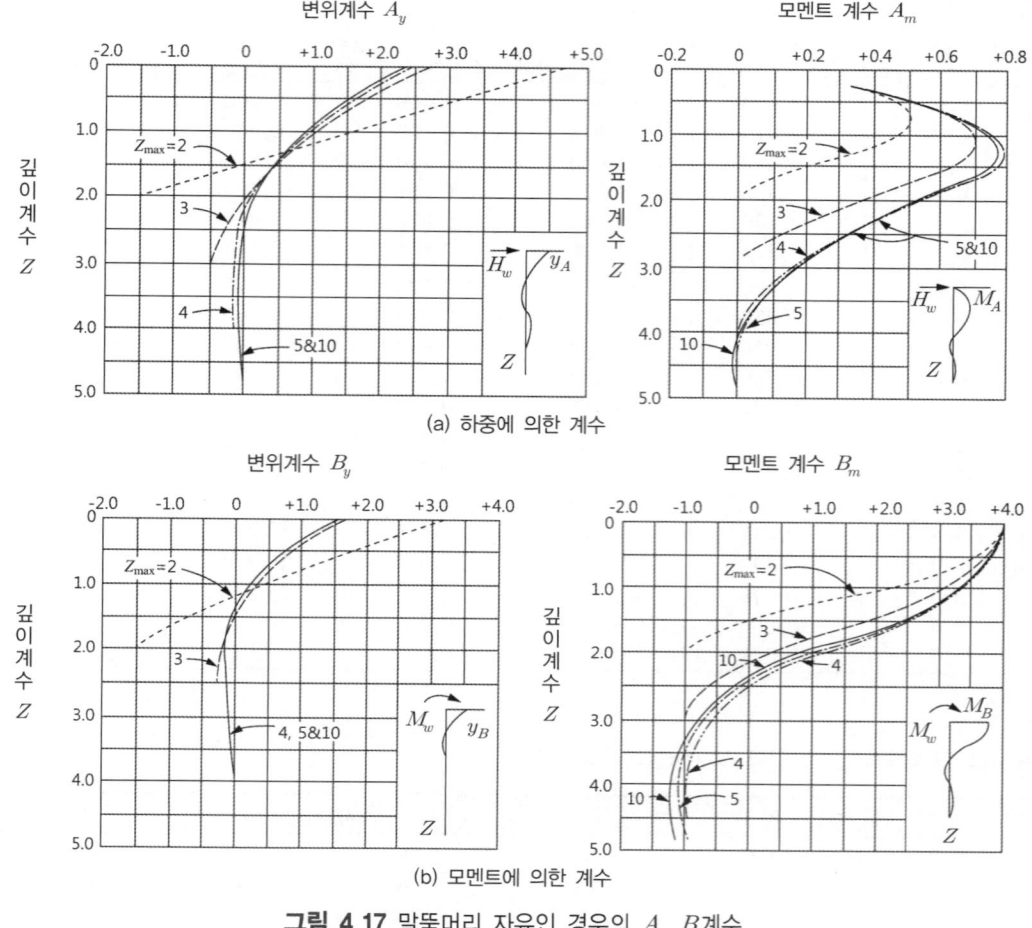

변위계수 A_y

모멘트 계수 A_m

(a) 하중에 의한 계수

변위계수 B_y

모멘트 계수 B_m

(b) 모멘트에 의한 계수

그림 4.17 말뚝머리 자유인 경우의 A, B계수

(2) 말뚝머리 고정

말뚝머리가 고정되면 지표면에서 경사각은 '0'이다.

즉, 식 (4.57)에서

$$A_s \frac{H_w T^2}{E_p I_p} + B_s \frac{M_w T}{E_p I_p} = 0 \tag{4.60}$$

이다. 즉, $Z = 0$에서

$$\frac{M_w}{H_w T} = -\frac{A_s}{B_s} \tag{4.61}$$

표 4.3과 4.4로부터 $Z = 0$인 경우, $A_s = -1.623$, $B_s = -1.750$이므로

$$\frac{M_w}{H_w T} = -\frac{(-1.623)}{(-1.750)} = -0.93 \tag{4.62}$$

또는 $M_w = -0.93 H_w T$ \hfill (4.63)

식 (4.63)이 의미하는 바는 지표면에서 말뚝을 고정시키기 위하여 말뚝머리에서는 모멘트 $M_w = -0.93 H_w T$만큼을 가해야 한다는 것이다. 따라서, 식 (4.55)와 (4.56)을 다음 식으로 표시할 수 있다.

$$y(Z) = (A_y - 0.93 B_y)\frac{H_w T^3}{E_p I_p} = C_y \frac{H_w T^3}{E_p I_p} \tag{4.64}$$

$$M(Z) = C_m H_w T \tag{4.65}$$

말뚝머리가 고정인 경우의 C_y, C_m 값이 그림 4.18(a), (b)에 표시되어 있다.

> **Note** 여기에서 제시한 수식은 주로 사질토에 이용되기는 하나, 근본적으로 수평방향 지반반력 계수 $k_h = n_h \cdot z$로서 깊이가 깊어짐에 따라 증가되는 지반에 두루 사용할 수 있다.

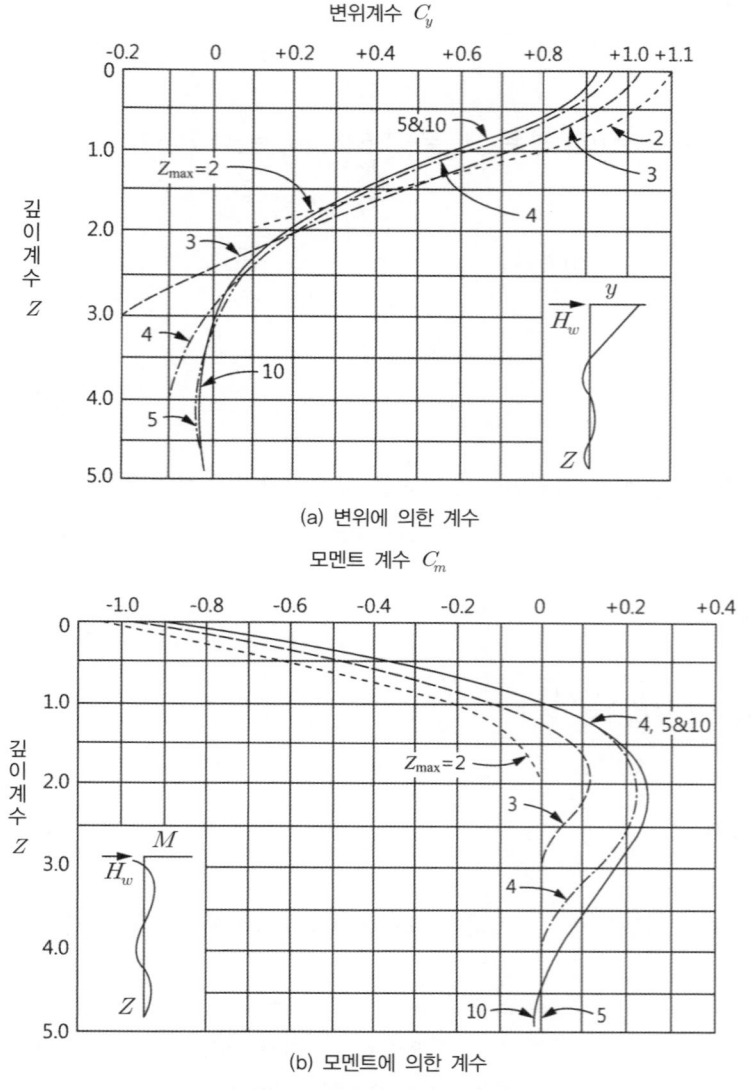

변위계수 C_y

(a) 변위에 의한 계수

모멘트 계수 C_m

(b) 모멘트에 의한 계수

그림 4.18 말뚝머리 고정인 경우의 C계수

[**예제 4.6**] 외경 $\phi 406\,\text{mm}$, 두께 $6\,\text{mm}$인 강관을 사질토지반에 타입하였다($L = 18\,\text{m}$). 강관의 탄성계수 $E_p = 200\,\text{GPa}$이며, 사질토의 $n_h = 5.4 \times 10^3\,\text{kN/m}^3$이다.

(1) 지표면에서의 허용수평변위가 $10\,\text{mm}$로 할 때, 허용 가능한 수평하중 $H = H_w$를 구하라. 이때의 말뚝에 작용되는 최대휨응력을 구하라. 단, 말뚝머리는 자유로 가정하라.

(2) 말뚝머리가 고정인 경우에 대하여 위의 문제를 풀라.

[풀이]

식 (4.23)에 따라서, $T = \sqrt[5]{\dfrac{E_p I_p}{n_h}} = \sqrt[5]{\dfrac{(200 \times 10^6)(150.83 \times 10^{-6})}{(5.4 \times 10^3)}} = 1.41\,\text{m}$

$Z_{\max} = L/T = 18/1.41 = 12.77 \geq 5$ 이므로 긴(연성)말뚝이다.

(1) 말뚝머리 자유일 때

$z = 0$ 일 때, 허용수평변위 $y(z) = y(0) = 0.01\,\text{m}$

$M_w = 0$ 임을 가정하면, 식 (4.55)로부터 수평변위는 다음과 같이 나타낼 수 있다.

$$y(z) = A_y \frac{H_w T^3}{E_p I_p}$$

위 식을 H_w 에 관해 나타내면,

$$H_w = \frac{y(z) E_p I_p}{A_y T^3}$$

이때 표 4.3에 따라 $A_y = 2.435$ 이므로 허용수평하중은,

$$\therefore \quad H_w = \frac{(0.01)(200 \times 10^6)(150.83 \times 10^{-6})}{(2.435)(1.41)^3} = 44.2\,\text{kN}$$

그림 4.17에 따르면 A_m 의 최대값은 0.78이다. (또는 표 4.3)

식 (4.56)으로부터 모멘트를 다음과 같이 나타낼 수 있다.

$$M(z) = A_m H_w T = (0.78)(44.2)(1.41) = 48.6\,\text{kN·m}$$

강관의 단면계수는

$$Z = \frac{\pi}{32} \{ D^3 - (D - 2t)^3 \} = \frac{\pi}{32} \{ (40.6)^3 - (40.6 - 2 \times 0.6)^3 \} = 565.53 \times 10^{-6}\,\text{m}^3$$

따라서 말뚝에 걸리는 최대휨응력은,

$$\therefore \ \sigma_{\max} = \frac{M(z)}{Z} = \frac{48.6}{565.53 \times 10^{-6}} = 85,937 \, \text{kN/m}^2 \cong 85.9 \, \text{MPa}$$

(2) 말뚝머리 고정일 때

식 (4.64)로부터 수평변위는 다음과 같이 나타낼 수 있다.

$$y(z) = C_y \frac{H_w T^3}{E_p I_p}$$

위 식은 H_w에 관해 나타내면

$$H_w = \frac{y(z) E_p I_p}{C_y T^3}$$

이때 그림 4.18(a)에 따라 $C_y = 0.91$이므로 허용수평하중은,

$$\therefore \ H_w = \frac{(0.01)(200 \times 10^6)(150.83 \times 10^{-6})}{(0.91)(1.41)^3} = 118.3 \, \text{kN}$$

그림 4.18(b)에 따르면 C_m의 최대값은 -0.9이다.

식 (4.65)로부터 모멘트를 다음과 같이 나타낼 수 있다.

$$M(z) = C_m H_w T = (-0.9)(118.3)(1.41) = -150.1 \, \text{kN·m}$$

강관의 단면계수는,

$$Z = \frac{\pi}{32} \{D^3 - (D - 2t)^3\} = \frac{\pi}{32} \{(40.6)^3 - (40.6 - 2 \times 0.6)^3\} = 565.53 \times 10^{-6} \, \text{m}^3$$

따라서 말뚝에 걸리는 최대휨응력은,

$$\therefore \ \sigma_{max} = \frac{M(z)}{Z} = \frac{-150.1}{565.53 \times 10^{-6}} = -265,414.7 \, \text{kN/m}^2$$

$$\cong -265.4 \, \text{MPa}$$

말뚝에 작용되는 최대휨응력이 너무 과도하므로 허용수평하중을 줄이거나, 아니면 강관의 두께를 두껍게 해야 한다.

* * * * *

3) 점토에서의 수평변위 및 휨모멘트

말뚝머리에 수평설계하중 H_w, 설계 모멘트 M_w가 작용되며, 지반반력 계수 k_h는 일정한 것으로 가정한다(단, 깊이에 따라 증가하는 경우는 앞 절의 사질토의 해와 동일하다).

무차원 계수 R은 식 (4.24)로부터

$$R = \left(\frac{E_p I_p}{k_h} \right)^{\frac{1}{4}} \tag{4.24}$$

깊이계수 $Z = \dfrac{z}{R}$로 정의하면,

$$\text{변위 : } y(Z) = A_{yc} \frac{H_w R^3}{E_p I_p} + B_{yc} \frac{M_w R^2}{E_p I_p} \tag{4.66}$$

$$\text{모멘트 : } M(Z) = A_{mc} H_w R + B_{mc} M_w \tag{4.67}$$

A 계수는 그림 4.19(a)에, B계수는 그림 4.19(b)에 표시되어 있다. 여기에 제시한 해는 말뚝머리가 자유인 경우이며 고정인 경우는 생략한다.

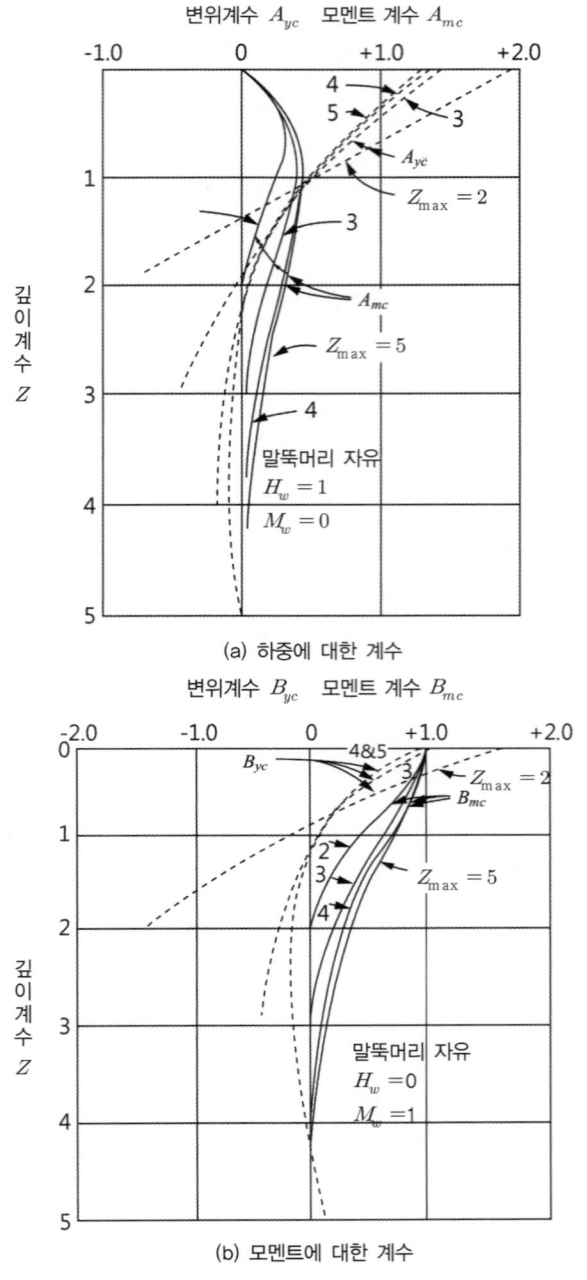

그림 4.19 지반반력 계수가 일정한 경우 말뚝머리 자유인 말뚝의 A, B계수

Note	여기에서 제시한 수식은 주로 과압밀 점토와 같이 수평방향 지반반력 계수가 깊이에 따라 일정한 지반에 두루 적용할 수가 있다.

[예제 4.7] 외경 $\phi 406\,\text{mm}$, 두께 $6\,\text{mm}$인 강관말뚝을 점토지반에 타입하였다($L = 14\,\text{m}$). 강관의 $E_p = 200\,\text{GPa}$이며, 점토의 $c_u = 90\,\text{kPa}$이다. 또한 점토지반에서의 수평방향 지반반력 계수 $k_h = 2.2 \times 10^4\,\text{kN/m}^2$이다. 지표면에서의 말뚝의 허용변위를 $10\,\text{mm}$로 제안할 때, 허용설계수평하중 H_w를 구하고, 그때의 최대 모멘트를 구하라(단, 지표면에서 모멘트 $M_w = 0$로 가정하라).

[풀이]

말뚝머리가 자유일 때로 고려한다.

먼저 강관에 대한 단면2차 모멘트는

$$I_p = \frac{\pi}{64}(D^4 - (D - 2t)^4) = 150.83 \times 10^{-6}\,\text{m}^4$$

지반반력 계수 k_h는 일정하다고 가정하면, 식 (4.24)로부터

$$R = \sqrt[4]{\frac{E_p I_p}{k_h}} = \sqrt[4]{\frac{(200 \times 10^6)(150.83 \times 10^{-6})}{(2.2 \times 10^4)}} = 1.08\,\text{m}$$

$Z_{\max} = L/R = 14/1.08 = 12.96 \geq 3.5$이므로 긴(연성) 말뚝이다.

지표면에서 $M_w = 0$이므로, 식 (4.66)로부터 수평변위는 다음과 같이 나타낼 수 있다.

$$y(z) = A_{yc}\frac{H_w R^3}{E_p I_p}$$

위 식을 H_w에 관해 나타내면,

$$H_w = \frac{y(z)E_p I_p}{A_{yc}R^3}$$

이때 그림 4.19(a)에 따라 $A_{yc} = 1.3$이므로, 허용설계수평하중은,

$$\therefore H_w = \frac{(0.01)(200 \times 10^6)(150.83 \times 10^{-6})}{(1.3)(1.08)^3} = 184\text{kN}$$

$M_w = 0$이므로, 식 (4.67)로부터 모멘트는 다음과 같이 나타낼 수 있다.

$$M(z) = A_{mc}H_wR$$

그림 4.19(a)에 따라 A_{mc}의 최대값은 0.45이므로 최대 모멘트는,

$$\therefore M_{\max}(z) = (0.45)(184)(1.08) = 89.4\text{kN·m}$$

* * * * *

4) $p-y$ 곡선을 이용한 지반반력법

앞 절에서 소개한 지반반력법의 기본 방적식인 식 (4.51)을 적용할 수 있는 기본 가정은 $p = k_hy$로서 흙의 저항력 p와 말뚝의 수평변위 사이에 선형(linear) 비례 관계가 성립한다는 것이다. 즉, 그림 4.20(a)에서 y의 변위가 크지 않아서 기본적으로 k_h는 이 곡선의 접선계수 또는 할선계수를 사용할 수 있는 경우이다. 그러나 만일 설계수평하중 H_w가 커서 상당히 큰 변위가 유발되는 경우는 더 이상 $p = k_hy$의 관계식을 사용할 수 없다. 이 경우에는 지반반력법 에서 p와 y의 관계식을 선형으로 보지 않고 비선형 곡선을 그대로 사용하여 해석하는 지반반 력법을 이용한다. 사질토, 연약한 점토, 굳은 점토의 $p-y$ 곡선의 개략도가 그림 4.20(b), (c) 및 (d)에 나타나 있다.

윙클러 기초의 기본 식

$p-y$ 곡선을 이용하는 경우는 기본 방적식으로서, 식 (4.50)을 그대로 사용할 수 없다. 그림 4.9(b)에서 보면 y변위가 비교적 큰 경우는 설계축하중 P_w로 인하여 말뚝에 가해주는 휨모멘 트를 무시할 수 없다. 따라서, 윙클러 기본 방정식은 다음과 같이 수정되어야 한다.

$$E_pI_p\frac{d^4y}{dz^4} + P_w\frac{d^2y}{dz^2} - p = 0 \tag{4.68}$$

앞의 식에서 사용되는 p와 y의 관계는 그림 4.20(b), (c), (d)의 비선형 곡선을 이용한다. 이 책에서는 식 (4.68)의 풀이는 생략하고자 한다.

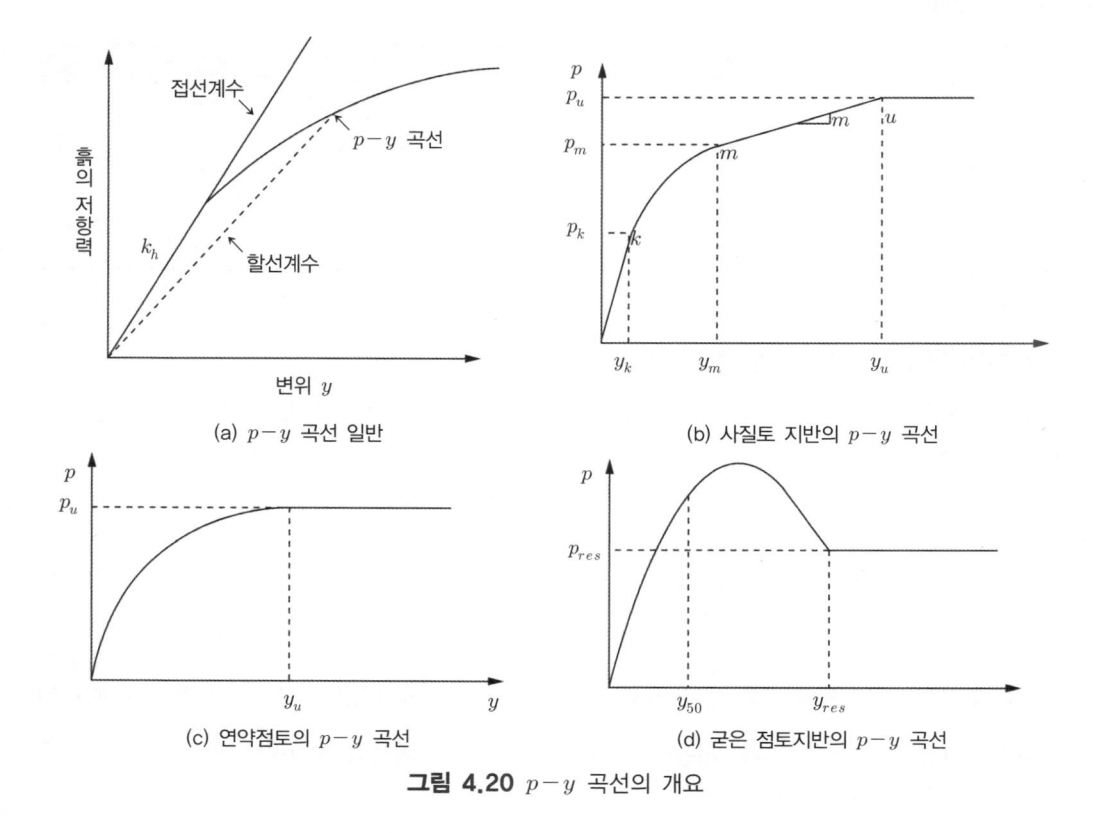

그림 4.20 $p-y$ 곡선의 개요

4.3.4 수평하중에 대한 무리말뚝 효과

축하중의 경우와 마찬가지로 수평하중의 경우도 무리말뚝 효과가 존재한다. 무리말뚝 효과에 의하여 수평방향 극한지지력 H_u는 감소하게 되고, 지반반력법으로 구한 수평변위 y는 더 증가할 것이다.

1) 수평방향 극한지지력의 무리말뚝 효과

무리말뚝의 효율은 다음 식으로 정의한다.

$$\eta_{H_u} = \frac{H_{g(u)}}{\sum H_u} \tag{4.69}$$

말뚝 중심 간 간격 S에 따른 η_{H_u}값의 예가 표 4.5에 정리되어 있다.

표 4.5 수평방향 극한지지력의 무리말뚝 효율 η_{H_u}(예)

S/D	사질토	점토
3	0.5	0.4
4	0.6	0.5
5	0.68	0.55
6	0.7	0.65
8	1.00	1.00

2) 지반반력법에서의 무리말뚝 효과

지반반력법에서는 지반반력 계수를 조절함으로써 무리말뚝 효과를 고려한다. 즉, 효율을 다음과 같이 정의한다.

$$\eta_{k_h} = \frac{\text{무리말뚝의 지반반력 계수, } k_{h(g)}}{\text{단일말뚝의 지반반력 계수, } k_h} \tag{4.70}$$

말뚝 중심 간 간격 S에 대한 η_{k_h}값의 예가 표 4.6에 정리되어 있다. 무리말뚝의 경우에도 단일말뚝에 적용되는 식 (4.51)을 이용하는 것은 단일말뚝의 해석과 동일하나 S/D에 따라 처음부터 k_h값을 줄여서 사용한다.

표 4.6 지반반력 계수의 무리말뚝 효율 η_{k_h}(예)

S/D	η_{K_h}
3	0.25
4	0.40
6	0.70
8	1.00

*사질토, 점토 두 경우 모두 적용

4.3.5 수동말뚝의 수평저항력 산정

1) 수동말뚝 해석의 근간

수동말뚝 해석의 근간은 다음의 순서로 진행됨이 보통이다.

① 먼저 간단한 판정법으로 측방유동 가능성을 평가하고, 가능성이 있는 것으로 판정되면,
② 측방유동압으로 인한 말뚝의 안정성을 평가한다.
③ 마지막으로 수동말뚝을 포함한 사면의 안전성을 평가한다.

측방유동 가능성이 있는 경우, 유한요소법과 같은 수치해석법을 이용하여 변위검토와 함께
말뚝의 안전성을 평가할 수도 있다. 필자는 수치해석법과 사면안정해석법을 병행하여 해석하
는 것을 선호한다. 이 책에서는 수치해석법에 의한 안정성 검토방법은 생략하고 위의 세 가지 단
계를 간략히 서술할 것이다.

2) 측방유동 가능성 평가

간단한 수식으로 측방유동 가능성을 평가할 수 있는 공식이 주로 일본의 지반 공학자에 의하
여 제시되었다. 가장 단순한 공식을 소개하면 다음과 같다.

$$F = \frac{\bar{c}_u}{\gamma \cdot H \cdot z_c} \tag{4.71}$$

여기서, F = 측방유동지수(단위 : m^{-1}), $F < 0.04$이면 측방유동 가능성이 있는 것으로 평가함

$\bar{c}_u$ = 연약 점토층의 평균 비배수 전단강도(kN/m^2)

γ = 성토재의 단위중량(kN/m^3)

H = 교대배면성토고(m) (그림 4.21(a) 참조)

z_c = 연약 점토층의 두께

3) 측방유동에 의한 말뚝의 안정성 평가

그림 3.11에서 보여주는 바와 같이 교대기초는 우선적으로 축하중 P, 수평하중 H 및 모멘트 M_y를 받을 것이다. 식 (3.1)와 (3.2)를 이용하여 교대 각 말뚝에 작용하는 축하중과 수평하중을 구할 수 있다. 이와 같이 상부구조물 하중에 의하여 말뚝에 작용되는 하중(주동하중) 외에 추가로 그림 4.21과 같이 연약한 점토층의 측방유동으로 인한 측방유동압을 구한다.

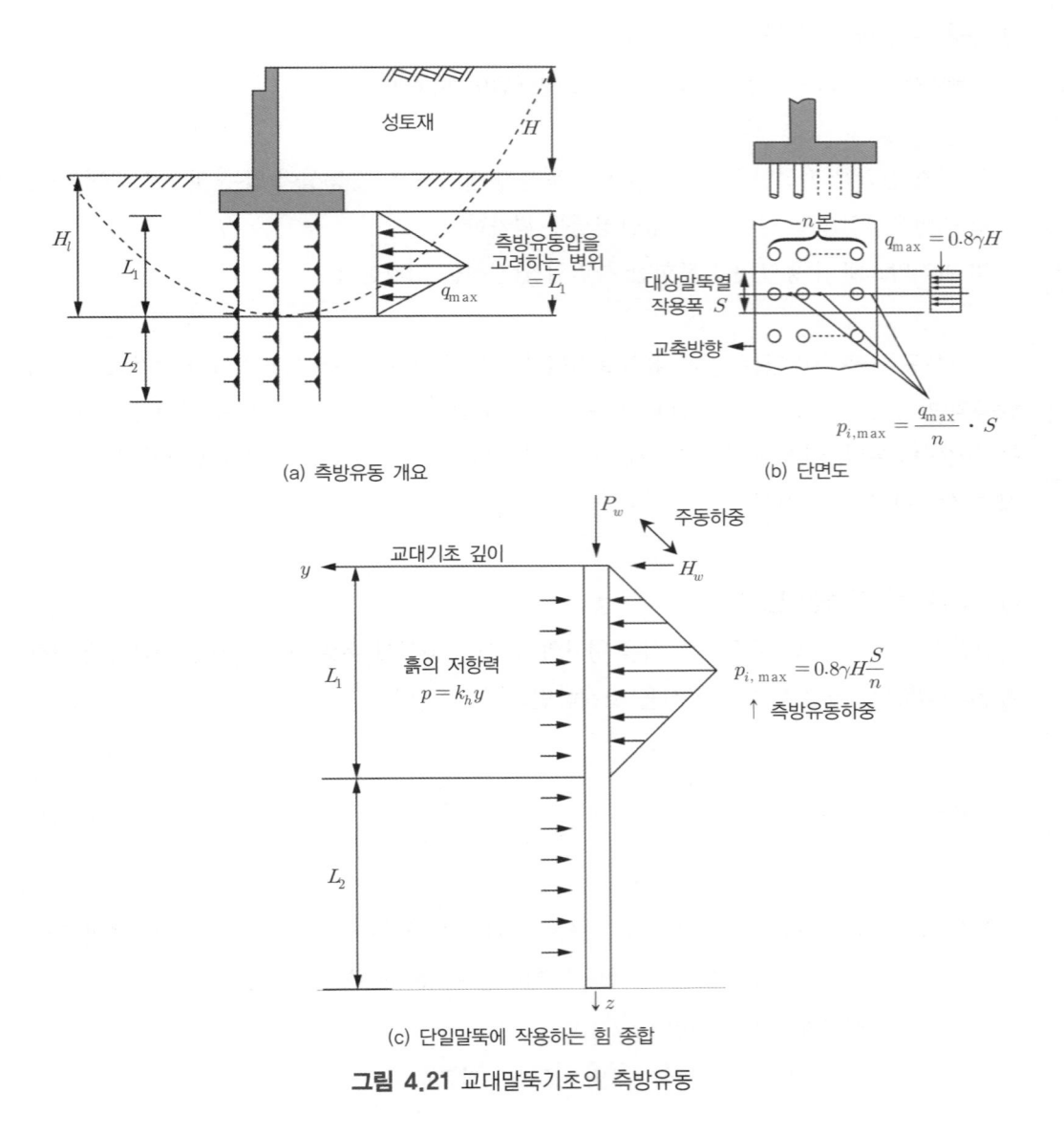

(a) 측방유동 개요

(b) 단면도

(c) 단일말뚝에 작용하는 힘 종합

그림 4.21 교대말뚝기초의 측방유동

측방유동이 일어나는 점토층의 깊이 H_l은 말뚝이 설치되지 않았다는 가정 하에 사면안정 해석을 실시하여 사면파괴에 대한 안전율이 1.25 이하로 되는 활동면의 최대심도로 한다. 즉, 안전율이 1.25 이하이면 측방유동 가능성이 있는 것으로 간주한다. 말뚝기초에 작용되는 측방유동압은 그림 4.21에서 보여주는 바와 같이 범위에서 삼각형 분포로 가정할 수 있으며, 최대측방유동압은 다음 식으로 구할 수 있다.

$$q_{max} = 0.8 \gamma H \qquad\qquad (4.72)$$

여기서, q_{max} = 교대 직각방향으로 단위 폭당 하중(응력)

그림 4.21(b)에서와 같이 말뚝 사이의 간격을 S라고 하고 폭 S에 해당되는 줄에 n개의 말뚝이 설치되었다면, 각 말뚝에 작용되는 최대하중(폭 S당 하중, 단위 : 하중/길이)은 다음 식으로 된다.

$$p_{i,\,max} = \frac{q_{max} \cdot S}{n} = 0.8 \gamma H \frac{S}{n} \qquad\qquad (4.73)$$

여기서, $p_{i,\,max}$ = 각 말뚝에 작용되는 최대작용하중(kN/m)

$\qquad\quad$ S = 말뚝의 교축 직각방향 폭(m)

$\qquad\quad$ n = 교축 직각방향 1열의 말뚝개수

단일말뚝에 작용되는 하중의 개략을 그려보면 그림 4.21(c)와 같다. 이 하중에 의하여 발생하는 말뚝의 변위, 휨응력, 전단응력이 허용변위, 허용휨응력, 허용전단응력 이내이어야 말뚝은 안전하다.

4) 수동말뚝을 이용한 사면의 안전성 평가

주동하중 및 측방유동하중에 대하여 말뚝이 안정한 것으로 판명되면, 마지막으로 수동말뚝을 포함하는 사면활동에 대한 안정성을 평가한다. 그림 4.21(a)에서 제시된 가상파괴면에 대하여 L_2부분에서의 극한수평지지력 H_u에 의한 모멘트가 저항 모멘트로 추가된다. 사면에 대한 안전율은 다음 식으로 계산된다.

$$F_s = \frac{M_r}{M_d} = \frac{M_{rs} + M_{rp}}{M_d}$$

(4.74)

여기서, M_{rs} = 지반 자체의 전단저항으로 인한 저항 모멘트

M_{rp} = 수동말뚝의 극한수평지지력(H_u)에 의한 저항 모멘트

M_d = 작용 모멘트

> **정리**
>
> 수동말뚝은 근본적으로 말뚝에 인접한 연약지반이 먼저 움직여서(측방유동) 말뚝에 하중이 가해지는 경우이다. 측방유동하중으로 인하여 기초 전체가 수평방향으로 큰 변위가 발생하여 파괴에 이르는 무서운 현상으로, 측방유동평가는 반드시 이루어져야 한다.

4.4 말뚝재하시험의 개요

4.4.1 개 요

말뚝의 극한지지력을 구하는 수많은 공식들이 제안되었지만 이론적 한계와 특히 땅속의 지반정수를 정확히 알 수 없다는 불확실성으로 인해 그 신뢰도에는 늘 문제가 있어 왔으며, 앞으로도 그럴 것이다. 이러한 불확실성을 최소화할 수 있는 가장 신뢰성 있는 방법이 말뚝재하시험을 이용하는 방법이다.

말뚝재하시험법에는 정재하시험과 동재하시험이 있다. 동재하시험의 개요는 3.4.3의 4)절에서 이미 간략히 서술하였으므로 이번 절에서는 정재하시험의 원리만을 간략히 서술할 것이다.

4.4.2 정재하시험

1) 시험의 개요

시험용 말뚝을 소요 깊이까지 근입한 후에 그림 4.22(a)와 같이 사하중을 이용하든가 아니면 그림 4.22(b)와 같이 반력말뚝을 이용하여 하중을 말뚝에 재하한다. 시험방법에는 완속재하시험법과 급속재하시험법이 있으나 전자가 표준재하시험법으로 보면 될 것이다. 완속재하시험법은 하중제어형 시험(load-controlled test)이다. 즉, 하중을 가해주고 몇 단계로 나누어서 침하량을 다이알게이지를 이용하여 계측한다. 하중을 8단계에 걸쳐서 증가시킴으로 가해준다.

말뚝머리에서의 침하량이 0.25mm/시간 이하가 되면 다음 하중으로 하중을 증가시킨다.

보통 최대하중은 설계하중의 3배 정도로 하면 좋다. 하중을 최대하중까지 가한 후, 하중을 제하시킨다.

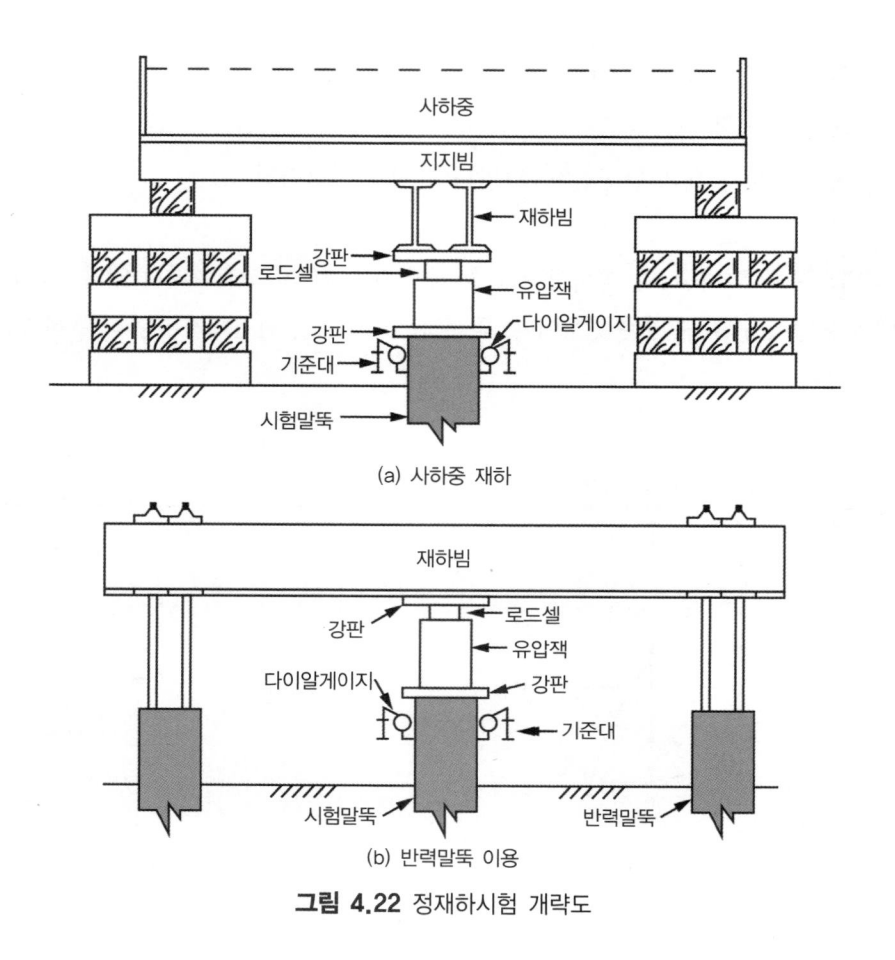

(a) 사하중 재하

(b) 반력말뚝 이용

그림 4.22 정재하시험 개략도

2) 시험 결과의 해석

말뚝재하시험으로부터 우선적으로 얻을 수 있는 것이 그림 4.23(a)와 같은 하중 침하량 곡선이다. 침하량에는 말뚝이 지반으로 근입된 양뿐만 아니라 말뚝 자체의 탄성변형량도 포함되어 있다. 그림 4.23(a)에서, 총 침하량에서 제하 시의 리바운드량을 빼면 순 침하량을 구할 수 있다. 즉,

$$Q = Q_1 인 경우 \ S_{net(1)} = S_{t(1)} - S_{e(1)}$$

또는

$$Q = Q_2 \text{인 경우 } S_{net(2)} = S_{t(1)} - S_{e(2)}$$

여기서, S_t = 총 침하량(계측치)

$\quad\quad\quad S_{net}$ = 순 침하량

$\quad\quad\quad S_2$ = 말뚝 자체의 탄성침하량 (말뚝 자체가 찌그러진 양)

위의 방법으로 구한 하중-순 침하량 곡선의 예가 그림 4.23(b)에 나타나 있다. 곡선 1은 극한지지력을 분명히 구할 수 있는 경우이나, 곡선 2는 기울기가 완만해지기는 하나 하중은 계속 증가되는 경우이다.

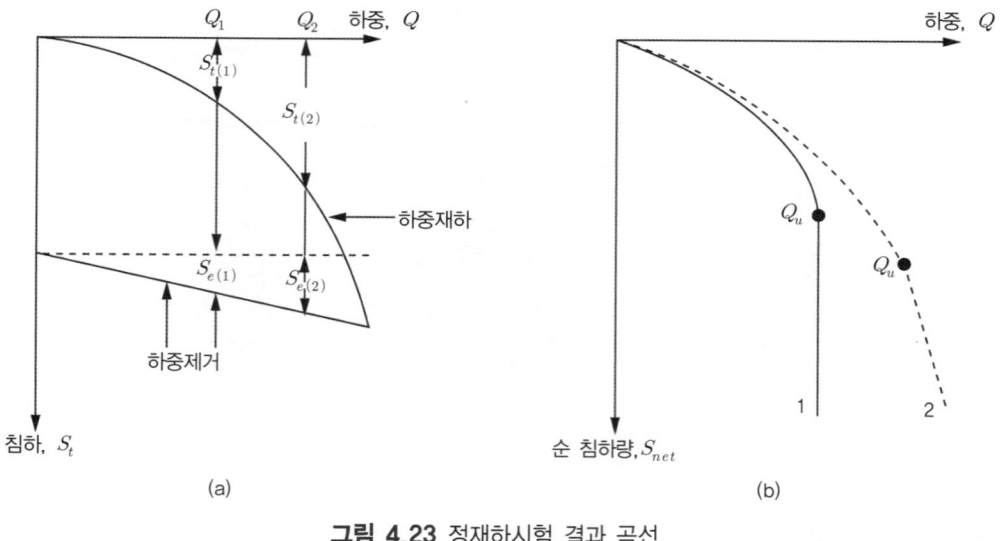

그림 4.23 정재하시험 결과 곡선

시험 결과로 부터 축방향 극한지지력을 구하는 방법은 다양하며, 중요한 방법만을 소개하면 다음과 같다.

(1) 하중-총 침하량 곡선 이용법

가장 단순한 방법은 총 침하량이 말뚝직경의 10%(즉, $0.1D$)에 다다랐을 때의 하중을 극한지지력으로 보는 방법이다. 실무에서는 Davisson 방법이 많이 이용된다.

이 방법은 말뚝재료의 탄성침하량과 지반에 관입된 량(소성침하량)을 나누어서 고려한 것으로 말뚝머리에서의 침하량이 다음과 같을 때 파괴하중(failure load)으로 정의한다(그림 4.24 참조).

$$S = S_e + \left(4.0 + \frac{D}{120}\right) ; \quad D \leq 610\,\text{mm} \tag{4.75}$$

$$S = S_e + \frac{D}{30} ; \quad D > 610\,\text{mm} \tag{4.76}$$

$$\text{여기서, } S_e = \frac{PL}{A_p E_p} (\text{mm}) \tag{4.77}$$

Davisson 방법으로 구한 값은 극한지지력으로 불리기보다는 파괴하중(failure load) 또는 한계하중(limit load)으로 불린다. 말뚝이 완전히 지지력 파괴까지는 도달하기 전단계의 하중으로 생각되기 때문이며, Davisson 방법으로 구한 파괴하중으로부터 허용설계하중을 구하기 위해서는 안전율 2를 이용한다. 식 (4.77)은 말뚝의 탄성침하량을 구하기 위한 수식이다. 이는 엄밀히 말하여 공중에 노출되어 있는 강봉에서의 압축량으로서 개략식으로 볼 수밖에 없다 (보다 정확한 수식은 식 (4.7)이다).

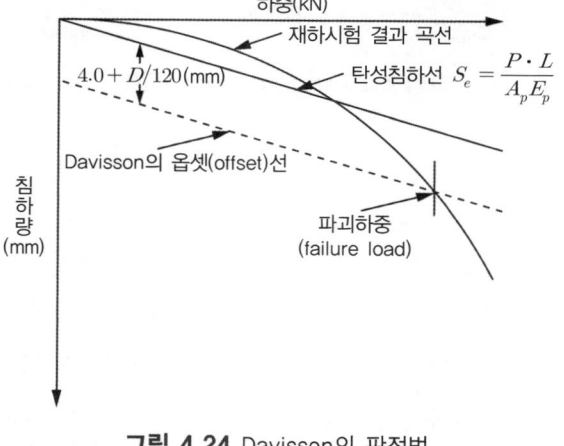

그림 4.24 Davisson의 판정법

(2) 하중–순 침하량 곡선 이용법

그림 4.23(b)와 같은 하중–순 침하량 곡선으로부터 파괴하중을 구할 수도 있다. 순 침하량이 말뚝 직경의 2.5%(즉, $0.025D$)일 때의 하중을 파괴하중으로 간주함이 보통이다.

4.4.3 수평재하시험

수평재하시험의 개략도는 그림 4.25와 같으며 축방향 정재하시험과 비교하여 비교적 쉽게 시험을 수행할 수 있다. 그림에서 보는 것처럼 말뚝 2개를 설치하고, 각각의 말뚝을 반력말뚝으로 이용한다. 그림과 같은 장치로부터 얻을 수 있는 것은 수평하중–말뚝머리에서의 변위량으로서 설계하중 작용 시에 변위량이 허용치 이내에 있는지 여부를 1차로 평가할 수 있다. 보다 더 중요한 것은 재하시험 결과로부터 지반반력 계수 k_h 등을 현장 여건에 맞게 역산하는 것이다. 특히 말뚝 내부나 표면에 경사계 튜브를 설치하면 말뚝깊이에 따른 변위량을 측정할 수 있다. 이를 4.3.3절에서 계산된 하중–변위량 곡선과 비교하면 k_h 등의 지반정수를 보다 합리적으로 역산할 수 있을 것이다.

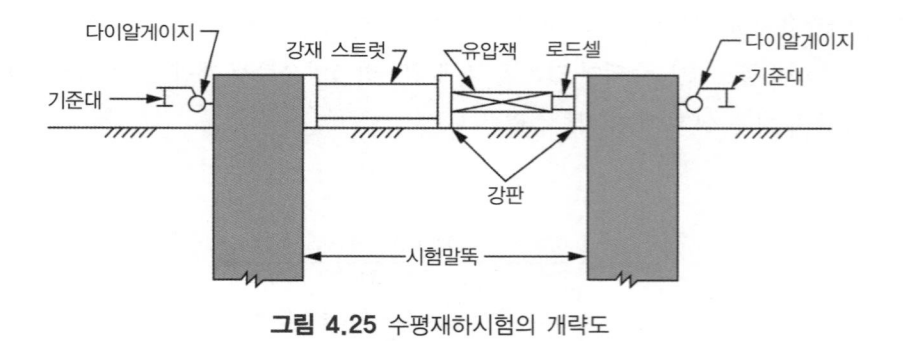

그림 4.25 수평재하시험의 개략도

4.4.4 인발재하시험

그림 4.26의 개략도와 같이 설치된 말뚝에 인발하중을 가하여 말뚝머리에서의 인발변위를 측정하는 방법이다. 인발시험의 결과 그림 4.27과 같이 하중–인발변위 곡선을 얻을 수 있다. Fuller의 제안법에 의하여 인발파괴하중을 구하는 방법이 그림 4.27에 표시되어 있다. 재하시험 결과로부터 얻은 하중–변위 곡선이 옵셋선(offset line = $\dfrac{PL}{A_p E_p} + 2.5\,\mathrm{mm}$)과 만나는 점을 파괴하중으로 간주한다.

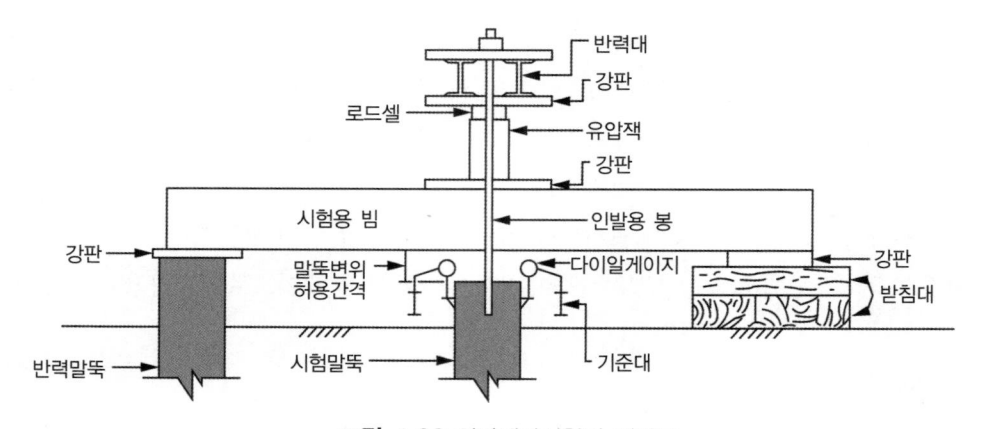

그림 4.26 인발재하시험의 개략도

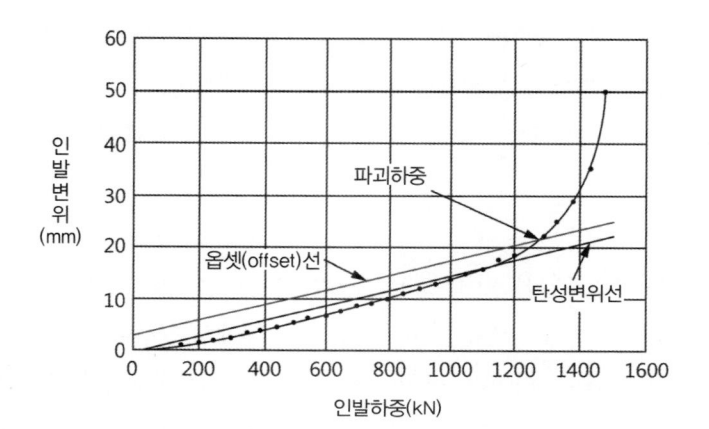

그림 4.27 인발재하시험 결과의 개요(Fuller 방법)

4.5 케이슨 기초

4.5.1 개 괄

그림 2.1(c)에서 소개한 케이슨 기초는 비교적 깊지 않은 곳에 단단한 지층이 존재하는 경우 많이 이용된다. 케이슨 기초는 분류상으로는 깊은 기초에 속한다. 그러나 깊이가 깊지 않을 수도 있어, 얕은 기초로 취급될 수도 있다.

케이슨 기초(caisson foundation)는 바닥이 없는 지하구조물을 지상에서 미리 제작하고, 필요로 하는 곳까지 운송한 다음 자중이나 적재하중에 의하여 지지층까지 침하시킨 후에 모래, 자갈 또는 빈배합 콘크리트로 속채움하는 기초로서 오픈 케이슨(open caisson), 뉴매틱 케이슨 (pneumatic caisson), 박스 케이슨(box caisson)의 세 종류가 있다. 말뚝기초 대신에 케이슨 기초로 설계/시공하는 경우를 열거해보면 다음과 같다.

① 지진하중 등으로 수평하중이 커서 말뚝기초로는 수용하기 어려운 경우
② 사장교 등의 주탑기초와 같이 상부하중이 커서 가능한 한 대형 기초로 지지하고자 하는 경우

1) 오픈 케이슨

오픈 케이슨은 일명 우물통이라고도 불린다. 기초 뚜껑 및 바닥이 없는 우물통 모양의 케이슨 의 1단을 건조한 다음(이것을 로트 또는 리프트라고 한다), 현장에 거치하고 우물통 안쪽을 굴 착하여 케이슨을 가라앉히고, 2단 케이슨을 이어가는 등 반복적인 작업으로 소요의 견고한 지 층까지 도달시킨다. 이후 저부를 수중 콘크리트로 슬래브를 타설하고, 그 속을 모래, 자갈이나 빈배합 콘크리트로 채운 다음에 상부 슬래브를 설치하는 공법이다(그림 4.28(a) 참조).

2) 뉴매틱 케이슨

뉴매틱 케이슨은 일명 압축공기식 케이슨으로 불리며, 그림 4.28(b)와 같이 케이슨 하부 작업 공간에 압축공기를 가하여 지하수 유입을 막아서 건조한 상태에서 인부들이 직접 투입되어 인력 굴착으로 케이슨을 가라앉히는 방법이다. 작업이 빠르고 지반을 직접 확인할 수 있는 등 장점이 있으나, 시공비가 비싸고 노무자들이 케이슨 병에 걸릴 확률이 있는 등 단점도 있는 공법이다.

3) 박스 케이슨

박스 케이슨은 육상에서 제작한 케이슨을 해상으로 예인한 다음 미리 수평으로 다듬은 지지 층에 가라앉혀 설치하는 공법이다(그림 4.28(c)). 시공비가 적게 드는 장점이 있으나, 지지층 을 먼저 수평으로 유지해야 하는 어려움이 있다.

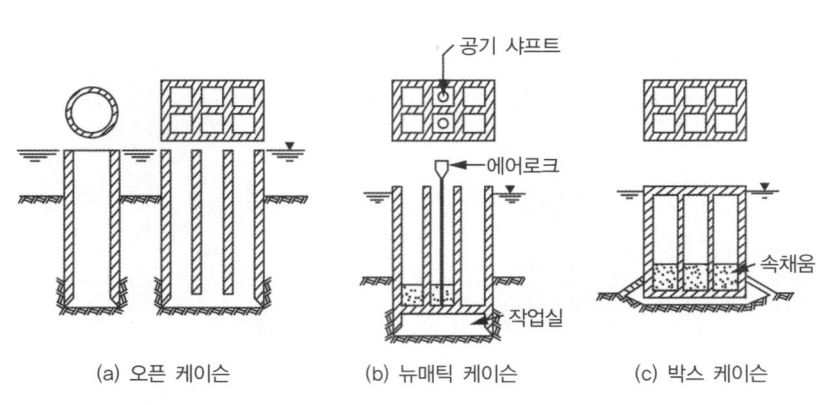

공기 샤프트

에어로크

작업실

속채움

(a) 오픈 케이슨   (b) 뉴매틱 케이슨   (c) 박스 케이슨

그림 4.28 케이슨의 종류 및 모양

4.5.2 케이슨 기초의 안정성 검토

케이슨 기초는 얕은 기초 및 말뚝기초와 마찬가지로 연직 및 수평지지력을 검토함과 동시에 침하에 대한 검토를 수행하여야 한다. 검토 방법은 얕은 기초 및 깊은 기초의 경우와 대동소이 하므로 여기에서는 생략하고자 한다.

참 고 문 헌

주요 참고문헌

• 조천환(2010), 말뚝기초 실무, 이엔지·북.
• Prakash,S., Sharma, H.D.(1990), Pile Foundations in Engineering Practice, John Wiley & Sons.
• Poulos, H.G., Davis, E.H.(1980), Pile Foundation Analysis and Design, John Wiley & Sons.
• Reese, L.C., Van Impe, W.F.(2011), Single Piles and Pile Groups under Lateral Loading, 2nd Edition, CRC Press.

제2편

성토지반에서의
흙구조물

자립이 불가능한 성토지반을 지탱하기 위한 흙구조물(Earth Structure)로서 옹벽, 보강토 옹벽, 보강성토사면, 또는 강널말뚝이 여기에 속한다.

제5장

옹 벽

제5장

옹 벽

5.1 개 괄

흙구조물에서 가장 경제적인 성토구조물은 자연사면을 유지하는 것이다. 그러기 위해서는 일반적으로 다음 그림과 같이 1:2 정도의 사면경사를 유지해야 한다(물론 흙의 전단강도, 수압 유무에 따라 다르지만…).

그러나 부지 확보 등의 어려움이 있는 경우 옹벽을 설치하여 뒤채움 토사에 의한 토압을 견디어 준다.

5.1.1 옹벽의 종류

옹벽은 크게 다음의 세 가지로 분류할 수 있다.

(1) 중력식 옹벽 : 그림 5.1(a)에서 보여주는 바와 같이 무근콘크리트(또는 석축)로 축조하는 구조물로서 옹벽 자체의 무게로써 안정을 유지한다. 주로 5m 이하의 높이에서 사용된다. 이때 소량의 철근을 배근하여 벽체 단면의 크기를 줄일 수도 있으며, 이를 반중력식 옹벽이라고도 한다.

(2) 캔틸레버식 옹벽 : 그림 5.1(b)에서 보여주는 바와 같이 연직 벽체(stem)와 바닥판(base slab)으로 이루어진 철근콘크리트 구조로 이루어진 옹벽이다. 옹벽의 높이가 8m 이하에서 사용된다. 도립 T형 옹벽이라고도 하며, 바닥판 중에서 앞굽이 없는 캔틸레버식 옹벽인 L형 옹벽도 있다.

(3) 부벽식 옹벽 : 그림 5.1(c)에서 보여주는 바와 같이 일정한 수평간격으로 벽체와 바닥판 뒷굽을 연결시켜 주는 부벽(counterfort)을 설치한 옹벽이다. 8m 이상의 옹벽에 사용하며, 부벽의 설치목적은 전단력과 휨모멘트를 감소하기 위한 것이다.

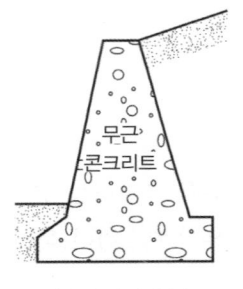

(a) 중력식 옹벽

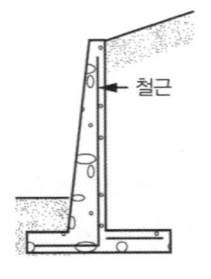

(b) 캔틸레버식 옹벽

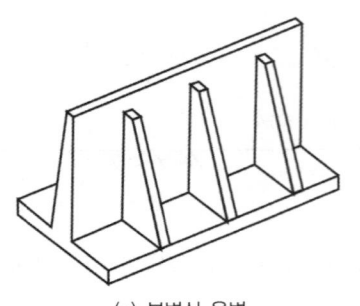

(c) 부벽식 옹벽

그림 5.1 옹벽의 형태

5.1.2 옹벽 설계의 근간

옹벽 설계는 두 가지 단계로 이루어진다.

(1) 첫 번째 단계 : 첫 번째 단계로는 옹벽에 작용되는 횡토압에 대하여 옹벽구조물 전체에 대한 안정성을 검토하여야 한다. 안정성 검토에는 전도(overturing), 활동(sliding), 지지력(bearing capacity) 파괴에 대한 검토가 있어야 한다. 안정성 검토를 위한 토압은 (하중계수를 곱하지 않은) 실제 작용되는 토압을 이용한다.

(2) 두 번째 단계 : 두 번째 단계는 부재 설계이다. 이는 철근콘크리트 구조의 부재 설계와 동일하다. 이때 적용되는 하중은 당연히 하중계수를 곱한 하중이어야 한다. 부재 설계는 철근콘크리트 공학 교재를 참조하기 바라며 이 책에서는 생략할 것이다.

5.1.3 토압이론의 적용

토압에는 Rankine 토압과 Coulomb 토압이 있는 바, 옹벽의 안정성 검토에는 Rankine 토압을, 부재 설계에는 Coulomb 토압을 이용하면 편리하다.

안정성 검토를 위한 토압의 개략도는 그림 5.2(a), (b)와 같다. 그림에서 보는 바와 같이 뒷굽 위에 있는 흙의 무게는 안정성을 증진시키는 데 도움을 주므로 옹벽의 일부로 가정한다. 토압은 그림 5.2(a), (b)에서와 같이 바닥판 뒷굽을 통과하는 연직면에 Rankine 토압이 작용되는 것으로 간주한다.

한편, 그림 5.2(c)는 Coulomb 토압을 보여주고 있는데, 벽체와 뒤채움 흙 사이의 벽면마찰 각을 고려하는바 토압이 옹벽에 직접 작용되는 것으로 본다. 이 책에서의 안정성 검토는 그림 5.2(a), (b)와 같이 Rankine 토압을 중심으로 이루어질 것이다. 경사진 지반에서의 Rankine의 주동 토압은 다음 식과 같다('토질역학의 원리' 11.3.5절 참조). 단, 뒤채움재는 양질의 사질토로 가정한다(즉, $c_1 = 0$).

$$P_a = \frac{1}{2} K_a \gamma_1 H^{'2} \cos\beta \qquad (5.1)$$

여기서, K_a는 주동토압계수로서,

$$K_a = \frac{\cos\beta - \sqrt{\cos^2\beta - \cos^2\phi_1}}{\cos\beta + \sqrt{\cos^2\beta - \cos^2\phi_1}} \qquad (5.2)$$

$\gamma_1 =$ 뒤채움 사질토의 단위 중량

$\phi_1 =$ 뒤채움 사질토의 내부 마찰각

만일 뒤채움 지반이 경사지지 않고 수평이라면 $\beta = 0°$이므로, 토압은 다음 식으로 될 것이다(『토질역학의 원리』 11.3.1절 참조).

$$P_a = \frac{1}{2}K_a\gamma_1 H^2 \qquad (5.1a)$$

$$K_a = \tan^2\left(45° - \frac{\phi_1}{2}\right) \qquad (5.2a)$$

여기서, $H =$ 옹벽의 높이(그림5.3 참조)

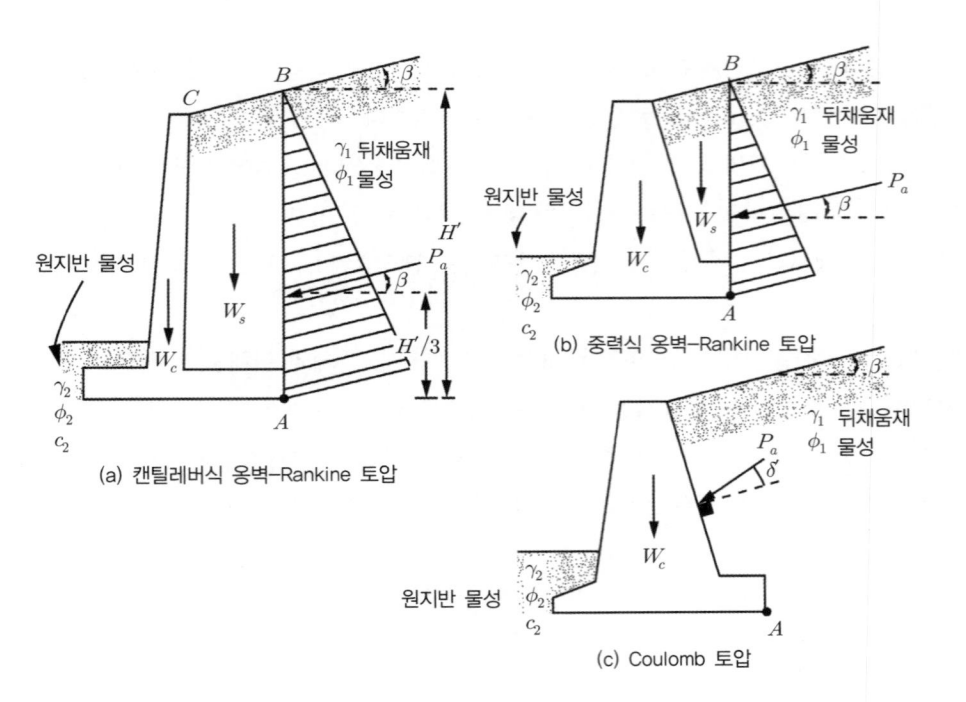

(a) 캔틸레버식 옹벽-Rankine 토압

(b) 중력식 옹벽-Rankine 토압

(c) Coulomb 토압

그림 5.2 옹벽 설계용 횡방향 토압의 적용

5.1.4 옹벽의 단면

옹벽 설계를 하기 위해서는 먼저 옹벽 단면을 가정한다. 그림 5.3에 설계 초기 단계에서 일반적으로 설정하는 옹벽의 표준단면 치수를 보여주고 있다. 다음을 유의하면 될 것이다.

(1) 벽체 상단부의 폭은 200~300mm로 되어 있으나 콘크리트 타설을 보다 용이하게 하기 위하여 300mm로 하는 것이 좋다.

(2) 옹벽은 D_f 만큼 근입시켜야 하는 바, 근입깊이는 동결심도보다 깊어야 한다.

(3) 옹벽 저판은(특히, 캔틸레버 식 옹벽의 경우) 합력의 작용점이 저판의 중심 $B/3$ 안에 오도록(middle third) 앞굽과 뒷굽을 정한다. 합력의 작용점이 중심 $B/3$ 밖에 위치하게 되면 저판 하부에 인장력이 작용하게 되어 안정성에 영향을 끼친다.

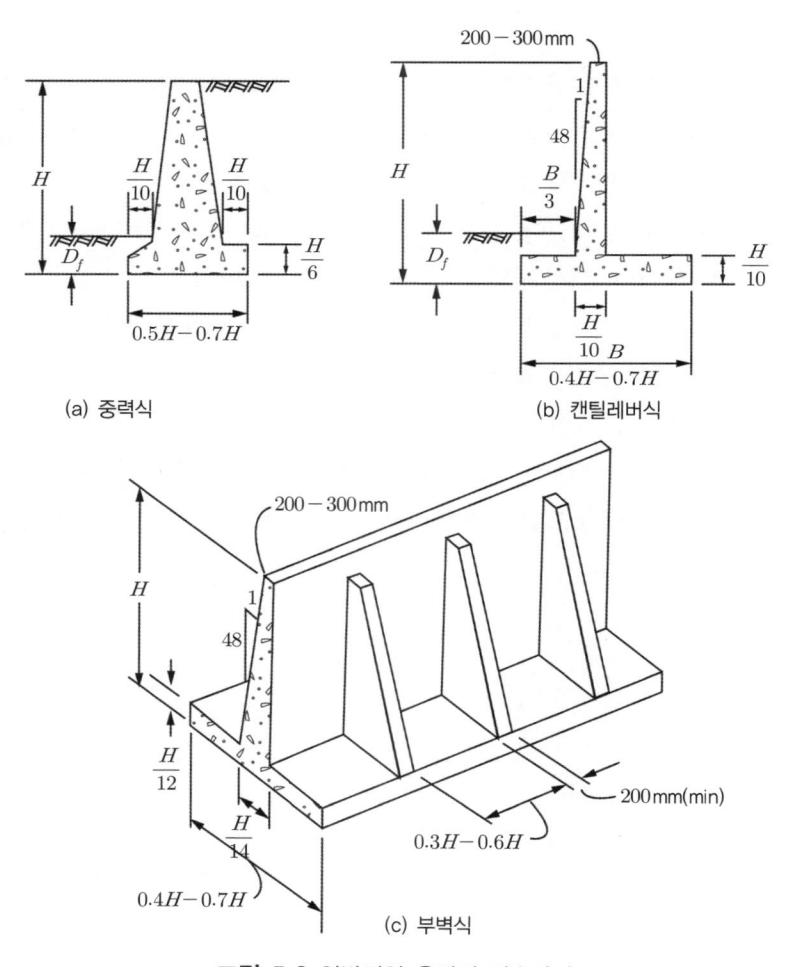

그림 5.3 일반적인 옹벽의 치수단면

5.2 옹벽의 안정성 검토

5.2.1 개 괄

옹벽은 그림 5.4에서 나타내어 준대로, 다음과 같은 파괴 및 변형이 일어날 수 있다.

① 앞굽을 중심으로 회전하는 전도파괴(overturning, 그림 5.4(a))
② 기초저면이 밀려나는 활동파괴(sliding, 그림 5.4(b))
③ 기초지반의 지지력 파괴(bearing capacity failure, 그림 5.4(c))
④ 심층부를 포함하는 사면파괴(그림 5.4(d))
⑤ 과잉침하

위의 5가지 요소 중 심층부를 포함하는 사면파괴는 그림 5.4(d)처럼 심층부에 예기치 않게 연약대가 존재하는 경우 옹벽을 포함하는 전체적인 사면파괴(overall sliding)가 발생하는 경우이다. 이 경우는 옹벽이 하중으로만 작용될 뿐 아무 역할을 하지 못한다. 일면 수동말뚝편에서 서술한 측방유동과도 관계가 있다. 옹벽 설계할 때, overall stability 가능성에 대한 검토를 잊지 말아야 할 것이다. 다만, 이는 사면안정 검토로서 '토질역학의 원리' 13장에서 이미 서술하였으므로 상세한 검토 방법은 '토질역학의 원리' 13장을 참조하기 바란다.

또한 옹벽 무게에 의하여 옹벽 기초에서 과도한 침하로 인하여 구조물의 기능에 문제가 생길 수도 있다. 이는 얕은 기초 중 침하편(2.3절)을 참조하면 될 것이다. 이번 장에서는 주로 전도파괴, 활동파괴 및 지지력 파괴에 대한 안정성을 검토하는 방법에 대하여 서술할 것이다. 재삼 밝히건데, 이 책에서는 Rankine 토압에 대한 안정성 검토를 주로 설명할 것이다.

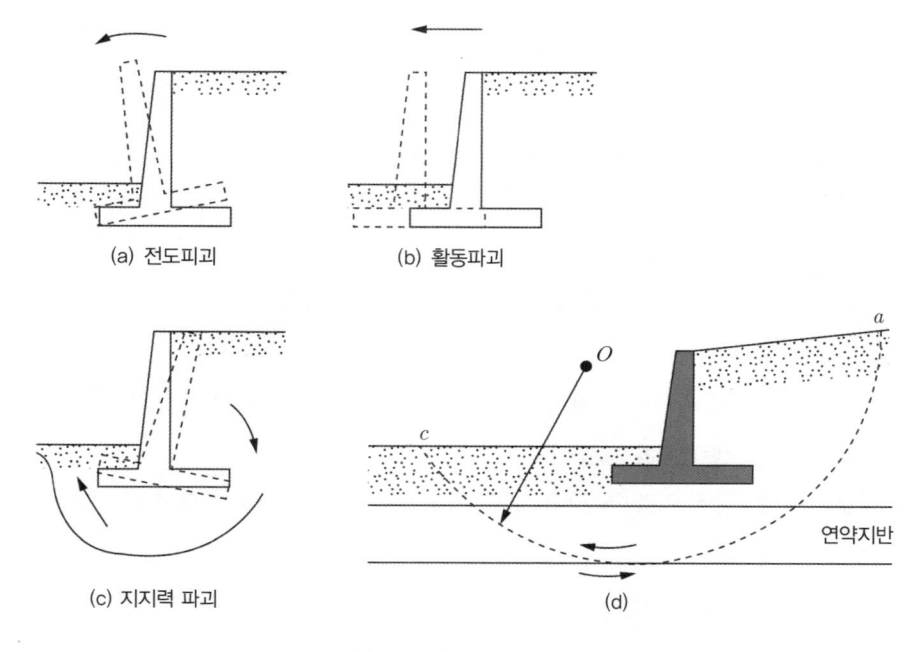

(a) 전도피괴   (b) 활동파괴

(c) 지지력 파괴   (d)

그림 5.4 옹벽의 파괴 유형

옹벽 안정성에 대한 안전율

옹벽 안정성을 확보하기 위한 소요 안전율은 나라와 기관마다 다르다. 대개 다음을 표준으로 한다.

① $F_{s(overturning)} \approx 2.0$

② $F_{s(sliding)} \approx 1.5 \sim 2.0$

③ $F_{s(bearing)} \approx 3.0$

5.2.2 전도파괴에 대한 안정성 검토

캔틸레버식 옹벽에 작용되는 힘과 중력식 옹벽에 작용되는 힘의 종합을 그림 5.5(a) 및 (b)에 각각 표시하였다. 앞에서 거듭 밝힌 대로 뒷굽 상부의 뒤채움 흙은 옹벽의 일부로 가정한다. 옹벽이 D_f 깊이만큼 근입되어 있다면 옹벽 전면에서는 수동토압이 작용될 것이다. 수동토압은 다음과 같다(단, '토질역학의 원리' 식 (11.16)).

$$P_p = \frac{1}{2} K_p \gamma_2 D_f^2 + 2c_2 \sqrt{K_p}\, D_f \tag{5.3}$$

여기서, K_p = 수동토압계수('토질역학의 원리' 식 (11.15))

$$= \tan^2\left(45° + \frac{\phi_2}{2}\right) \tag{5.4}$$

γ_2, ϕ_2, c_2 = 원지반의 단위중량, 내부 마찰각, 점착력

수동토압이 발휘되기 위해서는 옹벽 전면에서의 변위가 상당히 커야 하는 바, 근입깊이가 깊을 경우를 제외하고는 생략함이 보통이다.

앞굽 C점을 모멘트 중심으로 한 작용 모멘트(driving moment)는 다음과 같다.

$$D.M. = \sum M_D = P_h \cdot \left(\frac{H'}{3}\right) \tag{5.5}$$

여기서, $P_h = P_a \cos\beta$ \tag{5.6}

한편, 저항 모멘트 $R.M. = \sum M_R$은 표 5.1에 정리하였다. 표 5.1에서 P_v는 Rankine 주동토압의 연직방향 성분을 나타낸다. 즉,

$$P_v = P_a \sin\beta \tag{5.7}$$

전도에 대한 안전율은 다음과 같다.

$$F_{s(overturning)} = \frac{\sum M_R}{\sum M_D} \tag{5.8}$$

표 5.1 옹벽저항 모멘트 계산 도표

단면(1)	면적(2)	옹벽의 단위길이당 무게(3)	C점으로부터 모멘트 팔 길이(4)	C점에 대한 모멘트(5)
1	A_1	$W_1 = \gamma_1 \times A_1$	l_1	M_1
2	A_2	$W_2 = \gamma_1 \times A_2$	l_2	M_2
3	A_3	$W_3 = \gamma_c \times A_3$	l_3	M_3
4	A_4	$W_4 = \gamma_c \times A_4$	l_4	M_4
5	A_5	$W_5 = \gamma_c \times A_5$	l_5	M_5
6	A_6	$W_6 = \gamma_c \times A_8$	l_6	M_6
토압의 연직 성분		P_v	B	M_v
합계		$\sum V$		$\sum M_R$

*주) γ_1 = 뒤채움재의 단위중량
γ_c = 콘크리트의 단위중량

5.2.3 활동파괴에 대한 안정성 검토

그림 5.5(a), (b)로부터 수평방향의 힘의 합은 다음 식과 같다.

$$\sum F_D = P_a \cos\beta \tag{5.9}$$

한편, 수평방향 저항력은 저판과 하부지반 사이의 전단저항력과 옹벽 전면에서의 수동토압의 합이다. 즉,

$$\sum F_R = \tau_f \cdot B + P_p = (c_a + \sigma_v \tan\delta) \cdot B + P_p = c_a + \sum V \tan\delta + P_p \tag{5.10}$$

여기서, c_a, δ = 저판과 저면지반 사이의 부착력과 벽면마찰각
$\sum V$ = 연직방향 무게의 합(표 5.1 참조)

부착력과 벽면마찰각은 점착력과 흙의 내부 마찰각의 1/2~2/3 정도로 알려져 있다.
활동에 대한 안전율은 다음 식으로 표시된다.

$$F_{s(sliding)} = \frac{\sum F_R}{\sum F_D} = \frac{c_a B + \sum V \tan\delta + P_p}{P_a \cos\beta} \tag{5.11}$$

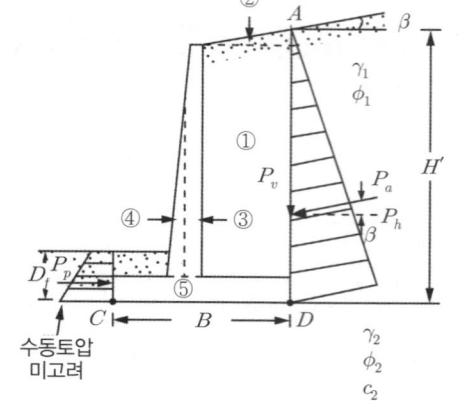
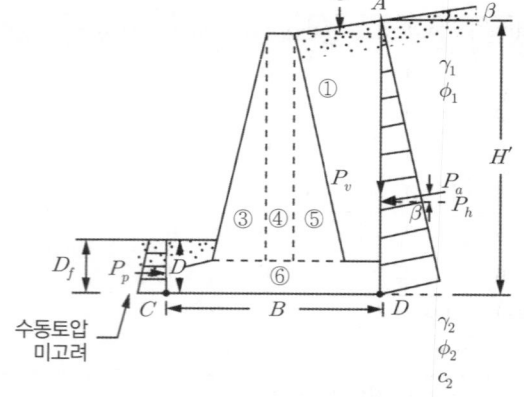

(a) 캔틸레버 옹벽　　　　　　　　　　　　　(b) 중력식 옹벽

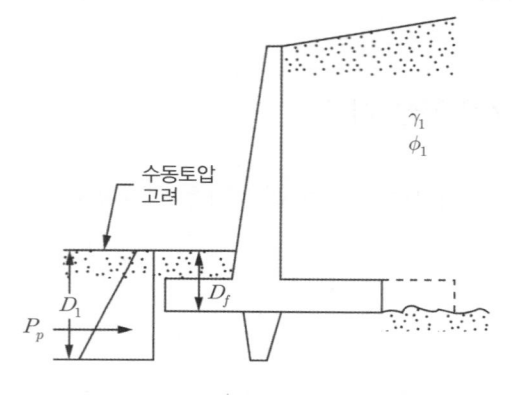

(c) 전단키를 설치하는 경우

그림 5.5 옹벽전도 및 활동파괴 검토 개요

단, 수동토압 P_p는 무시하는 것이 일반적이다.

만일 활동에 대한 안전율이 소요안전율에 미치지 못할 경우 그림 5.5(c)에서와 같이 저판에 전단키(shear key)를 설치한다. 이 경우 식 (5.11)의 수동토압을(무시하지 않고) 다음 식으로 고려할 수 있다.

$$P_p = \frac{1}{2}\gamma_2 K_p D_1^2 + 2c_2 D_1 \sqrt{K_p} \tag{5.12}$$

5.2.4 지지력 파괴에 대한 검토

옹벽의 자중과 옹벽에 작용하는 수평토압의 합력이 옹벽저판에 작용되는 하중이다(Rankine 토압의 연직방향 성분 P_v는 옹벽의 무게항(즉, $\sum V$)에 포함되어 있다)(그림 5.6 참조). 이로부터 먼저 저판에 작용되는 지압을 구해야 한다. 또한 저판 하부지반에서의 극한지지력을 구하고 이를 안전율로 나누어 허용지지력을 구한다. 저판에 작용되는 최대지압이 허용지지력보다 작아야 한다.

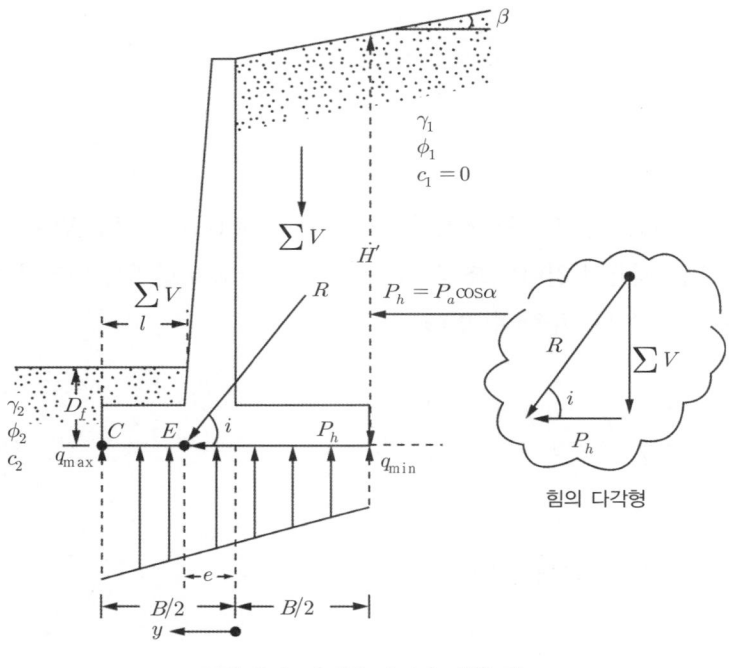

그림 5.6 지지력 파괴에 대한 검토

1) 옹벽 저판 하부에서의 지압

먼저 저판 하부지반에 전달되는 지압을 구해야 한다. 저판에 작용되는 하중 R은 그림 5.6의 '힘의 다각형'에서 보여주는 바와 같이 i만큼 경사지게 작용한다. 또한 이 하중이 저판 중심으로부터 e만큼 편심되게 작용될 것이며, 먼저 편심부터 구해야 한다. R 하중이 C점에서 l만큼 떨어진 E점에서 작용된다고 하면 l은 다음 식으로 구할 수 있다.

C점에서의 모멘트를 구해보면,

$$\sum M_R(\text{표 5.1 참조}) - \sum M_D = \sum V \cdot l \tag{5.13}$$

따라서, l의 값은,

$$l = \frac{\sum M_R - \sum M_D}{\sum V} = \frac{\sum M_R - P_h \cdot \left(\dfrac{H'}{3}\right)}{\sum V} \tag{5.14}$$

편심 e는,

$$e = \frac{B}{2} - l \tag{5.15}$$

식 (5.15)로 구한 편심 e는 $B/6$보다 작아야 한다(middle third 조건). 만일 $B/6$보다 크다면 저판의 압굽 또는 뒷굽의 길이를 조정하여 $B/6$보다 작도록 단면을 재조정하여야 한다. 또한, 지압은 다음 식으로 구할 수 있다.

$$q = \frac{\sum V}{A} \pm \frac{\sum V \cdot e}{I} \cdot y \tag{5.16}$$

여기서, $I =$ 저판의 단위길이당 관성 모멘트 $= \dfrac{1}{12}(1)(B^3)$

식 (5.16)에 $y = \pm\dfrac{B}{2}$를 대입하면 지압의 최대값, 최소값을 구할 수 있다.

$$\left(\begin{matrix} q_{\max} \\ q_{\min} \end{matrix}\right) = \frac{\sum V}{B}\left(1 \pm \frac{6e}{B}\right) \tag{5.17}$$

그림 5.6에 지압분포를 나타내었다.

2) 옹벽 저판 하부지반의 극한지지력

극한지지력은 2장에서 서술한 얕은 기초의 극한지지력 공식을 그대로 사용할 수 있다. 먼저 편심하중을 받는 기초이므로 유효폭 $B' = B - 2e$를 고려하고 일반적인 극한지지력 공식 식 (2.34)을 사용한다. 옹벽은 대상기초에 해당되므로 형상계수 $F_{(\,.\,)s} = 1$을 고려하면 극한지지력은 다음 식으로 정리된다.

$$q_{net} = c_2 N_c F_{cd} F_{ci} + q N_q F_{qd} F_{qi} + \frac{1}{2}\gamma_2 B' N_\gamma F_{\gamma d} F_{\gamma i} \tag{5.18}$$

여기서, N_q, N_c, N_γ는 식 (2.35)~(2.37)을 이용한다.

$$N_q = \tan^2\!\left(45° + \frac{\phi_2}{2}\right)\exp(\pi\tan\phi_2) \tag{5.19}$$

$$N_c = (N_q - 1)\cot\phi_2 \tag{5.20}$$

$$N_\gamma = 2(N_q + 1)\tan\phi_2 \ (\text{Vesic 제안식}) \tag{5.21}$$

$$q = \gamma_2 D_f \tag{5.22}$$

$$B' = B - 2e \tag{5.23}$$

$$F_{cd} = 1 + 0.4\frac{D_f}{B}(B'\text{이 아니라 } B\text{를 사용}) ; \qquad D_f \leq B\text{인 경우} \tag{5.24}$$

$$F_{cd} = 1 + 0.4\tan^{-1}\!\left(\frac{D_f}{B}\right)(B'\text{이 아니라 } B\text{를 사용}) ; D_f > B\text{인 경우} \tag{5.25}$$

$$F_{qd} = 1 + 2\tan\phi_2(1 - \sin\phi_2)^2\frac{D_f}{B}(B'\text{이 아니라 } B\text{를 사용}) ; \\ D_f \leq B\text{인 경우} \tag{5.26}$$

$$F_{qd} = 1 + 2\tan\phi_2(1 - \sin\phi_2)^2\tan^{-1}\!\left(\frac{D_f}{B}\right)(B'\text{이 아니라 } B\text{를 사용}) ; \\ D_f > B\text{인 경우} \tag{5.27}$$

$$F_{\gamma d} = 1 \tag{5.28}$$

$$F_{ci} = F_{qi} = \left(1 - \frac{i°}{90°}\right)^2 \tag{5.29}$$

$$F_{\gamma i} = \left(1 - \frac{i°}{\phi_2{}°}\right)^2 \tag{5.30}$$

$$i° = \tan^{-1}\!\left(\frac{P_a\cos\beta}{\sum V}\right) \tag{5.31}$$

여기서, 깊이계수는 유효폭의 영향을 받지 않고, 전체폭 B의 영향을 받으므로 B' 대신 B를 그대로 사용함을 주지하길 바란다.

3) 지지력 안정성 검토

지지력에 대한 안전율은 다음 식으로 구한다.

$$F_{s(bearing)} = \frac{q_{ult}}{q_{\max}} \tag{5.32}$$

[예제 5.1] 다음(예제 그림 5.1)의 캔틸레버식 옹벽에 대하여 안정성을 검토하라(전도, 활동, 지지력 파괴에 대한 안전율을 구하라).

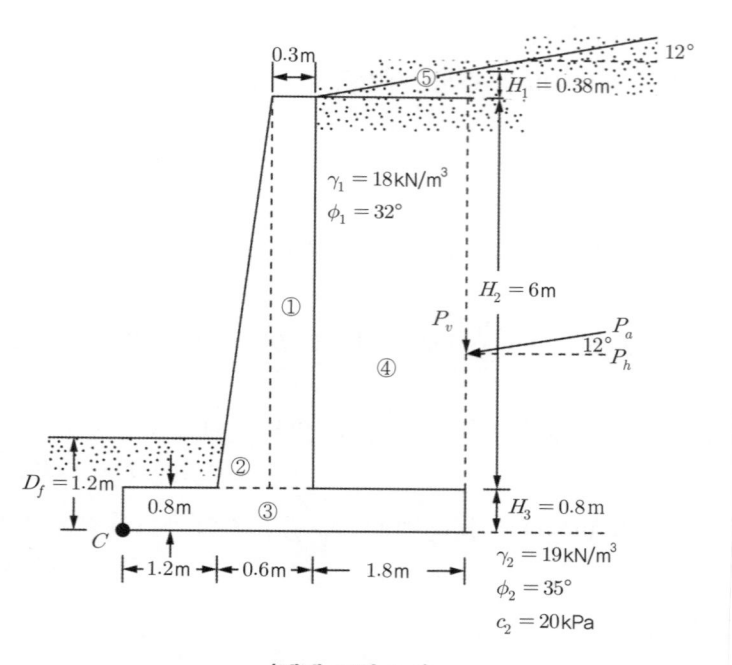

(예제 그림 5.1)

[풀이]

(예제 그림 5.1)에서, $H' = H_1 + H_2 + H_3 = 0.38 + 6 + 0.8 = 7.18\,\mathrm{m}$이다.

벽체의 단위길이당 Rankine의 주동토압(식 (5.1))$= P_a = \dfrac{1}{2}\gamma_1 H'^2 K_a \cos\beta$

$\phi_1 = 32°$ 이고 $\beta = 12°$ 일 때, 식 (5.2)를 이용해 K_a 값을 계산한다.

$$K_a = \frac{\cos\beta - \sqrt{\cos^2\beta - \cos^2\phi}}{\cos\beta + \sqrt{\cos^2\beta - \cos^2\phi}} = \frac{\cos 12° - \sqrt{\cos^2 12° - \cos^2 32°}}{\cos 12° + \sqrt{\cos^2 12° - \cos^2 32°}} = 0.335$$

K_a 값은 0.335 이다. 그러므로

$$P_a = \frac{1}{2}(18)(7.18)^2(0.335)(\cos 12°) = 152.03 \, \text{kN/m}$$

$$P_v = P_a \sin 12° = 152.18(\sin 12°) = 31.61 \, \text{kN/m}$$

$$P_h = P_a \cos 12° = 152.18(\cos 12°) = 148.71 \, \text{kN/m}$$

(1) 전도에 대한 안전율

저항 모멘트 M_R, 작용 모멘트 M_D를 계산한다.

저항 모멘트를 결정하기 위하여 다음 표를 작성한다(콘크리트 단위 중량$= 26 \, \text{kN/m}^3$).

(예제 표 5.1)

단면	옹벽의 단위길이당 무게 (kN/m)	C점으로부터의 모멘트 팔 길이 (m)	C점에 대한 모멘트 (kN·m/m)
1	$(0.3)(6)(26) = 46.80$	1.65	77.22
2	$(0.5)(0.3)(6)(26) = 23.40$	1.40	32.76
3	$(3.6)(0.8)(26) = 74.88$	1.80	134.78
4+5	$(6.38+6)(0.5)(1.8)(18) = 200.56$	1.8+0.9=2.70(근사값)	541.51
	$P_v = 31.64$ $\sum V = 345.64$	3.6	113.90 $\sum M_R = 786.27$

작용 모멘트 M_D는 다음 식 (5.5)와 같다.

$$M_D = P_h\left(\frac{H'}{3}\right) = 148.81\left(\frac{7.18}{3}\right) = 355.91 \, \text{kN·m/m}$$

그러므로 전도에 대한 안전율은,

$$F_{s(overturning)} = \frac{\sum M_R}{M_D} = \frac{786.27}{355.91} = 2.21 > 2 \;\; \text{(OK)}$$

(2) 활동에 대한 안전율

식 (5.11)로부터, 활동에 대한 안전율은 다음과 같다.

$$F_{s(sliding)} = \frac{c_a B + \sum V \cdot \tan\delta + P_p^{\;0}}{P_a \cos\beta}$$

부착력과 벽면 마찰각은 점착력과 흙의 내부 마찰각의 1/2~2/3 정도로 알려져 있다(2/3이라 가정하고 계산).

$$F_{s(sliding)} = \frac{\left(\frac{2}{3}\right) \cdot 20 \cdot (3.6) + (345.64) \cdot \tan\left(\frac{2}{3} \cdot 35\right) + 0}{152.03 \cdot 3(\cos 12°)}$$

$$= 1.33$$

$$= 1.33 < 1.5\} \text{(NG)}$$

활동에 대한 안전율이 소요 안전율에 미치지 못하므로 저판에 전단키(shear key) 설치가 필요하다.

(3) 지지력에 대한 안전율

식 (5.14), (5.15)를 조합하면,

$$e = \frac{B}{2} - \frac{\sum M_R - P_h\left(\frac{H'}{3}\right)}{\sum V} = \frac{3.6}{2} - \frac{786.27 - 148.71\left(\frac{7.18}{3}\right)}{345.64} = 0.56\,\text{m}$$

(편심 e 는 $B/6$ 보다 작아야 한다. $0.56 < 0.6$: OK)

식 (5.17)로부터 $q_{\max}$ 를 계산한다.

$$q_{\max} = \frac{\sum V}{B}\left(1 + \frac{6e}{B}\right) = \frac{345.64}{3.6}\left(1 + \frac{6 \cdot 0.56}{3.6}\right) = 185.6\,\text{kN/m}^2$$

식 (5.18)로부터 지반의 극한지지력은 다음과 같다.

$$q_{ult} = c_2 N_c F_{cd} F_{ci} + q N_q F_{qd} F_{qi} + \frac{1}{2}\gamma_2 B' N_r F_{\gamma d} F_{\gamma i}$$

여기서, N_c, N_q, N_γ는 식 (5.19), (5.20), (5.21)을 통해서 계산한다.

$$N_q = \tan^2\left(45° + \frac{\phi_2}{2}\right)\exp(\pi\tan\phi_2) = \tan^2\left(45° + \frac{35°}{2}\right)e^{\pi\tan 35°} = 33.30$$

$$N_c = (N_q - 1)\cot\phi_2 = (33.30 - 1)\cot 35° = 46.12$$

$$N_\gamma = 2(N_q + 1)\tan\phi_2 = 2(33.30 + 1)\tan 35° = 48.03$$

$$q = \gamma_2 D_f = (19)(1.2) = 22.80$$

$$B' = B - 2e = 3.6 - (2)(0.56) = 2.48$$

$$F_{cd} = 1 + 0.4\frac{D_f}{B} = 1 + 0.4\frac{1.2}{3.6} = 1.13$$

$$F_{qd} = 1 + 2\tan\phi_2(1 - \sin\phi_2)^2\frac{D_f}{B} = 1 + (2)(\tan 35°)(1 - \sin 35°)^2\frac{1.2}{3.6} = 1.08$$

$$F_{\gamma d} = 1$$

$$i = \tan^{-1}\left(\frac{P_a\cos\beta}{\sum V}\right) = \tan^{-1}\left(\frac{152.03 \cdot \cos 12°}{345.64}\right) = 23.30°$$

$$F_{ci} = F_{qi} = \left(1 - \frac{i}{90}\right)^2 = \left(1 - \frac{23.30}{90}\right)^2 = 0.55$$

$$F_{\gamma i} = \left(1 - \frac{i}{\phi'_2}\right)^2 = \left(1 - \frac{23.30}{35}\right)^2 = 0.11$$

그러므로,

$$q_{ult} = (20)(46.12)(1.13)(0.55) + (22.8)(33.30)(1.08)(0.55)$$

$$+ \frac{1}{2}(19)(2.48)(48.03)(1)(0.11)$$

$$= 1148.7 \, \text{kN/m}^2$$

$$F_{s(bearing)} = \frac{q_{ult}}{q_{\max}} = \frac{1148.4}{185.6} = 6.19 > 3 \ (\text{OK})$$

[예제 5.2] 다음(예제 그림 5.2)의 중력식 옹벽에 대하여 옹벽의 안정성을 검토하라(전도, 활동, 지지력 파괴에 대한 안전율을 구하라).

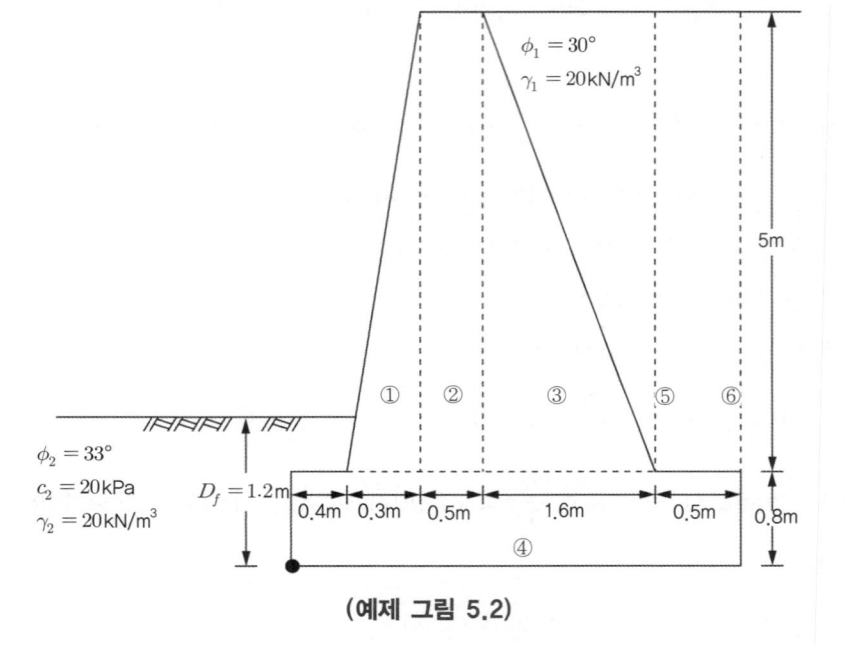

(예제 그림 5.2)

[풀이]

(예제 그림 5.2)에서, 뒤채움재가 수평이므로, $H' = 5 + 0.8 = 5.8 \, \text{m}$

벽체의 단위길이당 Rankine의 주동토압(식 (5.1))$= P_a = \frac{1}{2} \gamma_1 H'^2 K_a \cos\beta$

$\phi'_1 = 30°$ 이고 $\beta = 0°$ 일 때, 다음 식을 이용해 K_a값을 계산한다.

$$K_a = \tan^2\left(45 - \frac{30}{2}\right) = \frac{1}{3}$$

K_a값은 $\frac{1}{3}$ 이다. 그러므로,

$$P_a = P_h = \frac{1}{2}(20)(5.8)^2\left(\frac{1}{3}\right)(\cos 0°) = 112.13\,\text{kN/m}$$

$$P_v = 0$$

(1) 전도에 대한 안전율

저항 모멘트 M_R, 작용 모멘트 M_D를 계산한다.

저항 모멘트를 결정하기 위하여 다음 표를 작성한다(콘크리트 단위 중량= $26\,\text{kN/m}^3$).

(예제 표 5.2)

단면	옹벽의 단위길이당 무게 (kN/m)	C점으로부터의 모멘트 팔 길이 (m)	C점에 대한 모멘트 (kN·m/m)
1	$(0.5)(0.3)(5)(26)=19.50$	0.60	11.70
2	$(0.5)(5)(26)=65$	0.95	61.75
3	$(0.5)(1.6)(5)(26)=104$	1.73	179.92
4	$(3.3)(0.8)(26)=68.64$	1.65	113.26
5	$(0.5)(1.6)(5)(20)=80$	2.27	181.60
6	$(0.5)(5)(20)=50$	3.05	152.50
	$\sum V = 387.14$		$\sum M_R = 700.73$

작용 모멘트 M_D는 다음 식 (5.5)와 같다.

$$M_D = P_h\left(\frac{H'}{3}\right) = 112.13\left(\frac{5.8}{3}\right) = 216.78\,\text{kN·m/m}$$

그러므로 전도에 대한 안전율은,

$$F_{s(overturning)} = \frac{\sum M_R}{M_D} = \frac{700.73}{216.78} = 3.23 > 2 \ (\text{OK})$$

(2) 활동에 대한 안전율

식 (5.11)로부터, 활동에 대한 안전율은 다음과 같다.

$$F_{s(sliding)} = \frac{c_a B + \sum V \cdot \tan\delta + \cancel{P_p}^{\;0}}{P_a \cos\beta}$$

부착력과 벽면 마찰각은 점착력과 흙의 내부 마찰각의 1/2~2/3 정도로 알려져 있다(2/3이라 가정하고 계산).

$$F_{s(sliding)} = \frac{\left(\frac{2}{3}\right) \cdot 20 \cdot (3.3) + (387.14) \cdot \tan\left(\frac{2}{3} \cdot 33\right) + 0}{112.13}$$

$$= 1.78$$

$$= 1.78 > 1.5 \quad (OK)$$

(3) 지지력에 대한 안전율

식 (5.14), (5.15)를 조합하면,

$$e = \frac{B}{2} - \frac{\sum M_R - P_h\left(\frac{H'}{3}\right)}{\sum V} = \frac{3.3}{2} - \frac{700.73 - 112.13\left(\frac{5.8}{3}\right)}{387.14} = 0.40\,\text{m}$$

(편심 e는 $B/6$보다 작아야 한다. $0.4 < 0.55$: OK)

식 (5.17)로부터 q_{max}를 계산한다.

$$q_{max} = \frac{\sum V}{B}\left(1 + \frac{6e}{B}\right) = \frac{387.14}{3.3}\left(1 + \frac{6 \cdot 0.4}{3.3}\right) = 202.6\,\text{kN/m}^2$$

식 (5.18)로부터 지반의 극한지지력은 다음과 같다.

$$q_{ult} = c_2 N_c F_{cd} F_{ci} + q N_q F_{qd} F_{qi} + \frac{1}{2}\gamma_2 B' N_r F_{\gamma d} F_{\gamma i}$$

여기서, N_c, N_q, N_γ는 식 (5.19), (5.20), (5.21)을 통해서 계산한다.

$$N_q = \tan^2\left(45° + \frac{\phi_2}{2}\right)\exp(\pi\tan\phi_2) = \tan^2\left(45° + \frac{33°}{2}\right)e^{\pi\tan 33°} = 26.09$$

$$N_c = (N_q - 1)\cot\phi_2 = (26.09 - 1)\cot 33° = 38.64$$

$$N_\gamma = 2(N_q + 1)\tan\phi_2 = 2(26.09 + 1)\tan 33° = 35.18$$

$$q = \gamma_2 D_f = (20)(1.2) = 24$$

$$B' = B - 2e = 3.3 - (2)(0.4) = 2.5$$

$$F_{cd} = 1 + 0.4\frac{D_f}{B} = 1 + 0.4\frac{1.2}{3.3} = 1.15$$

$$F_{qd} = 1 + 2\tan\phi_2(1 - \sin\phi_2)^2\frac{D_f}{B} = 1 + (2)(\tan 33°)(1 - \sin 33°)^2\frac{1.2}{3.3} = 1.1$$

$$F_{\gamma d} = 1$$

$$i = \tan^{-1}\left(\frac{P_a\cos\beta}{\sum V}\right) = \tan^{-1}\left(\frac{112.13}{387.14}\right) = 16.15°$$

$$F_{ci} = F_{qi} = \left(1 - \frac{i}{90}\right)^2 = \left(1 - \frac{16.15}{90}\right)^2 = 0.67$$

$$F_{\gamma i} = \left(1 - \frac{i}{\phi'_2}\right)^2 = \left(1 - \frac{16.15}{33}\right)^2 = 0.26$$

그러므로,,

$$q_{ult} = (20)(38.64)(1.15)(0.67) + (24)(26.09)(1.1)(0.67)$$
$$+ \frac{1}{2}(20)(2.5)(35.18)(1)(0.26)$$
$$= 1285.6\,\text{kN/m}^2$$

$$F_{s(bearing)} = \frac{q_{ult}}{q_{\max}} = \frac{1285.6}{202.6} = 6.34 > 3 \text{ (OK)}$$

'토질역학의 원리' 11.5절에 '지하수의 조건과 토압'에 대하여 5가지 경우로 나누어 상세히 설명하였다. 옹벽의 거동에서 가장 중요한 것이 뒤채움부에서 어떤 경우에도 배수가 원활히 되도록 함이 중요하다. 강우 시에도 지하수가 정수압으로 형성되지 않도록 함이 중요하다. 최악의 경우 지하수가 차오르는 경우가 있다고 하더라도 가능한 한 연직방향으로 침투가 일어나서 수압을 최대한 경감시키는 것이 필수적이다. 그림 5.7에서 뒤채움부의 배수시설의 예를 보여준다.

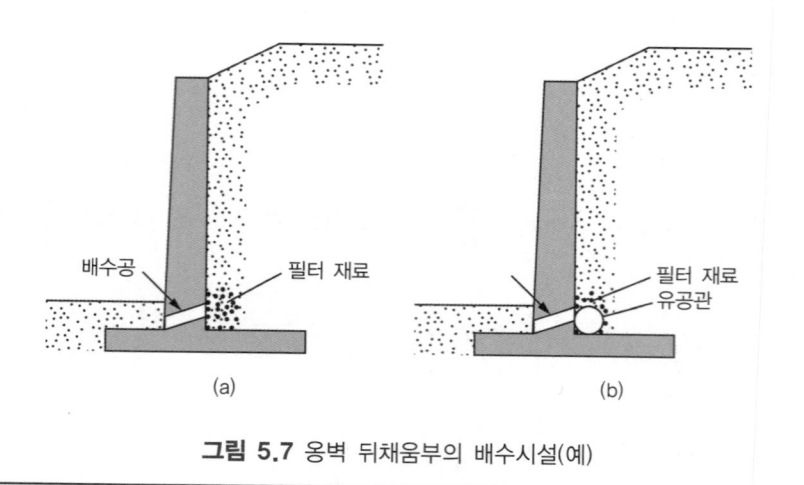

배수공   필터 재료   필터 재료
                              유공관

(a)   (b)

그림 5.7 옹벽 뒤채움부의 배수시설(예)

---

(1) 옹벽의 외적 안정성 검토(전도, 활동, 지지력 파괴 등)를 위해서는 Rankine의 주동토압을 적용하며, 옹벽의 뒷굽 위에 있는 흙은 옹벽의 일부로 가정한다. 즉, 옹벽은 그림 5.2(a), (b)에서 보여주는 바와 같이 뒷굽 단면 후방에서 작용하는 것으로 가정한다.
(2) 이에 반하여 옹벽의 내적 안정성 검토는 철근콘크리트 구조물 부재설계를 의미하며, 그림 5.2(c)에서와 같이 콘크리트 구조에 Coulomb 토압이 직접 작용하는 것으로 가정한다.
(3) 외적 안정성 검토 시의 토압은 하중계수를 곱하지 않은 실 토압을 적용하며, 이에 반하여 부재 설계용 목적으로는 하중계수를 곱한 토압을 적용하여야 한다.

| Note | **절취면 옹벽에 작용하는 토압** |

이 장의 모두에서 옹벽구조물은 근본적으로 성토지반에 축조되는 구조물이라고 하였다. 옹벽구조물을 먼저 설치한 다음 배면에 뒤채움을 하게 된다. 절취사면에 옹벽을 설치하는 경우에도 다음 그림과 같이 옹벽과 절취사면 사이에는 어차피 뒤채움토로 배면을 메우게 되므로 옹벽배면을 뒤채움 성토를 할 수밖에 없다.

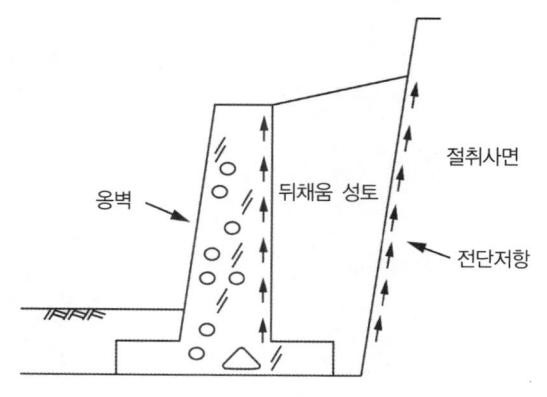

옹벽　　　뒤채움 성토　　　절취사면　　　전단저항

그림 5.8 절취사면에서의 옹벽 설치

옹벽에 작용하는 토압은 뒤채움 성토재에 의하여 주로 발생한다. 다만, 절취사면 불연속면의 방향에 따라 절취사면으로부터 추가하중이 가해질 수도 있다. 뒤채움 성토 부분이 상대적으로 좁으면 연직응력이 작아질 수도 있다. 성토면과 절취면, 성토면과 옹벽 사이에서 작용하는 전단저항으로 인하여 연직응력이 감소하는 효과를 사일로(silo) 효과라고 하며, 연직응력은 $\sigma_v \ll \gamma z$ 로서 Terzaghi의 이완토압으로부터 구할 수 있다('터널의 지반공학적 원리' 2.6.2절을 참조하라).

참 고 문 헌

주요 참고문헌

•Das, B.M.(2008), Principles of Foundation Engineering, 6th Edition, Cengage Learning.

제6장

보강토옹벽

제6장
보강토옹벽

6.1 개 괄

건설재료로서의 흙(soil matrix)의 특징은 흙은 삼상재료로서 흙입자, 공기, 물의 matrix로서 결손력이 작기 때문에(즉, 고체가 아니기 때문에) 인장력 및 모멘트에 대한 저항력이 전무하며, 오로지 전단응력에 대한 저항력인 전단강도만이 있다는 점이다. 이렇게 결손력이 약한 재료에 연속체로서 인장력에 견딜 뿐 아니라 흙과의 결손력이 큰 보강재를 수평으로 삽입하여 결손력이 개선된 흙을 보강토(reinforced earth)라고 한다. 보강토의 적용성은 다양한 것으로 알려져 있다. 그러나 이번 장에서는 앞 장에서 서술한 옹벽을 대신할 수 있는 보강토옹벽을 주로 서술하고자 하며, 이에 추가하여 마지막 절에서는 사면의 경사를 비교적 가파르게 할 수 있는 보강 사면에 대하여 간략히 서술하고자 한다.

6.1.1 보강토옹벽

토체 내부에 수평보강재를 삽입하면 복합토체가 되며, 이 복합토체는 일체로 된 구조물과 같이 거동하여 수평변형이 억제되므로 토류구조물로 저항할 수 있다. 보강토옹벽은 그림 6.1(a)와 같이 옹벽을 대체할 수 있는 구조물이다. 보강재로 보강된 전체('A' 부분 전체)를 옹벽구조물로 보면 될 것이다. 그 거동 원리를 설명하면 다음과 같다. 그림 6.2(a)와 같이 표면이 약간 거친 계란이라 하더라도 차곡차곡 쌓을 수는 없으며, 안식각을 가지고 쌓을 수 있다. 그러나 그림 6.2(b)에서와 같이 층과 층 사이에 신문지를 깔고 쌓으면 그림 6.2(b)와 같이 차곡차곡 쌓을 수가 있다. 그림 6.2(a)는 계란이 무너질 수밖에 없어서 계란상자에 담으면 계란에 의해서 상자에 압력이 전달된다. 계란을 마찰력을 가진 사질토로 보면 상자는 토압을 막아주는 옹벽으로 볼 것이다. 그러나 그림 6.2(b)의 신문지로 보강된 계란들은 그 자체로서 자립할 수 있다. 즉, 수평방향으로 하중을 전달하지 않아도 된다. 계란은 사질토로, 신문지는 보강재로 보면 수평보강재로 보강된 토체는 토압을 자체적으로 수용하기 때문에 자립하게 되며 수평방향으로 토압을 전달하지 않는다. 이것이 보강토옹벽의 원리이다. 따라서 보강토가 성공적으로 적용된다면 그 자체로서 자립이 되어야 하며, 따라서 기초공학자가 역학적으로 검토해야 하는 것은 흙 자체로는 자립이 불가능하여 토압만큼 다른 구조물(옹벽구조물)에 기댈 수밖에 없었는데, 이 토압을 보강재와 흙 사이의 마찰저항으로서 그 자체로서 다 수용할 수 있는지의 여부를 판단하는 것이다. 이에 대한 상세한 사항은 차차 서술할 것이다.

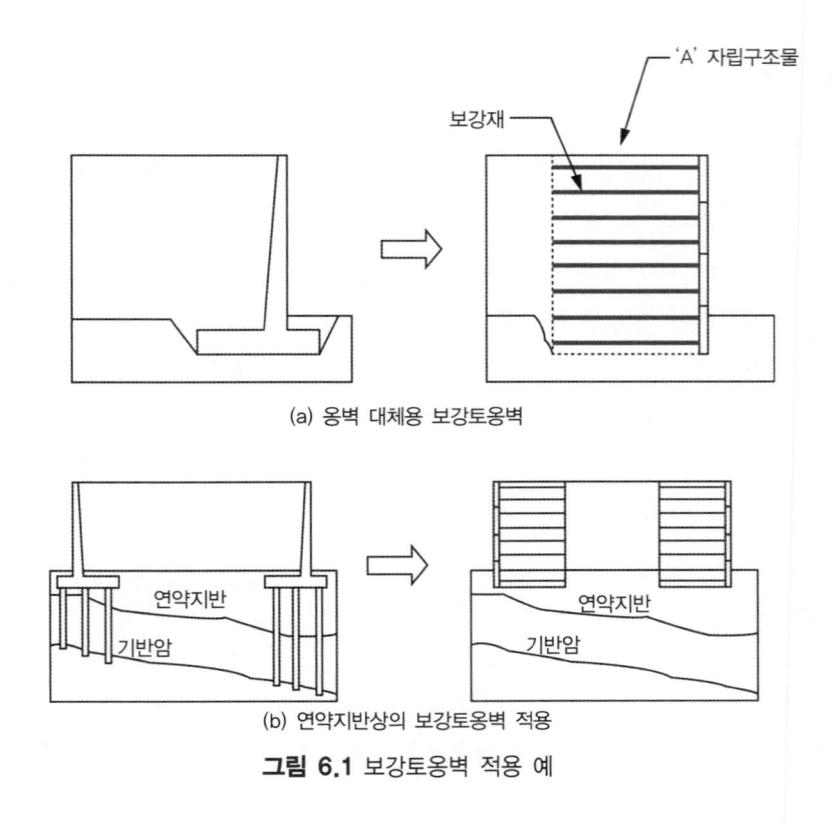

(a) 옹벽 대체용 보강토옹벽

(b) 연약지반상의 보강토옹벽 적용

그림 6.1 보강토옹벽 적용 예

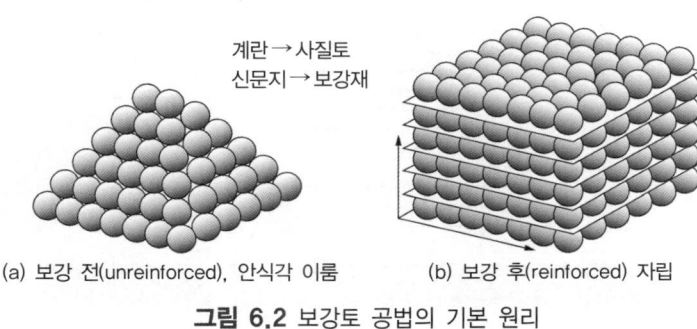

계란→사질토
신문지→보강재

(a) 보강 전(unreinforced), 안식각 이룸　　　(b) 보강 후(reinforced) 자립

그림 6.2 보강토 공법의 기본 원리

기존 옹벽구조물과 비교하여 보강토옹벽이 가지는 또 하나의 장점이 그림 6.1(b)에 표시되어 있다. 연약지반상에 옹벽구조물을 설치하는 경우 원지반의 지지력 부족이나 과도한 침하가 발생할 수 있기 때문에 옹벽 하부는 완전 개량하거나 말뚝기초 등으로 설계할 수밖에 없으나 보강토옹벽은 별도의 기초처리 없이도 적용이 가능하다. 보강토옹벽은 기본적으로 연성구조물이므로 침하 또는 부등침하에 유연성 있게 반응할 수 있기 때문이다(이는 토사댐 또는 사력댐이 콘크리트댐에 비하여 댐 기초저면 침하에 유연성 있게 반응하는 원리와 동일하다).

일반적으로 옹벽의 높이가 높을수록 기존의 콘크리트식 옹벽에 비하여 보강토옹벽이 경제적인 것으로 알려져 있다.

6.1.2 보강성토 사면

성토 사면의 안전성 평가방법은 '토질역학의 원리' 13장에 상세히 서술되어 있다. 사면안정 해석 결과 사면파괴에 대한 안전율이 소요 안전율에 이르지 못한다면 사면을 어떤 형태로든 보강하여야 한다. 성토 다짐 시에 그림 6.3에 보여주는 바와 같이 보강재를 층층으로 깔아주면, 사면안정을 증진시킬 수 있으며, 보강재가 삽입된 사면을 보강성토 사면(reinforced earth slope)이라고 한다. 성토체 내부에 보강재를 삽입한다는 측면에서는 보강토옹벽과 동일하지만 벽면의 경사가 적어도 70° 이상 또는 완전 연직에 가깝도록 구조물 개념으로 보강하는 것이 보강토옹벽이며, 사면 경사 70° 이하로서 보강재로 사면안정성을 도모한다는 관점에서 보강성토 사면으로 불린다.

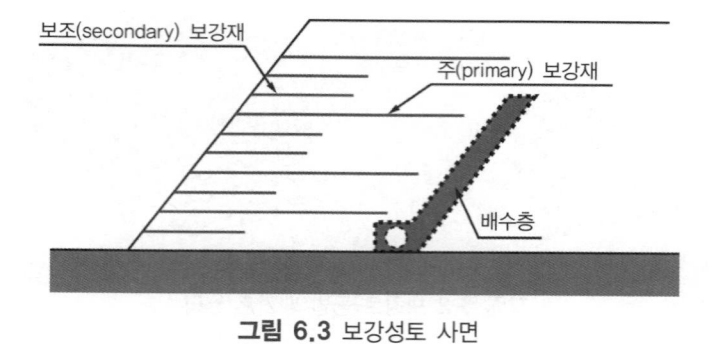

그림 6.3 보강성토 사면

6.2 보강토옹벽의 구성요소

보강토옹벽의 주요 구성요소에는 전면벽체(facing), 보강재 및 뒤채움 토사가 있다. 사질토로 성토된 뒤채움 흙에 인장력과 마찰력이 큰 보강재를 삽입하여 흙의 횡방향 변위를 억제하면서 보강토 자체로 안정성을 도모하는 것이 보강토옹벽이다.

6.2.1 보강재

1) 보강재의 종류

보강재는 재질과 형상에 따라 구분된다.

(1) 재질에 따른 분류

보강재는 재질에 따라 금속성 보강재와 섬유 보강재가 있다. 금속성 보강재는 원재료가 강(steel), 알루미늄 등과 같은 금속성 재료인 보강재를 말한다. 금속성 보강재는 흙속에서 쉽게 부식된다는 단점이 있다. 따라서 보강토의 수명(100년)을 보장하기 위하여 2mm 정도의 부식 두께를 추가로 고려하여야 한다. 섬유(geosynthesis) 보강재는 그 원재료가 합성섬유인 보강재로서 PE(폴리에틸렌), PET(폴리에스터), PP(폴리프로필렌) 등을 원재료로 하여 제조된다.

(2) 형상에 따른 분류

보강재는 또한 형상에 따라 띠형(strip) 보강재와 그리드형(grid type) 보강재, 쉬트형(sheet type) 보강재 등이 있다. 띠형 보강재는 두께 3~4mm, 폭 60~150mm의 띠형 모양을 하고 있으며, 그리드형 보강재는 보강재 자체에 개구부가 있어서 보강재의 상, 하부의 흙입자들이 개구부에서 마주쳐서 상호 결속되어 있다. 쉬트형 보강재는 개구부 없이 전면적에 걸쳐 포설된다.

앞으로 서술할 보강토옹벽의 안정성 부분에서 상세히 서술하겠지만, 이제까지 일관되게 설명한 바와 같이 보강재로 보강된 옹벽은 그 자체로서 자립이 되어야 한다(이를 '내적 안정성'이라고도 한다). 자립이 되기 위해서 필요한 가장 중요한 사항은, 첫째로 보강재 자체의 인장강도가 소요강도 이상이어야 하며, 둘째로 보강재와 흙 사이의 마찰력이 충분하여 보강재의 인발 저항력이 소요인발력 이상 되어야 한다는 두 가지이다. 다음에 이 두 가지 사항을 서술하고자 한다.

2) 보강재의 인장강도

(1) 강재보강재의 허용인장강도

강재보강재의 경우 재료의 항복강도 σ_y의 48 또는 55%를 허용인장강도로 사용한다. 즉, 띠형인 경우의 허용인장강도는 다음과 같다(그림 6.4(a)).

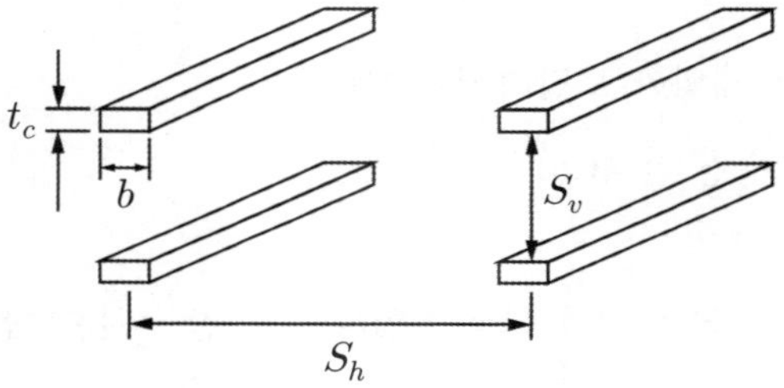

(a) 띠형 보강재

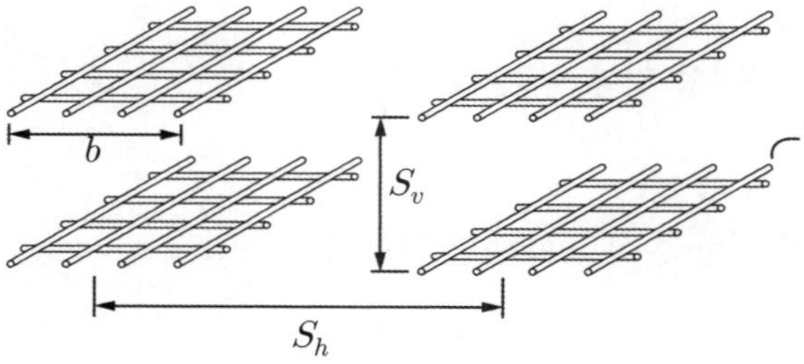

(b) 그리드형 보강재

그림 6.4 강재보강재의 개요

$$T_a = 0.48 \frac{\sigma_y A_c}{S_h} \; ; \; 콘크리트\ 패널\ 또는\ 블록에\ 연결된 \tag{6.1a}$$

$$강재\ 그리드형\ 보강재의\ 경우$$

또는

$$T_a = 0.55 \frac{\sigma_y A_c}{S_h} \; ; \; 강재\ 띠형\ 보강재에\ 사용, \tag{6.1b}$$

$$또는\ 연성벽면에\ 연결된\ 강재\ 그리드형\ 보강재의\ 경우$$

$$A_c = b \cdot t_c \tag{6.2}$$

여기서, T_a = 보강재의(보강토 단위폭당) 허용인장강도(kN/m)

σ_y = 보강재의 항복응력(kN/m^2)

A_c = 부식량을 제외한 보강재의 유효 단면적(m^2)

b = 보강띠의 폭(m)

t_c = 부식두께를 제외한 보강띠의 두께(m)

S_h = 보강재의 수평 간격(m)

한편 그리드의 경우에도 수식은 위의 식과 동일하며, 다만 A_c는 다음 식으로 계산된다(그림 6.4(b)).

$$A_c = (그리드에서\ 종방향\ 강봉의\ 개수) \cdot \frac{\pi}{4} D^{*2} \tag{6.3}$$

여기서, D^* = 부식에 의한 손실을 제외한 강봉의 직경(m)

(2) 섬유 보강재의 허용인장강도
섬유 보강재의 허용인장강도는 다음 식으로 구한다.

$$T_a = \frac{T_d}{F_s} \cdot \frac{1}{S_h} \tag{6.4}$$

$$T_d = \frac{T_{ult}}{RF_D \cdot RF_{ID} \cdot RF_{CR}} \tag{6.5}$$

여기서, T_a = 보강재의(보강토 단위폭당) 장기 허용인장강도(kN/m)

T_d = 보강재의 장기 설계강도(kN)

T_{ult} = 보강재의 극한인장강도(kN)

F_s = 여러 가지 불확실성을 고려한 안전율(보통 1.5)

RF_D = 재료의 내구성을 고려한 감소계수(1.0~2.0)

RF_{ID} = 시공 시 손상을 고려한 감소계수(1.0~3.0)

RF_{CR} = 재료의 크립 특성을 고려한 감소계수(PET 2.0~2.5, PP 4.0~5.0, PE 2.5~5.0)

S_h = 보강재의 수평방향 간격

Note 식 (6.1a), (6.1b) 또는 식 (6.4)로 구한 허용인장강도는 보강토옹벽 단위폭당 값이다
(즉, kN/1m당).
단위폭당 값으로 계산하는 것이 실제 설계 시에 편리하다.

---

3) 보강재의 극한인발저항력

보강토옹벽이 자립할 수 있는 두 번째 요소는 뒤채움 흙에 삽입된 보강재와 뒤채움 흙 사이의 인발저항력이다.

(1) 띠보강재의 극한인발저항력

그림 6.5와 같이 연직응력 σ_v를 받고 있는 띠보강재의 인발저항력은 보강재와 흙 사이의 마찰저항으로 발생하며 다음 식으로 구할 수 있다(단, 단위폭당 인발저항력).

$$T_{pull} = 2\sigma_v \tan\delta \cdot L_e \cdot b \cdot \frac{1}{S_h} \tag{6.6}$$

여기서, σ_v = 보강재의 작용하는 연직응력

L_e = 보강재의 길이

b = 보강재의 폭

δ = 보강재와 흙 사이의 벽면 마찰각

S_h = 보강재의 수평간격

뒤채움 흙의 내부 마찰각을 ϕ이라고 하면 마찰효율을 다음 식으로 정의할 수 있다.

$$C_{fr} = \frac{\tan\delta}{\tan\phi} \qquad (6.7)$$

식 (6.6)은 다음과 같이 표현된다.

$$T_{pull} = 2 \cdot \sigma_v \cdot C_{fr} \cdot \tan\phi \cdot L_e \cdot b \cdot \frac{1}{S_h} \qquad (6.8)$$

흙과 보강재 사이의 인발마찰계수를 다음과 같이 정의하면,

$$f^* = \tan\delta = C_{fr}\tan\phi \qquad (6.9)$$

여기서, f^* = 인발마찰계수

식 (6.8)은 다음 식으로 표시할 수도 있다.

$$T_{pull} = 2 \cdot \sigma_v \cdot f^* \cdot L_e \cdot b \cdot \frac{1}{S_h} \qquad (6.10)$$

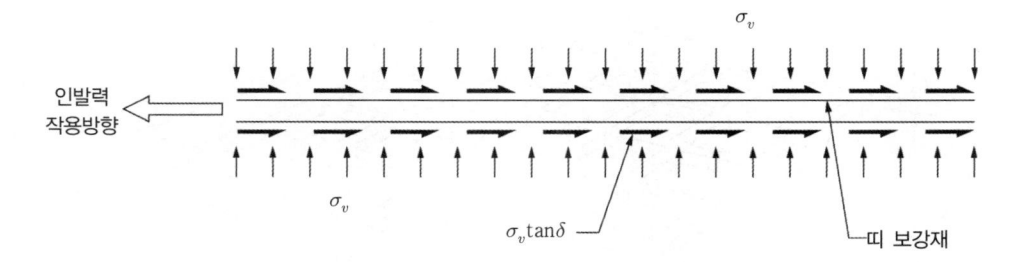

σ_v

인발력
작용방향

σ_v

$\sigma_v\tan\delta$

띠 보강재

그림 6.5 띠 보강재의 인발저항

(2) 그리드형 보강재의 극한인발저항력

그리드형 보강재의 인발저항력은 띠 보강재와 다르다. 그리드형 보강재의 개요도(특히 섬유 보강재의 경우)가 그림 6.6(a)에 표시되어 있다. 그림과 같이 인발력을 가하면 첫 번째 저항요 소는 다음과 같다. 즉, 이는 얇은 띠에서의 마찰저항력으로서 앞의 띠 보강재와 같다. 즉, 다음 식으로 표시된다.

$$T_{fric} = 2 \cdot \alpha_s \cdot \sigma_v \cdot \tan\delta \cdot L_e \cdot b \cdot \frac{1}{S_h} \tag{6.11}$$

여기서, α_s = 보강재의 전체 면적 중에서(즉, 면적 = $b \cdot L_e$ 중에서) 보강재의 면적이 차지
하는 비율
b = 그리드의 전체 폭

두 번째로는 횡방향 띠의 옆면은 인발력이 작용되면 마치 얕은 기초의 지지력과 같이 지지력 이 발생할 것이다(그림 6.6(b)). 즉, 폭이 t인 줄기초의 극한지지력 비슷한 지지력이 발생할 것이다(그리드를 90° 회전시키고 인발력을 아래 방향으로 주는 경우로 생각하라). 이때의 극 한지지력을 q_{ult} 라고 하자(극한지지력 유도는 생략하며 얕은 기초의 지지력으로 생각하면 된 다). 뒤채움 흙의 내부 마찰각에 따른 극한지지력 비, q_{ult}/σ_v가 그림 6.7에 표시되어 있다. 지 지력 저항에 의한 인발저항력은 다음 식으로 구할 수 있다.

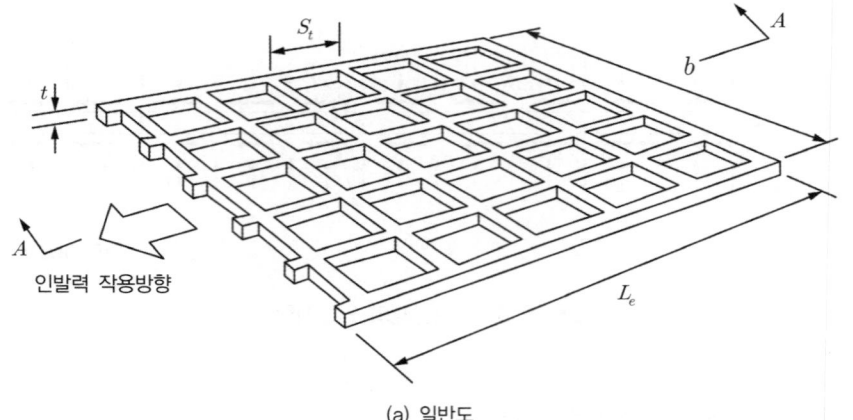

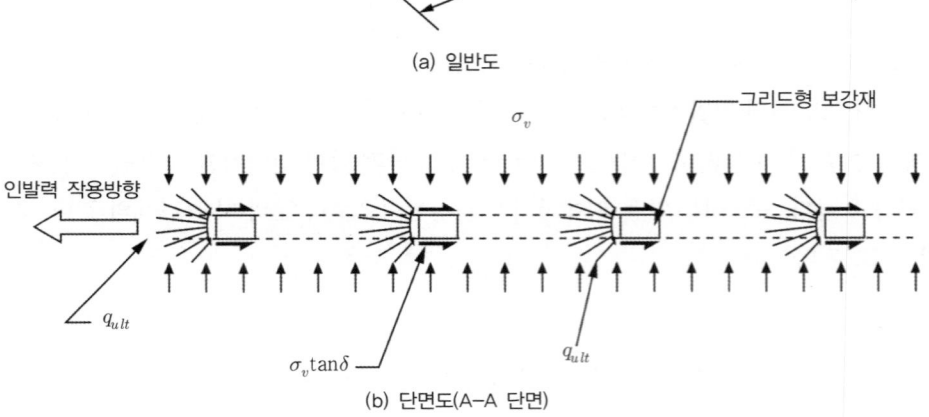

(b) 단면도(A–A 단면)

그림 6.6 그리드형 보강재의 인발저항

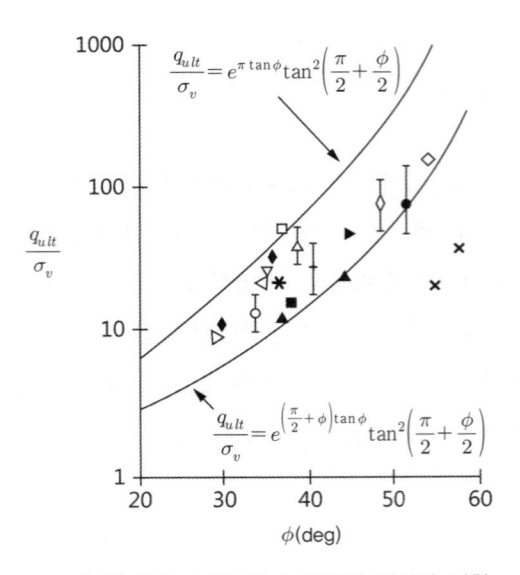

그림 6.7 그리드형 보강재의 지지력 저항

$$T_{bearing} = \left(\frac{L_e}{S_t}\right) \alpha_b \, b \, t \, q_{ult} \frac{1}{S_h} \qquad (6.12)$$

여기서, α_b = 그리드의 폭 중에서 지지력 저항이 발휘되는 부분의 비율

      S_t = 그리드의 간격

      t = 그리드의 두께

전체 인발저항력은 앞의 두 요소를 더한 것과 같다. 즉,

$$T_{pull} = T_{fric} + T_{bearing} \qquad (6.13)$$

여기서, T_{fric} = 인발저항력 중에서 표면 마찰저항 성분

      $T_{bearing}$ = 인발저항력 중에서 극한지지력에 의한 저항 성분

Note
3장에서 말뚝의 극한지지력을 서술할 때, 비록 축방향 극한지지력은 극한주면마찰저항력과 극한선단지지력을 더하여 구하게 되나, 극한주면마찰저항력은 상대적으로 작은 변위에도 완전 발휘되지만 극한선단지지력이 완전히 발휘되기 위해서는 많은 침하가 있어야 한다고 서술하였다(그림 3.13 참조). 그리드형 보강재의 인발저항력 또한 같은 원리가 적용된다. T_{fric}은 작은 변위에서 발휘되나 $T_{bearing}$은 상대적으로 큰 변위에서 완전 발휘된다. 여기서 주지할 사실은, 보강토옹벽은 어느 정도 변위를 허용하는 구조물이므로 $T_{bearing}$이 완전히 발휘되는 데 큰 문제가 없으며 일반적으로 $T_{bearing}$값이 T_{fric}값보다 월등히 크다. 즉, 그리드의 인발저항력은 지지력 성분에 의하여 대부분 지배된다.

앞에서 서술한 식 (6.13)은 이론적인 접근으로부터 유도된 식이다. 실제 설계 시에는 마찰저항력 요소 T_{fric}과 극한지지저항력 $T_{bearing}$을 구분하여 실무에서 적용하는 것은 쉽지 않다. 따라서 실무에서는 두 요소를 합하여서 마찰저항 성분으로 나타내어 적용한다. 즉,

$$T_{pull} = 2 \cdot \sigma_v \cdot C_{fr} \cdot \tan\phi \cdot L_e \cdot b \cdot \frac{1}{S_h}$$

$$= 2 \cdot \sigma_v \cdot f^* \cdot L_e \cdot b \cdot \frac{1}{S_h} \qquad (6.14)$$

섬유 보강재로 이루어진 그리드를 선택하는 경우 C_{fr}값은 0.7~1.0 사이에 분포하는 것으로 알려져 있다(설계 목적으로는 2/3 사용). 한 가지 유의할 사항은 위의 식에서 b는 그리드의 전체 폭이므로 인발저항력은 띠보강재와 비교하여 매우 크다고 할 수 있다. 이는 그림 6.8에서 보여주는 바와 같이 마찰저항 파괴 및 지지력 파괴의 조합(그림 6.6(b))보다는 완전히 마찰저항 파괴로 보는 개념과도 일맥상통한다.

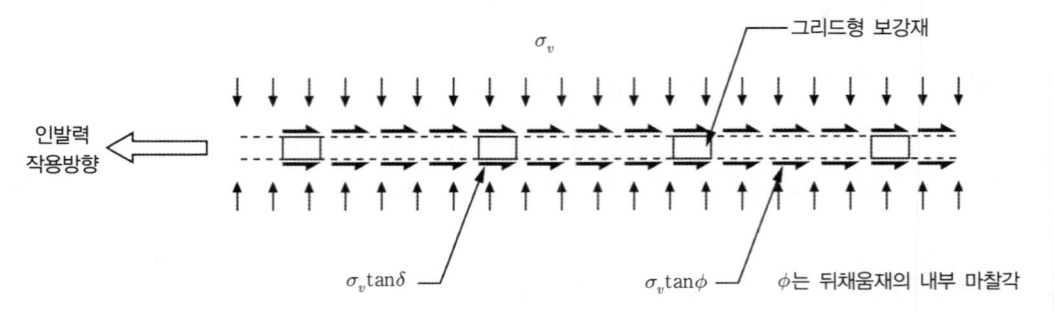

그림 6.8 그리드형 보강재의 전단파괴 유형

(3) 대표적인 인발마찰계수 값

인발마찰계수 f^*는 실험에 의하여 구함이 원칙이나, 개략적인 대표값들이 제안되었다. 그림 6.9는 AASHTO(2005)에서 제안한 값이며, 초기 설계에 이용할 수 있을 것이다.

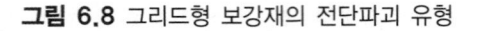

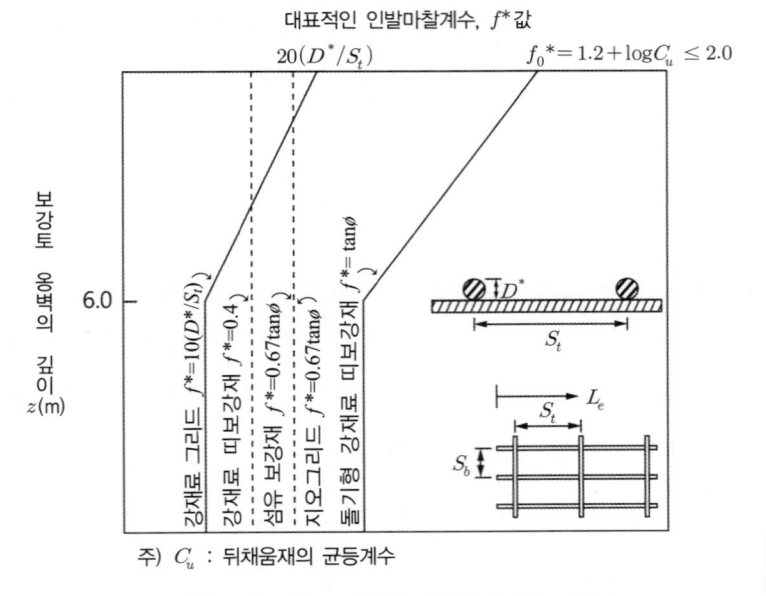

주) C_u : 뒤채움재의 균등계수

그림 6.9 보강재 종류별 인발마찰계수, f^*값

6.2.2 전면 벽체

앞에서 서술한 대로 보강토구조물은 그 자체로서 자립이 되어야 한다. 다시 말하여 흙 자체의
무게 및 상재하중으로 인한 수평토압을 보강재가 전부 수용할 수 있어야 한다(이것을 보강토옹
벽의 '내적 안정성'이라고 한다). 이점이 수평토압을 콘크리트 구조체가 받아주어야 하는 기존
의 옹벽과 다른 점이다. 따라서 전면 벽체는 구조적 기능을 발휘하는 구조체가 아니다. 전면 벽
체의 주요 역할은 보강재의 고정 및 국부적인 토체의 이완 방지 또는 벽체로서의 미관 등으로
볼 수 있다.

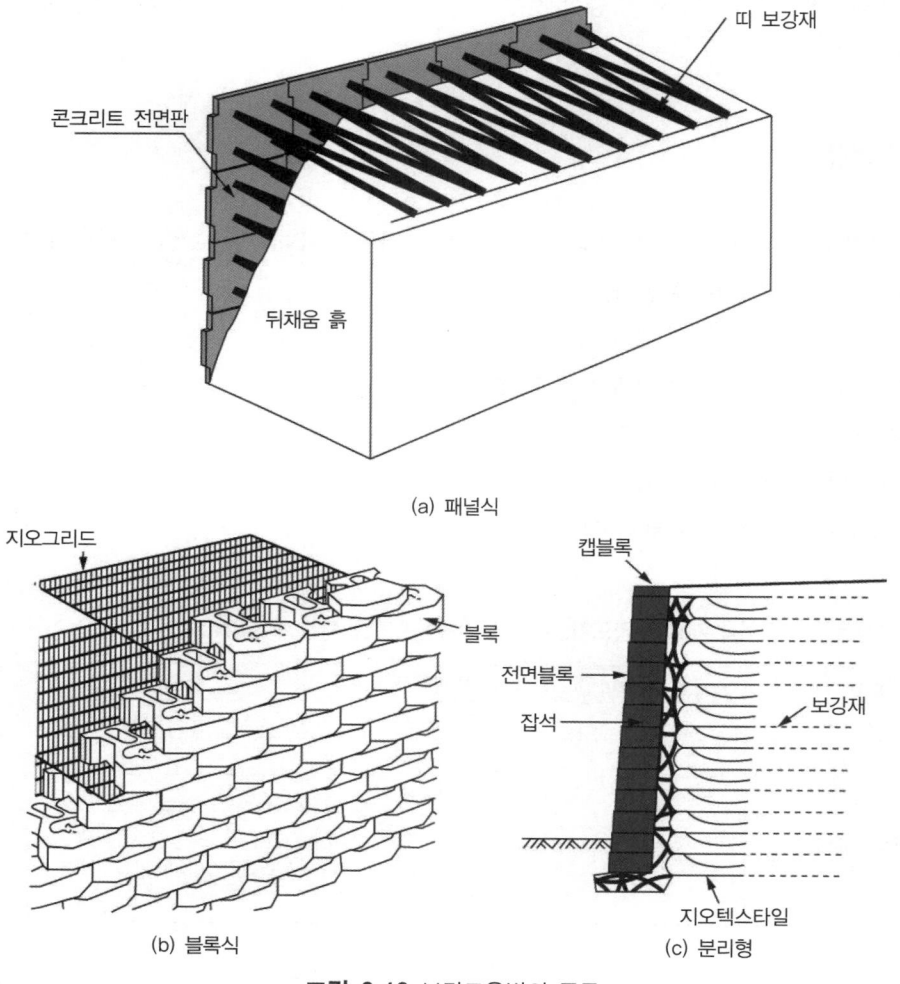

(a) 패널식

(b) 블록식 (c) 분리형

그림 6.10 보강토옹벽의 종류

보강토옹벽은 그 구성요소에 따라서 몇 가지 그룹으로 분류될 수 있는 바, 대표적인 것이 패널식 보강토옹벽과 블록식 보강토옹벽이다. 패널식 보강토옹벽은 콘크리트 전면판과 주로 띠형 보강재를 사용한다(그림 6.10(a)). 블록식 보강토옹벽은 전면벽체로서는 몰탈블록을 사용하며 보강재로는 전면포설형(주로 그리드형)을 사용한다(그림 6.10(b)). 세 번째로는 분리형 보강토옹벽이다(그림 6.10(c)). 그림에서 보여주는 바와 같이 섬유 보강재를 사용하여 보강토체를(자립형으로) 먼저 형성한 다음 나중에 전면 블록을 설치하는 분리 시공법이다. 기존의 보강토옹벽은 벽체 및 보강재 설치와 함께 뒤채움 작업을 순차적으로 진행함으로써 뒤채움 다짐시에 발생하는 다짐유발토압에 의하여 벽면의 변형이 과도하게 발생할 수 있다(다짐유발토압은 '토질역학의 원리' 11.2 절을 참조하라). 분리형 보강토는 보강토체와 전면벽체를 분리하여 시공함으로써 시공 중에 발생하는 변형을 전면벽체를 시공하기 전에 합리적으로 수용할 수 있는 공법이다. 물론 분리시공이 가능한 것은 보강토체 자체로서 자립이 가능하다는 것에 그 근본 원리가 있다.

6.2.3 뒤채움 흙

뒤채움 재료로서의 흙은 흙과 보강재 사이에 마찰저항을 극대화할 수 있는 재료이어야 하므로 다음의 요건을 갖추어야 한다.

① 흙과 보강재 사이의 마찰효과가 큰 흙
② 배수성이 양호한 흙
③ 입도분포가 양호한 흙(표 6.1 참조)
④ 보강재의 내구성을 저하시키는 화학성분이 적은 흙

표 6.1 보강토옹벽 뒤채움 재료의 입도기준(구조물기초설계기준 해설, 2003)

체 번호	입경(mm)	통과율(%)	비고
No.18	1.00	100	
No.40	0.425	0~60	
No.200	0.075	0~15	
예외 규정 (No.200체 통과율이 15% 이상인 경우)	0.015	10% 이하	사용 가능
		10~20	$\phi \geq 25°$이고 PI≤6이면 사용 가능
		20% 이상	사용 불가

6.3 보강토옹벽 설계의 근간

보강토옹벽 설계도 여타의 토류구조물과 마찬가지로 처음부터 해석에 의존하여 이루어지는 것이 아니라 먼저 현장 현황에 근거하여 전면벽체의 형식과 보강재를 선택하고, 예비 설계 단면을 먼저 가정하게 된다. 예비 단면으로서, 먼저 옹벽의 높이와 보강토체의 폭을 가정하여야 한다.

6.3.1 예비 단면 개요

1) 예비단면

옹벽의 높이를 H라고 하면, 보강체의 폭은 보통 $L = 0.6 \sim 0.8H$의 길이로 설정한다. 두 번째로는 보강재의 간격이다. 연직방향 간격을 S_v, 수평방향 간격을 S_h라고 할 때, 보통의 설계 수순은 연직방향의 간격을 예비 단면에서 먼저 가정해 주고, 수평방향 간격은 향후에 서술할 내적 안정(보강토옹벽 토체가 스스로 자립할 수 있도록)을 만족하도록 추후에 설정한다. 예비 단면은 다음 그림 6.11과 같다.

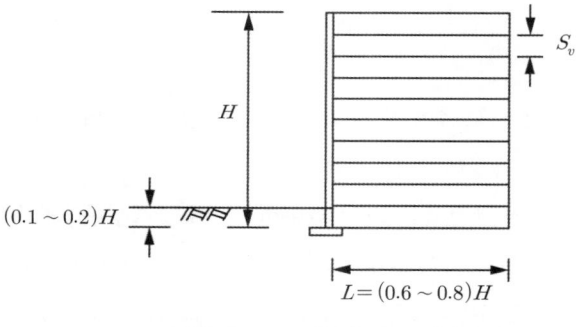

그림 6.11 보강토옹벽의 예비단면

2) 보강재의 연직방향 간격, S_v

앞에서 일관되게 서술한 대로 보강토옹벽은 뒤채움 흙의 토압을 전면벽체로 전달시키지 않도록 보강재의 마찰저항으로 토압을 견디어주는 구조 시스템이다. 그러기 위해서는 그림 6.12에서 보여주는 바와 같이 보강재 사이의 흙이 벽체 쪽으로 움직이려고 할 때, 이 토압을 보강재 쪽으로 옮겨주어야 하며, 이렇게 응력 전이가 일어난 토압을 마찰저항으로 견디어야 한다. 다시 말하여 보강재 사이의 흙은 그 자체로서 'convex arch'로서 평형을 유지해야 한다(convex arch

의 기본 개념은 '터널의 지반공학적 원리' 2.2.1절을 참조하라). 보강재의 연직 방향 간격 S_v가 너무 크면 convex arch가 형성되지 않아서 흙이 벽체 쪽으로 이동하여 궁극적으로 벽체에 토압이 작용될 수 있다. Convex arch를 형성하기 위해서는 S_v는 1m를 넘어서는 안 되는 것으로 알려져 있다. 실무적으로는 0.8m 이하로 설계함이 일반적이다.

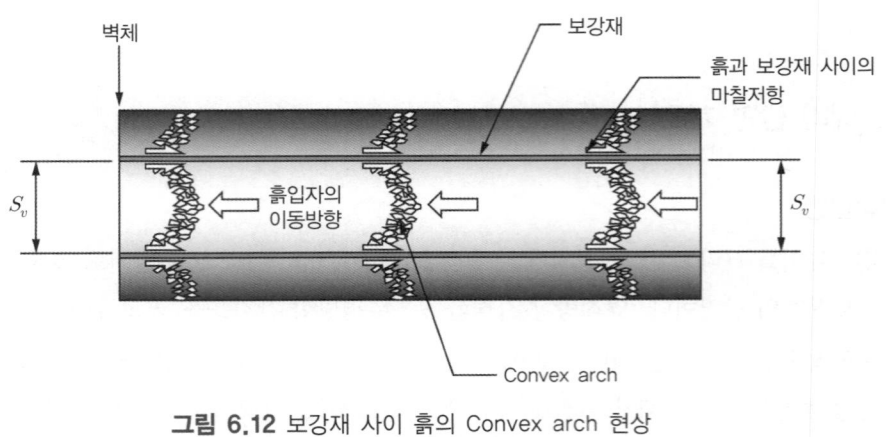

그림 6.12 보강재 사이 흙의 Convex arch 현상

6.3.2 안정성 검토 개요

1) 외적 안정성 검토

예비단면이 결정되면 우선적으로 수행해야 하는 것이 보강토옹벽에 대한 외적 안정성 검토이다. 우선적으로 생각해야 할 가정이 보강토옹벽은 '높이×폭 $= H{\times}L$'인 하나의 토체로 보고 (즉, rigid body로 가정) 옹벽의 안정성을 먼저 검토한다. 이 안정성은 5.2절에서 서술한 옹벽의 안정성 검토와 거의 같다. 그림 6.13에 외적 안정성 검토를 하여야 하는 파괴 유형을 보여준다. 옹벽의 경우와 마찬가지로 전도(그림 6.13(a)), 활동(그림 6.13(b)), 지지력 파괴(그림 6.13(c))와 함께 보강토옹벽 저부로 일어나는 사면활동 파괴이다(그림 6.13(d)). 보강토옹벽은 그 토체 자체가 자립할 정도로 안정하기 때문에 보강토옹벽 토체 내부를 통과하는 사면활동 파괴는 일어나지 않으며, 토체 저부에 연약대가 존재하지 않는 한 전체 사면활동 파괴 또한 쉽게 발생하지 않는다. 사면안정 검토는 '토질역학의 원리' 13장과 동일하여 이 책에서는 생략한다. 마지막으로 침하에 대한 검토이다. 이 또한 얕은 기초의 침하 및 압밀침하와 동일하므로 이 장에서는 생략한다. 보강토옹벽은 하나의 토체로 보기는 하나 연성구조물이므로 기초부 원지반에 침하가 발생할 시 잘 순응한다. 따라서 허용침하량도 일반 기초구조물보다 훨씬 크다.

전도 파괴 가능성에 대해서는 우선적으로 고려해야 하는 것이 힘의 합에 의한 편심이 핵

(middle third) 안에 있도록 해야 한다는 것이다. 만일 핵을 넘어가면 무조건 보강재의 길이를 증가시켜야 한다.

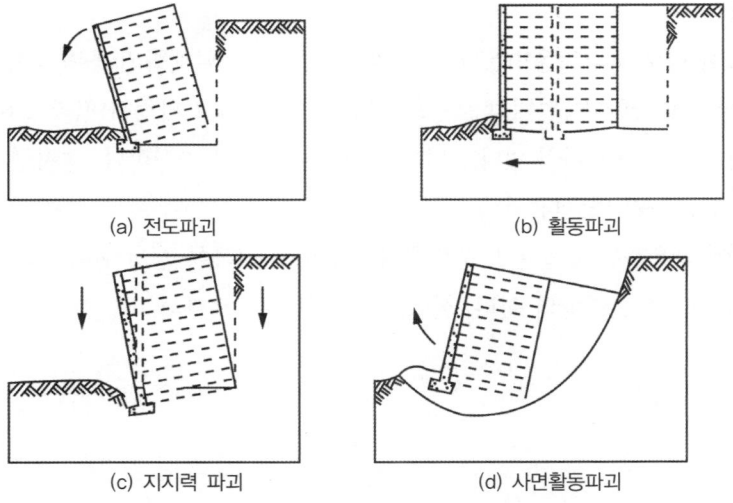

(a) 전도파괴   (b) 활동파괴

(c) 지지력 파괴   (d) 사면활동파괴

그림 6.13 보강토옹벽의 외적 파괴 유형

2) 내적 안정성 검토

예비 단면으로 가정한 보강토옹벽이 앞에서 서술한 외적 안정성에 문제가 없으면 다음 단계로 내적 안정성을 검토한다. 이는 보강토체가 자립하는 데 필요한 보강재의 상세 설계로 보면 될 것이다. 내적 파괴는 그림 6.14에서 보여주는 것과 같이, 보강재에 작용되는 인장력에 의하여 보강재가 파단 되어서도 안 되며(그림 6.14(a)), 인발파괴가 일어나서도 안 된다(그림 6.14(b)).

다음 절에서는 외적 안정성 검토방법을 우선 서술하고 그 다음 내적 안정성 검토방법을 서술할 것이다.

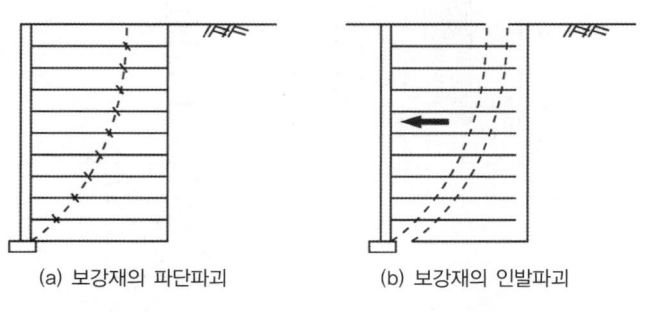

(a) 보강재의 파단파괴   (b) 보강재의 인발파괴

그림 6.14 보강토옹벽의 내적 파괴 유형

6.4 보강토옹벽의 외적 안정성 검토

6.4.1 개 괄

앞에서 서술한 대로 보강토옹벽은($H \times L$)의 크기를 가진 일체화된 중력식 옹벽으로 가정하고 외적 안정성을 평가한다. 편의상 보강토옹벽은 연직이라고 가정하며(각도 8° 이하이면 연직이라고 가정하여도 큰 오차가 없다). 뒤채움 또한 수평으로 가정한다. 경사진 경우의 토압은 5장 옹벽편을 참조하기 바란다.

보강토옹벽에 작용하는 토압은 보강토체의 배면토에 의하여 발생하며(그림 6.15 참조), 토압은 다음과 같다. '토질역학의 원리' 식 (11.23), (11.24)로부터,

$$\sigma_a = K_a \gamma_1 z + K_a q \tag{6.15}$$

$$P_a = \frac{1}{2} K_a \gamma_1 H^2 + K_a q H = P_{h1} + P_{h2} \tag{6.16}$$

여기서, $K_a = \tan^2 \left(45° - \frac{\phi_1}{2} \right) \tag{6.17}$

보강토체 위에서 작용되는 상재하중 q는 불리한 여건만을 감안하여, 하중 계산 시에는 상재하중을 고려하여주나, 저항력 계산 시에는 고려하지 않는다.

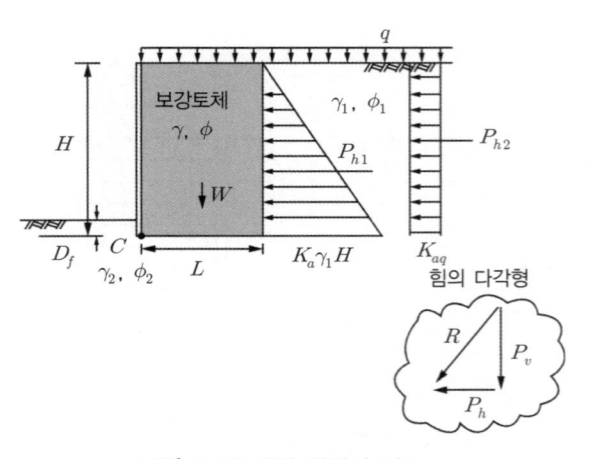

그림 6.15 외적 안정성 검토

보강토옹벽 외적 안정성에 대한 안전율

이 또한 기관마다 조금씩 상이하나 다음을 표준으로 한다.

① $F_{s(overturing)} \approx 1.5 \sim 2.0$

② $F_{s(sliding)} \approx 1.5$

③ $F_{s(bearing)} \approx 2.5$

전도파괴에 대한 안정성은 안전율보다 다음과 같이 편심의 규정으로 정하기도 한다.

$$e \leq \frac{L}{6} \text{(토사)}$$

$$e \leq \frac{L}{4} \text{(암반)}$$

6.4.2 전도파괴에 대한 안정성 검토

보강토옹벽 안정성 검토에서는 토체의 파묻힘 깊이 D_f의 효과는 무시한다. 그림 6.15에서 앞굽 C점을 중심으로 한 작용 모멘트는 다음과 같다(상재하중 고려).

$$D.M. = \sum M_D = P_{h1} \cdot \frac{H}{3} + P_{h2} \cdot \frac{H}{2} \tag{6.18}$$

저항 모멘트는(상재하중 미고려),

$$R.M. = \sum M_R = P_v \cdot \frac{L}{2} = W \cdot \frac{L}{2} \tag{6.19}$$

전도파괴에 대한 안전율은,

$$F_{s(overturning)} = \frac{\sum M_R}{\sum M_D} \tag{6.20}$$

한편, 편심 e는 다음 식으로 구한다. 힘의 합이 C점부터 l거리에 있다면

$$\sum M_c = \sum M_R - \sum M_D = P_v \cdot l \tag{6.21}$$

$$l = \frac{\sum M_R - \sum M_D}{P_v} = \frac{\sum M_R - \sum M_D}{W} \tag{6.22}$$

편심거리 e 는,

$$e = \frac{B}{2} - l \tag{6.23}$$

이 편심거리 e 는 보강토체 저면의 중앙 1/3(middle third) 이내에 있어야 한다. 즉, $e \leq \dfrac{L}{6}$ 을 만족하여야 한다. 만일 이 조건을 만족하지 않으면 보강토체의 폭 L 을 증가시켜야 한다.

6.4.3 활동파괴에 대한 안정성 검토

그림 6.15에서 수평방향 힘의 합은(상재하중 고려),

$$\sum F_D = P_h = P_{h1} + P_{h2} \tag{6.24}$$

수평방향 저항력은(상재하중 미고려),

$$\begin{aligned}
\sum F_R &= \tau_f \cdot L \\
&= (c_{a2} + \sigma_v{'}\tan\delta_2) \cdot L \\
&\approx c_2 L + P_v \tan\phi_2 \\
&= c_2 L + W\tan\phi_2
\end{aligned} \tag{6.25}$$

활동에 대한 안전율은,

$$F_{s(sliding)} = \frac{\sum F_R}{\sum F_D} = \frac{c_2 L + P_v \tan\phi_2}{P_h} = \frac{c_2 L + W \cdot \tan\phi_2}{P_h} \tag{6.26}$$

6.4.4 지지력 파괴에 대한 검토

먼저 보강토옹벽 저면에 작용되는 지압 분포는 다음 식으로 계산하면 아래 그림과 같이 사다리꼴 분포를 이룬다(상재하중 고려).

$$\left(\frac{q_{\max}}{q_{\min}}\right) = \frac{P_v}{L}\left(1 \pm \frac{6e}{L}\right) \tag{6.27}$$

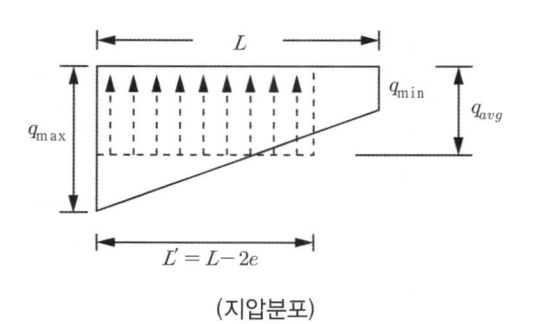

(지압분포)

보강토옹벽은 연성구조물이므로 저면에서 응력전이가 발생하는 경우가 왕왕 존재하여서 사다리꼴 분포로 보지 않고 폭 $L' = L - 2e$ 에 등분포하는 것으로 가정함이 더 일반적이다. 이렇게 가정하는 것이 다음 절에서 서술할 내적 안정성 검토 시에도 더 편하다. 즉, 지압 q는,

$$q_{avg} = \frac{P_v}{L'} = \frac{P_v}{L - 2e} = \frac{W + q \cdot L}{L - 2e} \tag{6.28}$$

극한지지력은 식 (2.34)를 이용한다. 파묻힘 깊이 D_f의 영향을 무시하므로 다음 식으로 정리된다(상재하중에 의한 저항력 미고려).

$$q_{ult} = c_2 N_c F_{ci} + \frac{1}{2}\gamma_2 L' N_\gamma F_{\gamma i} \tag{6.29}$$

여기서, 지지력 계수 N_c, N_γ는 식 (2.35)~(2.37)을 이용한다.

$$N_q = \tan^2\left(45° + \frac{\phi_2}{2}\right)\exp(\pi\tan\phi_2) \qquad\qquad (6.29\text{a})$$

$$N_c = (N_q - 1)\cot\phi_2 \qquad\qquad (6.29\text{b})$$

$$N_\gamma = 2(N_q + 1)\tan\phi_2 \;\; (\text{Vesic 제안식}) \qquad\qquad (6.29\text{c})$$

$$L' = L - 2e \qquad\qquad (6.30)$$

$$F_{ci} = \left(1 - \frac{i°}{90}\right)^2 \qquad\qquad (6.31)$$

$$F_{\gamma i} = \left(1 - \frac{i°}{\phi_2}\right)^2 \qquad\qquad (6.32)$$

$$i° = \tan^{-1}\left(\frac{P_h}{P_v}\right) = \tan^{-1}\left(\frac{P_h}{W + qL}\right) \qquad\qquad (6.33)$$

지지력 파괴에 대한 안전율은,

$$F_{s(bearing)} = \frac{q_{ult}}{q_{avg}} \qquad\qquad (6.34)$$

6.5 보강토옹벽의 내적 안정성 검토

6.5.1 보강토옹벽의 자립

두 번째로 검토해야 하는 옹벽의 안정성은 보강토옹벽 토체 자체가 자립해야 한다는 것이다. 그림 6.11의 보강재가 없다면 자체 무게에 의하여 벽체 전면으로 토압이 작용되려고 한다. 이 토압이 전면으로 가지 못하도록 보강재를 설치하여 보강재가 토압을 100% 다 받아주어야 한다. 즉, 여러 개의 층으로 포설된 각 보강재가 받는 인장력을 구해야 한다(보통 이 인장력은 옹벽 단위폭당의 힘으로 구한다. 단위는 kN/m). 보강재에 작용되는 인장력으로 인하여 보강재가 파단될 수도 있으며(그림 6.14(a)), 보강재가 뽑힐 수도 있다(즉, 인발파괴가 일어날 수 있다. 그림 6.14(b)). 보강재의 인장강도와 극한인발저항력을 구하는 방법은 이미 6.2.1절에서 상세히 서술하였다. 이 절에서는 먼저 보강토옹벽에 작용될 수 있는 토압으로 인하여 보강재에 작용되는 인장력을 구할 것이다.

6.5.2 보강토옹벽 내에서의 파괴 단면과 토압 분포

보강토옹벽은 뒤채움재로 층마다 다져서 성토한다. 앞에서 서술한 대로 뒤채움재는 초기에는 다짐 유발 토압이 발생한다. 이후에 수평방향으로 변위가 어느 정도 발생하면, 특히 상부의 변형이 큰 경우 주동토압이 발생하며, 파괴면은 '$45° + \dfrac{\phi}{2}$'의 각도로 볼 수 있다. 그러나 변형이 상대적으로 적다면 오히려 정지토압만큼 커질 수도 있다. 따라서 보강토옹벽 설계용 파괴 단면과 토압은 다음의 두 가지로 나누어 구해진다.

1) 복합중력식 방법(Coherent Gravity Method)

보강재로서 신장성이 적은(보통 보강재의 축방향 변형률이 1% 미만) 재료를 사용하는 경우는 보강토옹벽 상부에서의 변위가 크지 않아서 그림 6.16(a)에서 보여 주는 바와 같이 벽체의 변형이 상부를 힌지로 하부로 갈수록 커진다고 가정한다. 최상부에는 정지토압이 $z = 6\,\mathrm{m}$지점부터 그 아래로는 주동토압이 작용되는 것으로 가정하고 파괴면도 그림과 같이 가정한다. 강재 보강재는 비신장성이므로 이 경우의 파괴면과 토압은 그림 6.16(a)를 이용한다. 띠형 섬유 보강재인 경우도, 상부에서의 변형이 비교적 적음으로 이 경우로 설계하는 것이 좋다.

2) 타이백 웨지법(Tie-back Wedge Method)

비교적 신장성이 큰(축방향 변형률 1% 이상) 재료를 사용하는 경우는 옹벽의 경우와 같이 벽체의 변형이 하부를 힌지로 상부로 갈수록 커진다고 가정한다. 이 경우는 파괴면이 당연히 역 삼각형 분포를 이루고, 토압은 Rankine의 주동토압을 이용하면 된다(그림 6.16(b)). 보강재로서 섬유재를 사용하는 경우(그리드형 또는 전면형) 이 방법으로 설계한다.

6.5.3 보강재의 안정성 검토

1) 보강재에 작용되는 인장력

그림 6.16과 같이 보강토 내에서 작용되는 토압 분포와 파괴단면이 정해지면, 각 층 보강재에 작용되는 인장력은 다음 식으로 구한다. 단, $S_h = 1\,\mathrm{m}$로 가정하고 계산한다.

$$T_{\max} = K \cdot \sigma_v \cdot S_v \cdot S_h \tag{6.35}$$

여기서, K는 토압계수로서

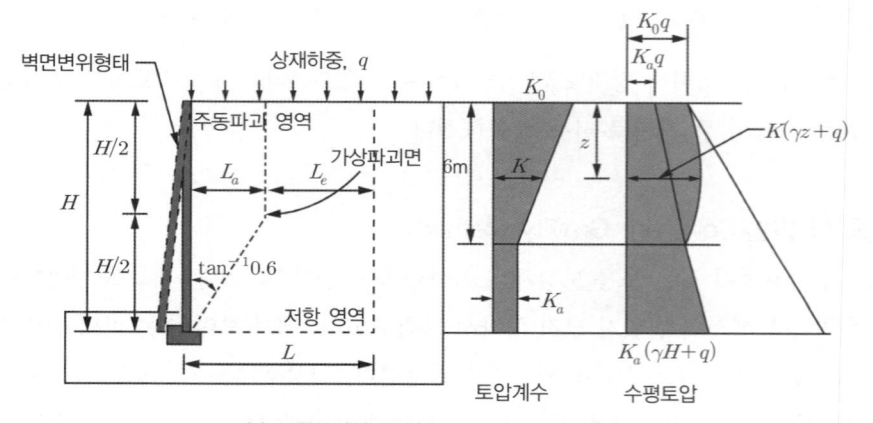

(a) 복합중력식 방법(Coherent Gravity Method)

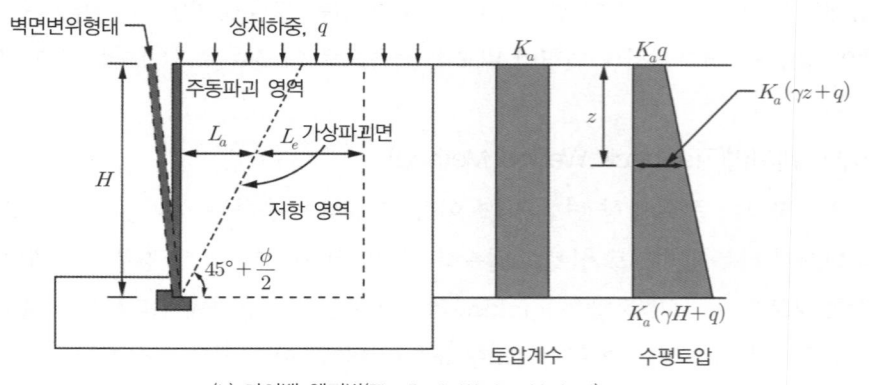

(b) 타이백 웨지법(Tie-Back Wedge Method)

그림 6.16 보강토옹벽에 작용하는 토압

– 비신장성 보강재를 사용하는 경우(그림 6.16(a))

$$K = \begin{cases} K_0 - (K_0 - K_a)\dfrac{z}{6}, & z \leq 6\text{m} \\ K_a & , \ z > 6\text{m} \end{cases} \tag{6.36}$$

– 신장성 보강재를 사용하는 경우(그림 6.16(b))

$$K = K_a \tag{6.37}$$

또한, $T_{\max}$ = 보강재에 작용되는 단위폭당 인장력(kN/m)

σ_v = 보강재 위에 작용하는 연직응력(kN/m^2)

S_v = 보강재의 연직간격(m)

S_h = 보강재의 수평간격($S_h = 1$m로 사용)

K_0 = 정지토압계수 $\approx 1 - \sin\phi$

K_a = 주동토압계수 $\approx \tan^2\left(45° - \dfrac{\phi}{2}\right)$

2) 보강재의 파단파괴에 대한 안정성

보강재의 단위폭당 허용인장강도는 식 (6.1a), (6.1b)(강재 보강재의 경우)와 식 (6.4)(섬유 보강재의 경우)에 이미 제시하였다.

식 (6.35)로 구한 인장력이 허용인장강도보다 작아야 파단에 안전하다. 즉, 파단파괴에 대한 안정성 검토는 다음 식을 만족하도록 해야 한다.

$$T_{\max} \leq T_a \tag{6.38}$$

3) 보강재의 인발파괴에 대한 안정성

그림 6.16에서 보강재가 주동파괴 영역 밖에 있는 길이 L_e 만이 인발력에 대하여 저항할 수 있다. 보강재의 단위폭당 인발저항력은 식 (6.10)(띠보강재의 경우)과 식 (6.14)(그리드형 보강재의 경우)에 이미 제시하였으며 이 수식을 사용하기 위한 인발마찰계수, f^* 는 그림 6.9를 참조하면 될 것이다. 인발파괴를 방지하기 위해서는 다음 식을 만족하여야 한다.

$$T_{\max} \leq \frac{T_{pull}}{F_{s(pull)}} \tag{6.39}$$

여기서, $F_{s(pull)}$ = 보강재의 인발파괴에 대한 안전율($\approx 1.5 \sim 2.0$)

[예제 6.1] 다음 그림과 같이 7m 높이의 보강토옹벽의 안정성을 검토하고 보강재를 배치하라. 보강토옹벽은 패널식으로 하며 보강재 및 뒤채움토의 종류 및 특성은 다음과 같다.

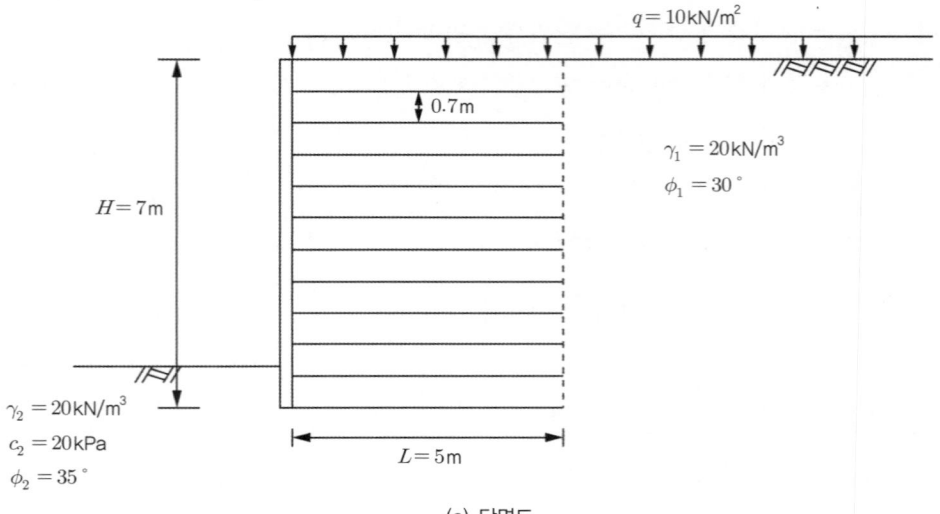

q = 10kN/m²

0.7m

$\gamma_1 = 20\text{kN/m}^3$
$\phi_1 = 30°$

H = 7m

$\gamma_2 = 20\text{kN/m}^3$
$c_2 = 20\text{kPa}$
$\phi_2 = 35°$

L = 5m

(a) 단면도

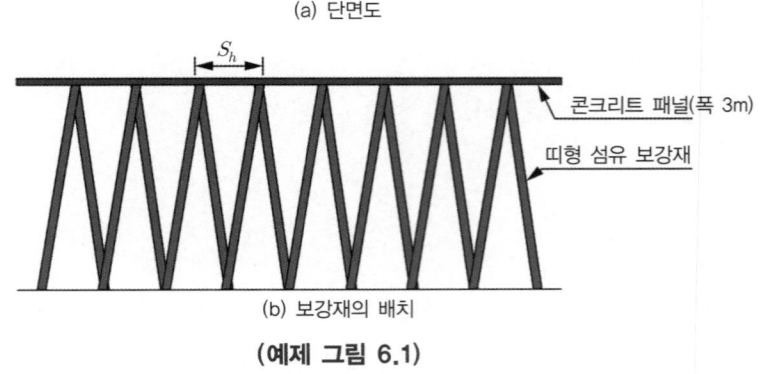

S_h

콘크리트 패널(폭 3m)

띠형 섬유 보강재

(b) 보강재의 배치

(예제 그림 6.1)

① 보강재 : 띠형 섬유 보강재($T_{ult} = 50\text{kN}$, 100kN)

$b = 9\text{cm}$, $RF_D = 1.1$, $RF_{ID} = 1.1$, $RF_{CR} = 1.7$

② 뒤채움토 및 배면토 : $\gamma_1 = 20 \text{kN/m}^3$, $\phi_1 = 30°$, $c_1 = 0$

③ 보강재의 $f^* = 0.67 \tan\phi$(그림 6.9 참조)

④ 보강토옹벽의 폭 : $L = 0.71H = 5.0 \text{m}$로 가정

⑤ 보강재의 연직방향 간격 : $S_v = 0.7 \text{m}$로 가정

⑥ 보강재의 배치형태는 다음과 같다(그림과 같이 패널 한 점에서 2개의 띠를 배치한다).

⑦ 보강재의 인발파괴에 대한 안전율은 2.0으로 하라.

[풀이]

(1) 외적 안정성 검토

– 토압계수 K_a의 계산 ; 상부가 수평이므로 식 (6.17)을 사용한다.

$$K_a = \tan^2\left(45 - \frac{\phi_1}{2}\right)$$

$$= \tan^2\left(45 - \frac{30}{2}\right)$$

$$= 0.333$$

– 토압의 계산(식 (6.16)),
$P_a = P_{h1} + P_{h2}$ (예제 그림 6.1a 참조)

$$P_{h1} = \frac{1}{2} K_a \gamma_1 H^2$$

$$= \frac{1}{2} \times 0.333 \times 7^2 = 163.17 \text{kN/m}$$

$$P_{h1} = K_a q H$$

$$= 0.333 \times 10 \times 7 = 23.31 \text{kN/m}$$

① 전도에 대한 안정성 검토

– 작용 모멘트, M_D(식 (6.18))

보강토체의 선단에 대한 작용 모멘트 계산(예제 그림 6.1a 참조)

$$\sum M_D = P_{h1}\frac{H}{3} + P_{h2}\frac{H}{2}$$

$$= 163.17 \times \frac{7}{3} + 23.31 \times \frac{7}{2}$$

$$= 462.32\,\text{kN·m/m}$$

– 저항 모멘트, $\sum M_R$(식 (6.19))

보강토체의 선단에 대한 저항 모멘트를 계산한다. 저항모멘트 계산 시에는 상재하중을 고려하지 않는다.

$$\sum M_R = W\frac{L}{2}$$

$$= 20 \times 7 \times 5 \times \frac{5}{2}$$

$$= 1750\,\text{kN·m/m}$$

– 전도에 대한 안전율

$$F_{s(overturning)} = \frac{\sum M_R}{\sum M_D} = \frac{1750}{462.32} = 3.79 > 2.0 \;\;(\text{OK})$$

– 편심 규정으로 전도여부를 검토할 수도 있다.

e는 $e \leq \dfrac{L}{6}$ 을 만족해야 하므로 $e \leq \dfrac{5}{6} = 0.83$

$$P_v = W = \gamma_1 HL = 20 \times 7 \times 5$$

$$= 700\,\text{kN/m}$$

$$e = \frac{B}{2} - \frac{\sum M_R - \sum M_D}{W}$$

$$= \frac{5}{2} - \frac{1750 - 462.31}{700}$$

$$= 0.66 < 0.83 \;\;(\text{OK})$$

② 활동파괴에 대한 안정성 검토(예제 그림 6.1a 참조)
- 수평방향 힘의 합(상재하중 고려)

$$\sum F_D = P_a = P_h = P_{h1} + P_{h2}$$
$$= 163.17 + 23.31$$
$$= 186.48 \, \text{kN/m}$$

- 수평방향 저항력(식 (6.25))
수평방향 저항력 계산 시에는 상재하중을 고려하지 않는다.

$$\sum F_R = c_2 L + W \tan \phi_2 = 20 \times 5 + 700 \tan 35°$$
$$= 590.15 \, \text{kN/m}$$

- 활동파괴에 대한 안전율(식 (6.26))은,

$$F_{s(sliding)} = \frac{\sum F_R}{\sum F_D} = \frac{590.15}{186.67} = 3.16 > 1.5 \, (\text{OK})$$

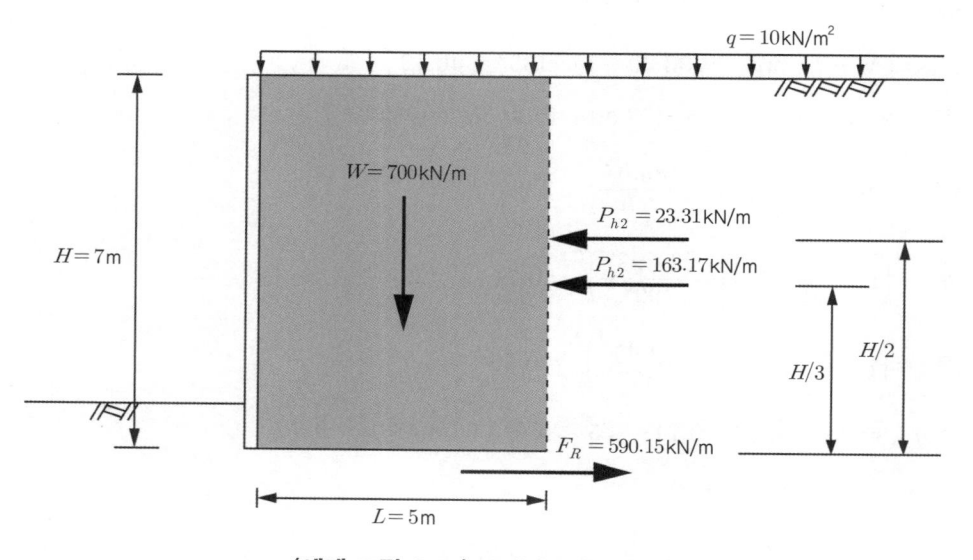

(예제 그림 6.1a) 토체에 작용하는 힘

③ 지반지지력에 대한 안정성 검토

– 보강토체 하부 지반에 작용되는 지압 계산

지지력 안정성 검토에서의 하중 계산 시에는 상재하중을 고려하여야 한다.

$$qL = 10 \times 5 = 50\,\text{kN/m}$$

$$q_{avg} = \frac{P_v}{L-2e} = \frac{W+qL}{L-2e} = \frac{700+50}{5-2\times 0.66}$$

$$= 203.80\,\text{kN/m}^2$$

– 지반의 극한지지력 계산

보강토옹벽 근입깊이의 영향을 무시하고, 식 (6.29)를 이용한다.

$$q_{ult} = c_2 N_c F_{ci} + \frac{1}{2}\gamma_2 L' N_\gamma F_{\gamma i}$$

$$L' = L - 2e = 5 - 2\times 0.66 = 3.68\,\text{m}$$

지지력 계수는 식 (6.29a)~(6.29c)를 이용하면,

$$N_q = \tan^2\left(45° + \frac{\phi_2}{2}\right)\exp\left(\pi\tan\phi_2\right) = \tan^2\left(45° + \frac{35°}{2}\right)e^{\pi\tan 35°} = 33.30$$

$$N_c = (N_q - 1)\cot\phi_2 = (33.30 - 1)\cot 35° = 46.12$$

$$N_\gamma = 2(N_q + 1)\tan\phi_2 = 2(33.30 + 1)\tan 35° = 48.03$$

$$i'° = \tan^{-1}\frac{P_h}{P_v} = \tan^{-1}\frac{186.67}{750} = 13.98°$$

$$F_{ci} = \left(1 - \frac{i'°}{90}\right)^2 = \left(1 - \frac{13.98°}{90°}\right)^2 = 0.71$$

$$F_{\gamma i} = \left(1 - \frac{i'°}{\phi_2}\right)^2 = \left(1 - \frac{13.98°}{35°}\right)^2 = 0.36$$

$$\therefore q_{ult} = 20 \times 46.12 \times 0.71 + 0.5 \times 20 \times 3.68 \times 48.03 \times 0.36$$

$$= 1{,}291.21\,\text{kN/m}$$

$$F_{s(bearing)} = \frac{q_{ult}}{q_{avg}} = \frac{1{,}291.21}{203.80} = 6.34 > 2.5 \ (\text{OK})$$

(2) 내적 안정성 검토

띠형 섬유보강재는 (예제 그림 6.1)에서와 같이 지그재그 형으로 포설하고자 한다. 즉, 전면 패널 각각의 위치에 2줄이 연결된다. 패널당(폭 3m) N지점의 보강재 설치위치를 계획하면, 2N 줄의 보강띠가 소요된다.

① 보강재 허용인장강도 계산

보강재의 수평간격 S_h에 따른 단위폭당 보강재의 허용인장강도 T_a는 식 (6.4)를 통해서 계산할 수 있다. 각 위치에서 2줄의 보강재가 포설되므로 식 (6.4)에 곱하기2를 추가해준다.

$$T_d = \frac{T_{ult}}{RF_D \cdot RF_{ID} \cdot RF_{CR}}$$

$$T_a = \frac{T_d}{F_s} \cdot \frac{1}{S_h} \cdot 2$$

위의 식에 의하여 보강재의 수평간격 S_h에 따른 단위폭당 보강재의 인장강도 T_a를 계산하면 다음과 같다(구해지는 T_a값은 단위폭당 값임을 주지할 것).

(예제 표 6.1a) 보강재의 허용인장강도

$N \times$Type	T_{ult}(kN/ea)	T_d(kN/ea)	S_h(m)	T_a(kN/m)
4×50kN	50	24.31	0.75	43.21
5×50kN	50	24.31	0.6	54.02
6×50kN	50	24.31	0.5	64.82
4×100kN	100	48.61	0.75	86.43
5×100kN	100	48.61	0.6	108.03
6×100kN	100	48.61	0.5	129.64

여기서, N : 폭 3.0m당 보강재의 포인트 수   Type : 보강재의 종류(50kN, 100kN)

S_h : 수평간격(= 3.0/N)(m) T_{ult} : 보강재의 극한인장강도(kN)

T_d : 보강재의 장기설계강도(kN/ea) T_a : 단위폭당 허용인장강도(kN/m)

전체 보강재 층에 대하여 우선적으로 50kN의 보강재를 $S_h = 0.75$m의 간격으로 포설하는 것으로 가정한다.

② 보강재에 작용되는 인장력 계산

－ $S_h = 1.0\,\text{m}$로 하여 단위폭당 각 층별 보강재에 작용되는 단위폭당 인장력을 계산한다(식 (6.35)). (예제 그림 6.1b)를 참조하면,

$$T_{\max} = K\sigma_v S_v S_h$$

$$K = \begin{cases} K_0 - (K_0 - K_a)\dfrac{z}{6} & ; \ z \leq 6\text{m 인 경우} \\ K_a & ; \ z > 6\text{m 인 경우} \end{cases}$$

$$\sigma_v = \frac{P_v}{L - 2e}$$

$$S_v = 0.7\,\text{m}$$

여기서, P_v는 각 층별 보강재 위에 작용하는 연직하중으로 상재하중을 포함하여야 한다. 띠형 섬유보강재는 비신장성 보강재와 유사한 거동을 보이므로 식 (6.36)을 이용하여 토압계수를 계산한다.

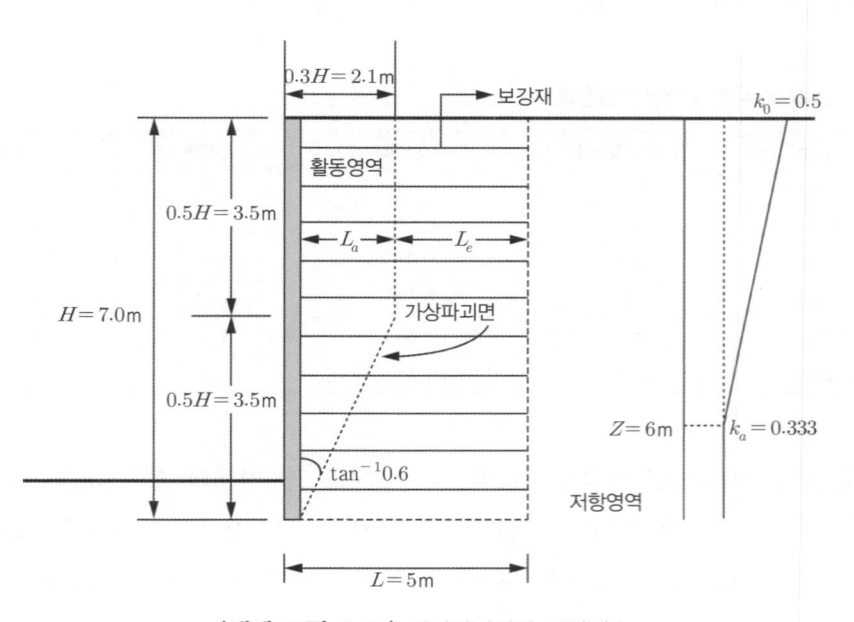

(예제 그림 6.1b) 가상파괴면과 토압계수

– 먼저 최하단 층에 대하여 보강재에 작용하는 인장력을 계산하여 본다.

깊이 $z = 7 - 0.35 = 6.65\,\mathrm{m}$

$\qquad z > z_0 = 6\,\mathrm{m}$

$\qquad \therefore K = K_a$

보강토옹벽의 벽면은 연직이고 상부는 수평이므로,

$$K_a = \tan^2\!\left(45 - \frac{\phi}{2}\right) = \tan^2\!\left(45 - \frac{30}{2}\right) = 0.333$$

보강재 위에 작용하는 연직력의 합 P_v 는,

$$P_v = W + qL = \gamma_1 z L + qL$$
$$= 20 \times 6.65 \times 5 + 10 \times 5$$
$$= 715\,\mathrm{kN/m}$$

편심거리 e 는 다음 식으로 구한다.

$$e = \frac{L}{2} - \frac{\sum M_R - \sum M_D}{P_v}$$

$$\sum M_R - \sum M_D = (W + qL) \times \frac{L}{2} - \left\{ \frac{1}{2}\gamma_1 z^2 K_a \frac{z}{3} + qz K_a \frac{z}{2} \right\}$$

$$= 715 \times \frac{5}{2} - \left\{ \frac{1}{2} \times 20 \times 6.65^2 \times \frac{1}{3} \times \frac{6.65}{3} + 10 \times 6.65 \times \frac{1}{3} \times \frac{6.65}{2} \right\}$$

$$= 1387.04\,\mathrm{kN \cdot m/m}$$

$$\therefore e = \frac{5}{2} - \frac{1387.04}{715} = 0.56\,\mathrm{m}$$

보강재 위에 작용하는 연직응력은,

$$\sigma_v = \frac{P_v}{L-2e} = \frac{715}{5-2\times0.56} = 184.28\,\text{kN/m}^2$$

식 (6.35)를 이용해 보강재에 작용되는 인장력을 계산한다.

$$T_{\max} = K\sigma_v S_v S_h = 0.333 \times 184.28 \times 0.7 \times 1 = 43.00\,\text{kN/m}$$

– 또한 예로 z=1.75m에 설치된 보장재에 작용하는 인장력을 계산한다.

$$z < z_0 = 6\,\text{m}$$

$$\therefore K = K_0 - (K_0 - K_a)\frac{z}{6} = 0.5 - (0.5 - 0.333)\frac{1.75}{6}$$
$$= 0.45$$

보강재 위에 작용하는 연직력의 합 P_v는,

$$P_v = W + qL = \gamma_1 zL + qL$$
$$= 20 \times 1.75 \times 5 + 10 \times 5$$
$$= 225\,\text{kN/m}$$

편심거리 e는 다음과 같다.

$$e = \frac{L}{2} - \frac{\sum M_R - \sum M_D}{P_v}$$

$$\sum M_R - \sum M_D = (W+qL) \times \frac{L}{2} - \left\{ \frac{1}{2}\gamma_1 z^2 K_a \frac{z}{3} + qz K_a \frac{z}{2} \right\}$$
$$= 225 \times \frac{5}{2} - \left\{ \frac{1}{2} \times 20 \times 1.75^2 \times 0.45 \times \frac{1.75}{3} + 10 \times 1.75 \times 0.45 \times \frac{1.75}{2} \right\}$$
$$= 547.57\,\text{kN·m/m}$$

$$\therefore e = \frac{5}{2} - \frac{547.57}{225} = 0.07\,\text{m}$$

보강재 위에 작용하는 연직응력은,

$$\sigma_v = \frac{P_v}{L - 2e} = \frac{225}{5 - 2 \times 0.07} = 46.23 \, \text{kN/m}^2$$

식 (6.35)를 이용해 보강재에 작용되는 인장력을 계산한다.

$$T_{\max} = K\sigma_v S_v S_h = 0.45 \times 46.23 \times 0.7 \times 1 = 14.61 \, \text{kN/m}$$

이상과 같은 방법으로 모든 층에 대한 보강재 소요인장강도를 계산한 결과를 정리하면 다음 (예제 표 6.1b)와 같다.

(예제 표 6.1b) 보강재에 작용되는 인장력

z (m)	K	P_v (kN/m)	$\Sigma M_R - M_D$ (kN·m/m)	e (m)	σ_v (kN/m^2)	S_v (m)	S_h (m)	$T_{\max}$ (kN/m)
0.35	0.49	85.00	212.13	0.00	17.03	0.70	1.00	5.84
1.05	0.47	155.00	383.09	0.03	31.36	0.70	1.00	10.33
1.75	0.45	225.00	547.52	0.07	46.23	0.70	1.00	14.61
2.45	0.43	295.00	703.36	0.12	61.86	0.70	1.00	18.71
3.15	0.41	365.00	849.06	0.17	78.45	0.70	1.00	22.65
3.85	0.39	435.00	983.60	0.24	96.19	0.70	1.00	26.47
4.55	0.37	505.00	1106.52	0.31	115.24	0.70	1.00	30.14
5.25	0.35	575.00	1217.86	0.38	135.74	0.70	1.00	33.65
5.95	0.33	645.00	1318.22	0.46	157.80	0.70	1.00	36.97
6.65	0.33	715.00	1387.04	0.56	184.29	0.70	1.00	43.00

③ 보강재 파단파괴에 대한 안정성 검토

앞에서 계산한 보강재에 실제로 작용되는 인장력 $T_{\max}$ 와 앞에서 가정된 보강재 배치에 따른 허용인장강도 T_a 를 비교하면 (예제 표 6.1c)와 같다. $T_{\max}$ 는 T_a 보다 작은 값이어야 안전하다.

4×50kN(= 0.75m) 보강재를 사용하여도 파단파괴에 대한 안전성 확보가 가능하다.

T_{max} (kN/m)	N×type	S_h (m)	T_a (kN/m)	비고
5.84	4×50kN	0.75	43.21	OK
10.33	4×50kN	0.75	43.21	OK
14.61	4×50kN	0.75	43.21	OK
18.71	4×50kN	0.75	43.21	OK
22.65	4×50kN	0.75	43.21	OK
26.47	4×50kN	0.75	43.21	OK
30.14	4×50kN	0.75	43.21	OK
33.65	4×50kN	0.75	43.21	OK
36.97	4×50kN	0.75	43.21	OK
43.00	4×50kN	0.75	43.21	OK

④ 보강재 인발파괴에 대한 안정성 검토

식 (6.14)와 같이 띠형 섬유보강재의 극한인발저항력은 다음 식과 같이 계산할 수 있다. 한 포인트당 2줄의 보강재가 포설되기 때문에 2를 곱해준다.

$$T_{pull} = 2\sigma_v f^* L_e b \frac{1}{S_h} \times 2$$

– 보강재의 인발마찰계수

$$f^* = 0.67\tan\phi = 0.67\tan30° = 0.39$$

– 먼저 $z = 6.65$ 깊이에 설치된 보강재의 인발저항력을 구해본다(L_e는 (예제 그림 6.1b)를 참조).

$$T_{pull} = 2\sigma_v f^* L_e b \frac{1}{S_h} \times 2 = (2)(184.29)(0.39)(4.79)(0.09)\left(\frac{1}{0.75}\right)(2)$$

$$= 165.25\,\text{kN/m}$$

T_{max}는 (예제 표 6.1b)로부터 $z = 6.65\,\text{m}$일 때 $T_{max} = 43.0\,\text{kN/m}$이다.

$$F_s = \frac{T_{pull}}{T_{\max}} = \frac{165.25}{43} = 3.84 > 2 \quad (OK)$$

　　다른 심도에 대해서도 위와 같이 계산한다. 보강재 인발파괴에 대한 검토 결과를 요약하면 다음 (예제 표 6.1d)와 같다.

(예제 표 6.1d) 인발파괴에 대한 검토 결과 요약

z (m)	$N\times$type	σ_v (kN/m²)	S_v (m)	S_h (m)	$T_{\max}$ (kN/m)	L_e (m)	f^*	T_{pull} (kN/m)	F_s	비고
0.35	4×50kN	17.03	0.70	0.75	5.84	2.9	0.39	9.25	1.58	NG
1.05	4×50kN	31.36	0.70	0.75	10.33	2.9	0.39	17.02	1.65	NG
1.75	4×50kN	46.23	0.70	0.75	14.61	2.9	0.39	25.10	1.72	NG
2.45	4×50kN	61.86	0.70	0.75	18.71	2.9	0.39	33.58	1.8	NG
3.15	4×50kN	78.45	0.70	0.75	22.65	2.9	0.39	42.59	1.88	NG
3.85	4×50kN	96.19	0.70	0.75	26.47	3.11	0.39	56.00	2.12	OK
4.55	4×50kN	115.24	0.70	0.75	30.14	3.53	0.39	76.15	2.53	OK
5.25	4×50kN	135.74	0.70	0.75	33.65	3.95	0.39	100.37	2.98	OK
5.95	4×50kN	157.80	0.70	0.75	36.97	4.37	0.39	129.09	3.49	OK
6.65	4×50kN	184.29	0.70	0.75	43.00	4.79	0.39	165.25	3.84	OK

(예제 그림 6.1b) 참조

(예제 표 6.1b) 참조

　　(예제 표 6.1d)의 결과를 보면 4×50kN 타입의 보강재를 사용하고 S_h=0.75m 간격으로 배치하면 1~5단까지의 네일은 인발파괴에 대한 안정성을 확보하지 못하므로 재설계를 요한다. 이를 극복하는 방법으로는 1~5단에 사용되는 보강재를 고강도용으로 교체하는 방법, 1~5단의 네일 길이를 늘리는 방법, 1~5단의 수평간격 S_h를 더 좁게 하는 방법 등을 강구할 수 있을 것이다.

(1) 보강토옹벽의 기본 개념은 전면부에 작용될 토압을 수평보강재가 받아주도록 유도하는 것이다. 따라서 보강토옹벽 전면 벽체에는 토압이 작용하지 않는다.
(2) 토압을 보강재가 받아주어야 하므로, 내적 안정성 검토로서 보강재의 파단 및 인발 여부에 대한 검토가 이루어져야 한다.
(3) 내적 안정성 검토와 함께 보강토옹벽을 하나의 거대한 일체 구조물로 간주하여 외적 안정성도 검토하여야 한다.
(4) 보강토옹벽에서의 토압은 그림 6.16에서와 같이 변위양상에 따라 다르게 적용한다. 변위가 적을수록 토압은 커지기 마련이다.

6.6 보강성토 사면

성토 사면을 보강하는 방법으로서 사면의 경사가 70° 이상으로서 연직에 가까운 경우는 보강토옹벽으로 취급하나, 70° 이하인 경우는 보강된 사면으로 취급한다. 보강 사면에는 보강성토 사면과 보강 절취 사면이 있다. 보강 절취 사면은 제3편에서 다루고자 하는 '절취지반에서의 흙구조물'에서 상세히 서술할 것이며 소일네일링(soil nailing) 공법이 대표적인 보강 절취 사면이다. 성토지반은 주로 섬유로 보강한다.

보강성토 사면은 기울기가 완만하다는 것과 옹벽이 아니므로(즉, 사면이므로) 전면 벽체를 설치하지 않는 것이 다를 뿐, 섬유로 보강하는 것은 동일하다.

보강성토 사면의 파괴 양상을 그림 6.17에 종합적으로 표시하였다. 그림 6.17(e)~ (g)는 소위 외적 안정성 검토로서 보강토옹벽의 경우와 흡사하다.

문제는 그림 6.17(c), (d)에 표시된 내적 안정성 문제와 함께 그림 6.17(a), (b)에서와 같이 사면파괴가 보강재료로 보강한 구역도 통과할 수 있다는 점이다. 그림 6.17(a)~(d)까지의 내적 안정성 검토는 보강재의 저항 요소를 포함한 사면안정법으로 실시한다는 것이 보강토옹벽과 다르다. 보강재로 보강된 사면안정 해석법은 soil nailing 편에서 자세히 다루기로 한다. 관심 있는 독자는 이은수, 김홍택, 이승호, 김경모 저, 보강토 공법(2007)을 참조하기 바란다.

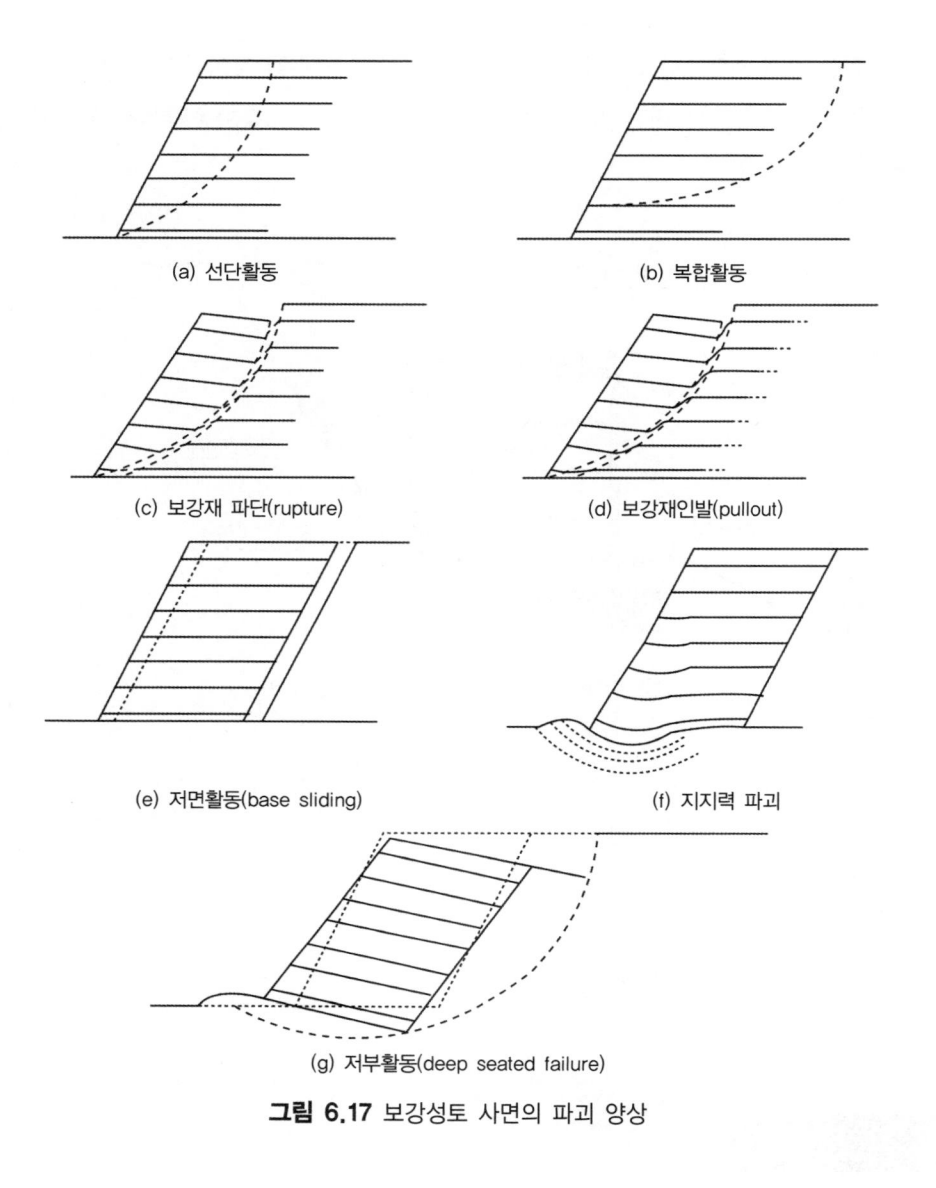

(a) 선단활동

(b) 복합활동

(c) 보강재 파단(rupture)

(d) 보강재인발(pullout)

(e) 저면활동(base sliding)

(f) 지지력 파괴

(g) 저부활동(deep seated failure)

그림 6.17 보강성토 사면의 파괴 양상

6.7 보강토옹벽의 배수

옹벽과 마찬가지로 보강토옹벽에 물이 차오르지 않도록 배수시설을 반드시 갖추어야 한다. 옹벽 배면에 물이 차올라서 수압이 작용되면 수압으로 인하여 보강재가 부담하여야 할 인장력 $T_{\max}$는 크게 증가한다. 이뿐만 아니다. 식 (6.6)에서 대표적으로 보여주는 바와 같이 보강재의 인발저항력은 보강재에 작용하는 연직응력 σ_v에 비례한다. 만일 간극수압이 u만큼 발생하면, 연직응력은 유효연직응력으로서 $\sigma_v' = \sigma_v - u$로 줄어들게 될 것이다. 따라서 수압으로 인하여 하중은 증가하고, 저항력은 감소하게 된다. 그림 6.18은 보강토옹벽에서 설치된 배수시설의 예를 보여주고 있다.

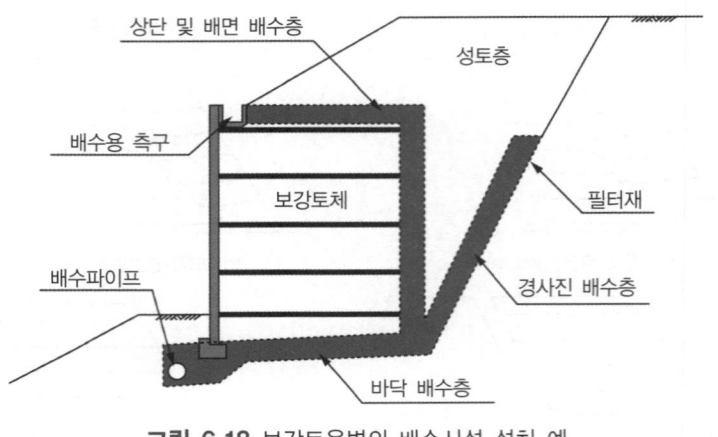

그림 6.18 보강토옹벽의 배수시설 설치 예

참 고 문 헌

주요 참고문헌

• 이은수, 김홍택, 이승호, 김경모(2007), 보강토 공법, 건설가이드.

기타 참고문헌

• (사)한국지반공학회, 토목섬유, 지반공학시리즈9, 구미서관.

제7장

널말뚝

널말뚝

7.1 개 괄

7.1.1 개 요

널말뚝 공법은 널말뚝을 서로 맞물려서 연속타입하여 영구적 또는 일시적으로 벽체를 만들어서 흙막이공 또는 차수벽 역할을 하는 지반구조물이다. 부두시설 등 해안 접안구조물이나 또는 강에서의 물막이공 등 다양한 분야에 적용되는 구조물이다.

널말뚝은 또한 가설구조물로서 8장에서 다루고자 하는 흙막이공으로도 이용되기도 하는데, 여기에서 다루고자 하는 널말뚝과 8장에서의 흙막이공 널말뚝은 기본 개념에서 차이가 있다.

우선, 반영구 구조물로서의 널말뚝의 시공법을 보면 원지반을 소요깊이까지 먼저 굴착한 다음(또는 해상인 경우 준설한 다음) 널말뚝을 타입하고, 뒤채움을 하기도 하며(그림 7.1(a)), 또는 널말뚝을 먼저 타입하고 뒤채움을 한 다음 마지막으로 전면을 굴착(준설)할 수도 있다(그림 7.1(b)). 전자를 뒤채움식이라고 하며 후자는 준설식으로 불린다. 여기에서 밝혀둘 것은 어떤 경우이든지, 널말뚝을 먼저 시공한 다음 뒤채움을 한다는 것이다. 즉, 뒤채움 부위는 성토배면이다. 굴착면(준설면) 아래의 지반은 사질토일 수도 있고 점토지반일 수도 있으나, 뒤채움 성토지반은 반드시 사질토(또는 조립토)로 이루어져야 한다. 뒤채움 지반이 성토지반이라는 면에서 옹벽, 보강토옹벽과 같은 부류이다(즉, 제2편에 속한다).

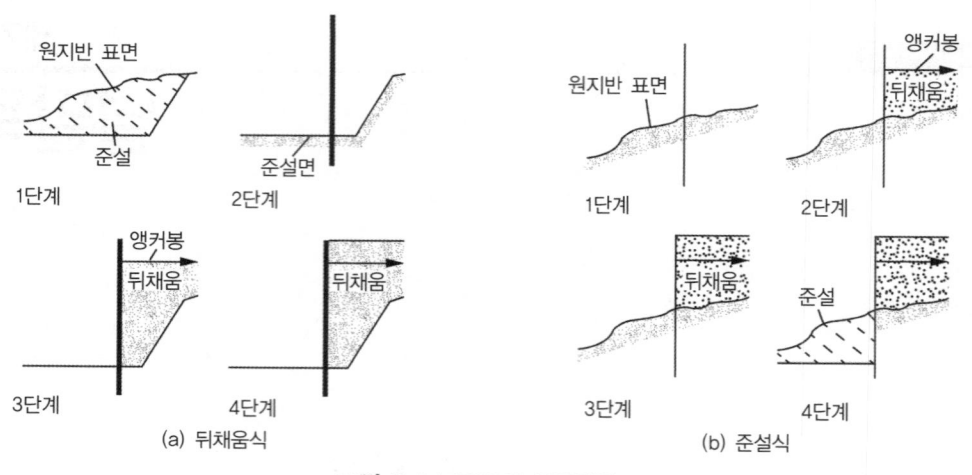

그림 7.1 널말뚝의 시공방법

널말뚝 공법은 부두 등 주로 수위가 존재하는 경우에 공법으로 택하는 경우가 많다. 해상쪽 (또는 물이 차 있는 쪽)의 굴착면을 흔히 준설면(dredged line)이라고 부른다. 차후에는 7장 에서는 준설면으로, 8장에서는 굴착면으로 통일한다. 널말뚝 시공 시에 현장에 존재하는 물을 (바다 또는 강) 굳이 제거하지 않고 시공하므로, 부두 등과 같이 (반)영구 구조물로서의 널말뚝 은 수위가 전면과 뒤채움면이 동일한 것이 보통이다. 접안구조물로서 널말뚝으로 시공된 예가 그림 7.2에 표시되어 있다. 수위는 전후면이 같음을 알 수 있다.

이에 반하여 흙막이공으로서의 널말뚝은 가설구조물로서 먼저 원지반에 널말뚝을 타입하 고, 배면은 그대로 둔 채로(즉, in-situ mechanics), 전면만을 굴착하여 소요굴착 깊이까지 굴착이 완료되면 목적구조물(예를 들어서 지하철용 박스(box) 구조물 등)을 시공하며 타입된 널말뚝은 다시 제거하며 복토 등으로 마무리한다. 다시 말하여 흙막이공은 성토가 전혀 동반 되지 않는 절토/절취 공법으로 보면 될 것이다. 굴착면까지 굴착 후에 목적구조물 시공을 위해 서는 굴착면 측은 지하수위를 굴착심도까지 저하시키는 것이 일반적이다.

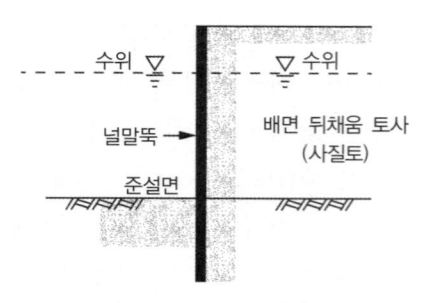

그림 7.2 접안시설용 널말뚝(예 : 부두)

7.1.2 널말뚝에 작용하는 토압

이 장에서 다루고자 하는 널말뚝은 널말뚝을 설치한 후에 뒤채움 성토를 하므로, 널말뚝 변위 양상을 보면 준설면을 중심으로 상부로 갈수록 변위가 더 발생하는 것이 일반적이다(그림 7.4 참조). 따라서 Rankine 토압을 적용할 수 있다.

이에 반하여 흙막이공용 널말뚝은 상부로부터 하부로 단계 굴착을 하게 되며, 널말뚝이 연성구조(flexible structure)임을 감안하면, 상부보다는 하부로 갈수록 변형이 더 커짐이 보통이다. 따라서 흙막이공용 널말뚝의 경우는 Rankine 토압과 다른 형태의 토압이 작용될 것이다. 이는 8장에서 상세히 다룰 것이다.

7.1.3 널말뚝의 종류

널말뚝의 종류에는 목재 널말뚝, 프리캐스트 콘크리트도 있기는 하나 주로 사용되는 것은 강널말뚝(steel sheet pile)이다. 강널말뚝은 형상에 따라 U형, Z형, 조합형, 직선형 등이 있으며, 이 중 대표적으로 많이 쓰이는 것은 그림 7.3에 표시된 U형과 조합형이다.

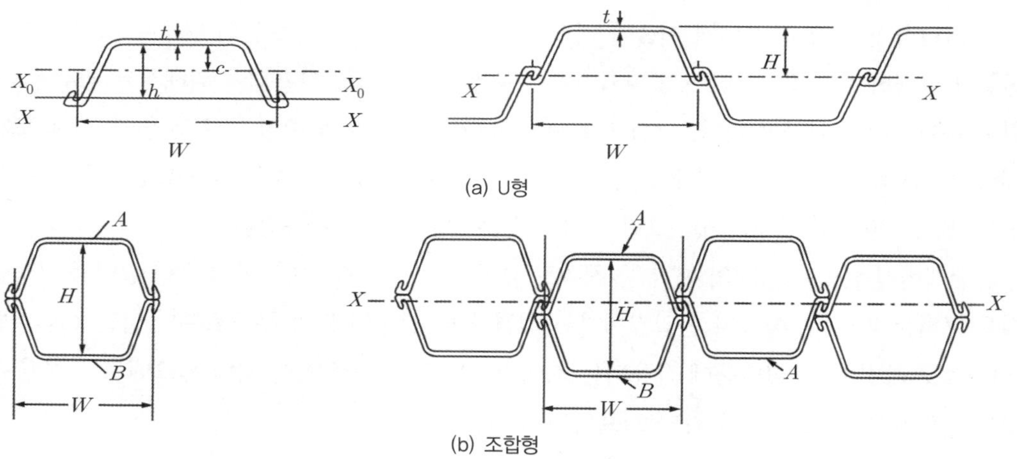

(a) U형

(b) 조합형

그림 7.3 대표적 강널말뚝의 형상

7.1.4 널말뚝의 형태

널말뚝은 대표적으로 캔틸레버식(또는 자립식) 널말뚝과 앵커식 널말뚝의 두 가지 형태가 있다.

1) 캔틸레버식 널말뚝

널말뚝을 지반 속에 삽입하고, 준설면 저부의 수동토압으로 안정을 유지하는 널말뚝형태로서, 보통 굴착 깊이가 6m 이하에서 사용된다.

2) 앵커식 널말뚝

널말뚝 상단 부근을 앵커판, 앵커말뚝 또는 타이백식 어스앵커 등의 앵커로 정착시킨 널말뚝 구조로서, 굴착 깊이가 6m 이상인 경우 사용한다.

7.2 캔틸레버식 널말뚝

캔틸레버식(Cantilever)식 널말뚝의 개요가 그림 7.4에 표시되어 있다(이 경우는 원지반이 사질토인 경우이다). 그림 7.4(a)에서 보듯이 준설면 위의 널말뚝은 캔틸레버로 거동한다. 그림에서 'O'점을 중심으로 회전한다고 가정하면 구역 I에서는 주동토압, 구역 II에서는 준설면 측에는 수동토압, 배면에는 주동토압이 작용될 것이다. 구역 III에서는 널말뚝이 배면쪽으로 움직이므로 구역 II와 반대가 된다. 즉, 준설면 측은 주동토압, 배면 측은 수동토압이 작용된다. '토질역학의 원리' 11장에서 서술한 대로(그림 11.9 참조), 주동토압의 경우는 흙에 약간의 변위만 발생하여도 주동토압이 발휘되지만 수동토압이 온전히 작용되기 위해서는 매우 큰 변위로 흙이 밀려들어와야 한다. 그림 7.4(b)는 배면 측 토압에서 준설 측 토압을 뺀 실제 토압(순토압) 분포를 보여준다. 설계 목적으로는 이를 단순화하여(즉, 주동/수동토압이 공히 유발(mobilized)된다고 가정하여), 그림 7.4(c)의 순토압 분포를 사용한다.

캔틸레버식 널말뚝 설계의 핵심은, 첫째로 널말뚝 자립이 가능하도록 필요한 널말뚝 근입깊이를 구하는 것이며, 둘째로 근입깊이가 구해졌다면, 완성된 토압 분포로부터 널말뚝을 캔틸레버 보로 가정하여, 널말뚝에 작용되는 최대 휨모멘트를 구하여 이 최대 휨모멘트를 견딜 수 있는 널말뚝을 선택하는 두 가지로 요약될 수 있다.

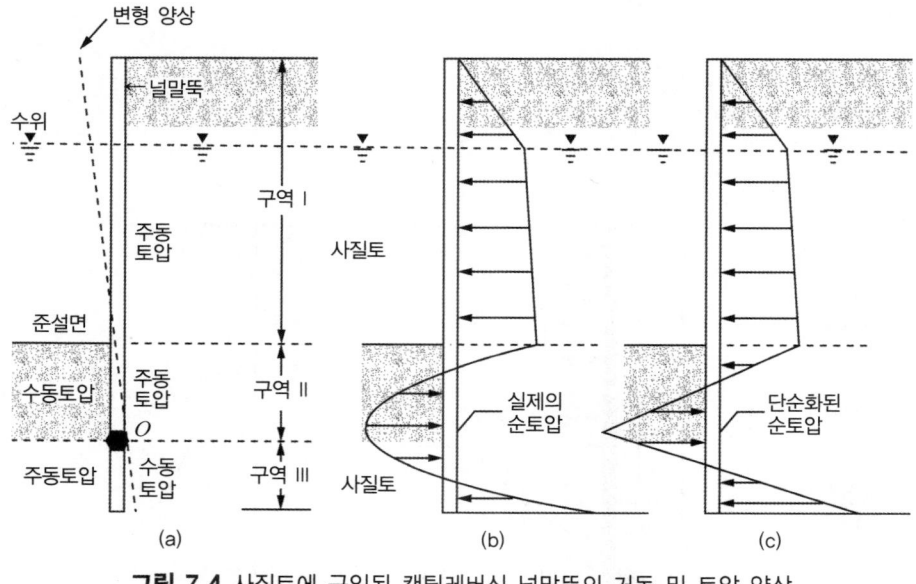

그림 7.4 사질토에 근입된 캔틸레버식 널말뚝의 거동 및 토압 양상

7.2.1 사질토에 근입된 캔틸레버식 널말뚝

사질토에 근입된 경우이므로 원지반, 뒤채움 지반 모두 사질토이다. 널말뚝의 변형은 그림 7.4(a)와 같으며, 이로부터 순토압 분포를 그려보면 그림 7.5(a)와 같다. 앞에서 서술한 대로 근입깊이 D를 구하고 토압 분포를 완성한다. 지하수위는 널말뚝 상단으로부터 L_1 깊이에 존재하며, 준설 측의 물을 펌핑하지 않는 한 전후면 수위는 같으므로 수압은 고려하지 않는다. 단, 토압을 계산할 때 지하수면 아래에서는 수중 단위 중량 γ' 을 사용한다.

1) 토압 분포 및 근입깊이

<u>C점</u> : $z = L_1$ 에서의 토압은

$$\sigma_1 = K_a \gamma L_1 \tag{7.1}$$

여기서, K_a = Rankine의 주동토압계수 = $\tan^2\left(45° - \dfrac{\phi}{2}\right)$

<u>J점</u> : $z = L_1 + L_2$ (준설면)에서의 주동토압은

$$\sigma_2 = K_a(\gamma L_1 + \gamma' L_2) \tag{7.2}$$

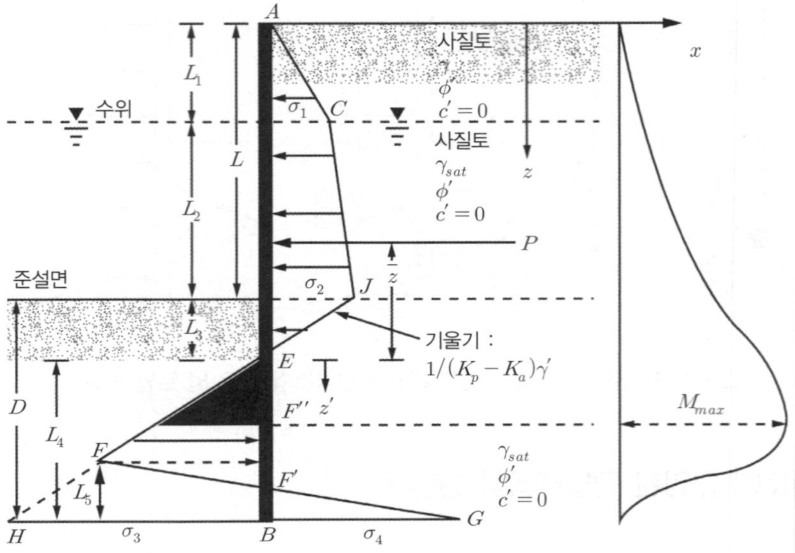

그림 7.5 사질토에 근입된 캔틸레버식 널말뚝

준설면 하부 J와 F 사이(또는 그림 7.4(a)의 구역 II)

배면 측에서는 주동토압, 굴착 측에서는 수동토압이 작용하므로 $z = z$에서 주동토압(←방향)

$$\sigma_a = K_a[\gamma L_1 + \gamma' L_2 + \gamma'(z - L_1 - L_2)] \tag{7.3}$$

$z = z$에서 수동토압(→방향)

$$\sigma_p = K_p \gamma'(z - L_1 - L_2) \tag{7.4}$$

여기서, K_p = Rankine의 수동토압계수 = $\tan^2\left(45° + \dfrac{\phi}{2}\right)$

순토압은 주동토압(←방향)에서 수동토압(→방향)을 뺌으로써 구할 수 있다.

$$\sigma_{net} = \sigma_a - \sigma_p$$
$$= K_a[\gamma L_1 + \gamma' L_2 + \gamma'(z - L_1 - L_2)] - K_p \gamma'(z - L_1 - L_2)$$
$$= \sigma_2 - (K_p - K_a)\gamma'(z - L_1 - L_2)$$
$$= \sigma_2 - (K_p - K_a)\gamma'(z - L) \tag{7.5}$$

단, $L = L_1 + L_2$로 간주한다.

순토압=0인 깊이, L_3
식 (7.5)에서

$$\sigma_{net} = \sigma_2 - (K_p - K_a)\gamma'(z - L) = 0$$

또는

$$L_3 = (z - L) = \frac{\sigma_2}{(K_p - K_a)\gamma'} \tag{7.6}$$

식 (7.6)으로부터 직선 JEF의 기울기는 $\dfrac{1}{(K_p - K_a)\gamma'}$ 임을 알 수 있다.

HB
HB값은 EB(또는 길이 L_4)에 기울기의 역수를 곱하여 구할 수 있다. 즉,

$$\sigma_3 = HB = (K_p - K_a)\gamma' \cdot L_4 \tag{7.7}$$

근입 하단 B($z = L + D$)
널말뚝 하단에서는 배면 측이 수동토압(←방향), 준설 측이 주동토압(→방향)이므로

$$(\leftarrow) \quad \sigma_p = K_p(\gamma L_1 + \gamma' L_2 + \gamma' D) \tag{7.8}$$

$$(\rightarrow) \quad \sigma_a = K_a \gamma' D \tag{7.9}$$

순토압은 수동토압(←방향)에서 주동토압(→방향)을 뺌으로써 구할 수 있다.

$$\sigma_{net} = \sigma_4 = \sigma_p - \sigma_a$$
$$= K_p(\gamma L_1 + \gamma' L_2 + \gamma' D) - K_a \gamma' D$$
$$= K_p(\gamma L_1 + \gamma' L_2) + (K_p - K_a)\gamma' D$$
$$= K_p(\gamma L_1 + \gamma' L_2) + (K_p - K_a)\gamma'(L_3 + L_4)$$
$$= K_p(\gamma L_1 + \gamma' L_2) + (K_p - K_a)\gamma' L_3 + (K_p - K_a)\gamma' L_4$$
$$= \sigma_5 + (K_p - K_a)\gamma' L_4 \tag{7.10}$$

여기서, $\sigma_5 = K_p(\gamma L_1 + \gamma' L_2) + (K_p - K_a)\gamma' L_3$ (7.11)

$$D = L_3 + L_4 \tag{7.12}$$

평형조건

널말뚝이 정역학적으로 안정되기 위해서는 힘의 평형조건과 모멘트 평형조건을 만족해야 한다. 즉,

① $\sum F_x = 0$ 조건을 적용하면,

$$\sum F_x = AEJC의 \ 면적 - \triangle EHB의 \ 면적 + \triangle FHG의 \ 면적 = 0$$

$AEJC$의 면적을 P라 하면,

$$\sum F_x = P - \frac{1}{2}\sigma_3 L_4 + \frac{1}{2}(\sigma_3 + \sigma_4)L_5 = 0 \tag{7.13}$$

또는, $L_5 = \dfrac{\sigma_3 L_4 - 2P}{\sigma_3 + \sigma_4}$ (7.14)

② $\sum M_B = 0$ 조건을 적용하면,

$$\sum M_B = P \cdot (L_4 + \overline{z}) - \left(\frac{1}{2}\sigma_3 L_4\right) \cdot \frac{L_4}{3} + \left[\frac{1}{2}(\sigma_3 + \sigma_4)L_5\right] \cdot \left(\frac{L_5}{3}\right) = 0 \qquad (7.15)$$

식 (7.7)로 표시된 σ_3, 식 (7.10)으로 표시된 σ_4, 식 (7.14)로 표시된 L_5를 식 (7.15)에 대입하고 식 (7.11)을 이용하면, 식 (7.14)는 다음 식과 같이 L_4에 관한 4차 방정식으로 표시된다.

$$L_4^4 + A_1 L_4^3 - A_2 L_4^2 - A_3 L_4 - A_4 = 0 \qquad (7.16)$$

여기서, $A_1 = \dfrac{\sigma_5}{\gamma'(K_p - K_a)}$ \qquad (7.17)

$$A_2 = \frac{8P}{\gamma'(K_p - K_a)} \qquad (7.18)$$

$$A_3 = \frac{6P[2\overline{z}\gamma'(K_p - K_a) + \sigma_5]}{\gamma'^2(K_p - K_a)^2} \qquad (7.19)$$

$$A_4 = \frac{P(6\overline{z}\sigma_5 + 4P)}{\gamma'^2(K_p - K_a)^2} \qquad (7.20)$$

식 (7.16)을 시행착오법으로 풀면 L_4를 구할 수 있다.

토압 분포 및 근입깊이를 구하기 위한 계산 순서

이제까지 널말뚝에 작용하는 토압 분포와 근입깊이를 구하기 위한 기본 이론을 소개하였다. 실제 설계에서는 다음의 단계로 분석을 하면 될 것이다.

(1) K_a 및 K_p 계산
(2) σ_1 및 σ_2 계산 : σ_1은 식 (7.1), σ_2는 식 (7.2)
(3) L_3 계산 : 식 (7.6)
(4) P 계산 : $AEJC$의 면적을 구함
(5) $\overline{z}$ 계산 : $\sum M_E$로 계산 (E점을 중심으로 휨모멘트=0으로부터 구함)
(6) σ_5 계산 : 식 (7.11)

(7) A_1, A_2, A_3, A_4 계산 : 식 (7.17)~(7.20)

(8) L_4 계산 : 식 (7.16). 단, 시행착오법으로 풀 수 있다.

(9) σ_4 계산 : 식 (7.10)

(10) σ_3 계산 : 식 (7.7)

(11) L_5 계산 : 식 (7.14)

(12) 토압 분포도를 그린다. : 그림 7.5(a)에 소요되는 모든 값들을 이미 구하였으므로 토압 분포도를 그릴 수 있다.

(13) 근입깊이 계산 $D_{theory} = L_3 + L_4$ (7.21)

식 (7.21)로 구한 이론상의 근입깊이를 20~30% 증가시키어 설계근입깊이를 구한다. 즉,

$$D_{design} = (1.2 \sim 1.3) \cdot D_{theory}$$ (7.22)

Note

설계자에 따라서 근입장을 할증함으로써 안전율을 확보하는 대신에(즉, 식 (7.22)를 사용하는 대신에), 처음부터 수동토압계수를 다음과 같이 줄여서 안전율을 확보하기도 한다. 즉,

$$K_{p(design)} = \frac{K_p}{F_s}$$

여기서, F_s는 1.5~2.0을 사용한다.

---

2) 널말뚝에 작용되는 최대 휨모멘트

최대 휨모멘트는 전단력이 0이 되는 위치에서 발생한다(E~F 사이에 존재). 점 E로부터의 깊이를 z'로 표시하면 전단력은 다음 식으로 구할 수 있다. 즉,

$$P - \frac{1}{2} z' (K_p - K_a) \gamma' z' = 0$$ (7.23)

즉, $z' = \sqrt{\dfrac{2P}{(K_p - K_a)\gamma'}}$ (7.24)

최대 휨모멘트는 다음 식으로 구해진다.

$$M_{\max} = \sum M_{F''} = P(\bar{z} + z') - \left[\frac{1}{2}(K_p - K_a)\gamma' z'^2\right]\left(\frac{1}{3}z'\right) \tag{7.25}$$

널말뚝의 소요단면계수는 다음 식으로 구한다.

$$Z = \frac{M_{\max}}{\sigma_{allow}} \tag{7.25a}$$

여기서, Z = 널말뚝의 단위길이당 소요단면계수

σ_{allow} = 널말뚝의 허용휨응력

정리

앞에서 유도된 수식들은 외견상 복잡하게 보이기는 하나, 다음과 같이 이론적으로 정리해두면 될 것이다.

(1) 그림 7.4(a)에서 구역 I은 주동토압, 구역 II에서는 왼편은 수동토압, 오른편은 주동토압, 구역 III에서는 왼편은 주동토압, 오른편은 수동토압이 작용한다.

(2) 그림 7.5(a)의 토압 분포는 오른편 토압에서 왼편 토압을 뺀 순토압 분포이다.

(3) 힘과 모멘트 평형조건으로(즉, $\sum F_x = 0$, $\sum M_B = 0$) 토압 분포를 완성하고, 근입깊이를 구한다.

(4) 한마디로 요약하면 구역 I의 주동토압을 구역 II의 왼편 수동토압으로 버티는 구조로 보면 된다.

[예제 7.1] 다음 (예제 그림 7.1)은 사질토에 근입된 캔틸레버식 널말뚝을 보여준다.

(1) 설계근입장을 구하라. 단, 설계근입장은 이론근입장을 30% 할증하여 구하라.
(2) 널말뚝에 작용되는 단위길이당 최대 휨모멘트를 구하라.

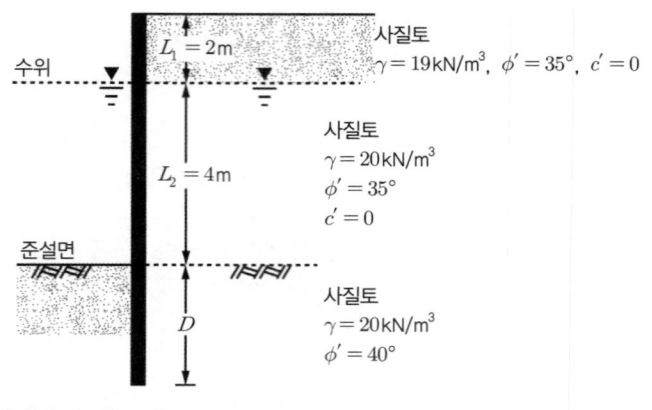

사질토
$\gamma = 19\text{kN/m}^3,\ \phi' = 35°,\ c' = 0$

수위

$L_1 = 2\text{m}$

사질토
$\gamma = 20\text{kN/m}^3$
$\phi' = 35°$
$c' = 0$

$L_2 = 4\text{m}$

준설면

D

사질토
$\gamma = 20\text{kN/m}^3$
$\phi' = 40°$

(예제 그림 7.1) 캔틸레버식 널말뚝

[풀이]

(1) 근입깊이를 구하는 순서대로 풀어 보면 다음과 같다.

① K_a 및 K_p 계산

– $L_1,\ L_2$ 구간

$$K_a = \tan^2\!\left(45 - \frac{\phi'}{2}\right) = \tan^2\!\left(45 - \frac{35}{2}\right) = 0.271$$

$$K_p = \tan^2\!\left(45 + \frac{\phi'}{2}\right) = \tan^2\!\left(45 + \frac{35}{2}\right) = 3.690$$

– D 구간

$$K_a = \tan^2\!\left(45 - \frac{\phi'}{2}\right) = \tan^2\!\left(45 - \frac{40}{2}\right) = 0.217$$

$$K_p = \tan^2\!\left(45 + \frac{\phi'}{2}\right) = \tan^2\!\left(45 + \frac{40}{2}\right) = 4.599$$

② $\sigma_1,\ \sigma_2$ 계산

식 (7.1), (7.2)를 이용하여 각각 $\sigma_1,\ \sigma_2$를 구하면,

$$\sigma_1 = K_a \gamma L_1 = 0.271 \times 19 \times 2 = 10.3\,\text{kN/m}^2$$

$$\sigma_2 = K_a(\gamma L_1 + \gamma' L_2) = 0.271 \times (19 \times 2 + 10.19 \times 4) = 21.34\,\text{kN/m}^2$$

③ L_3 계산

식 (7.6)을 이용하여 L_3를 구하면,

$$L_3 = (z - L) = \frac{\sigma_2}{(K_p - K_a)\gamma'} = \frac{21.34}{(10.19)(4.599 - 0.217)} = 0.48\,\mathrm{m}$$

④ P 계산

AEJC 면적을 이용하여 P값을 계산해보면,

$$P = \frac{1}{2}\sigma_1 L_1 + \sigma_1 L_2 + \frac{1}{2}(\sigma_2 - \sigma_1)L_2 + \frac{1}{2}\sigma_2 L_3$$

$$= \frac{1}{2} \times 10.3 \times 2 + 10.3 \times 4 + \frac{1}{2} \times (21.34 - 10.3) \times 4 + \frac{1}{2} \times 21.34 \times 0.48$$

$$= 78.7\,\mathrm{kN/m}$$

⑤ $\bar{z}$ 계산

$\bar{z}$를 계산하기 위해서는 먼저 $\sum M_E$를 구해야 한다.

$$\sum M_E = 10.3 \times \left(\frac{2}{3} + 4 + 0.48\right) + 41.2 \times \left(\frac{4}{2} + 0.48\right) + 22.09 \times \left(0.48 + \frac{4}{3}\right) + 5.1 \times \frac{2}{3} \times 0.48$$

$$= 196.88\,\mathrm{kN}$$

$$\bar{z} = \frac{\sum M_E}{P} = \frac{196.88}{78.7} = 2.5\,\mathrm{m}$$

⑥ σ_5 계산

식 (7.11)을 이용하여 σ_5를 계산해보면,

$$\sigma_5 = K_p(\gamma L_1 + \gamma' L_2) + (K_p - K_a)\gamma' L_3$$

$$= 3.69 \times (9 \times 2 + 10.19 \times 4) + (4.599 - 0.217) \times 10.19 \times 0.48 = 238.26\,\mathrm{kN/m^2}$$

⑦ A_1, A_2, A_3, A_4 계산

각각 식 (7.17)~(7.20)을 통해 계산해보면,

$$A_1 = \frac{\sigma_5}{\gamma'(K_p - K_a)} = \frac{238.26}{10.19(4.599 - 0.217)} = 5.34$$

$$A_2 = \frac{8P}{\gamma'(K_p - K_a)} = \frac{8 \times 78.7}{10.19(4.599 - 0.217)} = 14.1$$

$$A_3 = \frac{6P[2\bar{z}\gamma'(K_p - K_a)] + \sigma_5}{\gamma'^2(K_p - K_a)^2}$$

$$= \frac{6 \times 78.7 \times [2 \times 2.5 \times 10.19 \times (4.599 - 0.217) + 238.26]}{10.19^2(4.559 - 0.217)^2} = 109.3$$

$$A_4 = \frac{P(6\bar{z}\sigma_5 + 4P)}{\gamma'^2(K_p - K_a)^2} = \frac{78.7 \times (6 \times 2.5 \times 238.26 + 4 \times 78.7)}{10.19^2(4.559 - 0.217)^2} = 153.49$$

⑧ L_4 계산

식 (7.16)을 이용하여 L_4를 계산해보면,

$$L_4^4 + A_1 L_4^3 - A_2 L_4^2 - A_3 L_4 - A_4 = 0$$
$$L_4^4 + 5.34 L_4^3 - 14.1 L_4^2 - 109.3 L_4 - 153.49 = 0$$

시행 착오법으로 위의 식을 풀어보면,

$$L_4 \approx 4.57 \text{m}$$

이론근입깊이 $D_{theory} = L_3 + L_4$이므로, $D_{theory} = 0.48 + 4.57 = 5.05 \text{m}$과 같이 구할 수 있다.

설계근입깊이를 이론근입깊이에서 30% 할증하여 구하면 다음과 같다.

$$D_{design} = 1.3 D_{theory} = 1.3 \times 5.05 \cong 6.6 \text{m}$$

⑨ σ_4 계산

식 (7.10)을 이용하여 σ_4를 계산해보면,

$$\sigma_4 = \sigma_5 + (K_p - K_a)\gamma' L_4 = 238.26 + (4.599 - 0.217) \times 10.19 \times 4.57$$

$$= 442.32\,\text{kN/m}^2$$

⑩ σ_3 계산

식 (7.7)을 이용하여 σ_3를 계산해보면,

$$\sigma_3 = (K_p - K_a)\gamma' L_4 = (4.599 - 0.217) \times 10.19 \times 4.57$$

$$= 204.06\,\text{kN/m}^2$$

⑪ L_5 계산

식 (7.14)을 이용하여 L_5를 계산해보면,

$$L_5 = \frac{\sigma_3 L_4 - 2P}{\sigma_3 + \sigma_4} = \frac{204.06 \times 4.57 - 2 \times 78.7}{204.06 + 442.32} = 1.2\,\text{m}$$

⑫ 토압 분포도를 그려보면 (예제 그림 7.1a)와 같다.

(2) 최대 휨모멘트는 전단력이 0이 되는 위치에서 발생하기 때문에 전단력이 0이 되는 z'의 위치를 구해보면 다음과 같다(식 (7.24) 이용).

$$z' = \sqrt{\frac{2P}{(K_p - K_a)\gamma'}} = \sqrt{\frac{2 \times 78.7}{(4.599 - 0.217) \times 10.19}} = 1.87\,\text{m}$$

구해진 전단력이 0이 되는 위치에서의 휨모멘트를 구해보면 다음과 같다.

$$M_{\max} = \sum M_{F''} = P(\bar{z} + z') - \left[\frac{1}{2}(K_p - K_a)\gamma' z'^2\right]\left(\frac{1}{3}z'\right)$$

$$= 78.7 \times (2.5 + 1.87) - \left[\frac{1}{2} \times (4.599 - 0.217) \times 10.19 \times 1.87^2\right] \times \left(\frac{1}{3} \times 1.87\right)$$

$$= 295.25\,\text{kN·m/m}$$

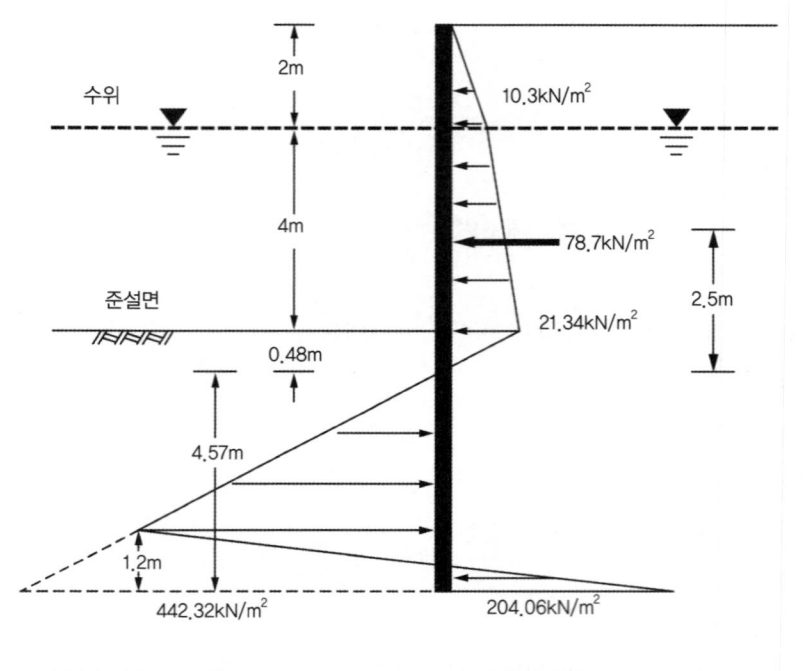

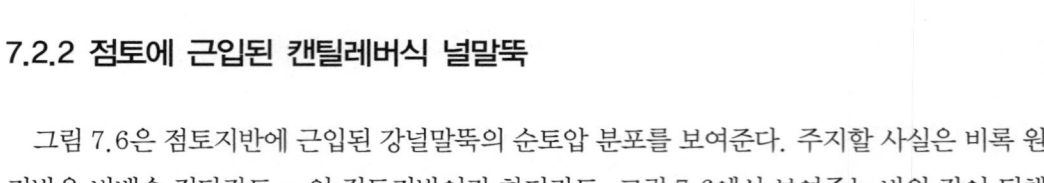

(예제 그림 7.1a) 사질토에 근입된 캔틸레버식 널말뚝의 토압 분포도

7.2.2 점토에 근입된 캔틸레버식 널말뚝

그림 7.6은 점토지반에 근입된 강널말뚝의 순토압 분포를 보여준다. 주지할 사실은 비록 원지반은 비배수 전단강도 c_u 인 점토지반이라 하더라도, 그림 7.6에서 보여주는 바와 같이 뒤채움 흙은(즉, 배면토) 사질토로 성토하여야 한다. 즉, 준설면 하부는 점토, 상부는 사질토이다(8장에서 소개하는 흙막이공과 다른 점임을 주지할 것).

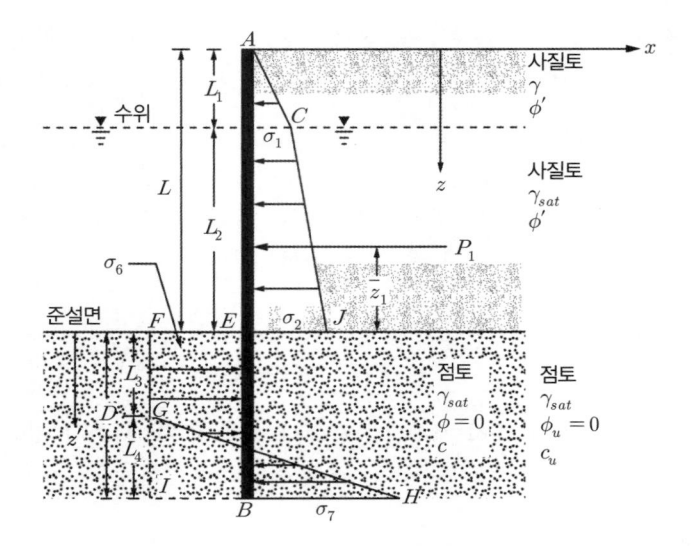

그림 7.6 점토에 근입된 캔틸레버식 널말뚝

<table>
<tr><td>**Note**</td><td></td></tr>
</table>

점토지반의 토압

'토질역학의 원리' 중 식 (11.11), (11.16)으로부터 점성토의 주동토압과 수동토압은 다음
과 같다.

$$\sigma_a = K_a \gamma z - 2c\sqrt{K_a} \tag{7.26}$$

$$\sigma_p = K_p \gamma z + 2c\sqrt{K_p} \tag{7.27}$$

점토의 비배수 전단강도를 사용하면 $\phi_u = 0$, $c = c_u$ 이므로 $K_a = K_p = 1$이 된다. 따라서, 주
동 및 수동토압은 다음과 같다.

$$\sigma_a = \gamma z - 2c_u \tag{7.28}$$

$$\sigma_p = \gamma z + 2c_u \tag{7.29}$$

포화된 점토에서의 토압

　지하수가 점토지반 상부에 위치하여 완전히 포화되었다 하더라도, 점토의 비배수 전단강도
를 사용한다는 것은 전응력 해석법을 이용한다는 것을 의미한다('토질역학의 원리' 13.6.1절

의 1)을 참조). 전응력 해석에서는 무조건 전응력만을 고려하므로 수압의 존재 여부를 막론하고 수압은 고려하지 않으며, 응력은 전응력을 사용하므로 단위중량은 포화 단위중량을 사용한다. 즉, 토압은 다음 식과 같다.

$$\sigma_a = \gamma_{sat}z - 2c_u \tag{7.30}$$

$$\sigma_p = \gamma_{sat}z + 2c_u \tag{7.31}$$

점토지반의 전응력 해석에 관한 사항은 8장에서 다시 한 번 서술할 것이다.

1) 토압 분포 및 근입깊이

C, J점

σ_1 및 σ_2는 사질토의 경우와 동일하다.

$$\sigma_1 = K_a\gamma L_1 \tag{7.1}$$

$$\sigma_2 = K_a(\gamma L_1 + \gamma' L_2) \tag{7.2}$$

준설면 하부 F와 G 사이(또는 그림 7.4(a)의 구역 II)

$z = z$에서 주동토압(←방향)

$$\sigma_a = [\gamma L_1 + \gamma' L_2 + \gamma_{sat}(z - L_1 - L_2)] - 2c_u \tag{7.32}$$

$z = z$에서 수동토압(→방향)

$$\sigma_p = \gamma_{sat}(z - L_1 - L_2) + 2c_u \tag{7.33}$$

순토압은,

$$\sigma_{net} = \sigma_a - \sigma_p$$

$$= [\gamma L_1 + \gamma' L_2 + \gamma_{sat}(z - L_1 - L_2)] - 2c_u - [\gamma_{sat}(z - L_1 - L_2) + 2c_u]$$

$$= \gamma L_1 + \gamma' L_2 - 4c_u \tag{7.34}$$

즉, $\sigma_6 = -\sigma_{net}$

$$= 4c_u - (\gamma L_1 + \gamma' L_2) \tag{7.35}$$

근입하단 B($z = L + D$)
수동토압은(←방향)

$$\sigma_p = (\gamma L_1 + \gamma' L_2 + \gamma_{sat}D) + 2c_u \tag{7.36}$$

주동토압은(→방향)

$$\sigma_a = \gamma_{sat}D - 2c_u \tag{7.37}$$

순토압은,

$$\sigma_{net} = \sigma_7 = \sigma_p - \sigma_a$$
$$= (\gamma L_1 + \gamma' L_2 + \gamma_{sat}D) + 2c_u - (\gamma_{sat}D - 2c_u)$$
$$= 4c_u + (\gamma L_1 + \gamma' L_2) \tag{7.38}$$

평형조건
① $\sum F_x = 0$ 조건을 적용하면,

$$\sum F_x = AEJC의\ 면적 - FIBE의\ 면적 + \triangle\ GIH\ 면적$$
$$= P_1 - [4c_u - (\gamma L_1 + \gamma' L_2)]D$$
$$+ \frac{1}{2}L_4[4c_u - (\gamma L_1 + \gamma' L_2) + 4c_u + (\gamma L_1 + \gamma' L_2)] \tag{7.39}$$

여기서, $P_1 = AEJC의\ 면적$

식 (7.39)를 정리하면 다음 식을 구할 수 있다.

$$L_4 = \frac{[4c_u - (\gamma L_1 + \gamma' L_2)]D - P_1}{4c_u} \qquad (7.40)$$

② $\sum M_B = 0$ 조건을 적용하면,

$$\sum M_B = P_1(D + \bar{z}_1) - [4c_u - (\gamma L_1 + \gamma' L_2)] \cdot \frac{D^2}{2} + \frac{1}{2}L_4(8c_u)\left(\frac{L_4}{3}\right) = 0 \qquad (7.41)$$

여기서, $\bar{z}_1$ = 준설면에서 $AEJC$의 무게중심까지의 거리

식 (7.40)을 식 (7.41)에 대입하고 정리하면 다음과 같이 근입깊이 D에 관한 2차 방정식을 얻는다.

$$[4c_u - (\gamma L_1 + \gamma' L_2)]D^2 - 2P_1 D - \frac{P_1(P_1 + 12c_u \bar{z}_1)}{(\gamma L_1 + \gamma' L_2) + 2c_u} = 0 \qquad (7.42)$$

식 (7.42)를 풀면 이론적인 근입장 $D = D_{theory}$를 구할 수 있다.

토압 분포 및 근입깊이를 구하기 위한 계산 순서

---

(1) 뒤채움 사질토의 K_a 계산

(2) σ_1 및 σ_2 계산 : σ_1은 식 (7.1), σ_2는 식 (7.2)

(3) P_1과 $\bar{z}_1$ 계산 : $AEJC$의 면적과 작용점 계산

(4) 근입깊이 $D = D_{theory}$ 계산 : 식 (7.42)

(5) L_4 계산 : 식 (7.40)

(6) σ_6, σ_7 계산 : σ_6는 식 (7.35), σ_7은 식 (7.38)

(7) 토압 분포도를 그린다.

(8) 설계근입깊이를 구한다.

점토층은 비교적 연약하므로 사질토보다 큰 할증율을 적용한다. 즉,

$$D_{design} = (1.4 \sim 1.6)D_{theory} \tag{7.43}$$

2) 널말뚝에 작용하는 최대 휨모멘트

최대 휨모멘트는 E~G 사이에 존재한다. 점 E로 부터의 깊이를 z'으로 표시하면 전단력이 0이 되는 깊이는

$$P_1 - \sigma_6 z' = 0 \tag{7.44}$$

즉,

$$z' = \frac{P_1}{\sigma_6} \tag{7.44a}$$

최대 휨모멘트는 다음 식으로 계산된다.

$$M_{\max}z = P_1 \cdot (z' + \overline{z}_1) - (\sigma_6 z') \cdot \frac{1}{2} \tag{7.45}$$

[예제 7.2] 다음 (예제 그림 7.2)은 점토에 근입된 캔틸레버식 널말뚝을 보여준다.

(1) 설계근입장을 구하라. 단, 설계근입장은 이론근입장을 50% 할증하여 구하라.
(2) 널말뚝에 작용되는 단위길이당 최대 휨모멘트를 구하라.

[풀이]
(1) 근입깊이를 구하는 순서대로 풀어 보면 다음과 같다.
① 뒤채움 사질토의 K_a

$$K_a = \tan^2\!\left(45 - \frac{\phi'}{2}\right) = \tan^2\!\left(45 - \frac{33}{2}\right) = 0.295$$

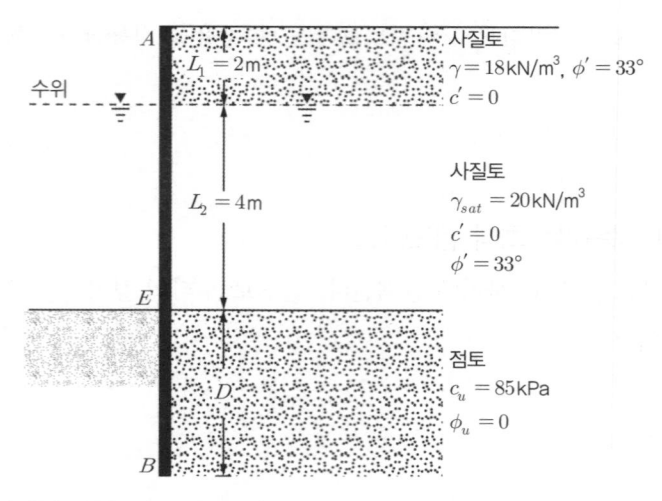

사질토
$\gamma = 18\text{kN/m}^3$, $\phi' = 33°$
$c' = 0$

수위

사질토
$\gamma_{sat} = 20\text{kN/m}^3$
$c' = 0$
$\phi' = 33°$

점토
$c_u = 85\text{kPa}$
$\phi_u = 0$

A
$L_1 = 2\text{m}$
$L_2 = 4\text{m}$
E
D
B

(예제 그림 7.2) 포화점토에 근입된 캔틸레버식 널말뚝

② σ_1, σ_2 계산

식 (7.1), (7.2)를 이용하여 각각 σ_1, σ_2를 구하면,

$$\sigma_1 = K_a \gamma L_1 = 0.295 \times 18 \times 2 = 10.62\,\text{kN/m}^2$$

$$\sigma_2 = K_a(\gamma L_1 + \gamma' L_2) = 0.295 \times (18 \times 2 + 10.19 \times 4) = 22.64\,\text{kN/m}^2$$

③ P_1과 $\overline{z_1}$ 계산

AEJC 면적을 이용하여 P_1값을 계산해보면,

$$P_1 = \frac{1}{2}\sigma_1 L_1 + \sigma_1 L_2 + \frac{1}{2}(\sigma_2 - \sigma_1)L_2$$

$$= \frac{1}{2} \times 10.62 \times 2 + 10.62 \times 4 + \frac{1}{2} \times (22.64 - 10.62) \times 4$$

$$= 77.14\,\text{kN/m}$$

$\overline{z_1}$ 계산을 위해서는 $\sum M_E$를 구해야 한다.

$$\sum M_E = 10.62 \times \left(4 + \frac{2}{3}\right) + 42.48 \times \left(\frac{4}{2}\right) + 24.04 \times \left(\frac{4}{3}\right) = 166.57\,\text{kN}$$

구해진 P_1과 $\sum M_E$로 $\overline{z_1}$을 구해보면 다음과 같다.

$$\overline{z_1} = \frac{\sum M_E}{P} = \frac{166.57}{75.14} = 2.22\,\mathrm{m}$$

④ 이론근입깊이 D_{theory}를 구한다.

식 (7.42)를 이용하여 D_{theory}를 구해보면,

$$[4c_u - (\gamma L_1 + \gamma' L_2)]D^2 - 2P_1 D - \frac{P_1(P_1 + 12c_u \overline{z_1})}{(\gamma L_1 + \gamma' L_2) + 2c_u} = 0$$

$$[4 \times 85 - (18 \times 2 + 10.19 \times 4)]D^2 - 2 \times 77.14 D - \frac{77.14 \times (77.14 + 12 \times 85 \times 2.22)}{(18 \times 2 + 10.19 \times 4) + 2 \times 85} = 0$$

$$263.24D^2 - 154.28D - 731.99 = 0$$

위의 2차 방정식을 풀어보면, 이론근입깊이는 다음과 같다.

$$D_{theory} \approx 1.99\,\mathrm{m}$$

이론 깊이에 1.5배 할증을 해주어 설계근입깊이를 구해보면 다음과 같다.

$$D_{design} = 1.5 D_{theory} \cong 3.0\,\mathrm{m}$$

⑤ L_4 계산

식 (7.40)을 이용하여 L_4를 계산해보면,

$$L_4 = \frac{[4c_u - (\gamma L_1 + \gamma' L_2)]D - P_1}{4c_u}$$

$$= \frac{[4 \times 85 - (18 \times 2 + 10.19 \times 4)] \times 1.99 - 77.14}{4 \times 85}$$

$$= 1.31\,\mathrm{m}$$

⑥ σ_6, σ_7 계산

식 (7.35)를 이용하여 σ_6를 계산해보면,

$$\sigma_6 = 4c_u - (\gamma L_1 + \gamma' L_2) = 4 \times 85 - (18 \times 2 + 10.19 \times 4) = 263.24 \, \text{kN/m}^2$$

식 (7.38)을 이용하여 σ_7를 계산해보면,

$$\sigma_7 = 4c_u + (\gamma L_1 + \gamma' L_2) = 4 \times 85 + (18 \times 2 + 10.19 \times 4) = 416.76 \, \text{kN/m}^2$$

⑦ 토압 분포도를 구해보면 (예제 그림 7.2a)와 같다.

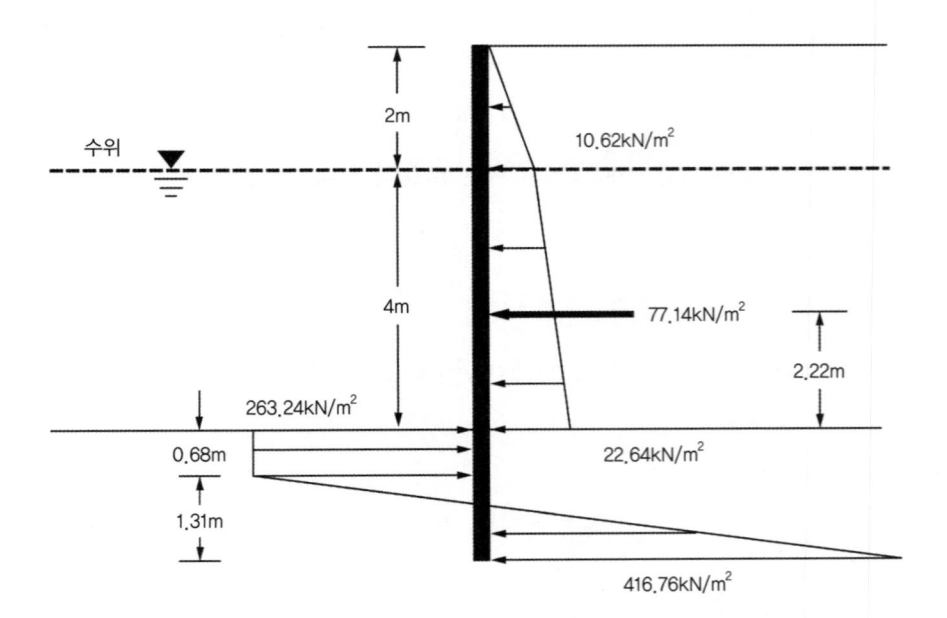

(예제 그림 7.2a) 점토에 근입된 캔틸레버식 널말뚝의 토압 분포도

(2) 최대 휨모멘트를 구한다.

위에서 구해진 σ_6으로 전단력이 0이 되는 z'을 계산해보면, (식 (7.44a) 이용)

$$z' = \frac{P_1}{\sigma_6} = \frac{77.14}{263.24} = 0.29 \, \text{m}$$

최대 휨모멘트를 구해보면 다음과 같다.

$$M_{\max} = P_1(z' + \overline{z_1}) - \frac{1}{2}(\sigma_6 z') = 77.14 \times (0.29 + 2.22) - \frac{1}{2} \times (263.24 \times 0.29)$$

$$= 155.45 \, \text{kN·m/m}$$

7.3 앵커 널말뚝

7.3.1 개 요

뒤채움 성토부분이 6m를 초과하는 경우, 캔틸레버식 널말뚝은 비경제적인 것으로 알려져 있다. 대신에 널말뚝 상단 근처에 앵커를 설치하면 훨씬 경제적으로 널말뚝을 설치할 수 있다. 그림 7.1에서 보여주는 바와 같이 뒤채움 성토를 하면서 쉽게 앵커를 설치할 수 있다. 앵커가 가미된 널말뚝을 앵커 널말뚝(anchored sheet pile wall)이라고 한다.

앵커 널말뚝 설계법에는 자유단 지지법(free earth support method)과 고정단 지지법(fixed earth support method)의 두 가지가 있다(그림 7.7). 자유단 지지법은 그림 7.7(a)에서 보여주는 바와 같이 널말뚝 하단이 고정되지 않아서 수평방향으로 변형이 생길 수 있는 경우이며, 이에 반하여 고정단 지지법은 그림 7.7(b)에서와 같이 널말뚝이 충분히 근입되어서 널말뚝 하단부위가 고정되어 있다고 가정하는 경우이다. 비록 자유단 지지법에 의한 근입장이 상대적으로 작을 수는 있으나, 이론근입장을 구하여 할증을 충분히 해주면 안정상에 문제가 없다. 널말뚝 해석 또한 자유단 지지법이 수월하여 실제 설계 시에 자유단 지지법이 주로 사용된다. 이 책에서도 자유단 지지법을 소개할 것이다.

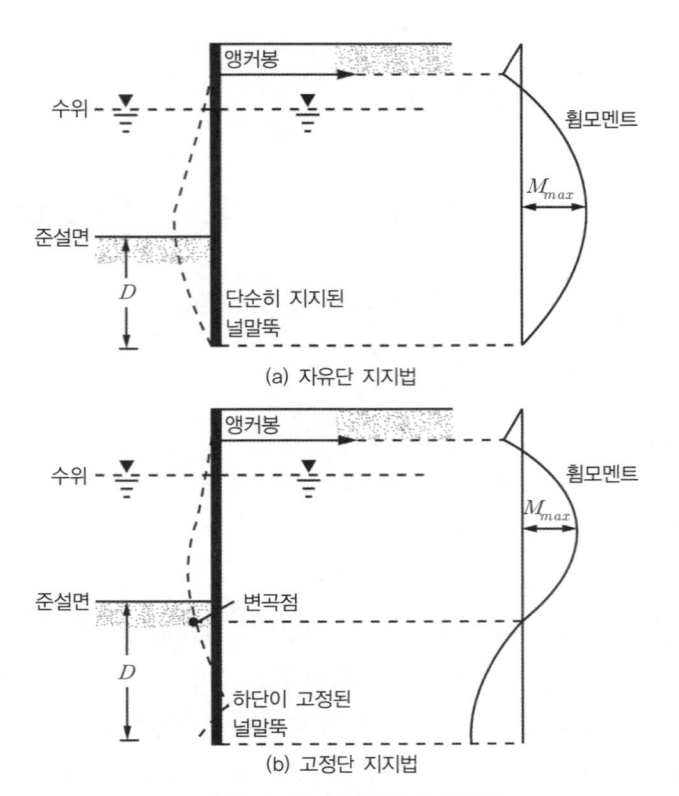

그림 7.7 앵커 널말뚝의 해석법

7.3.2 사질토에 근입된 앵커 널말뚝의 자유단 지지법

그림 7.8은 사질토에 근입된 앵커 널말뚝의 순토압 분포를 보여준다. 앵커는 널말뚝 상단에서 깊이 l_1 되는 곳에 1단만 설치하는 것으로 가정한다. 순토압 분포는 오히려 캔틸레버식보다 단순하다. 널말뚝은 준설면쪽으로만 변위가 발생하므로 배면 측은 주동토압 준설면 측은 수동토압이 작용한다. 단, 앵커에 작용되는 단위폭당 힘을 F라고 하자.

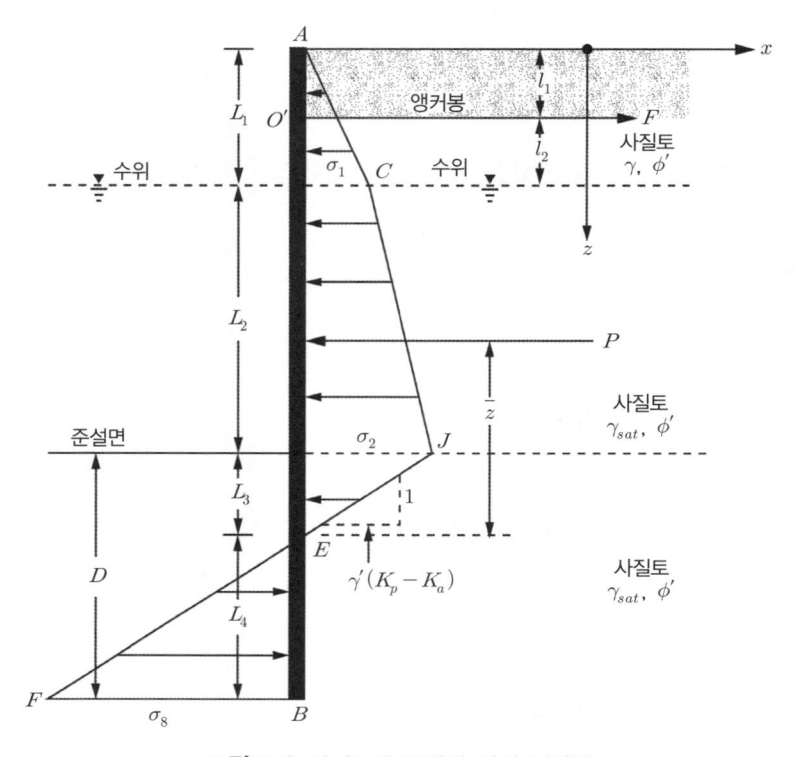

그림 7.8 사질토에 근입된 앵커 널말뚝

1) 토압 분포 및 앵커에 작용되는 인장력

C, J점

σ_1 및 σ_2는 캔틸레버식의 경우와 동일하다.

$$\sigma_1 = K_a \gamma L_1 \tag{7.1}$$

$$\sigma_2 = K_a(\gamma L_1 + \gamma' L_2) \tag{7.2}$$

준설면 하단

순토압의 기울기는 $\dfrac{1}{(K_p - K_a)\gamma'}$ 이다.

$z = L_1 + L_2 + L_3$에서 순토압이 0이 된다고 하면 L_3은 식 (7.6)으로 구할 수 있다.

$$L_3 = \frac{\sigma_2}{(K_p - K_a)\gamma'} \tag{7.6}$$

$z = L_1 + L_2 + L_3 + L_4$에서 순토압은 다음 식과 같다.

$$\sigma_8 = (K_p - K_a)\gamma' L_4 \tag{7.46}$$

평형조건

① $\sum F_x = 0$ 조건을 적용하면,

$$
\begin{aligned}
\sum F_x &= AEJC\text{의 면적} - \triangle EFB\text{의 면적} + F \\
&= P - \frac{1}{2}\sigma_8 L_4 - F = 0
\end{aligned} \tag{7.47}
$$

앵커에 작용되는 인장력은 다음과 같이 구한다.

$$F = P - \frac{1}{2}\sigma_8 L_4 = P - \frac{1}{2}[(K_p - K_a)\gamma' L_4] \cdot L_4 = P - \frac{1}{2}(K_p - K_a)\gamma' L_4^2 \tag{7.48}$$

여기서, $P = AEJC$의 면적

② $\sum M_{O'} = 0$ 조건을 적용하면(O'은 앵커 설치 지점),

$$
\begin{aligned}
\sum M_{o'} &= -P[(L_1 + L_2 + L_3) - (\bar{z} + l_1)] \\
&\quad + \frac{1}{2}(K_p - K_a)\gamma' L_4^2\left(l_2 + L_2 + L_3 + \frac{2}{3}L_4\right) = 0
\end{aligned} \tag{7.49}
$$

식 (7.49)를 정리하면,

$$L_4^3 + 1.5(l_2 + L_2 + L_3)L_4^2 - \frac{3P[(L_1 + L_2 + L_3) - (\bar{z} + l_1)]}{(K_p - K_a)\gamma'} = 0 \tag{7.50}$$

식 (7.50)을 시행착오법으로 풀면 L_4를 구할 수 있다. 이론으로 구한 근입깊이는

$$D_{theory} = L_3 + L_4 \tag{7.51}$$

설계근입깊이는 이론으로 구한 근입깊이를 30~40% 할증시켜서 구한다.

$$D_{design} = (1.3 \sim 1.4)D_{theory} \tag{7.52}$$

토압 분포 및 앵커에 작용하는 인장력, 근입깊이를 구하기 위한 계산 순서

(1) K_a 및 K_p 계산

(2) σ_1 및 σ_2 계산 : σ_1은 식 (7.1), σ_2는 식 (7.2)

(3) L_3 계산 : 식 (7.6)

(4) P 계산 : $AEJC$의 면적을 구함

(5) $\bar{z}$ 계산 : $\sum M_E$로 계산

(6) L_4 계산 : 식 (7.50)을 시행착오법으로 구한다.

(7) 토압 분포도를 그린다.

(8) 근입깊이 계산 : 식 (7.51)~(7.52)

(9) 앵커에 작용하는 인장력 계산 : 식 (7.48)

2) 널말뚝에 작용하는 최대 휨모멘트

최대 휨모멘트는 C~J 사이에서 존재한다($z = L_1 \sim z = L_1 + L_2$ 사이). 전단력이 '0'이 되는 깊이를 z라고 하면,

$$\frac{1}{2}\sigma_1 L_1 - F + \sigma_1(z - L_1) + \frac{1}{2}K_a\gamma'(z - L_1)^2 = 0 \tag{7.53}$$

식 (7.53)을 풀어서 z를 구하면 z에서의 휨모멘트는 다음 식으로 구한다.

$$M_{\max} = -\left(\frac{1}{2}\sigma_1 L_1\right) \cdot \left(z - \frac{2}{3}L_1\right) - \sigma_1(z - L_1) \cdot \left(\frac{z - L_1}{2}\right)$$

$$-\frac{1}{2}K_a\gamma'(z - L_1)^2 \cdot \left(\frac{z - L_1}{3}\right) + F(z - l_1) \tag{7.54}$$

[예제 7.3] 다음 (예제 그림 7.3)의 앵커 널말뚝에 대하여 자유단 지지법으로 다음을 구하라.

(1) 설계근입장을 구하라. 단, 설계근입장은 이론근입장을 40% 할증하여 구하라.

(2) 단위폭당 앵커에 작용하는 인장력을 구하라.

(3) 널말뚝에 작용되는 단위길이당 최대 휨모멘트를 구하라.

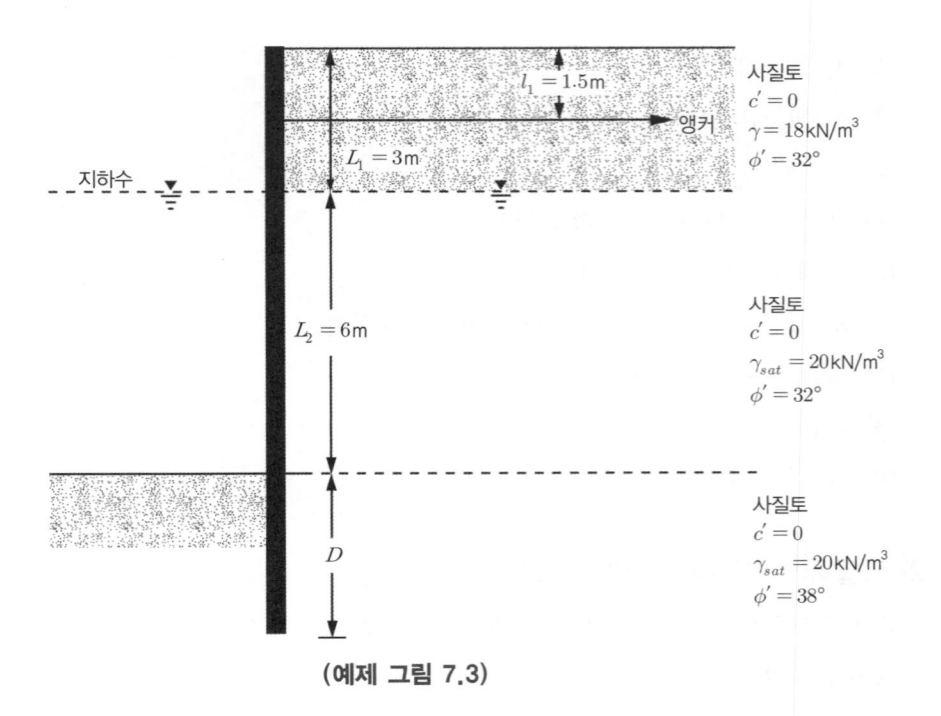

(예제 그림 7.3)

[풀이]

(1) 근입깊이를 구하는 순서대로 풀어 보면 다음과 같다.

① K_a 및 K_p 계산

  − L_1, L_2 구간

$$K_a = \tan^2\left(45 - \frac{\phi'}{2}\right) = \tan^2\left(45 - \frac{32}{2}\right) = 0.307$$

$$K_p = \tan^2\left(45 + \frac{\phi'}{2}\right) = \tan^2\left(45 + \frac{32}{2}\right) = 3.255$$

- D 구간

$$K_a = \tan^2\left(45 - \frac{\phi'}{2}\right) = \tan^2\left(45 - \frac{38}{2}\right) = 0.238$$

$$K_p = \tan^2\left(45 + \frac{\phi'}{2}\right) = \tan^2\left(45 + \frac{38}{2}\right) = 4.204$$

② σ_1, σ_2 계산

식 (7.1), (7.2)를 이용하여 각각 σ_1, σ_2를 구하면,

$$\sigma_1 = K_a \gamma L_1 = 0.307 \times 18 \times 3 = 16.58\,\text{kN/m}^2$$

$$\sigma_2 = K_a(\gamma L_1 + \gamma' L_2) = 0.307 \times (18 \times 3 + 10.19 \times 6) = 35.35\,\text{kN/m}^2$$

③ L_3 계산

식 (7.6)을 이용하여 L_3를 구하면,

$$L_3 = (z - L) = \frac{\sigma_2}{(K_p - K_a)\gamma'} = \frac{35.35}{(10.19)(4.204 - 0.238)} = 0.87\,\text{m}$$

④ P 계산

AEJC의 면적을 이용하여 P값을 계산해보면,

$$P = \frac{1}{2}\sigma_1 L_1 + \sigma_1 L_2 + \frac{1}{2}(\sigma_2 - \sigma_1)L_2 + \frac{1}{2}\sigma_2 L_3$$

$$= \frac{1}{2} \times 16.58 \times 3 + 16.58 \times 6 + \frac{1}{2} \times (35.35 - 16.58) \times 6 + \frac{1}{2} \times 0.87 \times 35.35$$

$$= 196.04\,\text{kN/m}$$

⑤ $\bar{z}$ 계산

$\bar{z}$를 계산하기 위해서는 먼저 $\sum M_E$를 구해야 한다.

$$\sum M_E = 24.87 \times \left(0.87 + 6 + \frac{3}{3}\right) + 99.48 \times \left(\frac{6}{2} + 0.87\right)$$
$$+ 56.31 \times \left(0.87 + \frac{6}{3}\right) + 15.38 \times \frac{2}{3} \times 0.87$$
$$= 751.24\,\text{kN}$$

$$\bar{z} = \frac{\sum M_E}{P} = \frac{751.24}{196.04} = 3.83\,\text{m}$$

⑥ L_4 계산

식 (7.50)을 이용하여 L_4를 계산해보면,

$$L_4^3 + 1.5(l_2 + L_2 + L_3)L_4^2 - \frac{3P[(L_1 + L_2 + L_3) - (\bar{z} + l_1)]}{(K_p - K_a)\gamma'} = 0$$

$$L_4^3 + 1.5(1.5 + 6 + 0.87)L_4^2 - \frac{3 \times 308.73[(3 + 6 + 0.87) - (3.83 + 1.5)]}{(4.204 - 0.238) \times 10.19} = 0$$

$$L_4^3 + 12.56 L_4^2 - 104.05 = 0$$

시행착오법으로 위의 식을 풀어보면,

$$L_4 \approx 2.6\ \text{m}$$

이론근입깊이 $D_{theory} = L_3 + L_4$이므로, $D_{theory} = 0.87 + 2.6 = 3.47\,\text{m}$과 같이 구할 수 있다. 설계근입깊이를 이론근입깊이에서 30% 할증하여 구하면 다음과 같다.

$$D_{design} = 1.4 D_{theory} = 1.4 \times 3.47 \cong 4.9\text{m}$$

⑦ 토압 분포도를 그려보면 (예제 그림 7.3a)와 같다.

단, $\sigma_8 = \gamma'(K_p - K_a)L_4$

$\qquad = 10.19 \times (4.204 - 0.238) \times 2.6$

$\qquad = 105.08\,\text{kN/m}^2$

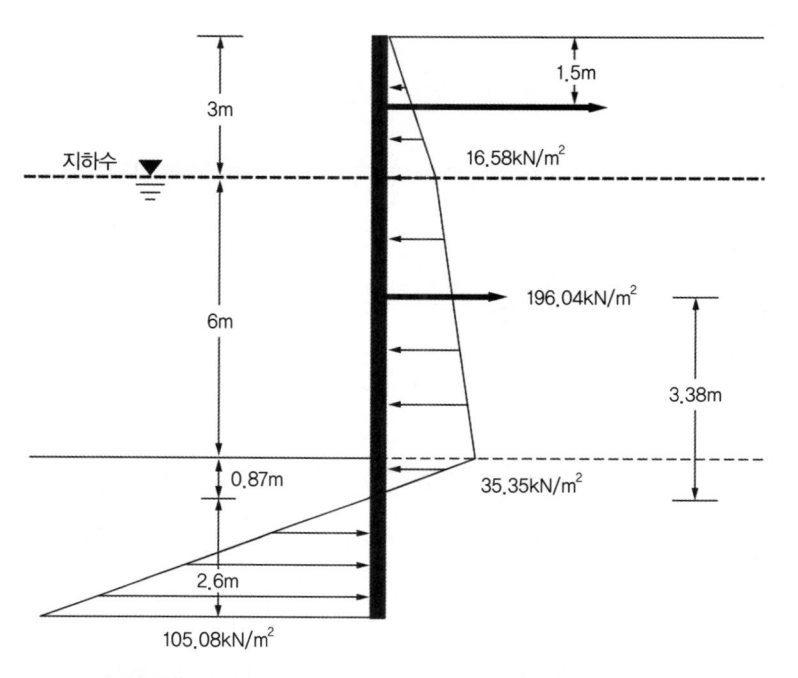

(예제 그림 7.3a) 사질토에 근입된 앵커 널말뚝의 토압 분포도

(2) 단위 길이당 작용하는 앵커의 인장력은 힘의 평형관계를 통해 구할 수 있다.
식 (7.48)을 이용하여 단위폭당 작용하는 앵커의 인장력을 구해보면 다음과 같다.

$$F = P - \frac{1}{2}(K_p - K_a)\gamma'L_4^2$$

$$F = 196.04 - \frac{1}{2} \times (4.204 - 0.238) \times 10.19 \times 2.6^2 = 59.44\,\text{kN/m}$$

(3) 최대 휨모멘트는 전단력이 0이 되는 위치에서 발생하기 때문에 전단력이 0이 되는 z의
위치를 구해보면 다음과 같다(식 (7.53) 이용).

$$\frac{1}{2}\sigma_1 L_1 - F + \sigma_1(z - L_1) + \frac{1}{2}K_a\gamma'(z - L_1)^2 = 0$$

$$\frac{1}{2} \times 16.58 \times 3 - 59.44 + 16.58 \times (z-3) + \frac{1}{2} \times 0.307 \times 10.19 \times (z-3)^2 = 0$$

$$1.56z^2 + 7.19z - 70.23 = 0$$

위의 2차방정식을 풀어보면,

$$z \approx 4.79\,\text{m}$$

구해진 전단력이 0이 되는 위치에서의 휨모멘트를 구해보면 다음과 같다.

$$
\begin{aligned}
M_{\max} =& -\left(\frac{1}{2}\sigma_1 L_1\right) \cdot \left(z - \frac{2}{3}L_1\right) - \sigma_1(z - L_1) \cdot \left(\frac{z - L_1}{2}\right) \\
& -\frac{1}{2}K_a\gamma'(z - L_1)^2 \cdot \left(\frac{z - L_1}{3}\right) + F(z - l_1) \\
=& -\left(\frac{1}{2} \times 16.58 \times 3\right) \cdot \left(4.79 - \frac{2}{3} \times 3\right) - 16.58 \times (4.79 - 3) \cdot \left(\frac{4.79 - 3}{2}\right) \\
& -\frac{1}{2} \times 0.307 \times 10.19 \times (4.79 - 3)^2 \cdot \left(\frac{4.79 - 3}{3}\right) + 59.44 \times (4.79 - 1.5) \\
=& \ 96.62\,\text{kN·m/m}
\end{aligned}
$$

7.3.3 점토에 근입된 앵커 널말뚝의 자유단 지지법

그림 7.9는 점토지반에 근입된 앵커 널말뚝의 순토압 분포를 보여준다.

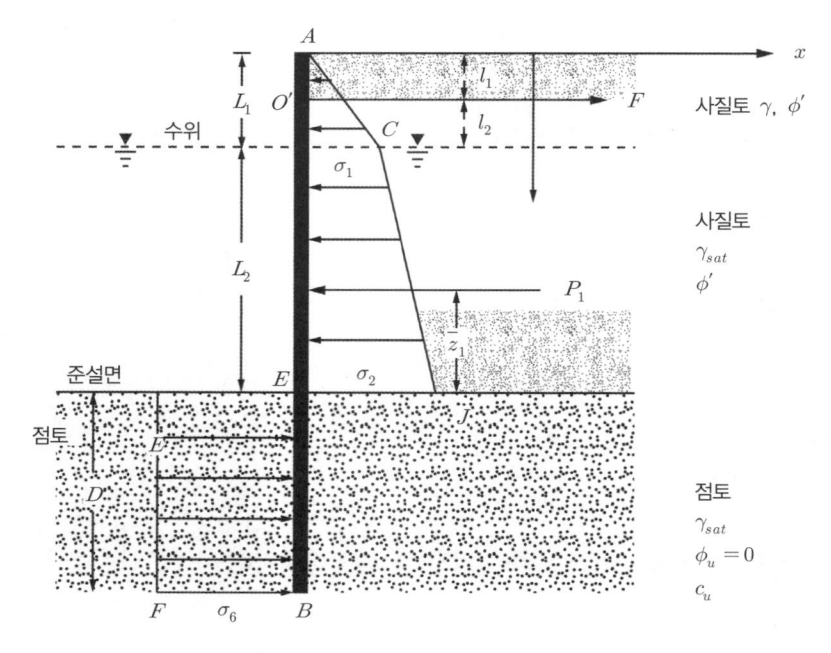

그림 7.9 점토지반에 근입된 앵커 말뚝

1) 토압 분포 및 앵커에 작용되는 인장력

C, J점

$$\sigma_1 = K_a \gamma L_1 \tag{7.1}$$

$$\sigma_2 = K_a(\gamma L_1 + \gamma' L_2) \tag{7.2}$$

준설면 하부

σ_6는 식 (7.35)와 동일하다.

$$\sigma_6 = 4c_u - (\gamma L_1 + \gamma' L_2) \tag{7.35}$$

평형조건

① $\sum F_x = 0$ 조건을 적용하면

$$\sum F_x = -P_1 + \sigma_6 D + F = 0 \tag{7.55}$$

앵커에 작용되는 인장력은(단위폭당)

$$F = P_1 - \sigma_6 D \tag{7.56}$$

여기서, $P_1 = AEJC$의 면적

② $\sum M_{o'} = 0$ 조건을 적용하면

$$\sum M_{o'} = P_1(L_1 + L_2 - l_1 - \overline{z}_1) - \sigma_6 D\left(l_2 + L_2 + \frac{D}{2}\right) = 0 \tag{7.57}$$

식 (7.57)을 정리하면

$$\sigma_6 D^2 + 2\sigma_6(L_1 + L_2 - l_1)D - 2P_1(L_1 + L_2 - l_1 - \overline{z}_1) = 0 \tag{7.58}$$

식 (7.58)을 풀면 이론적인 근입깊이 D_{theory}를 구할 수 있다. 설계근입깊이는,

$$D_{design} = (1.4 \sim 1.6)D_{theory} \tag{7.59}$$

토압 분포 및 앵커 인장력, 근입깊이를 구하기 위한 계산 순서

(1) 뒤채움 사질토의 K_a 계산
(2) σ_1 및 σ_2 계산 : σ_1은 식 (7.1), σ_2는 식 (7.2)
(3) P_1과 $\overline{z}_1$ 계산 : $AEJC$의 면적과 작용점 계산
(4) σ_6 계산 : 식 (7.35)
(5) 근입깊이 $D = D_{theory}$ 계산 : 식 (7.58)
(6) 토압 분포도를 그린다.
(7) 설계근입깊이를 구한다 : 식 (7.43)

(8) 앵커에 작용하는 인장력 계산 : 식 (7.56)

2) 널말뚝에 작용하는 최대 휨모멘트

최대 휨모멘트는 사질토의 경우와 마찬가지로 C~J 사이($z = L_1 \sim z = L_1 + L_2$ 사이)에 존재한다. 전단력이 '0'이 되는 점은 식 (7.53)으로 휨모멘트는 식 (7.54)로 계산한다.

$$\frac{1}{2}\sigma_1 L_1 - F + \sigma_1 (z - L_1) + \frac{1}{2}K_a \gamma'(z - L_1)^2 = 0 \tag{7.53}$$

$$M_{\max} = -\left(\frac{1}{2}\sigma_1 L_1\right) \cdot \left(z - \frac{2}{3}L_1\right) - \sigma_1 (z - L_1) \cdot \left(\frac{z - L_1}{2}\right)$$

$$\quad - \frac{1}{2}K_a \gamma'(z - L_1)^2 \cdot \left(\frac{z - L_1}{3}\right) + F(z - l_1) \tag{7.54}$$

[예제 7.4] 다음 (예제 그림 7.4)의 앵커 널말뚝에 대하여 자유단 지지법으로 다음을 구하라.

(1) 설계근입장을 구하라. 단, 설계근입장은 이론근입장을 50% 할증하여 구하라.
(2) 단위폭당 앵커에 작용하는 인장력을 구하라.
(3) 널말뚝에 작용되는 단위길이당 최대 휨모멘트를 구하라.

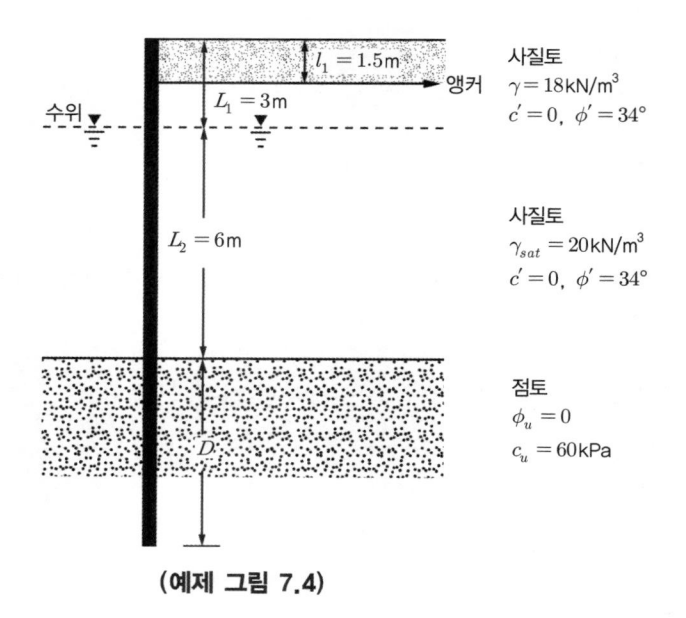

(예제 그림 7.4)

[풀이]

(1) 근입깊이를 구하는 순서대로 풀어보면 다음과 같다.

① 뒤채움 사질토의 K_a

$$K_a = \tan^2\left(45 - \frac{\phi'}{2}\right) = \tan^2\left(45 - \frac{34}{2}\right) = 0.283$$

② σ_1, σ_2 계산

식 (7.1), (7.2)를 이용하여 각각 σ_1, σ_2를 구하면,

$$\sigma_1 = K_a \gamma L_1 = 0.283 \times 18 \times 3 = 15.28\,\text{kN/m}^2$$
$$\sigma_2 = K_a(\gamma L_1 + \gamma' L_2) = 0.283 \times (18 \times 3 + 10.19 \times 6) = 32.58\,\text{kN/m}^2$$

③ P_1과 $\overline{z_1}$ 계산

AEJC의 면적을 이용하여 P_1 값을 계산해보면,

$$P_1 = \frac{1}{2}\sigma_1 L_1 + \sigma_1 L_2 + \frac{1}{2}(\sigma_2 - \sigma_1)L_2$$
$$= \frac{1}{2} \times 15.28 \times 3 + 15.28 \times 6 + \frac{1}{2} \times (32.58 - 15.28) \times 6$$
$$= 166.5\,\text{kN/m}$$

$\overline{z_1}$ 계산을 위해서는 $\sum M_E$를 구해야 한다.

$$\sum M_E = 22.92 \times \left(6 + \frac{3}{3}\right) + 91.68 \times \left(\frac{6}{2}\right) + 51.91 \times \left(\frac{6}{3}\right) = 539.3\,\text{kN}$$

구해진 P_1과 $\sum M_E$로부터 $\overline{z_1}$을 구해보면 다음과 같다.

$$\overline{z_1} = \frac{\sum M_E}{P} = \frac{539.3}{166.5} = 3.24\,\text{m}$$

④ σ_6 계산

식 (7.35)를 이용하여 σ_6를 계산하면 다음과 같다.

$$\sigma_6 = 4c_u - (\gamma L_1 + \gamma' L_2) = 4 \times 60 - (18 \times 3 + 10.19 \times 6) = 124.86 \, \text{kN/m}^2$$

⑤ 이론근입깊이 D_{theory}를 구한다(식 (7.58) 이용).

$$\sigma_6 D^2 + 2\sigma_6 (L_1 + L_2 - l_1)D - 2P_1 (L_1 + L_2 - l_1 - z) = 0$$
$$124.86 D^2 + 2 \times 124.86 \times (3 + 6 - 1.5)D - 2 \times 166.5 \times (3 + 6 - 1.5 - 3.23) = 0$$
$$124.86 D^2 + 1872.9D - 1418.58 = 0$$

위의 2차 방정식을 풀어 이론근입깊이를 구해보면 다음과 같다.

$$D_{theory} \approx 0.72 \, \text{m}$$

이론 깊이에 1.5배 할증을 해주어 설계근입깊이를 구해보면 다음과 같다.

$$D_{design} = 1.5 D_{theory} = 1.5 \times 0.72 \cong 1.1$$

⑥ 토압 분포도를 그려보면 (예제 그림 7.4a)와 같다.

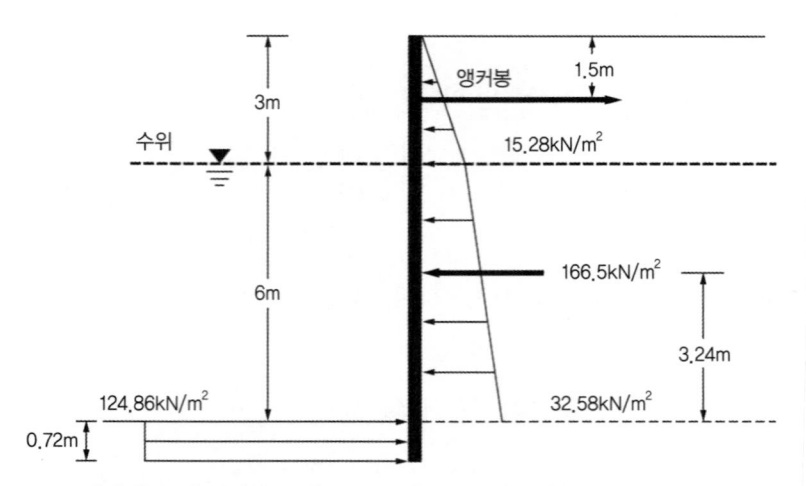

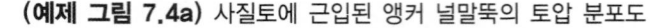

(예제 그림 7.4a) 사질토에 근입된 앵커 널말뚝의 토압 분포도

(2) 단위폭당 작용하는 앵커의 인장력은 힘의 평형관계를 통해 구할 수 있다. 식 (7.56)을 이용하여 단위폭당 작용하는 앵커의 인장력을 구해보면 다음과 같다.

$$F = P_1 - \sigma_6 D = 166.5 - 124.86 \times 0.72 = 76.6 \, \text{kN/m}$$

(3) 최대 휨모멘트는 전단력이 0이 되는 위치에서 발생하기 때문에 전단력이 0이 되는 z 의 위치를 구해보면 다음과 같다(식 (7.53) 이용).

$$\frac{1}{2}\sigma_1 L_1 - F + \sigma_1(z - L_1) + \frac{1}{2}K_a \gamma'(z - L_1)^2 = 0$$

$$\frac{1}{2} \times 15.28 \times 3 - 76.6 + 15.28 \times (z - 3) + \frac{1}{2} \times 0.283 \times 10.19 \times (z - 3)^2 = 0$$

$$1.44z^2 + 6.63z - 86.54 = 0$$

위의 2차 방정식을 풀어보면,

$$z \approx 5.78 \, \text{m}$$

구해진 전단력이 0이 되는 위치에서의 휨모멘트를 구해보면 다음과 같다.

$$M_{\max} = -\left(\frac{1}{2}\sigma_1 L_1\right) \cdot \left(z - \frac{2}{3}L_1\right) - \sigma_1(z - L_1) \cdot \left(\frac{z - L_1}{2}\right)$$

$$- \frac{1}{2}K_a\gamma'(z - L_1)^2 \cdot \left(\frac{z - L_1}{3}\right) + F(z - l_1)$$

$$= -\left(\frac{1}{2} \times 15.28 \times 3\right) \cdot \left(5.78 - \frac{2}{3} \times 3\right) - 15.28 \times (5.78 - 3) \cdot \left(\frac{5.78 - 3}{2}\right)$$

$$- \frac{1}{2} \times 0.283 \times 10.19 \times (5.78 - 3)^2 \cdot \left(\frac{5.78 - 3}{3}\right) + 76.6 \times (5.78 - 1.5)$$

$$= 171.84 \, \text{kN·m/m}$$

Note

(1) Rowe의 모멘트 감소법

널말뚝은 연성구조(flexible structure)이므로 횡방향 변형이 발생하며, 시공 중과 시공 후에도 토압은 계속하여 재분배된다. 토압의 재분배가 일어나면 널말뚝에 작용되는 휨모멘트는 감소하는 것으로 알려져 있다. Rowe(1957)는 자유단 지지법으로 계산된 널말뚝의 최대 휨모멘트를 감소시키는 방법을 제시하였다. 널말뚝이 유연하면 유연할수록 모멘트는 감소하는 것으로 알려져 있다. 관심 있는 독자는 Das(2008), 오정환, 조철현(2004) 참고문헌을 참조하기 바란다.

(2) Rowe의 모멘트 감소법에 대한 저자의 소고

널말뚝을 제한적인 기간에만 설치되는 가시설로 이용하는 경우, Rowe의 감소법으로 설계 휨모멘트를 줄여서 설계함에 무리가 되지 않는다. 그러나 널말뚝을 영구구조물로 설치하는 경우는 신중을 기함이 좋다. 흙은 변형으로 인하여 주동토압으로 작용된다 하더라도 오랜 시간이 흐르면, 널말뚝 배면토 자체도 in-situ mechanics로 변모해갈 수 있다. 즉, 긴 세월이 지나면 주동토압으로부터 정지토압으로 토압이 증가할 수도 있기 때문에 가능하면 안전 측으로 설계할 것을 추천한다.

정리

이 장에서 널말뚝은 (반)영구구조물로서 배면뒤채움은 성토로 이루어진다. 대부분의 경우 수위는 준설 측과 배면 측이 동일하다. 배면 측의 주동토압을 준설 측의 수동토압과 또는 배면 측에 설치한 앵커력으로 견뎌준다. 널말뚝에 작용하는 토압에 의한 압력을 작용시킨 후에는 빔(beam) 구조물 해석에 의하여 단면을 설계한다.

7.4 앵 커

7.4.1 개 요

앞 절에서 제시한 앵커 널말뚝은 결국 뒤채움 부분에 앵커를 설치하여서, 앞 절에서 구한 단위폭당 앵커가 받는 인장력 F를 지지할 수 있도록 해야 한다. 앵커의 형태는 그림 7.10에 표시되어 있다. 그림 7.10(a)에 표시된 앵커판과 앵커보는 보통 콘크리트 블록으로 만들어지고, 앵커 연결봉(tie-rod)에 의해 널말뚝과 연결된다. 물론 연결봉을 널말뚝에 직접 연결하는 것이 아니라, 널말뚝 앞면에 띠장(wale, 수평보)을 설치하고 이 띠장과 연결봉을 연결한다. 그림 7.10(b)와 (c)는 각각 연직말뚝, 경사말뚝으로 지지된 앵커보를 나타낸 것이다. 그림 7.10(d)에 표시된 것은 타이백(tie back) 앵커 또는 어스앵커(earth anchor)라 불린다(차후에는 어스앵커로 통일하기로 한다). 미리 천공을 하고 인장재를 삽입하고 정착부를 시멘트 현탁액을 주입하여 정착시키는 것이다. 이는 근본적으로 정착부에서의 인발저항력으로 인장력을 버티는 구조로서, 실제로 성토지반에서는 사용하기 어렵다. 따라서 널말뚝 뒤채움에서는 어스앵커를 거의 사용하지 않는다. 8장에서 다룰 흙막이공에서는 배면지반이 원지반이므로 지보재(또는 버팀구조로)로 많이 사용된다. 어스앵커는 흙막이공 버팀구조로서 뿐만 아니라 사면안정대책 공법으로도 많이 애용되는 토류구조물이므로 9장에서 심도 있게 다루고자 한다. 여기에서는 뒤채움 성토와 동시에 쉽게 시공할 수 있는 앵커판(또는 앵커보)과 앵커 말뚝 지지원리만을 간략히 소개하고자 한다.

7.4.2 앵커의 지지원리

앵커판과 앵커말뚝은 근본적으로 판(또는 말뚝) 전면부 지반의 수동토압으로 앵커 인장력을 견디는 것이다. 따라서 앵커판의 설치 위치는 그림 7.10(a)(또는 7.10(b))에서 보여주는 바와 같이 널말뚝의 주동파괴단면 바깥쪽일 뿐만 아니라, 앵커판의 수동파괴 단면 우측에 위치해야 한다.

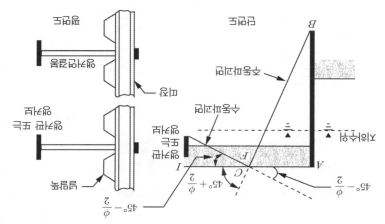

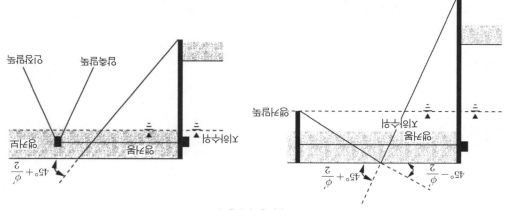

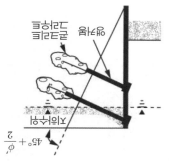

그림 7.10 옹벽의 연직철근 종류

앵커판의 극한저항력

그림 7.11과 같이 높이 h, 직각방향의 폭 B인 앵커판의 저항력은(안전하게 plane strain 조건, 즉 줄기초와 같이 가정하면) 다음 식으로 구할 수 있다(단, $H/h \leq 1.5 \sim 2.0$인 경우).

$$P_u = (P_p - P_a) \cdot B \tag{7.60}$$

여기서, P_u = 앵커의 극한저항력

B = 앵커판의 폭

P_p, P_a = 단위길이당 Rankine 수동 및 주동토압

즉,

$$P_p = \frac{1}{2} K_p \gamma H^2 \tag{7.61}$$

$$P_a = \frac{1}{2} K_a \gamma H^2 \tag{7.62}$$

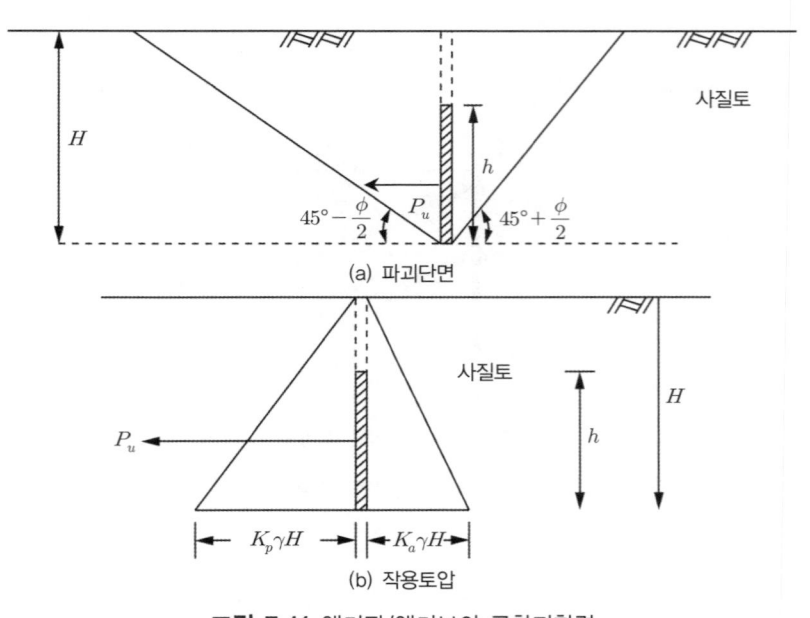

그림 7.11 앵커판/앵커보의 극한저항력

식 (7.60)은 plane strain 조건을 고려한 경우이므로, 비교적 저항력이 적게 산출되며, 3차원 파괴단면을 고려할 수도 있다.

한편 앵커 말뚝의 경우는 4.3.2절에서 상세히 소개한 극한평형법에 의한 수평저항력을 앵커 저항력으로 간주하면 될 것이다.

참 고 문 헌

주요 참고문헌

•Das, B.M.(2008), Principles of Foundation Engineering, 6th Edition, Cengage Learning.

기타 참고문헌

•오정환, 조철현(2004), 흙막이 공학, 구미서관

제3편

절취지반 보강 공법

지반을 절취하는 경우 사면개착 공법(open cut)이 가장 바람직하나, 여건이 되지 않은 경우 보강 공법을 채택하며, 완전히 연직으로 절취하여야 하는 경우 흙막이 벽(braced cut) 공법을 선택하거나 소일네일링(soil nailing) 공법을 사용하기도 한다. 한편, 절취사면의 안정화를 도모하기 위하여 소일네일링, 앵커, 말뚝 등으로 보강할 수도 있다.

제8장

흙막이 구조물

흙막이 구조물

8.1 개 괄

지반을 굴착하고자 할 때, 가장 저렴하고 안정성도 보장할 수 있는 공법은 사면개착 공법 (slope open cut)이다. 그러나 굴착깊이가 커지면 토공량이 커지고 넓은 용지를 필요로 한다.

이에 반하여 흙막이 벽을 지중에 미리 설치하고 굴착을 하면 연직으로 굴착할 수 있어서 토공량이 적고, 연약지반에서도 굴착이 가능하다. 흙막이 구조물은 주로 가설구조물로 이용된다.

8.1.1 흙막이 공법의 지지원리

흙막이 공법은 흙막이 벽을 먼저 지중에 설치하고, 설치된 흙막이 벽 안쪽을 단계적으로 굴착하게 된다. 굴착이 진행되면 원지반 쪽과 굴착된 지반 쪽에 불평등 하중이 작용된다. 다시 말하여 흙막이 벽은 하중을 받아주는 보(beam)로 간주될 수 있으며 배면지반은 보에 작용되는 하중으로 대치된다. 이 하중을 우선적으로 흙막이 벽이 받아주고 흙막이 벽에 작용되는 하중을 궁극적으로 받아주는 주체에 따라서 다음의 세 가지 공법으로 나뉜다(말뚝기초편에서 설명하였듯이 말뚝은 사실상 상부하중을 지반에 깊게 전달해주는 매개체로 작용하는 원리와 비슷하다. 그림 8.1 참조).

1) 자립식 흙막이 공법

자립식 흙막이 공법은 그림 8.1(a)에서 보여주는 바와 같이 배면토압이 흙막이 벽에 작용되면 우선은 흙막이 벽의 휨저항으로 버티고 궁극적으로는 굴착 저면부 흙의 수동토압으로 버티며 굴착을 진행하는 공법이다. 수동토압으로 버티려면 지반 자체도 양호해야 하며, 수동토압이 유발되기 위해서는 벽체의 변형이 상대적으로 커야 한다. 따라서 적용성에는 한계가 있다.

2) 버팀보식 흙막이 공법

그림 8.1(b)에서와 같이 벽체에 작용되는 하중을 궁극적으로 버팀보(스트럿(strut) 또는 레이커(raker))로 전이시켜서 버팀보가 최종하중을 받거나 아니면 레이커 시스템인 경우 결국

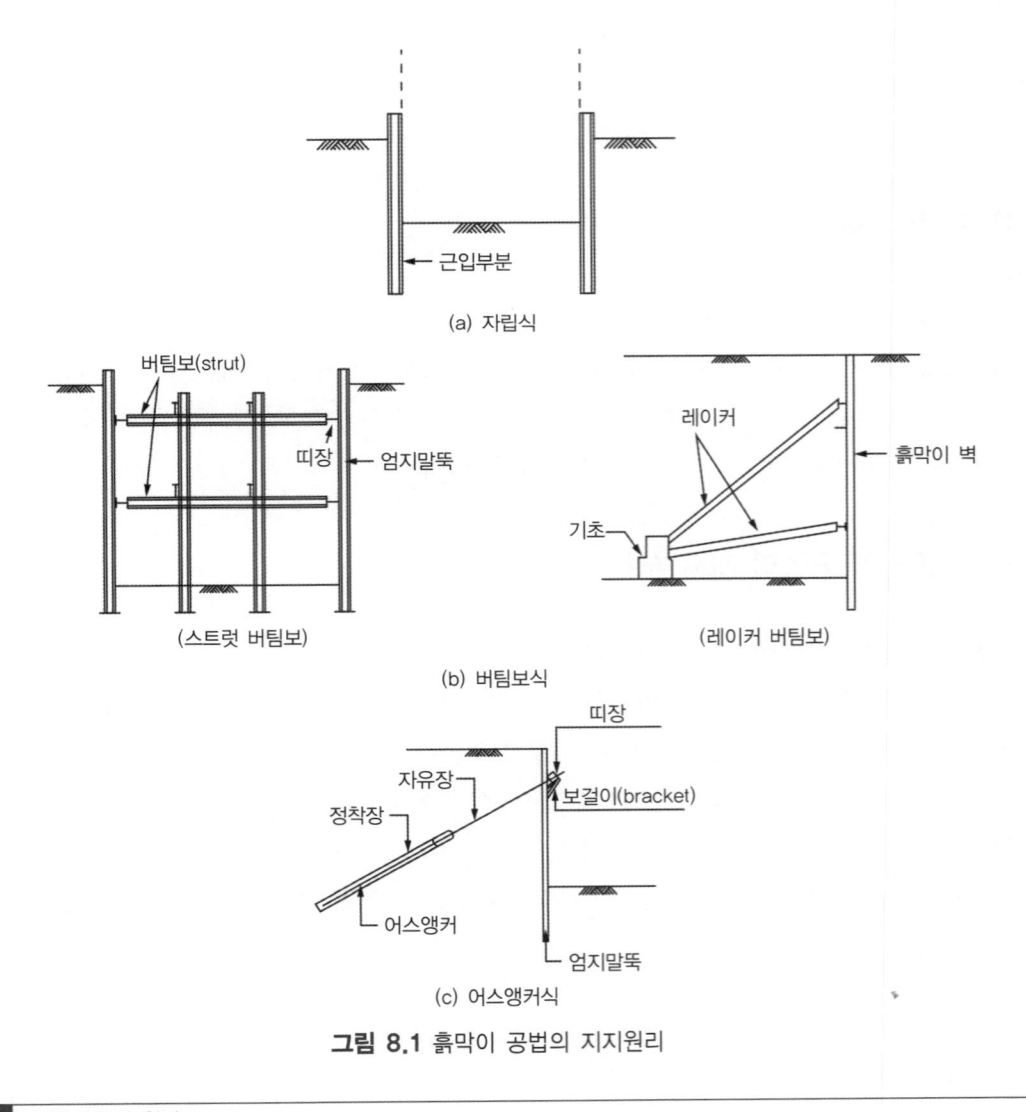

그림 8.1 흙막이 공법의 지지원리

레이커 기초를 통하여 근입부 지반이 하중을 받는 경우이다. 레이커인 경우는 벽체 변형을 상대적으로 크게 유발하므로 스트럿 시스템이 주로 사용된다.

3) 어스앵커식 흙막이 공법

그림 8.1(c)에 보이는 바와 같이 흙막이 벽 외측 지중에 앵커를 설치하여서 앵커의 인발저항력(인발말뚝과 같은 개념)으로 흙막이 벽에 작용되는 하중을 궁극적으로 지지하는 구조를 말한다.

8.1.2 흙막이 벽의 종류

흙막이 벽은 1차적으로 토압과 수압을 받아주는 구조물이다. 흙막이 벽으로는 엄지말뚝(soldier beam)식, 강널말뚝(sheet pile)식, 주열식(contiguous pile wall) 및 지하연속벽(slurry wall 또는 diaphragm wall)식 흙막이 등 여러 가지 종류가 존재한다.

1) 엄지말뚝식 흙막이 벽

그림 8.2에서 보여주는 바와 같이 엄지말뚝인 H형강(또는 강관)을 1~2m 간격으로 지중에 타입한 후에 굴착을 하면서 H형강 사이에 토류판(lagging)을 끼워서 토압을 지지하는 방법이다. 토류판에 작용되는 토압은 궁극적으로 엄지말뚝으로 전달된다(이는 건물에서 슬래브에 작용되는 하중이 결국 보로 전달되는 것과 같은 원리이다). 굴착 시 토류판 사이로 누수가 되기 때문에 배면에 수압이 작용되지 않고, 비교적 경제적인 공법으로 알려져 있으나, 타 공법과 비

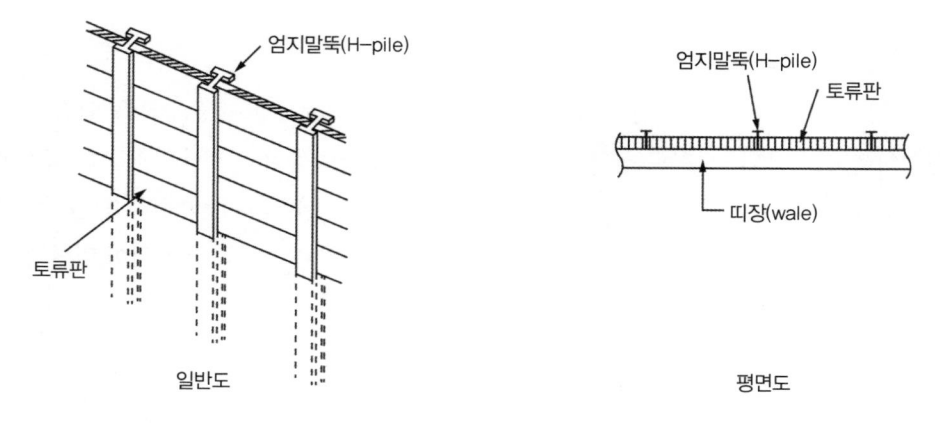

그림 8.2 엄지말뚝식 흙막이 벽

교하여 배면에서의 지반침하가 과도한 단점이 있다.

2) 강널말뚝식 흙막이 벽

그림 8.3에서 보여주는 바와 같이, 강널말뚝을 소요깊이까지 타입한 후 굴착하는 방법이다. 강널말뚝은 차수벽으로서의 역할도 병행한다. 주로 연약한 실트질 지반이나 사질토에 적합한 공법이다. 여기에서의 강널말뚝 흙막이 벽은 7장에서 소개된 강널말뚝과는 개념상 약간 상이하다. 7장에서 소개한 강널말뚝은 반영구 구조물로서, 그림 7.1에서 보여준 대로 널말뚝 시공을 완료하고 뒤채움 성토를 함으로써 뒤채움은 성토구조물이며, 따라서 Rankine의 토압 분포를 적용할 수 있었다. 이에 반하여 흙막이 벽으로 사용하는 강널말뚝은 이미 존재하는(즉, in-situ mechanics인) 지반에 널말뚝을 먼저 관입하고 굴착면 측을 지상부터 아래로 굴착해 나가는 경우로서 배면토는 처음부터 존재하던 원지반이다. 따라서 토압 분포 양상은 7장의 Rankine 토압 분포와는 다른 양상을 띠게 된다.

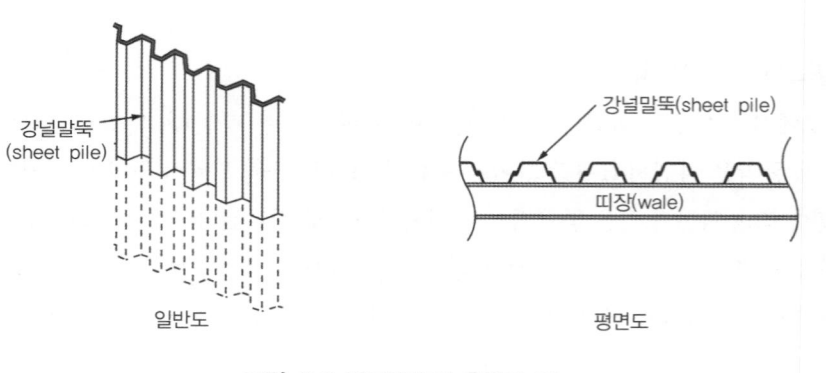

그림 8.3 강널말뚝식 흙막이 벽

3) 주열식 흙막이 벽

주열식 흙막이 벽에는 현장타설 콘크리트말뚝(cast-in-place pile)을 횡으로 연결하여 벽체를 형성하는 CIP 공법, 오거로 굴착하면서 소일 시멘트를 이용하여 지중연속벽을 형성하는 SCW 공법(soil cement wall), 또는 강관말뚝을 횡방향으로 연결하여 벽체를 형성하는 공법 등이 있다(그림 8.4). 이들 말뚝에 철근이나 강말뚝 등을 사용하여 보강해주는 것이 일반적이다.

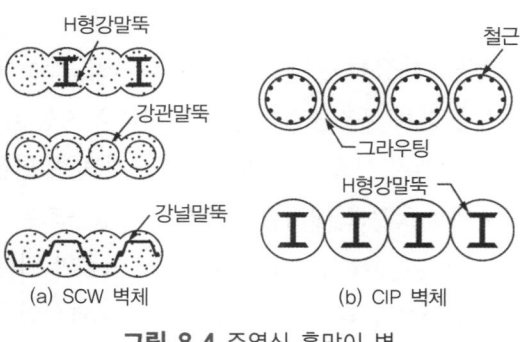

(a) SCW 벽체   (b) CIP 벽체

그림 8.4 주열식 흙막이 벽

4) 지하연속벽

지하연속벽 공법(slurry wall, diaphragm wall)은 지반에 벤토나이트 안정액(bentonite slurry)을 주수하면서 연직으로 굴착을 완료한 다음 철근망을 삽입한 후 콘크리트를 타설하고 (그림 8.5) 이 콘크리트가 양생된 다음에 지반을 굴착하는 방법이다. 연속벽은 가설구조물로 사용될 뿐 아니라, 영구 구조물의 일부분으로 이용되기도 한다. 강성이 큰 연속된 벽체를 미리 시공하고 굴착하므로 주변 침하 및 인접 구조물에 미치는 영향이 가장 적은 공법이나, 비교적 고가로 알려져 있다.

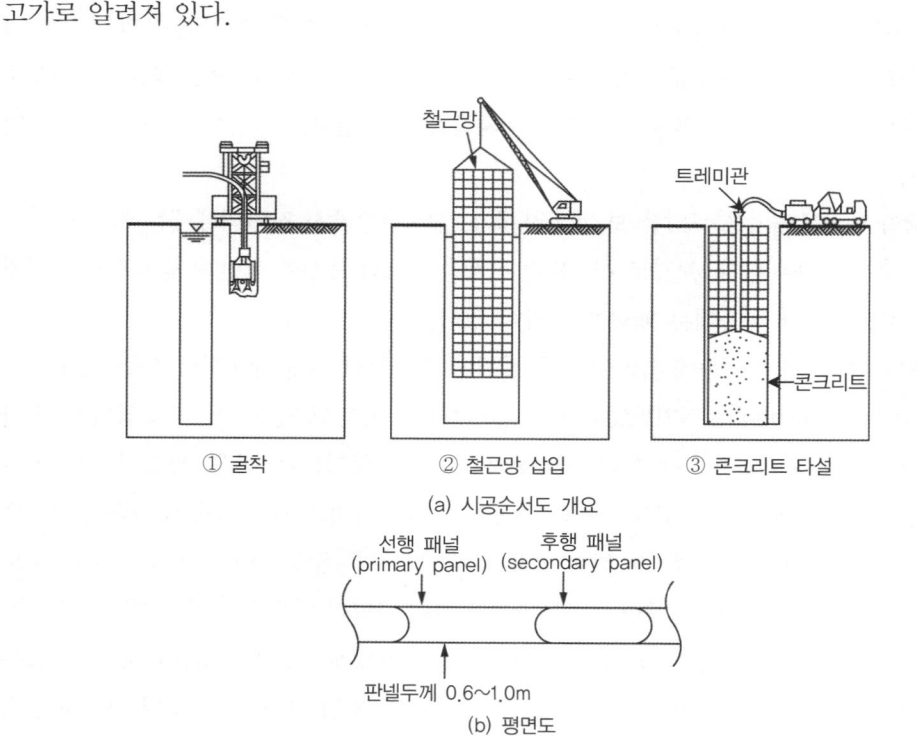

① 굴착   ② 철근망 삽입   ③ 콘크리트 타설

(a) 시공순서도 개요

(b) 평면도

그림 8.5 지하연속벽 흙막이공

역타(Top Down) 공법

　지하 연속벽을 영구 구조물로 사용하는 경우, 소위 역타 공법으로 시공 또한 가능해진다. 역타 공법이란 지하층 연속벽을 본체 구조물로 사용하고 지하층 기둥은 현장타설말뚝으로 충분한 지지력을 받을 수 있는 지층까지 시공한 후 지하층의 슬래브 및 빔을 연속벽과 연결하며 토공과 병행 단계적으로 상부에서 하부로 내려감과 동시에 지상구조물 공사를 실시하는 공법을 의미한다. 지하연속벽(diaphragm wall, slurry wall)을 이용한 역타 공법의 병행시공은 인접건물이 밀집된 도심지에서 깊은 굴착을 요할 시에 매우 효과적인 공법으로 알려져 있다.

8.2 흙막이 벽의 거동 양상

8.2.1 흙막이 벽 거동의 근간

　옹벽구조물은 그 자체가 콘크리트 구조물로서 강성(rigid) 구조이므로 옹벽 자체가 변형하는 것이 아니며, 옹벽에 작용되는 하중을 견디도록 벽체의 두께 및 철근 배근을 완성한다. 단지, 옹벽에 작용되는 토압에 대하여 거대한 옹벽구조물 자체가 전도, 활동, 지지력 파괴와 같은 외적 안정성에 충분한 안정성을 갖도록 해야 한다. 또한 옹벽의 시공 순서를 보면, 터파기 후에 옹벽 기초를 시작으로 옹벽구조물을 완성한 후에 뒤채움을 하게 된다. 즉, 옹벽 시공 중에는 배면 토압이 없다.

　이에 반하여 보강토옹벽은 토압을 보강재 자체가 전부 흡수해서 전면벽체에는 어떠한 하중도 작용되지 않도록 해야 한다. 보강토옹벽 또한 뒤채움 성토와 동시에 전면벽 및 보강재를 설치하므로 성토지반으로서 처음에는 배면에 토압이 없다.

　한편, 흙막이 벽은 먼저 지중에 흙막이 벽을 설치하고 굴착면 쪽을 단계적으로 굴착한다. 따라서 굴착 전에 흙막이 벽에는 정지토압이 좌우 동일하게 작용되고 있다. 즉, 시작점이 無가 아니라 有인 in-situ mechanics로부터 굴착으로 인하여 굴착되는 쪽은 토압이 제거되며 (unloading, 有→無), 배면 쪽은 흙막이 벽의 거동 양상에 따라 변위가 발생함에 따라서 정지토압으로부터 주동토압까지 감소되기도 하며 벽체 배면 쪽으로 하중을 가하는 경우는 오히려 토압이 증가할 수도 있다. 둘째로는, 옹벽구조물과 비교하여 흙막이 벽은 강성이 상대적으로 작기 때문에 연성(flexible)으로 거동한다. 얕은 기초편의 전면기초에서 소개한 Winkler 기초 또는 수평하중을 받는 말뚝의 지반반력법과 같은 개념으로 생각하면 될 것이다. 단 하나 차이점은 지반반력법에서는 보(말뚝)에 작용되는 하중을 말뚝의 자체 강성과 함께 스프링으로 모사한 지반의 저항력으로 버티어주는 데 반하여 흙막이 벽에 작용되는 하중은 궁극적으로 띠장을 거쳐 버팀보(strut)나 앵커의 인발저항력으로 버티어준다는 점이 다르다.

8.2.2 흙막이 벽의 토압 분포

'토질역학의 원리' 11장에서 설명한 대로 Rankine의 삼각형 토압 분포를 보이려면 그림 8.6(a)에서와 같이 벽체 하단을 중심으로 회전하여서 상단에서의 변형이 제일 크고 하단으로 갈수록 작아져야 한다. 5장에서 소개된 옹벽에 작용하는 토압이 이 범주에 속한다. 이에 반하여 흙막이 벽은 상대적으로 강성이 작은 연성구조물이므로 굴착 중에 벽체의 변형이 발생하며 옹벽에 작용되는 토압의 분포와 다름이 보통이다. 변형이 커지면 커질수록 토압은 작아지게 된다. 흙막이 벽의 경우는 하단으로 갈수록 상부보다는 변형이 커짐이 일반적이다(그림 8.6(b)). 물론 시공조건과 벽체의 강성 정도, 또 굴착 단계에 따라서 토압은 많이 달라진다.

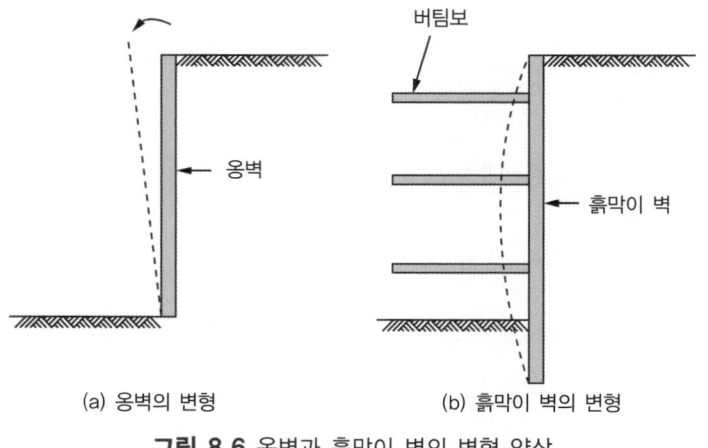

(a) 옹벽의 변형   (b) 흙막이 벽의 변형

그림 8.6 옹벽과 흙막이 벽의 변형 양상

1) 굴착 완성 단면에서의 토압 분포

소요 굴착 깊이까지 굴착이 완료된 흙막이 벽의 토압 분포는 앞에서 설명한 대로 Rankine의 토압 분포와 다른 경우가 많다. 실제 현장계측 결과를 토대로 경험적인 토압 분포가 제시된 바 가장 많이 통용되는 Peck(1969)의 경험적 토압 분포를 소개하면 그림 8.7과 같다.

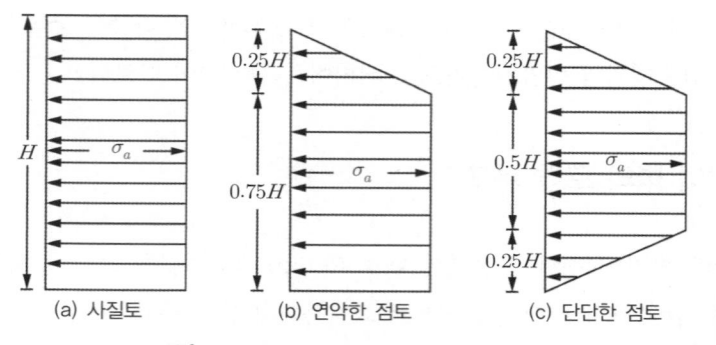

(a) 사질토　　　　(b) 연약한 점토　　　　(c) 단단한 점토

그림 8.7 Peck이 제안한 토압 분포

(1) 사질토에서의 토압 분포

사질토 지반에서의 경험적 토압 분포는 그림 8.7(a)와 같으며, 토압은 다음 식으로 표시된다.

$$\sigma_a = 0.65 K_a \gamma H \tag{8.1}$$

여기서, $\gamma =$ 흙의 단위중량

$H =$ 굴착 깊이

$K_a =$ Rankine의 주동토압계수$= \tan^2\left(45° - \dfrac{\phi}{2}\right)$

(2) 점토지반에서의 토압 분포

Peck(1969)은 연약~중간 정도의 점토(그림 8.7(b))와 단단한 점토(그림 8.7(c)) 각각에 대하여 다른 토압 분포를 제안하였다.

① <u>연약~중간 정도 점토</u>

$$\dfrac{\gamma H}{c_u} > 4 \text{인 경우} \tag{8.2}$$

여기서, $c_u =$ 점토의 비배수 전단강도

토압은 다음 중 큰 값을 사용한다.

$$\sigma_a = \gamma H \left[1 - \frac{4c_u}{\gamma H} \right] \tag{8.3}$$

$$\sigma_a = 0.3\gamma H \tag{8.4}$$

② 단단한 점토

$$\frac{\gamma H}{c_u} \leq 4 \text{인 경우} \tag{8.5}$$

토압은 다음과 같다.

$$\sigma_a = (0.2 \sim 0.4)\gamma H \tag{8.6}$$

(3) 다층지반에서의 토압 분포

① 사질토

다음 그림 8.8(a)에서와 같이 단위중량과 내부 마찰각이 다른 세 개의 층으로 이루어졌을 때, 각 층에서의 토압은 따로 계산할 수 있다. 즉,

$$\sigma_{a1} = 0.65K_{a1}\gamma_1 H \tag{8.7}$$
$$\sigma_{a2} = 0.65K_{a2}\gamma_2 H$$
$$\sigma_{a3} = 0.65K_{a3}\gamma_3 H$$

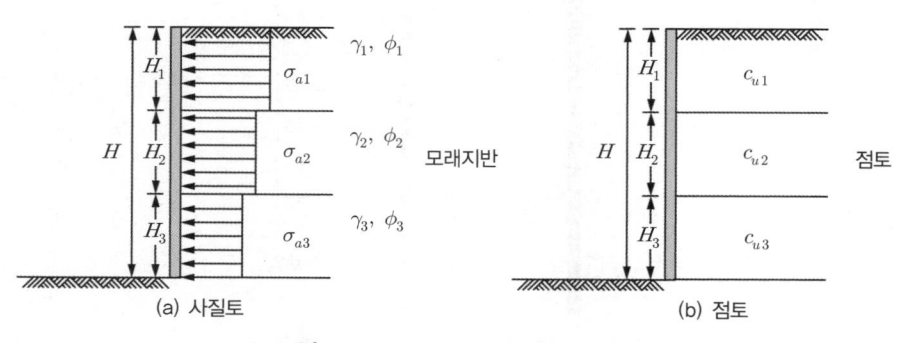

그림 8.8 다층지반에서의 토압 분포

여기서 주의해야 할 중요한 사항은 토압계산 시에 굴착깊이는 반드시 총 깊이인 $H(H_1, H_2, H_3$가 아님)를 사용하여야 한다는 점이다.

② 점토

한편 점토층의 경우는 평균 단위중량(γ_{avg}), 평균 비배수 전단강도($c_{u(avg)}$)를 이용하여서 평균 물성으로 이루어진 토압 분포를 이용하면 편리하다(그림 8.8(b)).

$$\gamma_{avg} = \frac{\gamma_1 H_1 + \gamma_2 H_2 + \gamma_3 H_3}{H} \tag{8.8}$$

$$c_{u(avg)} = \frac{c_{u1} H_1 + c_{u2} H_2 + c_{u3} H_3}{H} \tag{8.9}$$

2) 굴착단계에서의 토압 분포

앞에서 제시한 경험토압 분포는 흙막이 벽을 설치한 후 소요 굴착 깊이까지 굴착이 완료된 상태에서의 경험적인 최종 토압 분포의 예를 보여주는 것이다. 실제의 흙막이 공법에 작용되는 토압 분포는 다음의 관점에서도 고려가 필요하다. 우선, 비록 제안된 경험적인 토압 분포는 지표면부터 굴착깊이까지라 하더라도(즉, 그림 8.9에서 깊이 H까지) 흙막이 벽체는 굴착심도보다 더 깊게 삽입하는 것이 일반적이다(그림 8.9). 그러면 굴착깊이 하(下)에서도 토압은 있기 마련이다. 배면쪽은 주동토압에 가깝고, 굴착 측은 벽체가 안으로 밀려들어오는 형상이므로 토압이 오히려 최대수동토압까지 증가될 것이다.

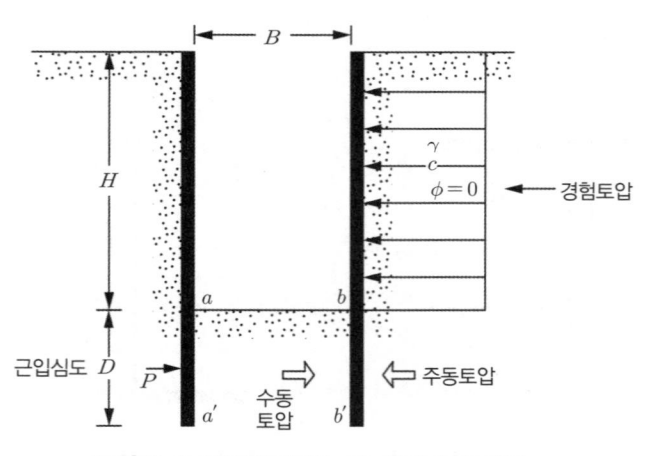

그림 8.9 근입된(근입장 D) 흙막이 벽 개요

둘째로, 굴착은 한 번에 이루어지는 것이 아니라 지표면부터 단계적으로 이루어지기 때문에 각 단계에서의 분석 또한 이루어져야 하며, 각 단계마다 벽체의 변형 양상에 따라 토압 분포는 다양하게 변한다. 각 단계마다 버팀보(또는 앵커)를 설치하는 바, 버팀보를 설치한 후에 보통 이미 발생한 변위를 줄여주기 위하여 버팀보를 통하여 하중을 반대방향(벽체 배면 방향)으로 가해준다. 이 선행하중으로 인하여 변위는 감소하게 되나 토압은 증가할 것이다. 선행하중을 각 단계마다 주는 경우 벽체의 변위 양상 및 토압 분포 양상의 개요도가 그림 8.10에 표시되어 있다.

하부로 갈수록 흙의 자중에 의하여 토압이 증가하는 것은 사실이나 벽체의 변위 때문에 삼각형 분포는 아닌 것을 알 수 있다.

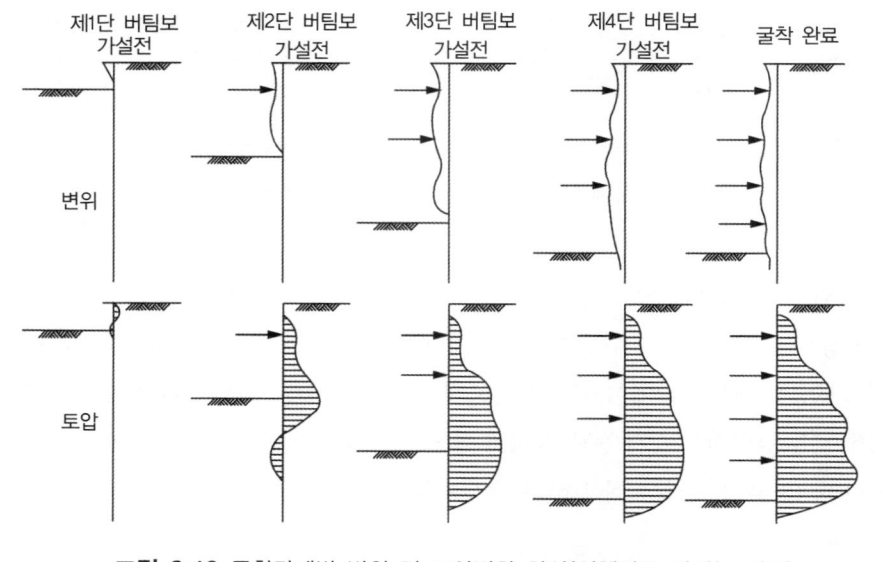

그림 8.10 굴착단계별 변위 및 토압변화 양상(선행하중 가하는 경우)

8.2.3 흙막이 벽의 수압 분포

1) 수압 고려 방안

흙막이 벽 주위로 지하수가 존재하는 경우는 수압에 대한 고려를 해주어야 하며, 이때 배면 흙으로 인한 토압은 유효응력이므로 식 (8.1)에서 단위중량은 수중 단위중량 γ' 으로 대치하여야 한다. 그림 8.11(a)와 같이 불투수층까지 흙막이 벽이 근입되었고, 전혀 누수가 없다고 가정하면 정수압이 작용되므로 배면 측 정수압에서 굴착 측 정수압을 뺀 수압을 흙막이 벽에 작용시켜야 한다. 만일 흙막이 벽이 불투수층까지 근입되지 않은 경우는 침투가 발생할 것이다 ('토질역학의 원리' 6장 참조). 하($\overline{下}$)방향으로 침투가 발생하면 수압은 정수압보다 감소한다 (그림 8.11(b)). 따라서 침투해석을 통하여 수압을 예측하여서 이 수압이 흙막이 벽에 작용되도록 해야 한다.

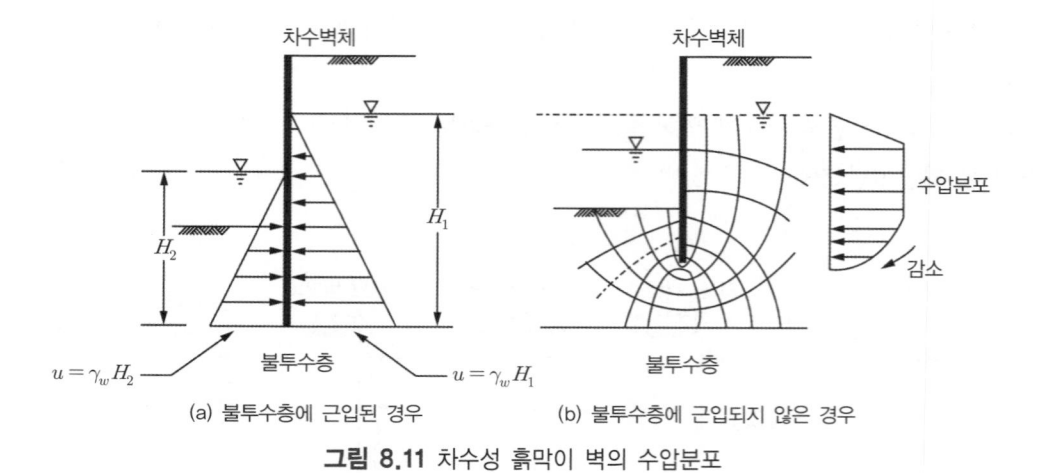

그림 8.11 차수성 흙막이 벽의 수압분포

2) 점토에서의 수압 고려 여부

사질토의 경우는 '유효응력 + 수압'이 흙막이 벽에 작용되므로 지하수에 대한 고려가 비교적 명확하다. 그러나 점토지반에서의 수압 고려 방안은 그리 간단하지가 않다. 우선 식 (8.3)~(8.6)에서 경험적으로 제안된 벽체에 작용되는 토압공식은 c_u, 즉 비배수 전단강도를 사용하였으므로 전응력 해석을 해야 한다. 즉, 지하수위가 존재하든지, 아니든지 상관없이 단위중량은 γ(또는 γ_{sat}), 강도는 c_u를 사용하여 전응력만이 작용되는 것으로 보고 해석한다. 즉, 수압을 아예 고려하지 않는다. 이를 전응력 해석법이라고 한다.

실제로 완전 점토(fat clay)에 지하수가 존재한다고 해서 이로 인하여 수압이 흙막이 벽에 작용되는 경우는 거의 없다. 독자들은 행여나 식 (8.3)~(8.6)에서의 γ를 γ'으로 대체하고 수압을 따로 고려하는 모순을 범하지 않기를 바란다.

문제는 지반조건이 완전점토가 아닌 점성토인 경우, 즉 $c - \phi$ soil인 경우이다. 이 경우에 대한 경험토압이 제시된 경우는 거의 없다. 저자의 견해를 소개하면, 우선 Rankine 토압이 작용된다고 가정하여 유효토압은 다음 식으로 계산한다.

$$\sigma_a = K_a \gamma' z - 2c' \sqrt{K_a} \tag{8.9}$$

여기서, $K_a = \tan^2\left(45° - \dfrac{\phi'}{2}\right)$

ϕ', c' = 유효응력 강도 정수

여기에 수압은 따로 고려하여 흙막이 벽의 안정성을 검토하며, 식 (8.3)~(8.6)으로 계산된 전응력 해석 결과와 '유효토압(식 (8.9)) + 수압'으로 계산된 유효응력 해석 결과 중에서 불리한 쪽을 택하면 무리가 없다고 생각한다.

8.3 흙막이 벽 설계의 근간

8.3.1 대원칙

흙막이 벽 설계의 근간이 되는 해석방법에는 두 가지가 있다. 첫째로는, 이제까지 일관되게 서술한 대로 벽체를 보로 취급하여 해석하는 방법이다. 벽체에 작용하는 토압 및 수압은 탄성보에 작용하는 하중으로 간주한다. 하중만 결정되면 보해석은 구조해석으로서 가능하다. 다만, 배면 및 굴착 하부지반을 스프링으로 모사할 경우 스프링 계수, 즉 지반반력 계수에 대한 고려가 필요하다. 이는 수평하중을 받는 말뚝편에서 이미 소개하였다.

두 번째 방법은 벽체와 지반을 연속체로 동시에 해석하는 방법이다. 굴착단계별로 벽체를 해석하며, 벽체뿐만 아니라 지반거동도 예측할 수 있다는 장점이 있다. 이는 유한요소법과 같은 수치해석법으로만 가능하며, 수치해석에 입력되는 변수가 신뢰성을 가지지 않는 한 해석 결과 또한 많은 불확실성을 내포한다.

이 책에서는 전자, 즉 벽체를 보로 가정하는 방법에 대하여 주로 서술할 것이다. 설계에 필요한 해석은 다음 순서에 따른다.

첫째로, 흙막이 벽의 근입깊이를 결정한다.

둘째로, 흙막이 벽과 띠장, 버팀보(또는 앵커)의 안정성을 검토한다. 흙막이 벽 안정성 검토에는 굴착을 완료한 완성 단면뿐만 아니라 굴착단계별 안정성도 검토하여야 한다.

셋째로, 흙막이 벽 인근에 인접 구조물이 존재할 경우 배면지반의 변형을(수평 변형 및 침하) 검토하여 인접 구조물에 미치는 영향을 검토하여야 한다.

8.3.2 흙막이 벽 근입깊이의 결정

흙막이 벽은 굴착심도까지만 근입하는 것이 아니라 굴착저면이 안정하도록 깊게 근입해야 한다(그림 8.9). 근입깊이는 다음을 만족하도록 설정한다.

첫째로, 근입깊이는 우선적으로 굴착저면의 수동토압이 배면의 주동토압을 견딜 수 있는 깊이까지 근입한다.

둘째로, 위에서 구한 근입깊이까지 근입되었다고 가정하고 근입된 흙막이 벽에 대하여, 연직방향 극한지지력을 구하여서 지지력 파괴에 대한 안정성을 검토한다. 극한지지력은 제3장에서 서술한 말뚝의 극한지지력 편을 참조하면 된다. 흙막이 벽 상부에 작용될 수 있는 실제하중을 예측하고 지지력 파괴에 대한 안전율이 2 이상이 되도록 한다.

셋째로, 침투가 일어나는 모래지반의 경우 보일링(boiling)에 대한 안정성을 검토한다.

넷째로, 연약한 점토지반에 흙막이 벽을 설치하는 경우 히빙(heaving) 현상에 대한 안정성을 검토한다.

결론적으로, 위 네 경우의 안정성을 모두 만족하는 근입깊이를 설정한다.

1) 근입부에 작용하는 모멘트 평형으로부터 근입깊이 설정

그림 8.12에서 보이는 바와 같이 최하단 버팀대에 대한(그림 8.12(a)) 모멘트 평형과 최하단 버팀대에서 1상단의 버팀대를 설치하고 굴착은 최하단 버팀대 위치까지 이루어진 상태(그림 8.12(b))에서의 모멘트 평형을 이룰 수 있는 이론근입깊이($D = D_{theory}$)를 구한다.

그림에서, $M_p = P_p \cdot y_p = P_a \cdot y_a = M_a$가 되도록 D_{theory}를 구한다.

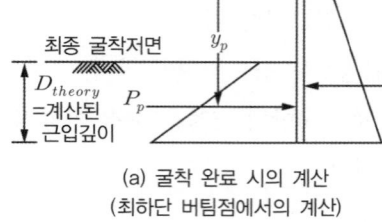
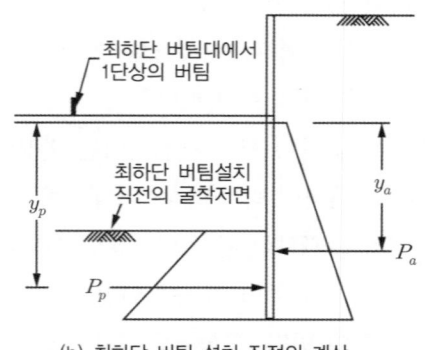

(a) 굴착 완료 시의 계산
(최하단 버팀점에서의 계산)

(b) 최하단 버팀 설치 직전의 계산
(최하단 버팀에서 1단상의 버팀점에의 계산)

그림 8.12 근입깊이 계산방법

설계근입깊이 D_{design}는 D_{theory}의 1.2배로 한다(즉, 근입깊이에 대한 안전율은 1.2로 한다). 최소 근입깊이는 1.0m 이상으로 한다.

[예제 8.1] 흙막이공의 초기 설계 개요는 다음과 같다(예제 그림 8.1). 즉, 설계근입깊이는 $D = D_{design} = 2.0\,\text{m}$로 하고자 한다. 근입깊이에 대한 안정성을 검토하고($F_s \geq 1.2$) 안정성에 문제가 있을 경우, 새로이 근입깊이를 구하라.

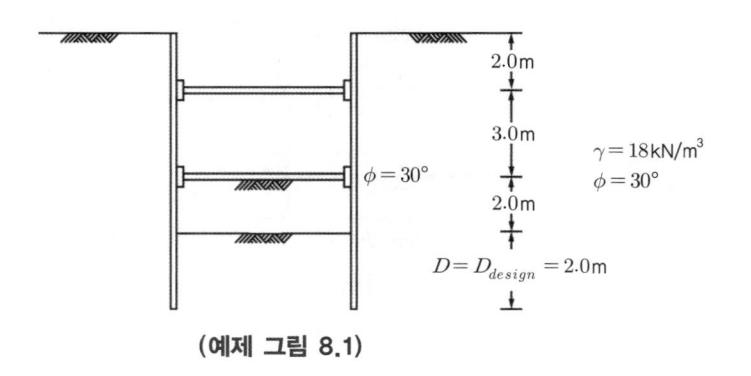

(예제 그림 8.1)

[풀이]

흙막이공의 근입깊이에 대한 안정성을 검토하기 위해서는 최하단 버팀대에 대한 모멘트 평형과 최하단 버팀대에서 1상단의 버팀대를 설치하고 굴착을 최하단 버팀대 위치까지 이루어진 상태에서의 모멘트 평형을 고려해주어야 한다.

문제에서 주어진대로 설계근입깊이를 2.0m로 설정하고 안정성을 검토해보면 다음과 같다 (예제 그림 8.1a 참조).

(1) 최하단 버팀대에 대한 모멘트 평형 고려(근입깊이: 2.0m)

① 토압계수 계산

$$K_a = \tan^2\left(45 - \frac{\phi'}{2}\right) = \tan^2\left(45 - \frac{30}{2}\right) = 0.333$$

$$K_p = \tan^2\left(45 + \frac{\phi'}{2}\right) = \tan^2\left(45 + \frac{30}{2}\right) = 3$$

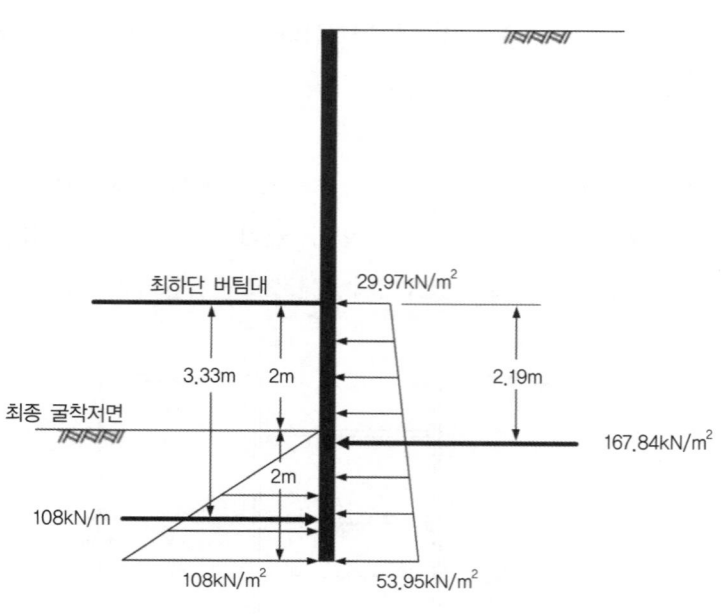

(예제 그림 8.1a)

② 주동토압 계산

깊이 5m : $\sigma_{a1} = K_a \gamma H = 0.333 \times 18 \times 5 = 29.97\,\mathrm{kN/m^2}$

깊이 9m : $\sigma_{a2} = K_a \gamma H = 0.333 \times 18 \times 9 = 53.95\,\mathrm{kN/m^2}$

$P_{a1} = \sigma_{a1} H = 29.97 \times (2+2) = 119.88\,\mathrm{kN/m}$

$P_{a2} = \dfrac{1}{2} \times (\sigma_{a2} - \sigma_{a1}) \times H = \dfrac{1}{2} \times (53.95 - 29.97) \times (2+2) = 47.96\,\mathrm{kN/m}$

$P_a = P_{a1} + P_{a2} = 119.88 + 47.96 = 167.84\,\mathrm{kN/m}$

최하단 버팀대를 기준으로 토압의 작용점을 구하면 다음과 같다.

사각형 토압분포의 작용점: $y_{a1} = \dfrac{(2+2)}{2} = 2.0\,\mathrm{m}$

삼각형 토압분포의 작용점: $y_{a2} = \dfrac{2}{3} \times (2+2) = 2.667\,\mathrm{m}$

합력의 작용점: $y_a = \dfrac{119.88 \times 2.0 + 47.96 \times 2.667}{167.84} = 2.19\,\mathrm{m}$

③ 수동토압 계산

깊이 9m : $\sigma_p = K_p \gamma H = 3 \times 18 \times 2 = 108 \, \text{kN/m}^2$

$P_p = \dfrac{1}{2} \times \sigma_p \times H = \dfrac{1}{2} \times 108 \times 2 = 108 \, \text{kN/m}$

$y_p = 2 + \dfrac{2}{3} \times 2 = 3.333 \, \text{m}$

④ 모멘트 계산

$M_a = P_a y_a = 167.84 \times 2.19 = 367.57 \, \text{kN·m}$

$M_p = P_p y_p = 108 \times 3.333 = 359.96 \, \text{kN·m}$

⑤ 안전율 계산

$F_s = \dfrac{M_p}{M_a} = \dfrac{359.96}{367.57} = 0.98 \ (\leq 1.2) \ : \ \text{N.G}$

안전율이 1.2보다 작은 값을 가지기 때문에 근입깊이를 바꾸어 주어야 한다. 설계근입깊이를 3.0m로 설정하고 같은 방법으로 안정성을 검토해보면 다음과 같다(예제 그림 8.1b 참조).

(2) 최하단 버팀대에 대한 모멘트 평형 고려(근입깊이 : 3.0m)
① 토압계수 계산

$K_a = \tan^2\left(45 - \dfrac{\phi'}{2}\right) = \tan^2\left(45 - \dfrac{30}{2}\right) = 0.333$

$K_p = \tan^2\left(45 + \dfrac{\phi'}{2}\right) = \tan^2\left(45 + \dfrac{30}{2}\right) = 3$

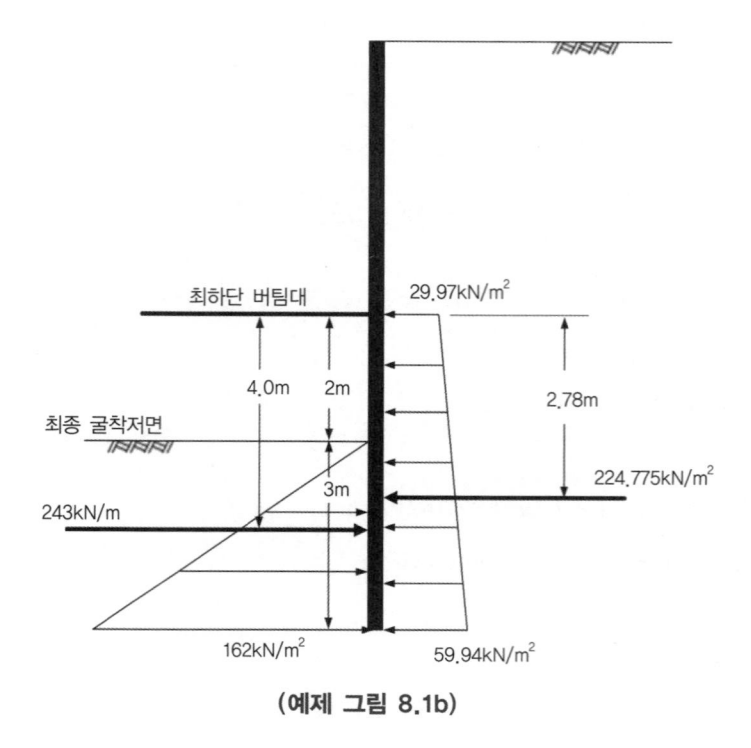

(예제 그림 8.1b)

② 주동토압 계산

깊이 5m : $\sigma_{a1} = K_a \gamma H = 0.333 \times 18 \times 5 = 29.97 \, \text{kN/m}^2$

깊이 10m : $\sigma_{a2} = K_a \gamma H = 0.333 \times 18 \times 10 = 59.94 \, \text{kN/m}^2$

$P_{a1} = \sigma_{a1} H = 29.97 \times (2+3) = 149.85 \, \text{kN/m}$

$P_{a2} = \dfrac{1}{2} \times (\sigma_{a2} - \sigma_{a1}) \times H = \dfrac{1}{2} \times (59.94 - 29.97) \times (2+3) = 74.925 \, \text{kN/m}$

$P_a = P_{a1} + P_{a2} = 149.85 + 74.925 = 224.775 \, \text{kN/m}$

최하단 버팀대를 기준으로 토압의 작용점을 구하면 다음과 같다.

사각형 토압분포의 작용점: $y_{a1} = \dfrac{(2+3)}{2} = 2.50 \, \text{m}$

삼각형 토압분포의 작용점: $y_{a2} = \dfrac{2}{3} \times (2+3) = 3.333 \, \text{m}$

합력의 작용점: $y_a = \dfrac{149.85 \times 2.50 + 74.925 \times 3.333}{224.775} = 2.78 \, \text{m}$

③ 수동토압 계산

깊이 10m : $\sigma_p = K_p \gamma H = 3 \times 18 \times 3 = 162 \text{kN/m}^2$

$P_p = \dfrac{1}{2} \times \sigma_p \times H = \dfrac{1}{2} \times 162 \times 3 = 243 \text{kN/m}$

$y_p = 2 + \dfrac{2}{3} \times 3 = 4.0 \text{m}$

④ 모멘트 계산

$M_a = P_a y_a = 224.775 \times 2.78 = 624.87 \text{kN·m}$

$M_p = P_p y_p = 243 \times 4.0 = 972 \text{kN·m}$

⑤ 안전율 계산

$F_s = \dfrac{M_p}{M_a} = \dfrac{972}{624.87} = 1.56 \; (\geq 1.2) \; : \text{O.K}$

(3) 최하단 버팀 1상단의 버팀 지점에서 모멘트 평형 고려(예제 그림 8.1c 참조)
① 주동토압 계산

깊이 2m : $\sigma_{a1} = K_a \gamma H = 0.333 \times 18 \times 2 = 11.99 \text{kN/m}^2$

깊이 10m : $\sigma_{a2} = K_a \gamma H = 0.333 \times 18 \times 10 = 59.94 \text{kN/m}^2$

일반적으로 최하단 버팀대를 설치하기 위해서 최하단 버팀 설치 위치보다 0.5~1.0m 아래까지 지반을 굴착한다. 따라서 본 예제에서는 최하단 버팀 설치 위치와 최하단 버팀 설치 직전의 굴착저면과의 거리를 0.5m로 가정하였다.

$P_{a1} = \sigma_{a1} H = 11.99 \times (3 + 0.5 + 4.5) = 95.92 \text{kN/m}$

$P_{a2} = \dfrac{1}{2} \times (\sigma_{a2} - \sigma_{a1}) \times H = \dfrac{1}{2} \times (59.94 - 11.99) \times (3 + 0.5 + 4.5) = 191.8 \text{kN/m}$

$P_a = P_{a1} + P_{a2} = 95.92 + 191.8 = 287.72 \text{kN/m}$

1단 상단 버팀대를 기준으로 토압의 작용점을 생각하면,

사각형 토압분포의 작용점: $y_{a1} = \dfrac{(3+0.5+4.5)}{2} = 4.0\,\mathrm{m}$

삼각형 토압분포의 작용점: $y_{a2} = \dfrac{2}{3} \times (3+0.5+4.5) = 5.333\,\mathrm{m}$

합력의 작용점: $y_a = \dfrac{95.92 \times 4.0 + 191.8 \times 5.333}{287.72} = 4.89\,\mathrm{m}$

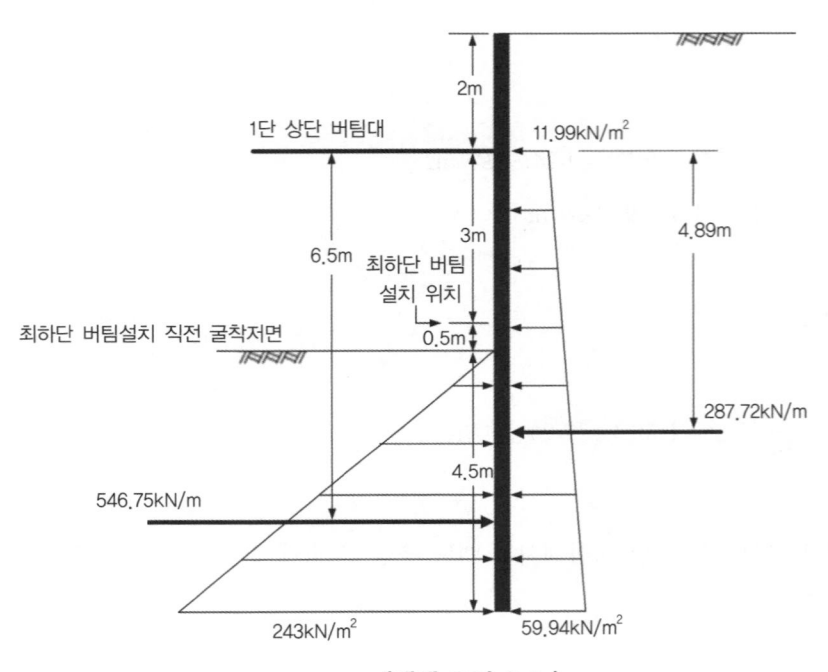

(예제 그림 8.1c)

② 수동토압 계산

깊이 10m : $\sigma_p = K_p \gamma H = 3 \times 18 \times 4.5 = 243\,\mathrm{kN/m^2}$

$P_p = \dfrac{1}{2} \times \sigma_p \times H = \dfrac{1}{2} \times 243 \times 4.5 = 546.75\,\mathrm{kN/m}$

$y_p = 3.5 + \dfrac{2}{3} \times 4.5 = 6.5\,\mathrm{m}$

③ 모멘트 계산

$$M_a = P_a y_a = 287.72 \times 4.89 = 1406.95 \, \text{kN·m}$$

$$M_p = P_p y_p = 546.75 \times 6.5 = 3553.88 \, \text{kN·m}$$

④ 안전율 계산

$$F_s = \frac{M_p}{M_a} = \frac{3553.88}{1406.95} = 2.53 \; (> 1.2) \; : \text{O.K}$$

* * * * *

2) 보일링에 대한 안정성 검토

앞에서 구한 근입깊이 D가 1차적으로 구해진 다음 침투가 발생하는 사질토인 경우 상방향 침투수력에 의한 보일링에 대한 안정성을 검토하여야 한다. 보일링 현상에 대하여는 '토질역학의 원리' 7.4절에 상세히 서술하였으므로 이를 참조하면 될 것이다. 보일링에 대한 안전율은 1.5 이상이 되도록 하여야 한다.

3) 히빙에 대한 안정성 검토

연약한 점토지반에 흙막이공을 시공하는 경우 흙막이 벽 배면토의 중량이 굴착저면 이하의 극한지지력보다 크게 되면 배면토의 하중에 의한 모멘트에 의하여 굴착저면이 부풀어 오를 수가 있으며, 이를 히빙(heaving)이라고 한다. 히빙 가능성을 검토하는 방법에는 여러 가지가 있으나 Terzaghi(1943) 방법으로 설명하고자 한다. 우선은 흙막이 벽을 깊게 근입시키지 않고 굴착면까지만 설치하였다고 가정하자. 파괴면은 그림 8.13과 같다. 일반적으로 하강 가능성이 있는 배면토의 폭 B'는 $\dfrac{B}{\sqrt{2}}$로 가정한다.

fi 면에서의 저항력은 fi 면에서의 극한지지력에다 ij 면에서 비배수 전단강도에 의한 저항력을 더한 값이다.

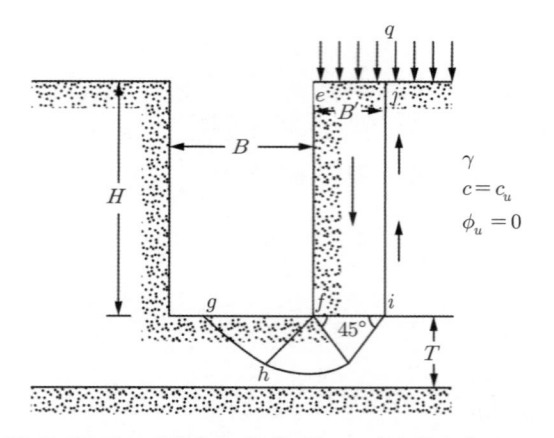

그림 8.13 점토지반에서 버팀굴착 시 하단면의 융기

$$q_{ult} = c_u N_c I_{cs} + \frac{c_u \cdot H}{B'} = 5.14 c_u \left(1 + 0.2\frac{B'}{L}\right) + \frac{c_u \cdot H}{B'} \tag{8.10}$$

여기서, L = 흙막이 벽의 길이

I_{cs} = 점착력에 대한 형상계수(식 (2.38) 참조)

한편, fi 면에 작용되는 응력은 다음과 같다.

$$q_w = \gamma H + q \tag{8.11}$$

따라서 히빙에 대한 안전율은 다음과 같다.

$$F_{s(heaving)} = \frac{5.14 c_u \left(1 + 0.2\dfrac{B'}{L}\right) + \dfrac{c_u \cdot H}{B'}}{\gamma H + q} \tag{8.12}$$

여기서, q_w = fi 면에 작용되는 응력(working stress)

q = 지표면에 작용하는 상재하중

c_u = 점토의 비배수 전단강도

B'은 단단한 지반까지의 두께 T 및 $\dfrac{B}{\sqrt{2}}$ 중에서 작은 값을 택한다. 식 (8.12)로 구한 히빙에 대한 최소안전율은 1.5 정도이다.

만일 히빙에 대한 안전율이 소요안전율보다 작으면 흙막이 벽 자체가 히빙에 저항할 수 있도록 굴착저면 하부로 근입시켜주어야 한다. 사실은 이미 앞에서 서술한 대로 근입깊이 D만큼 ($D = D_{design}$) 이미 근입시켜 주었다. 여기에서 설계자가 고려해주어야 할 사항은 앞에서 소개한 완성단면에서의 경험토압에 추가하여 다음과 같이 추가적인 하중을 고려하여야 한다(그림 8.14).

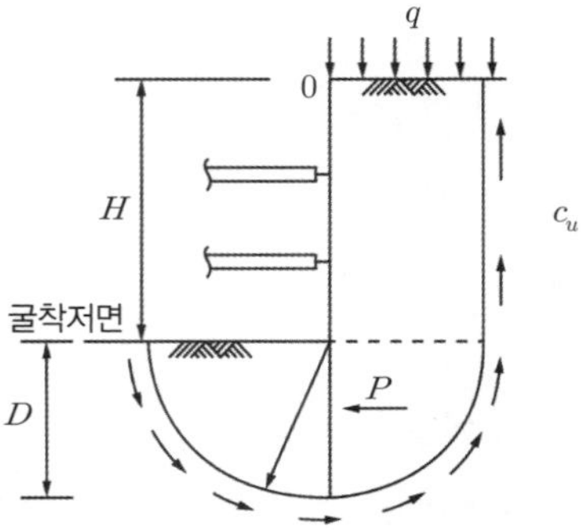

그림 8.14 D만큼 근입된 흙막이 벽의 히빙 안정성

근입깊이를 D라 하고 히빙에 대한 파괴단면을 그림 8.14와 같이 가정하면 작용 모멘트에서 저항 모멘트를 제거한 만큼 모멘트가 흙막이 벽에 하중으로 작용한다. 단, 안전율을 고려하여 작용 모멘트는 1.5배 증가시킨다.

$$M_{net} \simeq 1.5 M_D - M_R$$
$$= 1.5 \times \left(\frac{1}{2}\gamma H D^2 + \frac{1}{2} q D^2 \right) - c_u \cdot H \cdot D - \pi \cdot c_u \cdot D^2 = P \cdot \frac{D}{2} \tag{8.13}$$

널말뚝에 작용하는 하중은

$$P \simeq 1.5(\gamma H D + q D) - c_u H - 2\pi c_u \cdot D \tag{8.14}$$

만일에 근입장 D가 너무 길면 양쪽 흙막이 벽에서 간섭이 일어날 수도 있다. 다음은

NAVFAC-DM7 매뉴얼에서 제시한 공식이다.

(1) $D \geq \dfrac{2}{3} \dfrac{B}{\sqrt{2}}$ 인 경우

$$P = 0.7\left(\gamma HB + qB - 1.4c_u H - \pi c_u B\right) \tag{8.15}$$

(2) $D < \dfrac{2}{3} \dfrac{B}{\sqrt{2}}$ 인 경우

$$P = \gamma H(1.5D) + q(1.5D) - 1.4c_u H\left(\dfrac{1.5D}{B}\right) - \pi c_u(1.5D) \tag{8.16}$$

8.3.3 흙막이 벽 구조해석

흙막이 벽의 구조해석은 흙막이 벽을 먼저 설치한 다음 굴착을 진행하면서 변화하는 토압에 따라 굴착단계별로 해석을 실시해야 하며, 이와 별도로 굴착이 완료된 다음 경험토압과 같이 재분포된 완성단면에 대하여도 안정해석을 수행하여야 한다.

1) 굴착단계별 굴착해석

각 굴착단계에서의 한계상태는 다음 단계의 버팀구조(스트럿 또는 앵커)를 설치하기 위해서 굴착은 완료하고 버팀보를 설치하기 직전의 상태이다.

단계별 구조해석을 위해 탄소성 지반상 연속보 해석(beam on elasto-plastic foundation)을 주로 실시한다. 전면기초나 수평방향 하중을 받는 말뚝 설계에 사용되는 지반반력법(beam on Winkler foundation)과 흡사하다. 지반은 스프링으로 모사하되, 횡방향 토압은 정지토압으로 시작하여 벽체가 굴착 측으로 밀려나가는 경우는 토압이 작아지나 주동토압이 한계이며, 반대로 배면 측으로 밀려들어오는 경우는 토압이 계속 증가하나 결국은 수동토압 이상은 커질 수 없다(그림 8.15). 즉, 최저 및 최고 토압한계를 설정한 점이 다르다. 탄소성보의 기본 방정식은 다음과 같다.

$$E_w I_w \frac{d^4 y}{dz^4} + \frac{A_p E_p}{L_p} \cdot y = p_i \pm k_h \cdot y \tag{8.17}$$

여기서, E_w, I_w = 흙막이 벽체의 탄성계수 및 단면 2차 모멘트

A_p, E_p, L_p = 지지구조(지보재)의 단면적, 탄성계수 및 길이

p_i = 초기토압(굴착 전 초기토압은 정지토압이다 = σ_o)

k_h = 지반의 수평방향 지반반력 계수(식 (4.19)를 참조할 것)

식 (8.17)을 풀기위한 범용 소프트웨어가 이미 개발되어 실무에 적용되고 있다(예, SUNEX, EXCAV 등). 이 책에서는 상세한 서술을 생략하고자 한다. 식 (8.17)을 풀면 각 단계별 벽체의 횡방향 변위, 벽체에 작용되는 전단력 및 모멘트, 지보재에 작용되는 축력 등을 얻게 된다. 이로부터 안정성을 검토하는 것은 일반 구조검토와 동일하다.

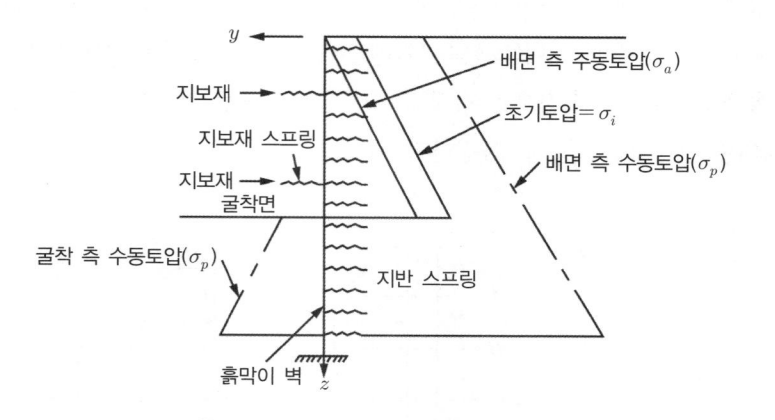

그림 8.15 탄소성보법의 기본 구조모델

2) 굴착완료 후의 벽체 해석

앞에서 구한 단계별 굴착해석으로부터 마지막 단계에서의 벽체 안정성 또한 평가할 수 있다. 이에 추가하여 굴착이 완료된 후 시간이 경과하면서 경험토압으로 응력이 재분배된다고 가정하고 경험토압에 대한 흙막이 벽 및 지보재의 안정성을 평가하여, 위의 두 경우 중에서 불리한 쪽으로 설계한다.

경험토압은 벽체가 굴착면까지만 근입되었다고 가정하고(굴착저면부는 생략) 보해석을 실시한다. 단, 앞 절에서 서술한 바와 같이 연약한 점토층에서 히빙에 대한 안정성에 문제가 있는 경우는 보의 길이를 근입깊이까지 고려하며, 굴착저면에 식 (8.15)~(8.16)으로 표시되는 추가하중도 함께 고려하여야 한다(그림 8.16).

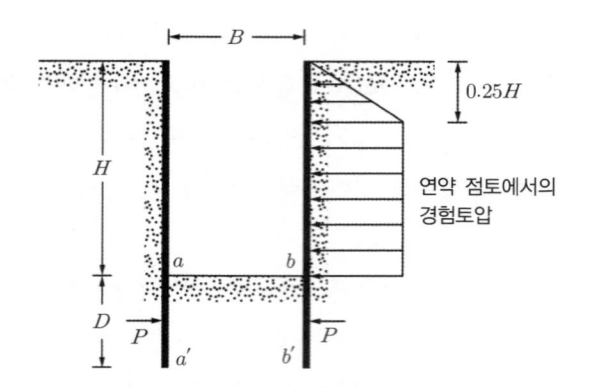

그림 8.16 히빙을 고려한 점토의 토압 분포

하중이 정해지면 보해석을 실시한다. 보는 연속보로 해석할 수도 있고(그림 8.17(a)), 단순하게 단순보로 해석할 수도 있다(그림 8.17(b)). 여기에서는 단순한 예로서 단순보에 의한 해석만을 소개하고자 한다. 이 경우는 지지점 사이를 단순보로 가정한다(그림 8.17(b)). 캔틸레버 보를 제외한 단순보는 힌지로 가정한다.

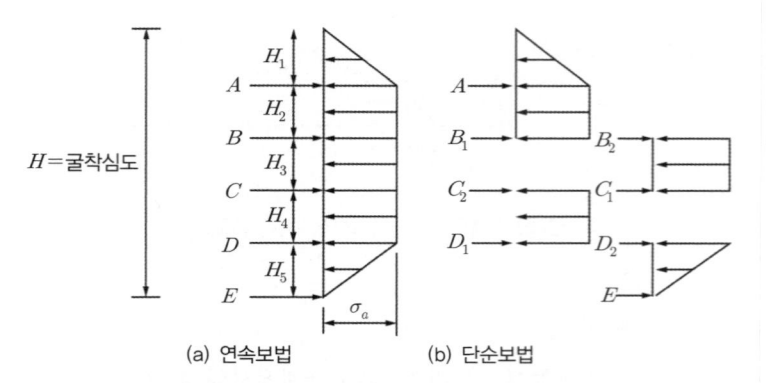

(a) 연속보법   (b) 단순보법

그림 8.17 굴착완료 후의 벽체 해석

(1) 단순보를 풀어서 지보재에 작용되는 하중을 구한다.

각 지보재에서의 반력을 R_A, R_{B1}, R_{B2}, R_{C1}, R_{C2}, R_{D1}, R_{D2}, R_E라고 하면 지보재가 받는 하중은 다음과 같다.

$$P_A = R_A \cdot S \tag{8.18}$$
$$P_B = (R_{B1} + R_{B2}) \cdot S$$

$$P_C = (R_{C1} + R_{C2}) \cdot S$$

$$P_D = (R_{D1} + R_{D2}) \cdot S$$

$$P_E = R_E \cdot S$$

여기서, S = 지보재의 수평간격

위에서 구한 지보재에 작용되는 축력($P_A \sim P_E$)을 견딜 수 있는 버팀보(H형강의 strut)나 또는 앵커를 설계한다.

(2) 흙막이 벽의 단면을 설정한다.

그림 8.17의 벽체에 작용하는 최대 휨모멘트 $M_{\max}$를 구한다. 소요단면계수는 다음과 같다.

$$Z = \frac{M_{\max}}{\sigma_{allow}} \tag{8.19}$$

여기서, σ_{allow} = 재료의 허용휨응력

식 (8.19)에서 구한 단면계수를 갖는 엄지말뚝이나 널말뚝을 선정한다.

(3) 띠장의 단면을 결정한다.

띠장은 지보재를 연결하는 부위에 설치하는 연속 수평부재이다. 보통은 지보재 위치에서 힌지로 되어 있다고 가정하며, 단순보로 취급하여 띠장에 작용되는 최대 휨모멘트를 구한다.

$$\text{띠장 } A : M_{\max} = \frac{R_A \cdot S^2}{8} \tag{8.20}$$

$$\text{띠장 } B : M_{\max} = \frac{(R_{B1} + R_{B2}) \cdot S^2}{8}$$

$$\text{띠장 } C : M_{\max} = \frac{(R_{C1} + R_{C2}) \cdot S^2}{8}$$

$$\text{띠장 } D : M_{\max} = \frac{(R_{D1} + R_{D2}) \cdot S^2}{8}$$

띠장 E : $M_{\max} = \dfrac{R_E \cdot S^2}{8}$

Note **지보재로서의 어스앵커**

식 (8.18)에서 지보재가 받는 축력을 계산하는 방법의 예를 소개하였다. 지보재로서는 버팀보(또는 스트럿)를 굴착면 내부에 설치할 수도 있으나, 내부에 설치하는 것이 여의치 않을 때는 그림 8.18과 같이 어스앵커를 설치하여서 지보재에 작용되는 힘을 저항할 수도 있다. 저항하는 힘은 근본적으로 어스앵커가 정착된 부위(정착장이라고 한다)에서의 인발저항력이다. 앵커는 그림 8.18에서 보여주는 바와 같이 통상 수평면과 $\alpha = 10° \sim 45°$의 각도로 설치한다. 식 (8.18)로 표시된 지보재가 받아야 되는 힘을 $P_{(\,\cdot\,)}$라고(즉, 식 (8.18)의 $P_A \sim P_D$) 할 때, 앵커 설치 위치에서 어스앵커가 받아야 하는 설계 앵커력은 다음 식과 같이 증가되어야 한다.

$$P_{(\,\cdot\,)w} = \frac{P_{(\,\cdot\,)}}{\cos\alpha} \qquad\qquad (8.21)$$

여기서, $P_{(\,\cdot\,)}$ = 지보재에 작용되는 힘

α = 앵커의 설치 각도

$P_{(\,\cdot\,)w}$ = 설계 앵커력

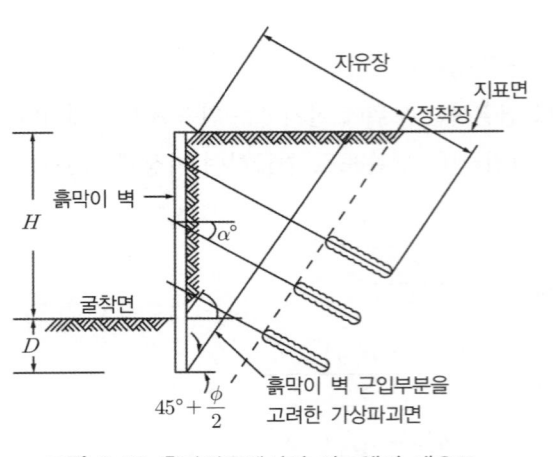

그림 8.18 흙막이공에서의 어스앵커 개요도

[예제 8.2] 다음 (예제 그림 8.2)와 같이 점토지반에 흙막이 공을 설치하였다.

(1) 히빙에 대한 안전율을 구하라.
(2) 근입깊이 $D = 1.5\,\text{m}$로 가정하고, 흙막이 벽에 작용되는 토압을 구하라.

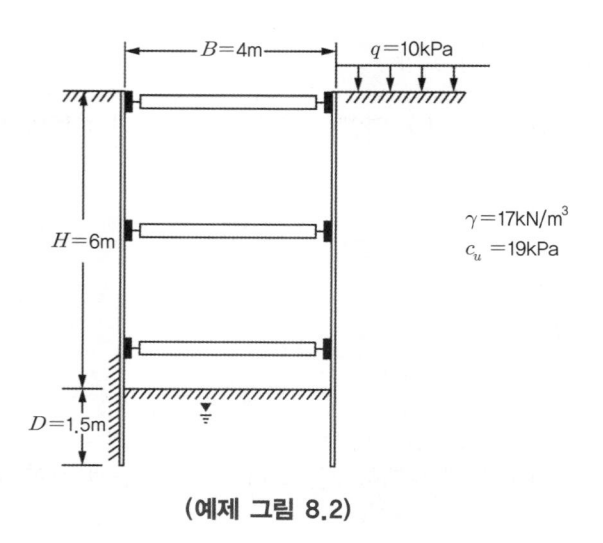

(예제 그림 8.2)

[풀이]

(1) Terzaghi(1943) 방법으로 히빙 가능성을 검토해보면 다음과 같다.
하강 가능성이 있는 폭 B'은 다음과 같이 가정한다.

$$B' = \frac{B}{\sqrt{2}} = \frac{4}{\sqrt{2}} = 2.83\,\text{m}$$

식 (8.12)를 이용하여 히빙에 대한 안전율을 구해보면 다음과 같다.

$$F_{s\,(heaving)} = \frac{5.14 c_u \left(1 + 0.2 \dfrac{B'}{L}\right) + \dfrac{c_u H}{B'}}{\gamma H + q}$$

$$= \frac{5.14 \times 19 \times \left(1 + 0.2 \times \dfrac{2.83}{6}\right) + \dfrac{19 \times 6}{2.83}}{17 \times 6 + 10}$$

$$= 1.31$$

(2) 위에서 구해진 히빙에 대한 안전율은 일반적인 히빙에 대한 최소 안전율인 1.5보다 작은 값이다. 문제에서 가정한 것과 같이 근입깊이를 1.5m로 두고 흙막이 벽에 작용되는 토압을 구해보면 다음과 같다.

① 지반과 상재하중에 의한 토압

$\dfrac{\gamma H}{c_u} = \dfrac{17 \times 6}{19} = 5.37 > 4$ 이므로 연약한 점토이다. 연약한 점토의 경우 다음의 두 가지 식 중에 큰 값을 사용한다.

$$\sigma_a = \gamma H \left(1 - \frac{4c_u}{\gamma H}\right)$$

$$\sigma_a = 0.3 \gamma H$$

상재하중이 존재하기 때문에 상재하중을 고려해주면 다음과 같이 토압을 구할 수 있다.

$$\sigma_a = (\gamma H + q)\left(1 - \frac{4c_u}{\gamma H}\right)$$

$$\sigma_a = 0.3(\gamma H + q)$$

각각 주어진 값을 대입해보면,

$$\sigma_a = (\gamma H + q)\left(1 - \frac{4c_u}{\gamma H}\right) = (17 \times 6 + 10) \times \left(1 - \frac{4 \times 19}{17 \times 6}\right) = 28.55 \, \text{kN/m}^2$$

$$\sigma_a = 0.3(\gamma H + q) = 0.3 \times (17 \times 6 + 10) = 33.6 \, \text{kN/m}^2$$

두 식 중 아래 식으로 구해진 33.6kN/m²이 지반과 상재하중에 의한 토압이 된다.

② 흙막이 벽의 근입에 의한 추가 하중

흙막이공을 근입시킴에 따른 추가 하중은 식 (8.15), (8.16)으로 구할 수 있다.

$\dfrac{2}{3} \times \dfrac{4}{\sqrt{2}} (= 1.89) > D(= 1.5)$이기 때문에, 식 (8.16)을 사용하여 계산해보면,

$$P = \gamma H(1.5D) + q(1.5D) - 1.4c_u H\left(\dfrac{1.5D}{B}\right) - \pi c_u (1.5D)$$

$$= 17 \times 6 \times 1.5^2 + 10 \times 1.5^2 - 1.4 \times 19 \times 6 \times \dfrac{1.5^2}{4} - \pi \times 19 \times (1.5 \times 1.5)$$

$$= 99.96 \text{ kN/m}$$

토압 분포도는 (예제 그림 8.2a)와 같다.

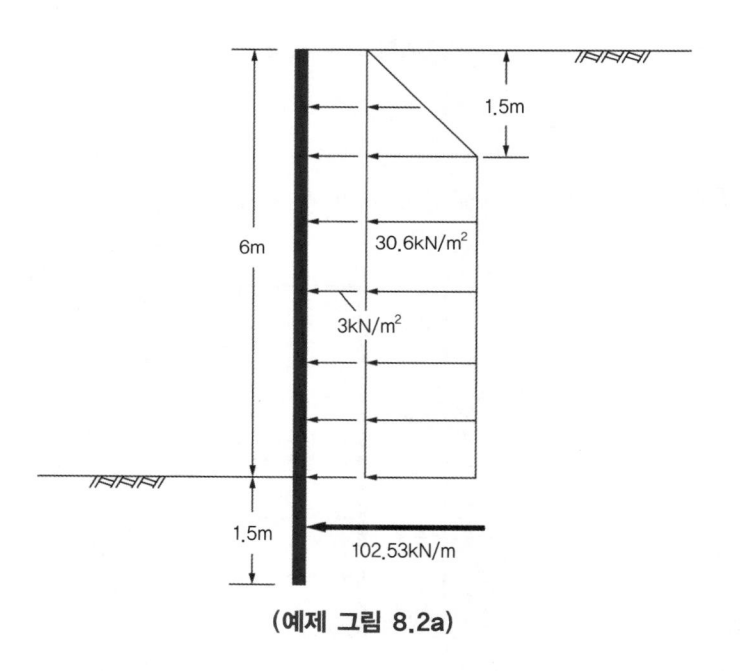

(예제 그림 8.2a)

[예제 8.3] 다음 (예제 그림 8.3)과 같이 사질토에 흙막이 벽을 설치하고 지보재로는 버팀보를 사용하고자 한다. 단, 흙막이 벽체는 엄지말뚝으로서 간격은 3m로 한다.

(1) 토압 분포도를 그려라.

(2) 버팀보 A, B, C에 작용되는 축력을 구하라.

(3) 흙막이 벽체에 작용되는 최대 모멘트를 구하라.

(4) 각 띠장에 작용되는 최대 모멘트를 구하라.

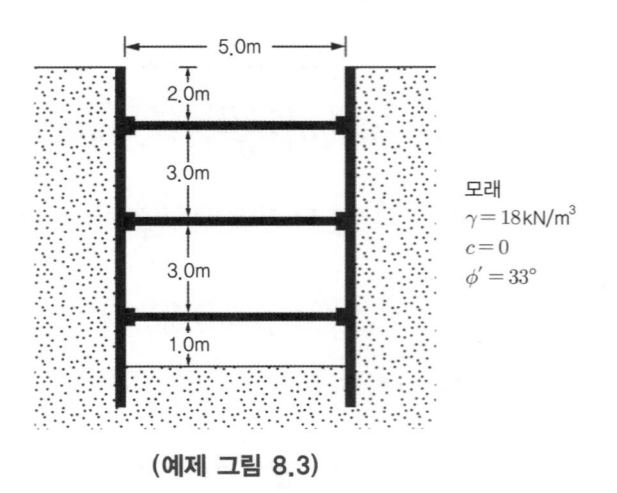

(예제 그림 8.3)

[풀이]

(1) 토압 분포도를 그려보면 (예제 그림 8.3a)과 같다.

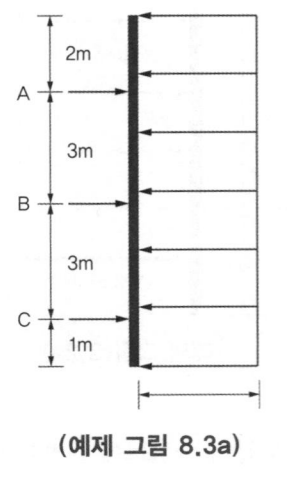

(예제 그림 8.3a)

$$K_a = \tan^2\left(45 - \frac{\phi'}{2}\right) = \tan^2\left(45 - \frac{33}{2}\right) = 0.295$$

$$\sigma_a = 0.65 K_a \gamma H = 0.65 \times 0.295 \times 18 \times 9 = 31.06 \, \text{kN/m}^2$$

(2) 점 B를 힌지로 가정하고, 두 개의 보로 분할하여 각 버팀보가 받는 축력을 구한다. B를 중심으로 양쪽 두 개의 보로 나누고, 모멘트를 취하면 다음과 같다.

$$\sum M_{B_1} = 0$$

$$R_A \times 3 = (2 + 3) \times 31.06 \times \frac{(2 + 3)}{2}$$

$$R_A = 129.42 \, \text{kN/m}$$

$$R_A + R_{B_1} = (2 + 3) \times 31.06 = 155.3 \, \text{kN/m}$$

$$R_{B_1} = 25.88 \, \text{kN/m}$$

$$\sum M_{B_2} = 0$$

$$R_C \times 3 = (3 + 1) \times 31.06 \times \frac{(3 + 1)}{2}$$

$$R_C = 82.83 \, \text{kN/m}$$

$$R_C + R_{B_2} = (3 + 1) \times 31.06 = 124.24 \, \text{kN/m}$$

$$R_{B_2} = 41.41 \, \text{kN/m}$$

구해진 반력을 통해서 각 스트럿이 받는 축력을 계산해보면 다음과 같다.

$$P_A = R_A S = 129.42 \times 3 = 388.26 \, \text{kN}$$

$$P_B = (R_{B_1} + R_{B_2})S = (25.88 + 41.41) \times 3 = 201.87 \, \text{kN}$$

$$P_C = R_C S = 82.83 \times 3 = 248.49 \, \text{kN}$$

(3) 전단력이 0이 되는 점에서 최대 모멘트가 발생하게 되므로 전단력이 0이 되는 점을 구하여 최대 모멘트를 구한다. 전단력도를 그려보면 다음과 같다.

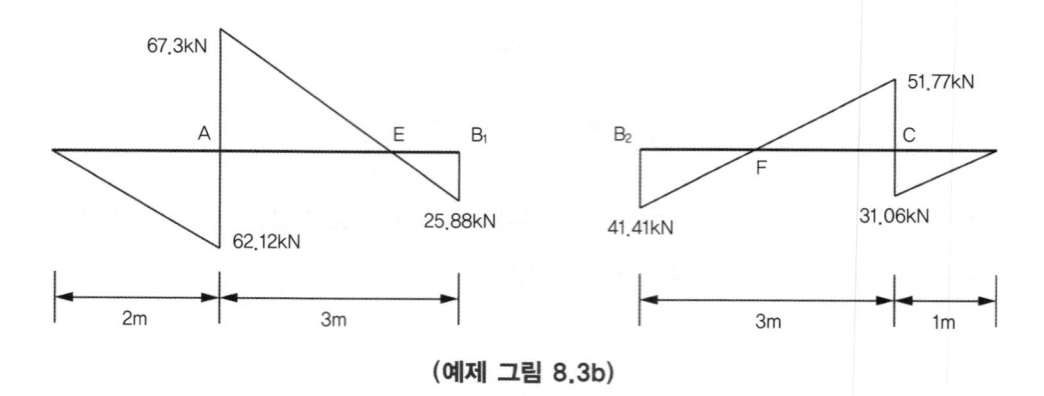

(예제 그림 8.3b)

각각 B_1, B_2이 속한 보에서 전단력이 0이 되는 점을 E, F라 두고 각 점에서의 모멘트를 구해보면 다음과 같다.

점 A : $\dfrac{1}{2} \times 62.12 \times 2 = 62.12 \text{ kN·m}$

점 C : $\dfrac{1}{2} \times 31.06 \times 1 = 15.53 \text{ kN·m}$

점 E : $\dfrac{1}{2} \times 25.88 \times (3 - 2.17) = 10.74 \text{ kN·m}$

점 F : $\dfrac{1}{2} \times 41.41 \times (3 - 1.67) = 27.54 \text{ kN·m}$

따라서, 최대 모멘트는 A점에서 $M_{\max} = 62.12 \text{kN·m}$이다.

(4) 띠장에 작용하는 최대모멘트는 식 (8.20)을 이용해 구할 수 있다.

띠장 A : $M_{\max} = \dfrac{R_A S^2}{8} = \dfrac{129.42 \times 3^2}{8} = 145.6 \text{kN·m}$

띠장 B : $M_{\max} = \dfrac{(R_{B_1} + R_{B_2}) S^2}{8} = \dfrac{(25.88 + 41.41) \times 3^2}{8} = 75.70 \text{kN·m}$

띠장 C : $M_{\max} = \dfrac{R_C S^2}{8} = \dfrac{82.83 \times 3^2}{8} = 93.18 \text{kN·m}$

[예제 8.4] 앞의 예제 문제에서 굴착배면 깊이 $z=4\,\mathrm{m}$에 지하수위가 존재한다(굴착면 측은 굴착심도에 위치). 차수 시스템을 갖추어서 배면에 정수압이 그대로 작용된다고 할 때, 앞의 예제를 다시 풀라.

[풀이]

(1) 토압 분포도를 그려보면 (예제 그림 8.4)와 같다.

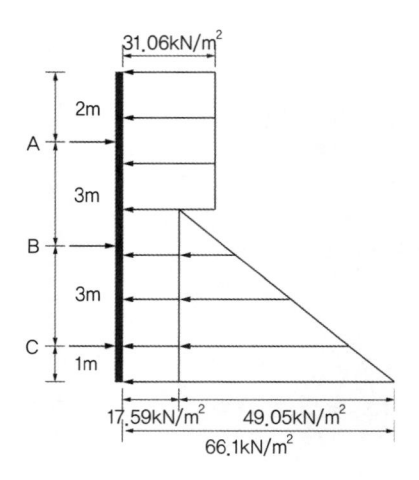

(예제 그림 8.4)

$$K_a = \tan^2\!\left(45 - \frac{\phi'}{2}\right) = \tan^2\!\left(45 - \frac{33}{2}\right) = 0.295$$

$$\sigma_a = 0.65 K_a \gamma H = 0.65 \times 0.295 \times 18 \times 9 = 31.06\,\mathrm{kN/m^2}$$

깊이 4m에 지하수위가 존재하기 때문에 유효단위중량 γ'을 사용한다.

$$\sigma_a = 0.65 K_a \gamma' H = 0.65 \times 0.295 \times (20 - 9.81) \times 9 = 17.59\,\mathrm{kN/m^2}$$

$$\text{수압은 } u = \gamma_w z = 9.81 \times 5 = 49.05\,\mathrm{kN/m^2}$$

(2) 점 B를 힌지로 가정하고, 두 개의 보로 분할하여 각 버팀보가 받는 축력을 구한다.
B를 중심으로 양쪽 두 개의 보에 모멘트를 취하면 다음과 같다.

$$\sum M_{B_1} = 0$$

$$R_A \times 3 = 124.24 \times 3 + 4.91 \times \frac{1}{3} + 17.59 \times 0.5$$

$$R_A = 127.72\,\text{kN/m}$$

$$R_A + R_{B_1} = 124.24 + 4.91 + 17.59 = 146.77\,\text{kN/m}$$

$$R_{B_1} = 19.05\,\text{kN/m}$$

$$\sum M_{B_2} = 0$$

$$R_C \times 3 = 109.6 \times 2 + 78.48 \times \left(4 \times \frac{2}{3}\right)$$

$$R_C = 142.83\,\text{kN/m}$$

$$R_C + R_{B_2} = 109.6 + 78.48 = 188.08\,\text{kN/m}$$

$$R_{B_2} = 45.25\,\text{kN/m}$$

구해진 반력을 통해서 각 버팀보가 받는 축력을 계산해보면 다음과 같다.

$$P_A = R_A S = 127.72 \times 3 = 383.16\,\text{kN}$$

$$P_B = (R_{B_1} + R_{B_2})S = (19.05 + 45.25) \times 3 = 192.9\,\text{kN}$$

$$P_C = R_C S = 142.83 \times 3 = 428.49\,\text{kN}$$

(3) 전단력이 0이 되는 점에서 최대 모멘트가 발생하게 되므로 전단력이 0이 되는 점을 구하여 최대 모멘트를 구한다. 전단력도를 그려보면 다음과 같다.

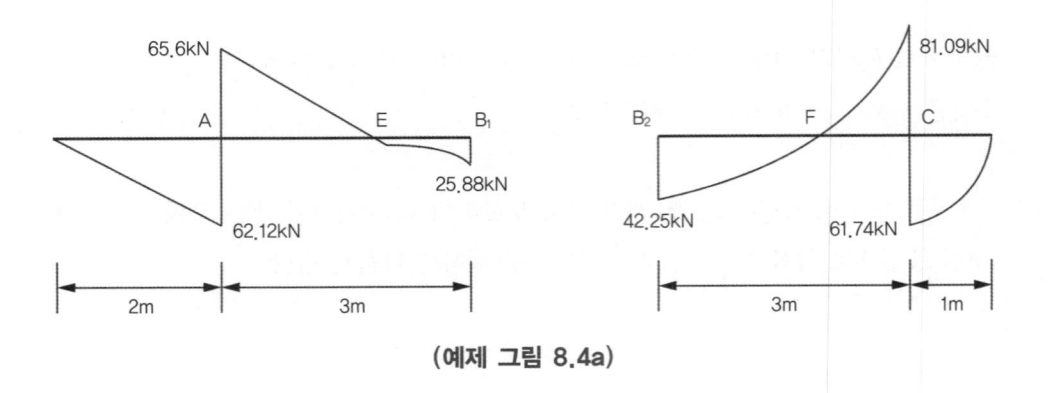

(예제 그림 8.4a)

각각 B_1, B_2이 속한 보에서 전단력이 0이 되는 점을 E, F라 두고 각 점에서의 모멘트를 구해보면 다음과 같다.

점 A : $\dfrac{1}{2} \times 62.12 \times 2 = 62.12$ kN·m

점 C, E, F의 경우 전단력의 분포가 선형이 아니라 곡선이기 때문에 적분으로 각각 점의 모멘트 값을 구해보면 다음과 같다.

점 C : 31.69kN·m
점 E : 10.43kN·m
점 F : 29.92kN·m

따라서, 최대 모멘트는 A점에서 $M_{max} = 62.12$kN·m이다.

(4) 띠장에 작용하는 최대모멘트는 식 (8.20)을 이용해 구할 수 있다.

띠장 A : $M_{max} = \dfrac{R_A S^2}{8} = \dfrac{127.72 \times 3^2}{8} = 143.69$ kN·m

띠장 B : $M_{max} = \dfrac{(R_{B_1} + R_{B_2}) S^2}{8} = \dfrac{(19.05 + 45.25) \times 3^2}{8} = 72.34$ kN·m

띠장 C : $M_{max} = \dfrac{R_C S^2}{8} = \dfrac{142.83 \times 3^2}{8} = 160.68$ kN·m

> **정리**
>
> 흙막이공은 먼저 흙막이 벽을 설치하고, 흙막이 벽 안쪽을 굴착하는 절취면 안정 공법으로서 주로 가설 구조물로 이용한다. 굴착 시 흙막이 벽 양상에 따라 토압은 Rankine 토압과 다르게 작용됨이 일반적이다. 토압을 작용시킨 후에는, 빔(beam) 구조물 해석에 의하여 단면을 설치하는 것은 7장의 널말뚝과 동일하다.

8.4 굴착과 지반변형

8.4.1 지반침하

흙막이 벽을 설치하고 굴착을 하게 되면 흙막이 벽은 수평방향으로 변형하게 되고, 수평방향으로의 변형은 다시 배면지반의 침하를 가져온다. 지반침하를 예측하는 방법은 이론적 관점에서 보면 유한요소법과 같은 수치해석으로 구할 수 있다. 그러나 수치해석에 소요되는 지반물성치의 불확실성을 비롯하여, 현장 조건을 그대로 재연하기 어렵다는 문제 등으로 인하여 침하량을 신뢰성 있게 예측하는 것은 쉽지 않다. 다음은 침하량을 경험적으로 제시한 예를 보여준다.

1) 흙막이공 배면 침하에 대한 경험공식
(1) Peck의 방법
Peck(1969)은 현장계측 결과로부터 연약한 점토지반을 중심으로 한 침하양상을 제시하였다. 흙막이 벽은 강널말뚝과 같이 강성이 작은 경우가 대부분이다(그림 8.19).

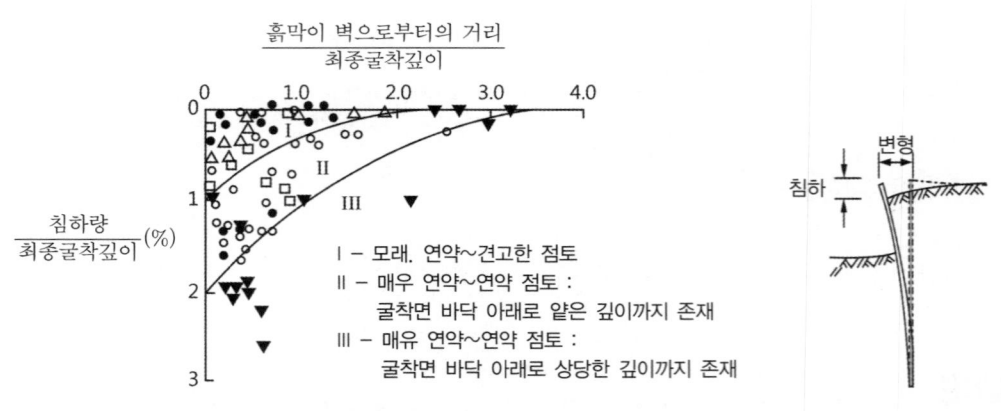

그림 8.19 Peck이 제안한 침하곡선

(2) Clough와 O'Rourke의 방법
Clough와 O'Rourke(1990)은 모래지반과 점토지반 각각에 대한 침하량 및 침하영향 범위를 제시하였다. 이들의 제안은 다음과 같다(그림 8.20).

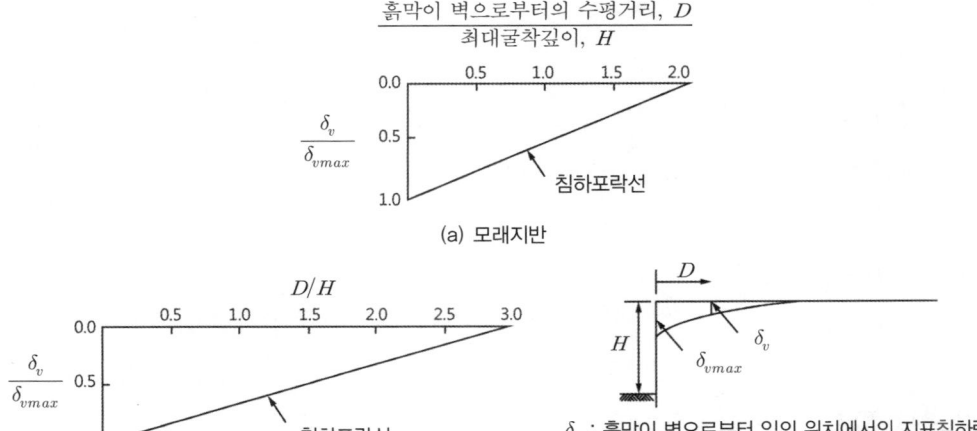

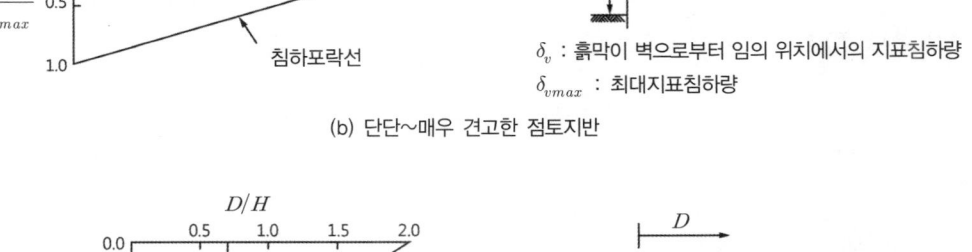

그림 8.20 Clough와 O'Rourke가 제안한 침하곡선

① 모래지반에서의 최대침하량은 0.3%H(H는 최종 굴착 깊이) 이내, 최대영향거리는 흙막이 벽으로부터 2H이다.

② 단단히 점토지반에서의 최대지표침하량은 0.3%H 이내, 최대침하 영향거리는 3H이다.

③ 침하량 분포는 흙막이 벽에서 멀어짐에 따라 삼각형 분포를 따른다고 제안하였다(단, 그림 8.20(c)와 같이 연약~중간 정도의 지반에서는 사다리꼴 분포를 이룬다고 하였다).

(3) Caspe의 방법

Caspe(1966)는 흙막이 벽의 수평변위로 인하여 손실되는 체적이 주변 지반에 발생하는 총 침하량과 같다는 이론을 근거로 지반의 침하량을 다음의 단계로 추정하였다.

① 흙막이 벽체의 수평변위와 이를 전부 합한 변위체적 V_s를 구한다.

② 굴착 영향거리 H_t를 구한다.

$$H_t = H + H_p \tag{8.22}$$

$$\text{단,} \begin{cases} H_p = 0.5 B \tan\left(45° + \dfrac{\phi}{2}\right), & \phi > 0 \text{인 경우} \\ H_p = B & , \phi = 0 \text{인 경우} \end{cases} \tag{8.23}$$

여기서, H = 굴착깊이

B = 굴착폭

③ 침하 영향 거리 D를 구한다.

$$D = H_t \tan\left(45° - \dfrac{\phi}{2}\right) \tag{8.24}$$

④ 흙막이 벽체의 최대지표침하량 δ_{vm}을 구한다.

$$\delta_{vm} = \dfrac{4 \cdot V_s}{D} \tag{8.25}$$

⑤ 벽체로부터 x만큼 떨어진 지점의 침하량 δ_v를 구한다.

$$\delta_v = \delta_{vm}\left(\dfrac{D - x}{D}\right)^2 \tag{8.25}$$

2) 배수 및 탈수에 의한 침하량

그림 8.21에서 보여주는 바와 같이 흙막이 벽의 변형에 따른 필연적 지반침하에 추가하여, 흙막이공 시공 중 지하수 저하가 있었다면, 또한 배면지반이 점토층으로 이루어져 있다면, 지하수의 저하에 따른 압밀침하를 고려해주어야 한다. 다만, 다음에 유의하여야 한다.

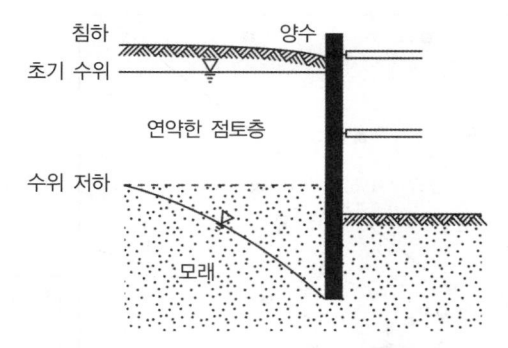

그림 8.21 배수로 인한 배면의 압밀침하

① 압밀 침하는 포화된 점토에서만 일어난다. 사질토에서 탈수가 되면 즉시 침하가 발생한다. 사질토에서의 탈수로 인한 체적 수축은 그리 크지 않다. 저자의 경험상 사질토에서 탈수로 인한 과도한 침하는 물이 빠져 나가면서 흙입자도 같이 유실되는 경우로 인함이 많다 (이를 입자 유동이라고 한다).

② 특히, 배면흙이 과거에 지하수 하강~상승의 반복된 응력이력이 있는 경우, 지하수 저하로 인한 침하는 극소하다.

③ 배면에 풍화잔류토(residual soil)가 존재하는 경우 풍화 잔류토는 탈수가 되어도 체적변화가 극소하다(과거 응력이력과도 무관하다).

8.4.2 흙막이 벽의 수평변위

흙막이 벽의 수평변위는 보해석으로 어느 정도 예측이 가능하나, 실제로는 너무나 불확실성이 많아서 실측치에 대한 검토가 필요하다.

Clough(1990) 등은 견고한 점토, 잔류토 및 모래지반의 경우에 대해 벽체의 최대수평변위와 굴착깊이 사이의 관계를 그림 8.22와 같이 나타내었다.

그림 8.22에서 보는 바와 같이 평균적으로 벽체의 수평변위는 굴착깊이의 약 0.2% 정도이나 0.5% 이상 되는 특별한 경우도 있음을 밝히고 있다. 또한 발생하는 수평변위의 크기는 흙막이 벽체의 종류에는 그다지 상관없음을 알 수 있다.

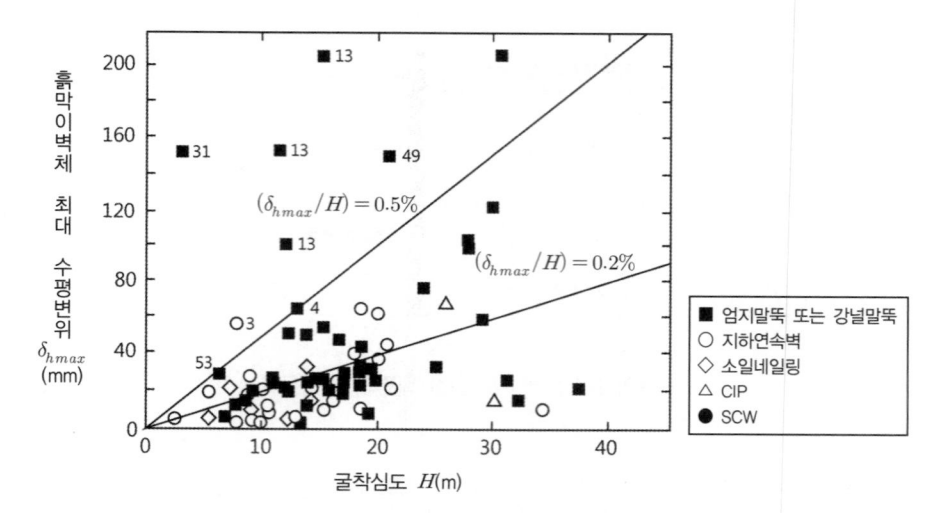

그림 8.22 견고한 점토, 잔류토, 모래지반에 형성된 흙막이 벽의 최대수평변위(Clough 등, 1990)

Note
수치해석법에 의한 흙막이공 해석

앞의 8.3.1절에서 서술한 대로 이 장에서는 흙막이공의 해석 방법으로써 벽체를 보로 취급하여 해석하는 방법을 주로 서술하였으며, 배면지반은 토압 또는 수압으로 대치하여 보에 작용시켰다. 국내에서의 흙막이공 설계는 주로 이 방법을 사용한다.

그러나 저자의 경험으로는 해외에서의 흙막이공 해석은 유한요소법과 같은 수치해석법을 더 많이 사용하는 경우도 허다함을 보았다. 수치해석은 그 기본부터 서술되어야 하므로 이를 수록하는 것은 불가능하다. 수치해석의 예가 그림 8.23에 표시되어 있다. 수치해석으로 설계할 때 독자들이 주지해야 할 사항을 정리해보면 다음과 같다.

(1) 흙막이공은 기존 지반을 굴착하는 것으로서, 제하(unloading) 과정을 모사하는 것이다.
(2) 수치해석에 소요되는 물성은 흙막이 벽체의 강성과 배면지반정수이다. 필요지반정수는 탄성계수, 포아송비, 내부 마찰각, 점착력, 정지토압계수, 단위중량 등이다. 이 중 거동에 민감한 정수는 지반의 탄성계수와 점착력이다(굴착 측에서는 상재하중이 크지 않으므로 내부 마찰각보다는 점착력이 거동을 지배하는 경우가 많다). 그림 8.23(b)는 탄성계수, 점착력, 내부 마찰각의 변화에 따른 벽체 변위의 거동 양상을 보여준다. 점착력과 탄성계수가 벽체 변위에 크게 영향을 미침을 보여준다.
(3) 굴착은 제하거동이므로 탄성계수는 반드시 제하(unloading) 시의 탄성계수를 사용해야 한다. 제하 시의 탄성계수는 재하(loading) 시의 탄성계수와 비교하여 몇 배 더 큼을 주지하기 바란다.

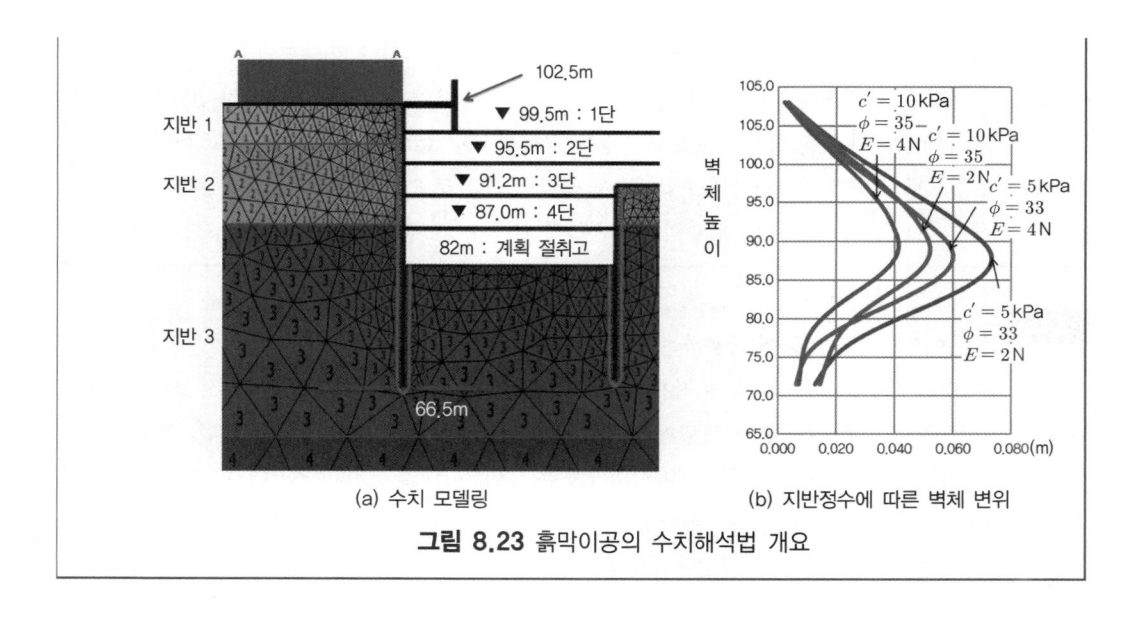

(a) 수치 모델링   (b) 지반정수에 따른 벽체 변위

그림 8.23 흙막이공의 수치해석법 개요

Note 이 장에서 주로 다루었던 토압은 굴착면 쪽을 굴착함으로써 발생하는 수평토압이었다. 수평토압이 발생하려면 굴착배면 측에 파괴면이 형성되어야 한다. 파괴면 안에 존재하는 흙쐐기의 무게에 의하여 수평토압이 발생한다. 만일 다음 그림과 같이 지중에 지하 공동을 절취해 내면 토압은 어찌 되겠는가?

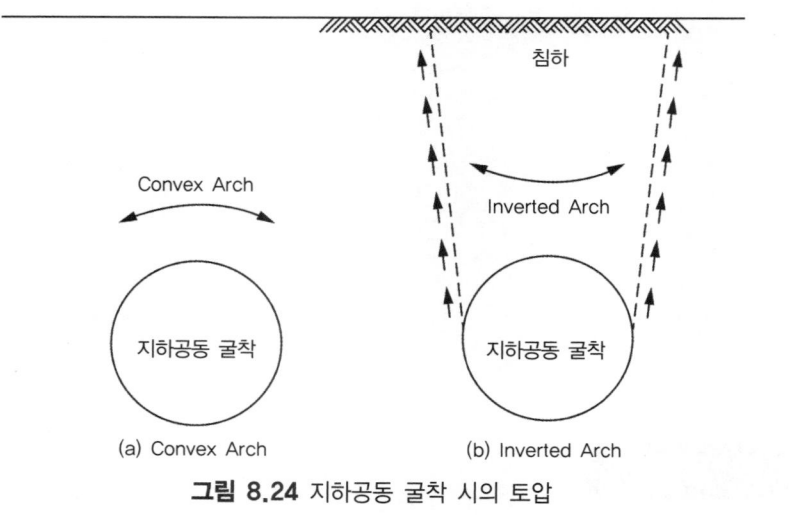

(a) Convex Arch   (b) Inverted Arch

그림 8.24 지하공동 굴착 시의 토압

먼저, 그림 8.24(a)에서와 같이 지하공동을 굴착해도 변위(침하 및 수평변위)가 미소한 경우는 지하에 작용하는 응력이 convex arch를 그리면서 공동 주위로 회전하므로 공동에 작용

하는 압력은 극소하다. 이에 반하여, 지하공동 굴착 시 변위(침하 및 수평변위)가 크게 발생하는 경우는 연직응력은 $\sigma = \gamma z$에서 그림에서 보여주는 바와 같이 경계면에서의 전단저항력을 제외한 압력이 연직 방향 토압으로 작용한다(이를 Terzaghi의 이완토압이라고 한다). 수평 방향으로도 또한 이완토압에 토압계수를 곱한 만큼의 토압이 작용될 것이다. 상세한 사항은 생략하는 바 저자의 저서 '터널의 지반공학적 원리' 2.2.1절 및 2.6.2절을 참조하기 바란다.

Note **암반에서의 흙막이공에 작용하는 토압**

이제까지 서술한 흙막이공에 작용하는 토압은 주로 사질토와 점토로 이루어진 토사지반에 적용되는 식이다. 흙막이공 배면에 암반이 존재하는 경우에 대한 토압공식은 없다. 만일 절리가 전혀 없는 암석이라면 굴착면에서의 압력은(토압은) '0'일 것이다. 즉, 대기압만 작용될 것이다. 예를 들어서 콘크리트 덩어리를 연직으로 절단한 경우와 같을 것이다. 토압이 작용되려면 배면토에 소성 영역이 발생하여서 파괴쐐기가 있어야 한다. 연암 이상의 단단한 층이 존재하는 경우 수평토압은 거의 존재하지 않는다(다만, 불연속면이 존재하여서 쐐기 파괴 형상이 나는 경우는 예외로 한다). 따라서 암반지반을 절취하는 경우에는 흙막이공 대용으로 '표면 숏크리트+록볼트'로 지보재를 설치하기도 한다.

참 고 문 헌

• (사)한국지반공학회(2002), 굴착 및 흙막이 공법, 지반공학 시리즈 3, 구미서관.
• 오정환, 조철현(2004), 흙막이공학, 구미서관.

제9장

어스앵커와
소일네일링

어스앵커와 소일네일링

9.1 개 괄

9.1.1 정 의

어스앵커(earth anchor)는(또는 더 넓은 의미에서 지반앵커(ground anchor)라고도 불린다) 7장 널말뚝편과 8장 흙막이공 편에서 간략히 서술하였다. 어스앵커는 흙막이공에서 버티어주어야 하는 하중을 굴착면 내부에 설치하는 버팀보(스트럿, strut) 대신에 흙막이 벽 배면 쪽을 미리 천공하고 인장재를 삽입한 다음, 정착부를 시멘트 현탁액으로 주입하여 정착시켜서

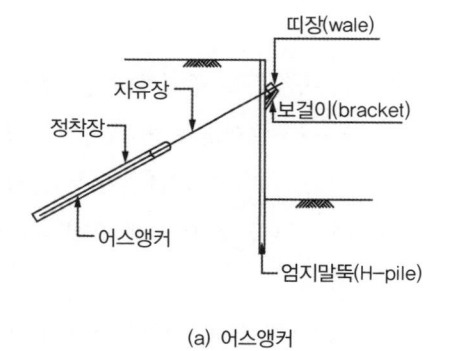

(a) 어스앵커

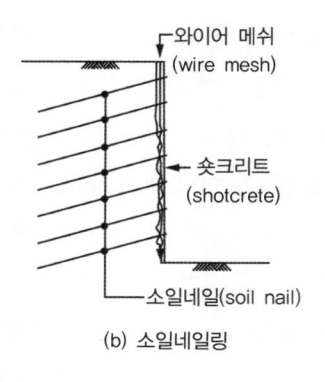

(b) 소일네일링

그림 9.1 흙막이공 지지 공법

버티도록 유도하는 공법이다(그림 9.1(a) 참조). 어스앵커는 또한 산사태 방지용 보강공법으로 쓰이기도 한다(그림 9.2(a)).

두 번째 주제인 소일네일링(soil-nailing) 공법은 지반을 천공하고 보강재를(주로 이형철근) 비교적 촘촘히 삽입하고 그라우팅을 하는 지반보강 공법이다. 그림 9.1(b)에서와 같이 흙막이 공법으로 사용하거나 또는 그림 9.2(b)와 같이 어스앵커와 마찬가지로 산사태 방지용 보강 공법으로도 자주 쓰인다.

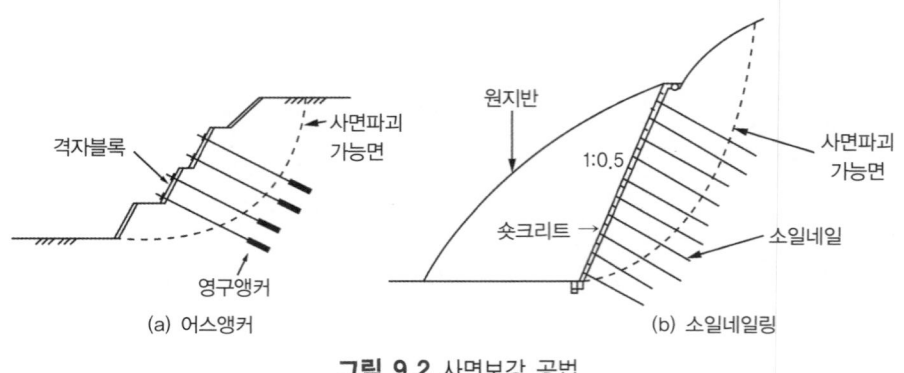

그림 9.2 사면보강 공법

9.1.2 공통점과 차이점

1) 어스앵커와 소일네일링의 공통점

어스앵커와 소일네일링은 지반보강 공법으로서, 근본적으로 원지반을 굴착함으로써 발생하는 연직면 또는 경사면을 보강한다는 점에서 공통점이 있으며(즉, 절취면 보강 공법), 성토면을 보강하는 보강토옹벽과는 뚜렷한 차이가 있다.

2) 흙막이 공법에서의 두 공법의 차이점

흙막이 공법으로서의 두 공법에는 뚜렷한 차이점이 있음을 독자들은 주지해야 할 것이다. 우선 어스앵커 공법은 지보재로서 버팀보 대용으로 이용된다. 시공순서를 보면 흙막이공에서의 필수요소인 흙막이 벽(엄지말뚝, 주열식 흙막이 벽, 강널말뚝, 지하연속벽)을 우선 설치하며, 굴착면 굴착 시 발생하는 배면토에 의한 토압을 흙막이 벽 → 띠장 → 어스앵커(버팀보 대신) 순으로 지지해주게 된다.

이에 반하여 소일네일링 공법은 흙막이 벽이 없다. 굴착과 동시에 굴착 전면에 숏크리트(뿜어 붙임 콘크리트)를 먼저 타설하고 보강재로서 네일을 지중에 설치하기는 하나, 숏크리트로 형성된 벽체는 흙막이 벽과는 거리가 멀다. '전면 숏크리트 + 소일네일'로 이루어진 전체 시스템이 중력식 옹벽과 같이 거동하여서 토압을 견딘다고 보면 될 것이다.

3) 터널 NATM 공법과의 상호 비교

터널굴착 공법에는 대표적으로 NATM(New Austrian Tunnelling Method) 공법과 TBM (Tunnel Boring Machine)을 사용하는 기계화 시공법이 있다. 이중 NATM 공법은 '터널을 굴착하고 → 버력처리 → 지보재 설치'를 반복하는 공법으로서, 터널을 1차로 지지하는 것은 지반의 아칭 현상이며, 지보재는 보조적인 지지개념을 갖는다('암반역학의 원리' 9장, '터널의 지반공학적 원리' 2장). 지보재로는 대표적으로 숏크리트, 록볼트, 강지보재가 있다. 이중 록볼트(rockbolt)에는 선단정착형 록볼트(그림 9.3(a))와 전면접착형 록볼트(그림 9.3(b))가 있다('터널의 지반공학적 원리' 2.4절). 굴착면에는 숏크리트가 타설되어 있다. 선단 정착형 록볼트는 일명 주동볼트(active bolt)라고도 하며, 그림에서와 같이 볼트 선단을 소성영역 바깥쪽에 정착시킨 후, 두부에서 프리텐션(pre-tension)을 준다. 결국 굴착으로 인하여 록볼트 두부에 작용되는 축력을 정착부에서 저항하는 시스템이다. 주동볼트는 비교적 견고한 지반(경암)에서 주로 채택하여서 불연속면을 봉합하는 역할도 동반한다. 이에 반하여 전면 접착형 록볼트는 일명 수동볼트(passive bolt)라고도 하며, 록볼트 주면 전길이를 시멘트 현탁액으로 그라우팅해준다. 또한 통상 록볼트에 프리텐션은 가하지 않는다. 수동볼트는 상대적으로 덜 견고한 지반에서 채택한다. 전면 접착형 록볼트가 기능을 발휘하기 위해서는 주변 지반이 먼저 변형해야 하며, 특히 록볼트와 주변 지반 사이에 상대 변위가 존재하여야 한다(그림 9.4 참조). 그림 9.4(c)에서 보여주는 대로 지반이 록볼트보다 더 많이 변형을 해야 록볼트에 마찰저항하는 힘이 발휘된다(이는 제4장 말뚝기초에서 주면 마찰력이 발휘되는 원리와 동일하다. A-A' 단면 왼쪽은 부주면 마찰 상태, 오른쪽은 정주면 상태이다).

그림 9.3 선단정착형 록볼트와 전면접착형 록볼트

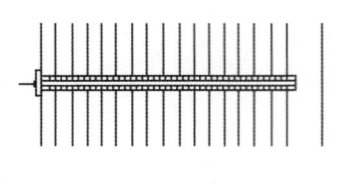
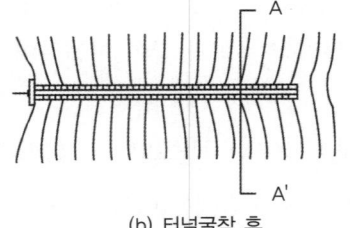

(a) 터널굴착 전　　　　　　　　　　　　(b) 터널굴착 후

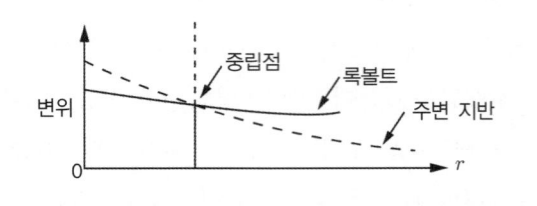

(c) 터널굴착에 따른 록볼트와 주변 지반의 상대변위양상　　　(d) 록볼트의 작용구간과 정착구간

그림 9.4 전면접착형 록볼트의 작용원리

이 장에서 다루고자 하는 어스앵커는 선단 정착형 록볼트와 유사하며, 소일네일링은 전면 접착형 록볼트와 유사하다고 할 수 있다. 전면 접착형 록볼트는 그림 9.5에서 보여주는 바와 같이, 이를 지보재로 간주하지 않고 록볼트로 지반이 보강된 것으로 간주하기도 한다. 소일네 일링의 경우도 네일로 보강된 지반을 중력식 옹벽과 같이 보강된 지반구조물로 볼 수도 있다.

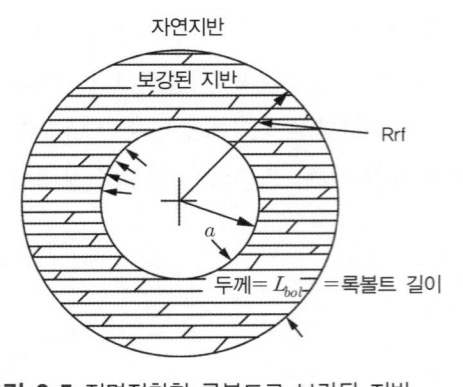

그림 9.5 전면접착형 록볼트로 보강된 지반

9.2 어스앵커

9.2.1 일반사항

1) 앵커의 구성요소

앵커의 종류는 이미 그림 7.10에 소개하였으며, 여기에서는 흙막이공 또는 사면 보강용으로 가장 많이 쓰이는 어스앵커(또는 타이백 앵커, 마찰형 앵커라고도 함)만을 집중적으로 서술하고자 한다. 앵커의 구조는 크게 앵커체, 인장부 및 앵커 두부로 구성되며 앵커 각부의 명칭은 그림 9.6과 같다. 앵커의 설치간격은 지반조건, 부재단면, 경제성 등을 감안하여 결정하여야 하며, 통상 1.5m~2.5m 사이에서 결정한다(수평간격 1.5~2.0m, 연직간격 2.0~3.5m 등). 앵커 설치각도는 일반적으로 10~45° 사이에서 정해진다. 천공직경은 통상 ϕ100mm나 ϕ135mm로 하며, 인장재로는 PC 강연선으로서 ϕ12.7mm를 4~6가닥 설치한다.

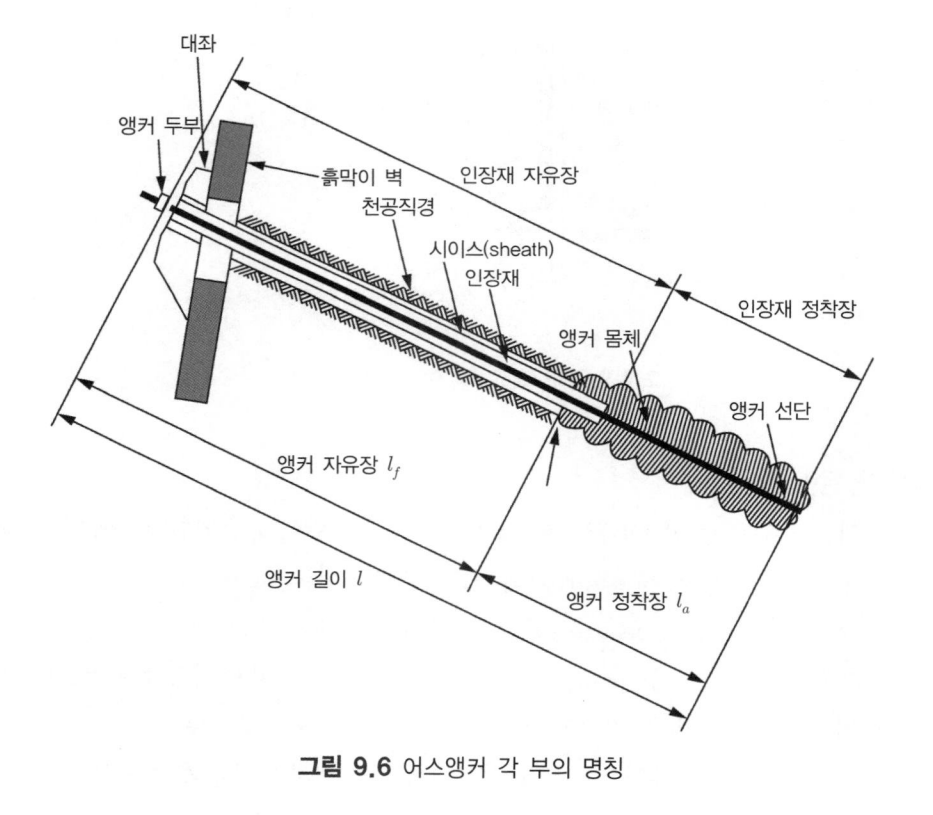

그림 9.6 어스앵커 각 부의 명칭

2) 자유장과 정착장

그림 9.6에서 보면 전체 앵커길이 l은 자유장 l_f과 정착장 l_a의 합으로 이루어져 있다(그림에서와 같이 앵커체 길이와 인장재 자체의 정착장 길이가 다를 수 있다). 앵커 자유장은 인장재가 관통하고 있을 뿐이고 지반의 인발저항력을 발휘할 수 없는 부분을 말한다. 즉, 앵커는 정착장 부위에서의 인발저항력으로 저항한다. 앵커 정착부는 파괴가능면 밖에 설치해야 기능을 하기 때문에 흙막이공의 경우 자유장 길이는 그림 9.7에서와 같이 파괴가능면으로부터 1.5m, 또는 굴착깊이의 15%(0.15H) 중 큰 값만큼 길게 구한다.

또한 앵커 자유장은 원지반에 유효 프리스트레스를 주기 위하여 적어도 4.5m 이상은 되어야 하며, 통상 5.0m를 최소 자유장으로 한다. 실제로 앵커로서의 기능은 그림 9.7에 표시된 정착장 부위에서 이루어진다.

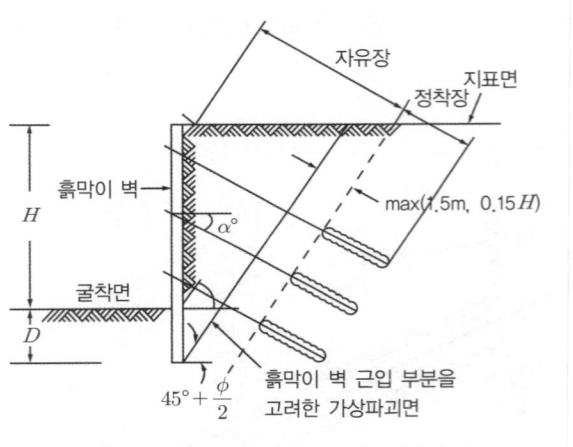

그림 9.7 어스앵커의 자유장과 정착장

3) 그라우팅 주입방법

어스앵커의 그라우팅 주입방식에는 그라우트, 즉 시멘트 현탁액의 가압방식에 따라 케이싱그라우트 가압(casing grout pressure), 패커그라우트 가압(packer grout pressure), 튜브그라우트 가압(tube grout pressure) 등 여러 가지 종류가 있다.

케이싱그라우트 가압(casing grout pressure)은 작업성이 좋아서 가장 일반적으로 사용되고 있는 공법이다. 이 방법은 정착지반까지 천공을 완료하고 그라우트를 주입하고 나서 tendon을 삽입하고, 천공용 케이싱(casing)을 정착장 두부까지 인발한 후 케이싱 두부(casing head)에 그라우트 주입용 호스(hose)를 연결하고, 소정의 압력을 가하는 방법이다.

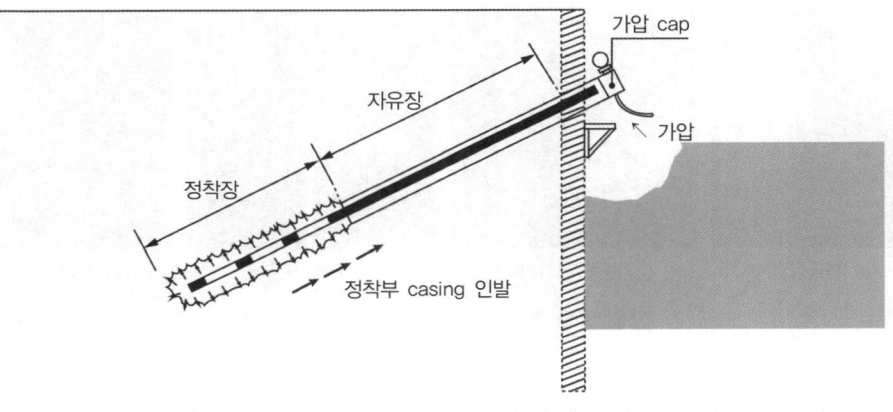

그림 9.8 케이싱그라우트 가압(casing grout pressure) 방법의 모식도

한편, 패커그라우트 가압(packer grout pressure)은 조립 시에 길이가 30~50cm의 포대 상의 패커(packer)를 앵커체 상부에 부착하여 둔다. Tendon을 삽입하고 나서 그라우트를 주입하고 천공용 케이싱을 패커 상부까지 인발한다. 그리고 먼저 패커 안에 그라우트를 채우고, 패커, 앵커체 순으로 가압하는 방법이다. 이 방법은 그라우트를 소정의 압력으로 확실히 가압하는 것은 되나, 품이 많이 들고 공정이 복잡하여 사용이 제한되고 있다. 또한 튜브그라우트 가압(tube grout pressure)은 특수앵커의 그라우트 가압방식으로 팽창성의 튜브(tube)에 의한 공벽을 1,000~1,500kPa의 큰 압력으로 가압하여, 큰 주면마찰저항을 기대하는 공법이다. 그라우트에는 시멘트 몰탈(cement mortar)을 사용하여, 튜브의 외측, 내측의 순서로 주입한다. 내측 그라우트의 주입은 외측 그라우트가 경화될 때까지 기다려야 하므로 작업시간이 수일이 걸린다.

그라우트재를 주입하고 나서 가압을 하지 않는 경우도 있으며, 이를 중력식 앵커라고 한다. 저자는 저압이라도 반드시 가압할 것을 추천한다. 가하는 압력은 원지반에 할렬(hydraulic fracture)이 일어나지 않도록 압력을 너무 과도하게는 주지 않아야 한다. 가압을 동반하는 앵커를 가압형 앵커(pressurized anchor)라고 한다. 그림 9.9에 가압 그라우팅을 실시하는 순서와 전경 사진을 보여주고 있다.

(a) 천공작업　　　(b) 중력식 그라우팅　　　(c) tendon 삽입　　　(d) 가압 그라우팅

그림 9.9 가압 그라우팅 순서도(전경 사진)

9.2.2 인장형 앵커와 압축형 앵커

어스앵커는 정착부에 하중을 가하는 방법에 따라서 인장형 앵커(tension type anchor)와 압축형 앵커(compression type anchor)로 구분된다(그림 9.10 참조).

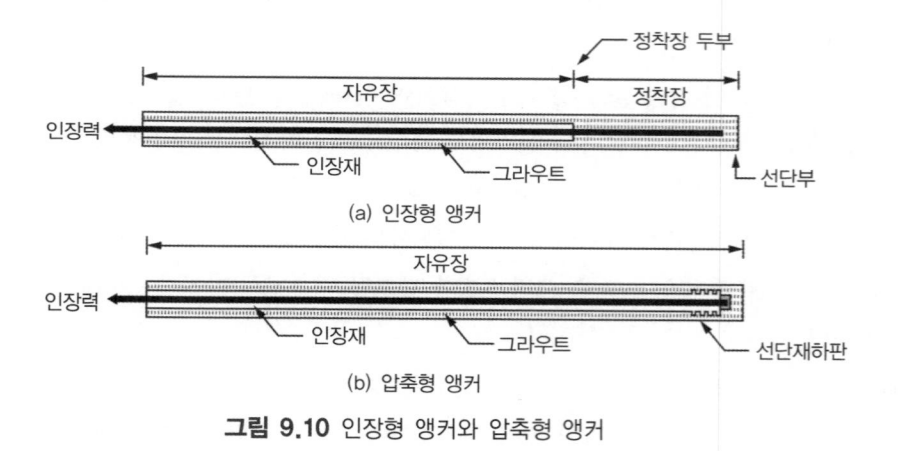

(a) 인장형 앵커

(b) 압축형 앵커

그림 9.10 인장형 앵커와 압축형 앵커

1) 인장형 앵커

인장형 앵커는 그림 9.10(a)에서와 같이(또는 그림 9.6), 앵커 두부에서 하중을 가하면 정착장 전면부에 하중이 전달되어 정착부의 두부부터 하중을 받아서 앵커 선단부로 전달된다. 인장형 앵커에 대하여 하중전달 미케니즘의 개략도를 그려보면 그림 9.11(a)와 같다. 그림을 보면 인발하중이 두부에서 최대로 작용하고 그라우트재와 주변 지반과의 마찰저항에 의하여 선단으로 갈수록 감소함을 알 수 있다. 즉, 인장재를 통하여 인발력을 작용시킨다는 의미에서 인장형 앵커로 불린다. 인장형 앵커는 앵커에 인발력을 가하면 그라우트재에 발생하는 인장균열

(tension crack)이 발생되는 단점이 있다. 또한 인장형 앵커는 정착장 두부에 과도한 인장력이 작용하므로 두부 근처에서의 단위면적당 유발되는 주면마찰저항값이 마찰저항으로 최대로 버틸 수 있는 극한 마찰저항력에 도달하게 되고, 일단 극한값에 도달하면 계속하여 선단쪽으로 하중이 과하게 전달되어 소위 말하는 진행성 파괴(progressive failure) 양상을 띠게 된다. 따라서 정착장 길이를 증가시킨다고 해서 정착장 길이에 비례해서 인발저항력이 증가하는 것은 아닌 것으로 알려져 있다. 선단까지 하중전달이 되지 않기 때문이다. 일반적으로 정착장은 10.0m 이하로 제한함이 보통이다. 반대로 정착장이 너무 짧으면 시공부주의나 지반이 불균질할 경우, 인발저항력이 설계인발력보다 작아질 수도 있으므로 최소길이에도 제한을 둠이 보통이다. 나라마다 기준이 다르나 3.0~4.5m 정도의 최소길이로 제안하고 있다(한국은 4.5m를 최소길이로 제안).

2) 압축형 앵커

압축형앵커는 그림 9.10(b)에서와 같이, 앵커 선단에 강선을 고정하는 선단 재하판을 이용한다. 따라서 압축형 앵커는 전장이 자유장으로 형성되어 앵커 두부에서 가한 하중을 직접 앵커 선단부에 먼저 가해줄 수 있도록 한다. 앵커 선단에 가해준 하중은 앵커의 그라우트에 압축력을 발생시키며 선단에서 최대로 작용되고, 그라우트재와 주변 지반과의 마찰저항에 의하여 앵커체 두부로 갈수록 감소함을 알 수 있다(그림 9.11(b)). 주면마찰력은 인장형 앵커와는 반대로 그라우트 주변 지반에 압축력을 유발시키므로 압축형 앵커로 불린다. 다시 말하여, 앵커 두부에 가해진(즉, 인장재에 가해준 하중은) 하중은 분명 인장력이나 그라우트 앵커체에는 압축력으로 바뀌어 작용한다. 압축으로 저항하므로 상대적으로 진행성 파괴의 위험성이 적고, 또한 인장형 앵커에서 흔히 발생할 수 있는 인장균열이 없어서 상대적으로 안정되게 저항할 수 있어 특히 영구앵커로도 많이 쓰이는 것으로 알려져 있다.

다만 앵커에서의 그라우트 작업은 인장형 앵커에서는 정착장에만 이루어져도 되나(많은 경우에 전장에 걸쳐 이루어지기는 한다), 압축형 앵커는 전 길이에 걸쳐 그라우팅 작업을 해주어야 한다.

정리해보면 압축형 앵커는 인장형 앵커의 단점을 보완할 수 있는 장점이 많은 앵커로서 판단할 수 있다.

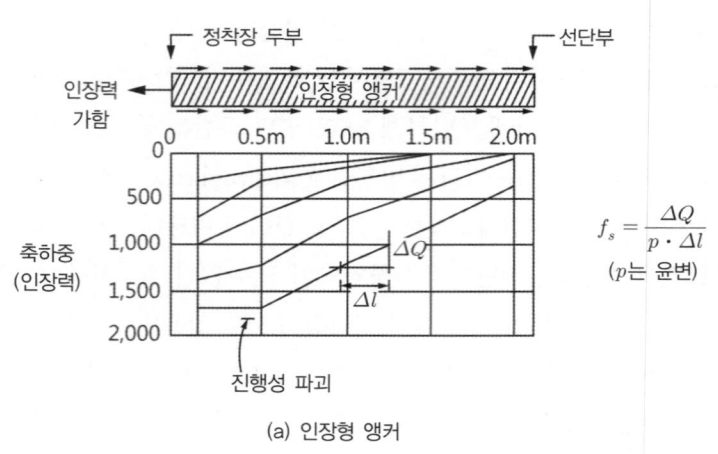

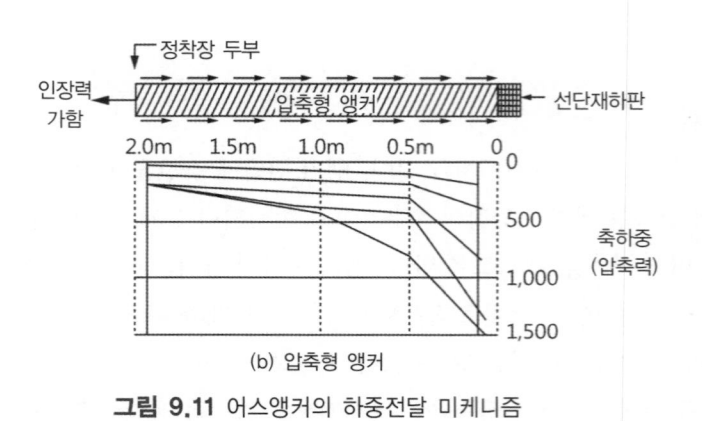

$$f_s = \frac{\Delta Q}{p \cdot \Delta l}$$
(p는 윤변)

(a) 인장형 앵커

(b) 압축형 앵커

그림 9.11 어스앵커의 하중전달 미케니즘

3) 하중분산형 압축 앵커

하중분산형 압축앵커(일명 U-turn anchor)는 앵커력을 지반에 확실히 분산·전달하기 위하여 재하판(내하체라고 불린다)을 선단에만 설치하는 것이 아니라, 여러 개로 분산하여 설치하므로 한 개만 설치하였을 때는 그림 9.11(b)와 같이 선단 부분에 하중이 집중되는 약점을 보완하여 분산시킬 수 있는 장점을 가진 압축형 앵커이다. 즉, 하중의 국부적인 집중현상을 방지할 수 있는 구조적으로 유리한 형식으로 볼 수 있다. 하중분산형 압축앵커의 하중전달 미케니즘의 개략도를 그려보면 그림 9.12와 같다.

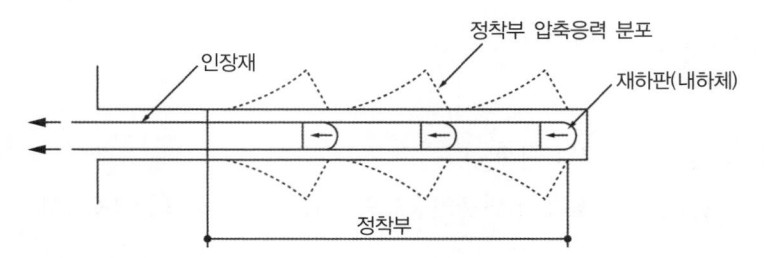

정착부 압축응력 분포

인장재

재하판(내하체)

정착부

그림 9.12 하중분산형 압축앵커에서의 인발 시 저항하중 분포도

9.2.3 어스앵커의 안정성 검토

1) 개 괄

제8장에서 서술한 흙막이공에서 각 단의 지보재가 받아주어야 하는 지보재의 축력 $P_{(\cdot)}$ 으로부터, 경사각 α 로 설치된 어스앵커가 받아주어야 하는 설계앵커력은 식 (8.21)로 표시된다고 하였다. 즉,

$$P_{(\cdot)w} = \frac{P_{(\cdot)}}{\cos\alpha} \tag{9.1}$$

여기서, $P_{(\cdot)} = (\cdot)$ 단 지보재에 작용되는 힘
$\alpha = $ 앵커 설치 각도
$P_{(\cdot)w} = (\cdot)$ 단에서의 설계 앵커력

주어진 설계 앵커력에 대해서 설치된 어스앵커가 안정성을 가지려면 다음의 조건을 만족하여야 한다. 즉,

① 앵커인장재(주로 PC 강연선)의 허용인장강도가 설계앵커력보다 커야 한다. 즉, 다음 식이 만족되어야 한다.

$$P_{(\cdot)w} \leq T_a \tag{9.2}$$

여기서, $T_a = $ 앵커 인장재의 허용인장강도로서 다음 식으로 구할 수 있다.

$$T_a = \sigma_{allow} \cdot \frac{\pi}{4}(d_p)^2 \tag{9.3}$$

여기서, d_p = 인장재의 직경

σ_{allow} = 인장재의 허용인장응력으로서 다음을 표준으로 한다.

$$\begin{cases} \sigma_{allow} = 0.80\sigma_y \text{ 가설 앵커의 경우} \\ \sigma_{allow} = 0.75\sigma_y \text{ 영구앵커의 경우} \end{cases} \tag{9.4}$$

여기서, σ_y = 인장재의 항복응력

(예) 직경 ϕ12.7mm, 공칭단면적 98.7mm^{2}인 PC 강연선의 항복하중은 159kN이다. 허용하중 T_a는 가설앵커의 경우 $T_a = 0.8 \times 159 = 127.2$kN 정도로 볼 수 있다.

② 앵커인장재와 그라우트 주입재 사이의 부착강도가 설계 앵커력보다 커야 한다. 즉, 다음 식이 만족되어야 한다.

$$P_{(\,\cdot\,)w} \leq P_{ad,\,allow} \tag{9.5}$$

여기서, $P_{ad,\,allow}$ = 앵커인장재와 주입재 사이의 허용부착력으로서 다음 식으로 구할 수 있다.

$$P_{s,\,allow} = \tau_{pg}\pi d_p l_p$$
(9.5a)

여기서, τ_{pg} = 인장재와 그라우트재 사이의 허용부착강도

d_p = 인장재의 직경

l_p = 인장재의 부착길이

실제로는 앵커인장재와 그라우트 주입재 사이의 부착강도가 문제가 되는 경우는 많지 않다.

③ 그라우트재와 주변 지반 사이의 허용인발저항력이 설계 앵커력보다 커야 한다. 즉, 다음 식을 만족해야 한다.

$$P_{(\cdot)w} \leq Q_{allow} \qquad (9.6)$$

여기서, Q_{allow} = 그라우트재와 주변 지반 사이의 허용인발저항력으로서 다음 식과 같다.

$$Q_{allow} = \frac{Q_u}{F_s} \qquad (9.7)$$

여기서, Q_u = 앵커의 극한인발저항력
F_s = 안전율

앵커 설계에서 가장 중요한 것이 Q_u, 즉 극한인발저항력을 예측하는 것이다. 대부분의 경우 앵커의 정착장을 결정하는 것은 Q_u 이다. 다음에 Q_u 를 예측하는 방법을 서술할 것이다.

2) 어스앵커의 극한인발저항력

(1) 개요

어스앵커의 극한인발저항력 Q_u 는 다음 식으로 표시할 수 있다.

$$Q_u = \tau_u \pi D_a l_a \qquad (9.8)$$

여기서, τ_u = 어스앵커의 단위인발저항력
D_a = 어스앵커의 직경(또는 천공직경)
l_a = 어스앵커의 정착장

식 (9.8)에서 가장 중요한 것이 τ_u, 즉 어스앵커의 단위인발저항력을 예측하는 일이다. 가장 대표적으로 Littlejohn(1990)이 제시한 τ_u 식을 근거로, 다음과 같이 표시할 수 있다.

$$\tau_u = c_a + K\sigma_n \tan\delta \tag{9.9}$$

여기서, K = 토압계수

σ_n = 앵커체 정착장에서의 수직응력

δ = 그라우트체와 지반 사이의 벽면마찰각

c_a = 그라우트체와 지반 사이의 부착력

필자의 견해로는 그라우트 표면은 요철이 존재하기 때문에 인발하중 작용 시 벽면마찰각 δ는 흙의 내부 마찰각 ϕ와 같다고 보아도 무방하다. 같은 이유로 부착력 c_a는 점착력 c로 볼 수 있다. K값은 흙의 종류와 상대밀도에 따라 다르며, 0.5~2.3 사이의 값을 갖는다.

결국 식(9.9)는 다음 식으로 표시할 수 있다.

$$\tau_u = c + K\sigma_n \tan\phi \tag{9.9a}$$

저자는 서울지역의 5개 흙막이공 현장을 대상으로 앵커인발시험을 실시하였다(Lee 등 (2012) 또는 김태섭(2009)). 현장시험 결과와 식 (9.9)로 구한 극한인발저항력을 비교한 결과 이론식으로 구한 극한인발저항력이 실험값보다 아주 작게 예측됨을 알 수 있었다. 식 (9.9)는 기본적으로 6장에서 소개한 강재띠와 같이 두께도 얇고, 또한 요철이 없이 평평하여 두 재료 사이에 미끄러짐만(slip)이 일어는 경우(다시 말하여 주변 지반을 많이 건드리지 않고 쏙 빠지는 형태)에 사용할 수 있는 식으로 이해하면 될 것이다.

그러나 어스앵커의 그라우트재와 주변 지반 사이는 다르다. 앵커체는 그 자체가 ϕ100mm 또는 ϕ135mm로서 절대적인 직경이 있으며, 두 매개체 사이에 요철 또한 심하여 인발 시 지반 자체에도 영향을 준다. 가장 큰 영향은 인발 시 지반에 부피팽창(dilatncy)이 일어난다는 점이다. 저자의 연구 결과에 의하면 인발 시 팽창정도가(팽창각을 $\psi°$라고 하면) $\tan\psi/\tan\phi = 0.28$ 정도는 평균적으로 발생한다. 인발 시 주변 지반이 팽창하면 팽창으로 인한 압력이 앵커 면에 추가 수직응력으로 작용되며, 이로 인하여 인발저항력 증가를 가져온다.

(2) 일본지반 공학회가 제안한 도표에 대한 평가

저자가 알기로는 실무에서 주로 사용하고 있는 τ_u값은 표 9.1에서 제시한 단위인발저항력

표이다. 표 9.1에 대하여 독자들이 반드시 알아야 하는 중요한 몇 가지 문제점이 있다.

① 우선 표 9.1에서 제시한 값들은 근본적으로 가압 그라우팅(pressurized grouting)을 한 앵커에만 적용되는 값이다. 앵커 시공 시 그라우트재를 주입하고 가압을 전혀 하지 않은 중력식 그라우팅에서의 단위인발저항력은 훨씬 적다.

② 두 번째 문제는 N값에 대한 것이다. 1장에서 표준관입시험 N값은 해머에너지 효율에 절대적으로 영향을 받으므로 효율 60%, 즉 N_{60}을 표준으로 한다고 서술하였다. 한마디로 말하여 표 9.1에서 제시한 N값은 일본에서만 적용되는 값으로 보아야 하며, 일본에서의 평균에너지 효율은 73.8%로 아주 높다. 이에 반하여, 우리나라에서의 효율은 52.5% 정도로서 상대적으로 낮다. 따라서 에너지 효율 보정 없이 그대로 표 9.1을 사용하면 실제보다 아주 큰 τ_u값을 설계값으로 사용하게 됨을 주지하여야 한다.

③ 사질토에서의 단위 마찰저항력은 이론적으로 보면 식 (9.9)에서 제시한 대로 앵커체에 작용되는 수직응력에 비례해야 하는데, 표 9.1에서 제시한 값은 σ_n은 전혀 고려하지 않고 N값에만 의존하는 것으로 되어 있다. 말뚝의 축방향 극한지지력(선단지지력, 주면마찰저항력 공히)은 수직응력에 계속 비례하는 것이 아니라 한계깊이(20D 또는 15D) 이하에서는 거의 동일하다고 기술하였다. 이 이론은 앵커에서의 극한인발저항력에도 그대로 적용된다. 특히 가압형 앵커는 가압으로 인하여 수직응력의 변화를 가져오므로 초기의 수직응력에 의한 영향을 적게 받는다.

표 9.1 일본지반공학회가 제안한 어스앵커의 단위인발저항력

지반의 종류			단위인발저항력(kPa)
암반	경암		1,500~2,500
	연암		1,000~1,500
	풍화암		600~1,000
자갈	N값	10	100~200
		20	170~250
		30	250~350
		40	350~450
		50	450~700
모래	N값	10	100~140
		20	180~220
		30	230~270
		40	290~310
		50	300~400
점토			$1.0c$

*주: 가압 그라우팅의 경우에 한함, N값 $\approx N_{73.8}$

저자는 앞에서 서술하였던 5개소 현장시험 결과로부터 얻은 가압형 앵커의 단위인발저항력을 N값을 보정한($N_{52.5} \rightarrow N_{60}$) N_{60}와의 관계로 그림으로 표시하였다(그림 9.13). 또한 표 9.1에서 제시된 값들도 N값을 보정하여($N_{73.8} \rightarrow N_{60}$) 같은 그림에 표시하였다. N_{60}값이 60을 상회하는 경우를 제외하고는 두 결과가 비교적 잘 일치하는 것을 알 수 있다.

가압 그라우팅에서 적용한 압력은 할렬이 되지 않도록 실트질 모래에서는 60~140kPa(평균 100kPa), N값이 50 이하인 풍화토층에서는 60~294kPa(평균 200kPa), N값이 50 이상인 풍화토/풍화암층에서는 157~441kPa(평균 300kPa)로 주입할 수 있었다.

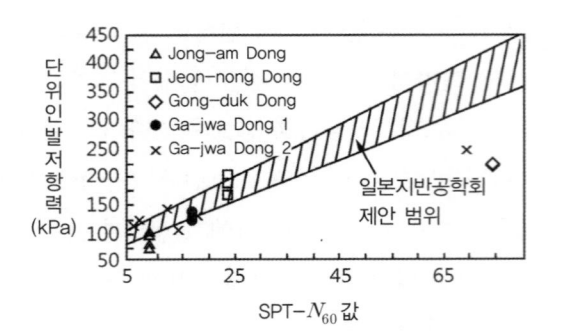

그림 9.13 SPT-N_{60}값과 단위인발저항력 비교

(3) 가압형 어스앵커의 단위인발저항력 공식

그림 9.14는 저자가 현장실험한 데이터를 근거로 제시한 SPT-N_{60}과 단위인발저항력(τ_u)과의 관계식을 보여주고 있다. 즉, 다음 식으로 τ_u를 구하여 설계에 이용하면 좋을 것이다.

$$\tau_{u,pres} = 2.09N_{60} + 95.82 \text{(단위:kPa)} \tag{9.10}$$

여기서, $\tau_{u,pres}$ = 가압형 어스앵커의 단위인발저항력

단, 식 (9.10)을 이용하려면 반드시 해머에너지 효율을 60%로 조정한 N값을 이용하여야 한다. 또한 식 (9.10)은 가압형 앵커에서만 적용할 수 있는 수식임을 명심하길 바란다.

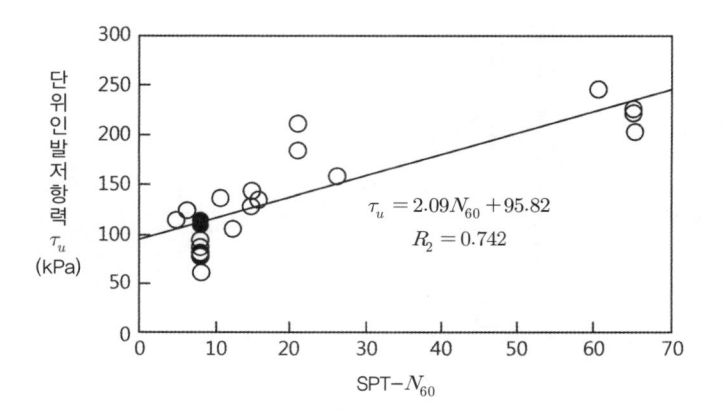

그림 9.14 SPT$-N_{60}$값과 단위인발저항력(τ_u) 관계식

(4) 중력식 어스앵커의 단위인발저항력 공식

만일 앵커시공 시 가압은 전혀 하지 않고 중력식 그라우팅만 이루어졌다면 이때의 단위인발저항력은 식 (9.10)으로 제시한 값보다 작을 수밖에 없다. 그림 9.15는 실트질 모래, N값 50 이하인 풍화잔류토, N값 50 이상인 풍화잔류토/풍화암 각각에 대한 '가압형 앵커의 인발저항력과 중력식 앵커의 인발저항력의 비를 도시하고 있다. 지반이 사질토일수록 풍화잔류토는 N값이 작을수록 가압 그라우팅 효과가 좋으며, N값이 50을 상회하는 견고한 지층은 가압 그라우팅 효과가 거의 없는 것을 보여주고 있다.

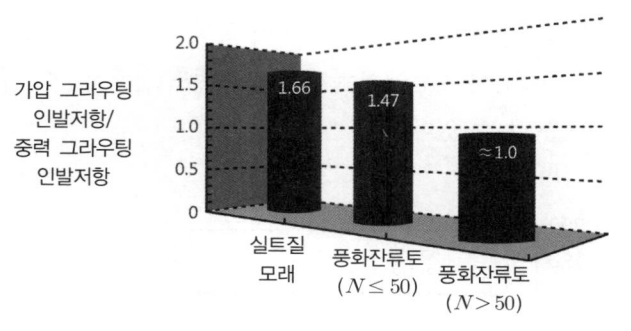

그림 9.15 가압 그라우팅 효과

그림 9.16은 SPT$-N_{60}$과 인발저항력 증가효과를 나타내는 비(ratio)를 보여주고 있다. 그림에 표시된 추세선 공식을 근거로 중력식 어스앵커의 단위인발저항력은 다음 식과 같이 표시될 수 있다.

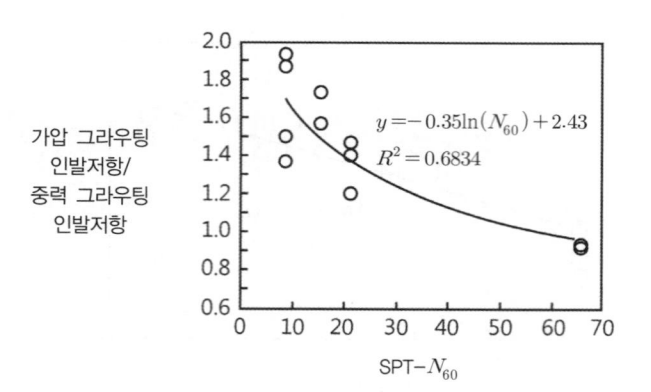

그림 9.16 가압에 의한 단위인발저항력 증가효과

$$\tau_{u,\,gr.} = \frac{\tau_{u,\,pres}}{ratio}$$

$$= \frac{2.09N_{60} + 95.82}{-0.35\ln(N_{60}) + 2.43} \quad (\text{단위} : \text{kPa}) \tag{9.11}$$

앞의 수식들에서 보듯이 앵커시공 중에 가압을 하게 되면 인발저항력은 증가한다. 인발저항력이 증가하는 요인을 열거해보면 다음과 같이 정리된다.

첫째는, 가압으로 인하여 천공직경이 증가하기 때문이다(그림 9.17 참조). 둘째로는 특히 투수계수가 비교적 큰(투수계수~10^{-3}cm/sec) 지반에 가압을 하는 경우에는 천공직경 확장보다는 그라우트재가 주변 사질토로 침투되어서 앵커직경이 확장되는 효과가 더 크다. 다만 그림 9.17에서 보듯이 N값>50인 단단한 지층에서는 가압을 하여도 천공직경이 거의 변하지 않으므로 가압효과가 거의 없음을 알 수 있다.

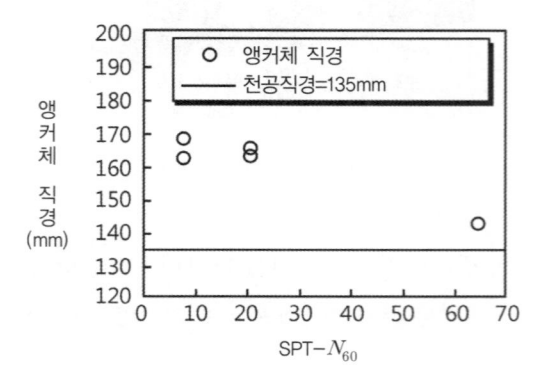

그림 9.17 가압 그라우팅에 의한 앵커체 직경 변화

(5) 어스앵커 극한인발저항력에서의 무리효과

말뚝과 마찬가지로 어스앵커의 간격이 너무 좁으면 무리효과(group effect)를 고려하여야 한다.

그림 9.18은 무리효과를 보여주고 있다. 그림에서 보듯이 앵커간격(S)이 앵커직경(D_a)의 14배 이상에서는 무리효과를 고려하지 않아도 되나, 그 이하에서는 고려하여야 한다. 추세선 수식은 다음과 같다.

$$\eta = \frac{Q_{g(u)}}{\sum Q_u} = 0.035 \cdot \frac{S}{D_a} + 0.454 \geq 0.5 \qquad (9.12)$$

여기서, S = 어스앵커의 간격

D_a = 어스앵커의 직경

η = 무리앵커의 효율

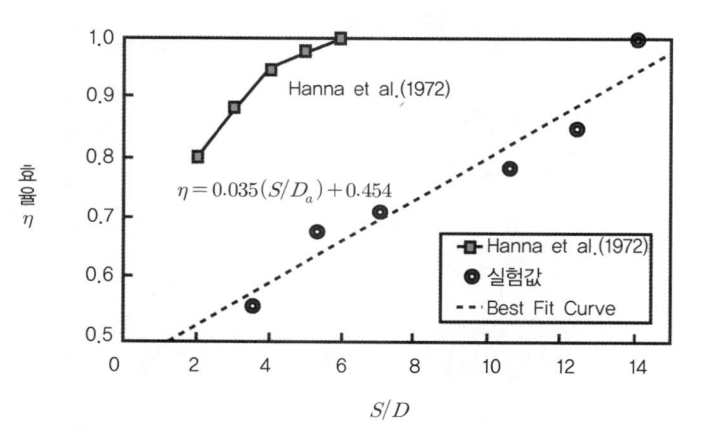

그림 9.18 무리앵커의 효율

[예제 9.1] 흙막이공용 가설 어스앵커를 (예제 그림 9.1)과 같이 설치하고자 한다. 자유장 및 정착장을 계산하라. 설계조건은 다음과 같다.

• 앵커의 소요지보재 축력 = 150kN/m
• 앵커의 설치간격 = 2.0m(수평방향)
• 배면토의 내부 마찰각 = 40°

- 앵커체 근처 배면토의 $SPT-N_{60} = 50$
- 인강재 : PC 강연선 $\phi 12.7mm$ 4가닥
- 허용부착응력 $= 500 \, kPa$
- 설치각 $(\alpha) = 30°$
- 천공직경 $= \phi 135 \, mm$
- PC 강연선의 항복하중 $= 159 \, kN$
- 안전율은 $F_s = 2.0$을 사용하라.

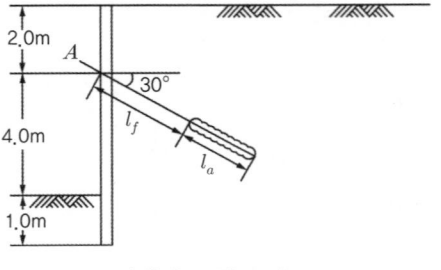

(예제 그림 9.1)

(1) 가압 그라우팅 조건으로 가정하고 풀라.
(2) 중력식 그라우팅(무가압) 조건으로 가정하고 풀라.

[풀이]

– l_f(자유장)

자유장의 길이는 가압 그라우팅 조건과 중력식인 경우와 상관없이 동일한 값을 가진다. 파괴면과 이루는 경사각은 $45° + \dfrac{\phi}{2}$이므로, $\phi = 40°$를 대입하여 수평면과 $65°$의 경사를 가지는 것을 알 수 있다. 이를 그림으로 나타내면 다음과 같다.

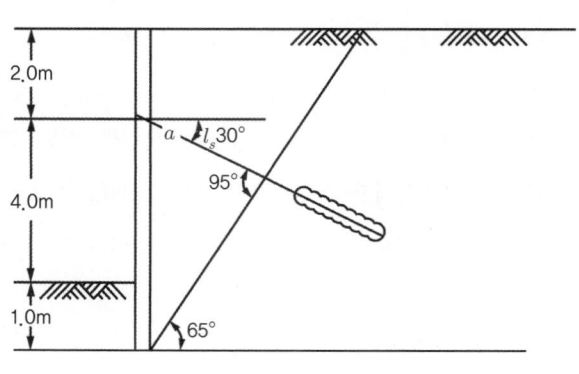

(예제 그림 9.1a)

a는 사인법칙에 의해 구할 수 있으며, 그 수식은 다음과 같다.

$$\frac{a}{\sin(90° - 65°)} = \frac{5\text{m}}{\sin 95°} , \quad \therefore a = 2.12\,\text{m}$$

자유장의 길이, l_f는 파괴가능면으로부터 1.5m, 혹은 굴착 깊이의 15%($0.15\,H = 0.9\,\text{m}$) 중 더 큰 값을 사용하게 되어 있다.

$$\therefore l_f = 2.12\,\text{m} + 1.5\,\text{m} = 3.62\,\text{m}$$

- 원지반에 유효 프리스트레스를 주기 위해서는 적어도 4.5m 이상은 되어야 하며, 통상 5.0m를 최소 자유장으로 한다. 따라서, $l_f = 5.0\text{m}$로 한다.

- 지보재의 설계 앵커력
앵커의 소요 지보재 축력은 150kN/m이며 수평방향 설치간격이 2m이므로, 지보재에 작용되는 힘 $P_{(\cdot)}$와 설계 앵커력 $P_{(\cdot)w}$를 구해보면 다음과 같다.

$$P_{(\cdot)} = 150\text{kN/m} \times 2\text{m} = 300\text{kN}$$

$$P_{(\cdot)w} = \frac{P_{(\cdot)}}{\cos \alpha} = \frac{300\,\text{kN}}{\cos 30°} = 346.41\,\text{kN}$$

(1) 가압 그라우팅 조건일 때

① 허용인장강도 검토 ($P_{(.)w} \leq T_a$)

설계 앵커력, $P_{(.)w}$는 346.41kN이며, 앞의 예에서 설명한 바와 같이 가설 앵커의 경우 $\phi = 12.7\text{mm}$인 PC 강연선 한 개의 허용하중, T_a는 127.2kN(159kN×0.8) 정도로 볼 수 있다. 4가닥의 인장재를 사용하였으므로 $T_a = 127.2 \times 4 = 508.8\text{kN}$이다.

$$P_{(.)w} = 346.41\,\text{kN} \leq T_a = 508.8\text{kN} \quad \rightarrow \quad \text{O.K.}$$

② 인장재와 그라우트재의 부착강도 검토($P_{(.)w} \leq P_{ad,allow}$)

$$\begin{aligned} P_{ad,allow} &= \tau_{\rho g}\, \pi\, d_p\, l_p \\ &= 500\text{kPa} \times \pi \times 12.7\text{mm} \times 10^{-3} \times 4 \times l_p \\ &= 79.80\, l_p\,\text{kN} \end{aligned}$$

$$\therefore l_p \geq \frac{346.41\,\text{kN}}{79.80\,\text{kN/m}} = 4.34\,\text{m}$$

부착길이, l_p가 4.34m보다 커야 하므로, 정착장 길이는 최소한 4.35m 이상이 되어야 한다.

③ 허용인발저항력 검토($P_{(.)w} \leq Q_{allow}$)

식 (9.8)로부터 극한인발저항력, Q_u를 구할 수 있으며, Q_u를 안전율 F_s로 나누어 허용인발저항력 Q_{allow}를 구할 수 있다. 이때 어스앵커의 단위인발저항력, τ_u는 가압형 어스앵커의 경우 식 (9.10)을 이용하여 구할 수 있다.

$$\tau_{u,press} = 2.09 \times 50 + 95.82 = 200.32\,\text{kPa}$$

$$Q_{allow} = \frac{Q_u}{F_s} = \frac{200.32\,\text{kPa} \times \pi \times 0.135\,\text{m} \times l_a}{2.0} = 42.48\, l_a$$

$$\therefore l_a \geq \frac{346.41\,\text{kN}}{42.48\,\text{kN/m}} = 8.15\,\text{m}$$

위의 세 가지를 검토한 결과 최종적으로 정착장의 길이는 8.15m 이상이 되어야 한다.

(2) 중력식 그라우팅(무가압) 조건일 때

중력식 어스앵커의 경우 위의 ①, ②는 동일하며, 식 (9.11)을 이용하여 단위 인발 저항력, $\tau_{u,gr}$ 을 사용한 허용인발저항력 검토만 해주면 된다.

$$\tau_{u,gr} = \frac{\tau_{u,press}}{-0.35\ln(N_{60}) + 2.43} = \frac{2.09 \times 50 + 95.82}{-0.35\ln(N_{60}) + 2.34} = 188.84\,\text{kPa}$$

$$Q_{allow} = \frac{Q_u}{F_s} = \frac{188.84\,\text{kPa} \times \pi \times 0.135\,\text{m} \times l_a}{2.0} = 40.04\,l_a\,\text{kN}$$

$$\therefore l_a \geq \frac{346.41\,\text{kN}}{40.04\,\text{kN/m}} = 8.65\,\text{m}$$

중력식 어스앵커 역시 허용인발저항력에 의해 결정되며, 최소 정착장의 길이는 8.65m이다.

9.2.4 앵커에 가해주는 프리텐션

각 단계마다 흙막이공 앵커를 설치하고 나면, 보통 앵커에 프리텐션(pre-tension)을 가해준다. 앵커에 프리텐션을 가하면 흙막이 벽에 앵커인장력에 상응하는 토압이 작용될 것이다. 또한 프리텐션에 의해 흙막이 벽체의 수평변위는 감소할 것이다. 그러나 프리텐션은 너무 과도하게 가하면 만일의 경우, 외적인 원인에 의하여 추가적인 앵커력이 요구될 때, 허용앵커력을 초과할 수도 있음을 주지하여야 한다. 대략 설계앵커력의 50~100% 사이의 값을 탄력적으로 프리텐션으로 가해준다. 가해진 프리텐션은 인장재의 relaxation 현상 등으로 시간이 지날수록 감소하게 된다. 이를 감안하여 재긴장도 해주곤 한다.

9.2.5 산사태 방지용 어스앵커의 안정성 검토

이제까지 어스앵커에 대하여 서술한 것은 흙막이공에서 지보재에 작용하는 하중을 받아주기 위한 가시설로서의 앵커이다. 흙막이공은 벽체가 존재하므로 배면 토압을 먼저 벽체가 받아주고, 벽체가 받는 하중을 궁극적으로 앵커가 받게 된다. 즉, 흙막이공에서의 파괴단면은 Rankine 이론으로부터 그림 9.7에서와 같이 수평면과 '$45° + \frac{\phi}{2}$'의 각도를 가지는 평면으로 가정한다. 이를 근거로 설계앵커력이 ① 허용인장강도, ② 앵커인장재와 그라우트 주입재 사이의 부착강도, ③ 그라우트재와 주변 지반 사이의 허용인발저항력보다 작도록 설계가 이루어진다.

한편, 어스앵커는(특히 압축형 어스앵커) 영구구조물로서 그림 9.2(a)에서 보여주듯이 산사태 방지용 보강 공법으로도 쓰인다. 이 경우 그림 9.2(a)에서 보듯이 사면표면은 격자블록 등으로 보호공을 설치하고, 영구앵커를 설치한다. 표면에 설치된 격자블록은 표면보호공이기는 하나 토압을 견디어주는 벽체구조물은 될 수 없다.

따라서 산사태 방지용 어스앵커는 그림 9.2(a)에 표시된 바와 같이 파괴가능면을 사면안정해석을 통하여('토질역학의 원리' 13장) 결정하고, 이 파괴가능면에서의 안전율이 소요안전율 (예, $F_s = 1.3$ 정도)에 미치지 못하면 어스앵커로 보강하여 준다. 어스앵커로 보강된 사면의 안정해석을 다시금 실시하여 소요안전율을 확보하는 것이다. 어스앵커로 보강된 사면에 대한 안전율을 구하는 방법은 6장에서 소개한 보강성토사면, 다음 절에서 다룰 소일네일링 보강사면과 공히 거의 동일하다. 보강재로 보강된 사면의 안정해석방법은 9.4절에서 따로 다룰 것이다. 주로 절편법으로 애용되는 Bishop 방법을 수정하여 안정성을 검토하는 절편법의 근간을 서술할 것이다.

정리 어스앵커는 흙막이공에서 지보재에 작용하는 하중을 견디기 위한 목적으로 사용될 수도 있으며, 또한 영구 앵커로서 산사태 방지용으로도 쓰인다.

(1) 흙막이용으로 사용되는 경우는 흙막이 벽이 우선적으로 배면토에 의한 토압을 받아주므로 어스앵커 설계는 지보재에 작용하는 하중을 앵커의 인발저항력으로 버틸 수 있는지의 여부와 앵커 인장재의 인장 강도가 충분한지의 여부를 검토하면 될 것이다.

(2) 이와 반면에 산사태 방지용 영구 앵커는 전면벽체 자체가 힘을 받을 수 있는 구조체가 아니므로 앵커에 의한 저항력을 감안한, 즉 앵커 보강재로 보강된 사면안정성 검토로서 그 안정성 검토가 이루어져야 한다(사면안정성 검토법의 핵심 사항은 9.4절에서 다룰 것이다).

(3) 앵커 설계에서 대부분의 경우 앵커용 그라우트재와 주변 지반 사이의 극한인발저항력이 가장 중요한 요소인 바, 이 책에서는 표준관입시험 N_{60} 값에 따른 단위인발저항력을 도시하였다(식 (9.10), (9.11)). 이 식은 근본적으로 앵커가 비교적 깊은 곳에 위치되어서 앵커에 작용하는 수직응력의 영향을 거의 받지 않는다는 기본 가정 위에 제안된 식임을 주지하기 바란다.

9.3 소일네일링 공법

9.3.1 개 괄

9장의 서두에서 밝힌 대로, 굴착면 및 절취사면에 비교적 촘촘히 네일(nail, 주로 ϕ25mm 또는 ϕ29mm 이형 철근)을 설치하여 흙막이공 공법 또는 산사태 방지용 보강 공법으로 쓰이는 공법이다. 앞절에서 반복적으로 서술한 대로 소일네일링 공법은 절취된 지반에 설치하는 것으로서, 절취되고 남아 있는 사면, 즉 원지반을 보강하는 공법이다.

소일네일링으로 보강된 지반의 구조적 주요 요소는 원지반(in-situ mechanics로서의 원지반), 네일 보강재(ϕ25~29mm 철근+시멘트 그라우팅재) 및 전면판(숏크리트 전면판 또는 콘크리트나 강재료로 이루어진 판넬) 등이다. 소일네일링 단면도 및 전면판의 개략도가 그림 9.19에 그려져 있다.

1) 보강재 네일과 전면판

(1) 보강재 네일

보강재인 네일은 대표적으로 타입식(driven nail)과 그라우팅식(grouted nail)이 있다. 타입식 네일은(자천공 록볼트와 비슷하게) 지반을 미리 천공하지 않고 설계된 각도로 지반에 타입하는 공법이다. 네일 간격은 상대적으로 촘촘하게 하고(1~4개/m^{2}당), 반면에 네일 길이는 짧게 한다(0.5~0.7H, H는 굴착깊이).

한국에서 주로 채택하고 있는 그라우팅식 네일은 보강재인 이형 철근을(또는 강봉) 미리 천공한 구멍에 삽입한 뒤에 중력식 또는 압력식 그라우팅을 실시하여 지반과 네일이 일체가 되게 하는 공법이다.

지반 특성에 따라 다르기는 하나 이 경우의 네일 간격은 1~3m 정도를 사용한다. 지반이 견고할수록, 또한 중력식 그라우팅에 비하여 압력식 그라우팅을 실시하는 경우, 네일 간격을 넓게 한다. 네일 길이는 짧게는 0.6H로부터 길게는 1.6H까지 길게 할 수 있으나 통상 0.8H 정도 이하로 취한다. 현재 설계·시공되고 있는 통상적인 수평네일 간격은 중력식 그라우팅의 경우 1~1.5m, 압력식 그라우팅의 경우 1.5~1.8m이며, 시공성을 고려하여 연직간격은 수평간격보다 약간 넓게 하기도 한다. 네일 길이는 0.6~0.8H 정도로 먼저 취해보고 안정성 해석 결과에 따라 증가시킬 수 있다. 네일의 설치각은 통상 10~20° 범위에서 선택한다.

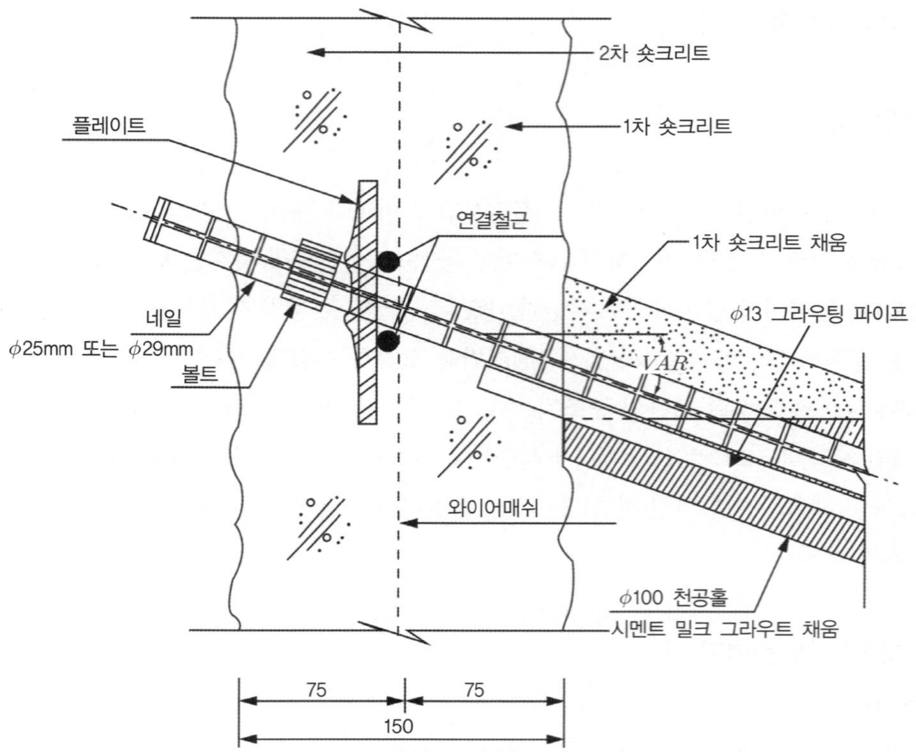

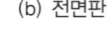

2차 숏크리트

1차 숏크리트

플레이트

연결철근

1차 숏크리트 채움

$\phi13$ 그라우팅 파이프

네일
$\phi25mm$ 또는 $\phi29mm$

볼트

VAR

와이어매쉬

$\phi100$ 천공홀
시멘트 밀크 그라우트 채움

75

75

150

(a) 단면도

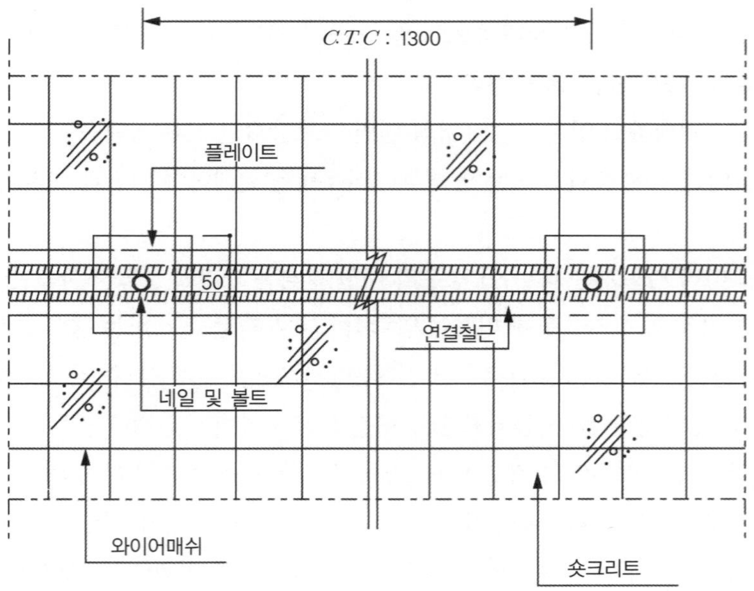

$C.T.C$: 1300

플레이트

50

연결철근

네일 및 볼트

와이어매쉬

숏크리트

(b) 전면판

그림 9.19 소일네일링 단면도와 전면판(예)

(2) 전면판

　보강토옹벽의 경우 전면벽체는 근본적으로 하중을 받는 구조는 아닌 것으로 이해되고 간주된다. 그러나 소일네일링 벽체는 흙막이벽체와는 다르게 배면토에 의한 토압을 100% 받는 구조체는 아니지만, 국부적인 압력은 작용될 수 있으므로, 이러한 국부적인 안정성도 도모하고, 굴착 직후에 지반의 이완을 방지하기 위하여 설치한다.

　가장 많이 이용되는 숏크리트(뿜어붙임 콘크리트) 전면판은 10~25cm 두께로서 대부분 가설 흙막이공의 구조체로 타설하며 보통 1차로 먼저 5~12.5cm 정도 타설하며, 와이어 메쉬(wire mesh)를 설치하고 2차로 5~12cm 추가로 타설한다. 이는 터널 NATM 공법에서 타설하는 방법과 아주 흡사하다. 또한 가설구조체뿐만 아니라 영구구조체로서도 사용할 수는 있다. 사면안정 공법으로서 영구구조물로서 채택되는 전면판으로서는 현장타설 철근콘크리트 전면판이 사용되기도 하고, 기성재로서 콘크리트패널이나 강재패널이 사용되기도 한다.

2) 소일네일링 공법의 시공순서

　소일네일링 공법의 거동 미케니즘을 이해하기 위해서는 우선적으로 시공순서를 이해하는 것이 중요하다. 그림 9.20에 단계별 시공과정이 표시되어 있다. 그림에서 보듯이 '1단계 굴착 → 1차 숏크리트 → 천공 → 철근 삽입 및 시멘트 그라우팅 주입 → 와이어 메쉬 설치 → 2차 숏크리트 → 2단계 굴착 후 같은 과정 반복'의 순서로 되어 있다. 시공순서에서 보듯이 소일네일링 공법은 흙막이공 공법 및 보강토옹벽과 다른 몇 가지 중요한 점이 있다.

　첫째로, 보강토옹벽은 성토구조물로서 보강재의 설치 → 뒤채움 흙의 포설 및 다짐 → 전면판 설치 등 bottom-up 시공방식을 취함에 반하여, 소일네일링은 원지반 절취구조물로서, 하향굴착이 진행되면서 원지반에 보강재가 삽입되고 전면판이 설치되는 top-down 시공방식이라는 점이 완전히 다르다.

　둘째로, 일반 흙막이공(엄지말뚝, 주열식 흙막이 벽, 강널말뚝, 지하연속벽)과는 절취면의 보강공이라는 면에서 또한 top-down 시공방식이라는 점에서는 동일하나, 흙막이 벽을 소요 깊이까지 미리 설치하고 굴착면 쪽을 굴착하는 흙막이공과는 달리, 소일네일링에서는 먼저 한 단계 굴착이 이루어진 다음에 전면판이 설치되기 때문에, 전면판이 흙막이 벽의 완전 기능을 할 수 없다는 차이점이 있다.

　그림 9.20(a)의 1단계 굴착 시에는 지보재가 전혀 없으므로 지반 자체가 자립해야 한다. 점착력 또는 겉보기 점착력이 있는 토질이어야 자립할 수 있다. 이후에 그림 9.20(b)~(f)에 이르는 단계에서 전면판 설치가 이루어진다 해도 1단계 굴착 시에 모든 변형이 일어난 상태이므로, 숏크리트 전면판에도 또 설치된 소일네일에도 하중은 작용되지 않는다. 1단계를 마치고 2단계

굴착을 하게 되면 굴착부위(2단계 지반)에는 당연히 수평변위가 발생될 뿐 아니라 1단계 굴착부위에서도 변형하려는 경향이 생기며, 이를 네일과 함께 숏크리트 전면판이 저항하여 줄 것이다. 마지막 단계까지 이런 현상은 계속된다. 따라서 지반이 변형하려는 것을 막기 위하여 발휘되는 힘은 네일에서 주로 발생되기는 하나, 전면판에서도 어느 정도의 압력은 작용하게 된다.

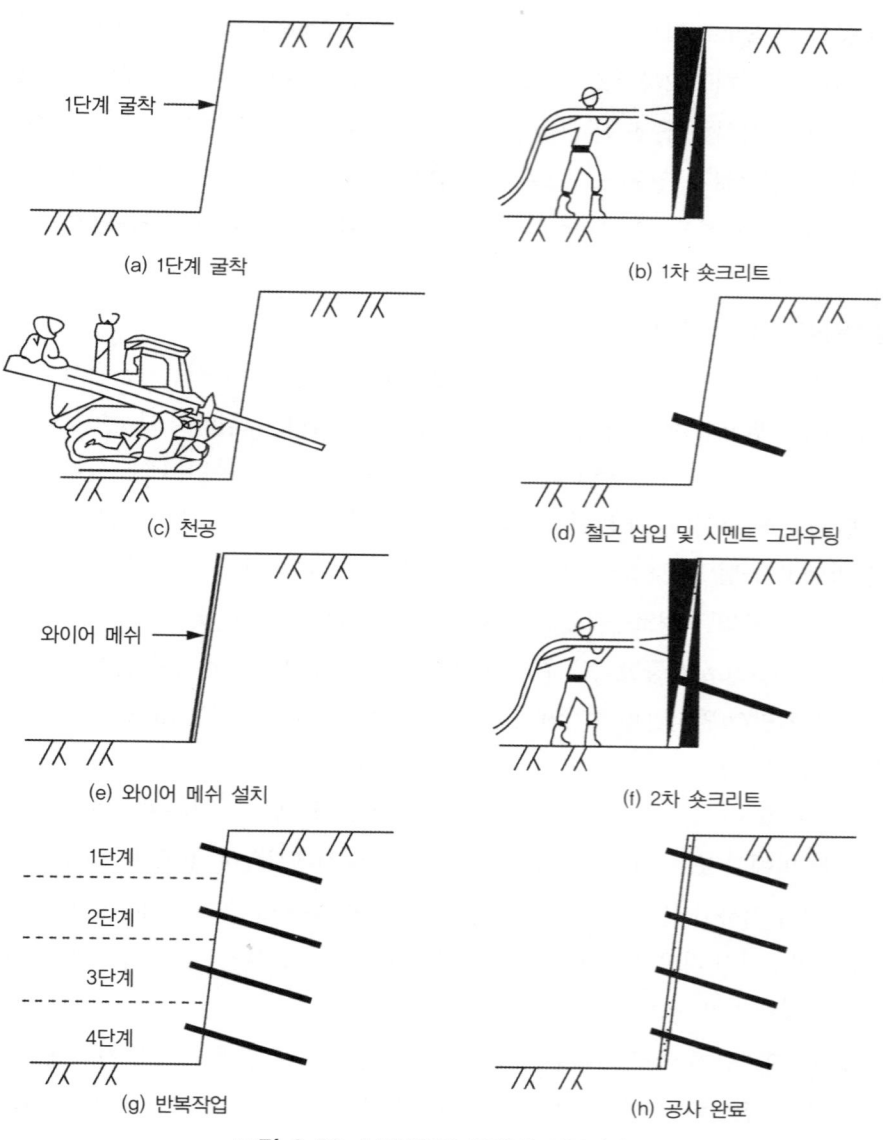

그림 9.20 소일네일링 공법의 시공단계

3) 그라우팅 주입 방법

소일네일링 공법에는 시멘트 현탁액에 의한 그라우팅이 필요하며, 앵커그라우팅 공법과 마찬가지로 중력식 그라우팅 공법과 가압형 그라우팅 공법이 있다. 천공구멍의 충진을 위해 그라우트를 무압으로 채우는 중력식 그라우팅 공법은 그라우팅재의 3~6회 반복주입에 따른 공동발생 및 충진 불량 등의 단점이 있을 수 있다. 이에 반하여 가압형 그라우팅 공법은 1회의 압력 그라우팅만으로 위의 문제들을 해소하여 보강성능을 향상시킬 수 있다. 또한 앵커의 경우와 마찬가지로 토사지반에서 압력에 의한 유효경 증가 및 네일에 작용되는 수직응력 증가에 따른 인발저항력 증가 효과도 얻을 수 있다. 가압형 소일네일링 공법의 모식도가 그림 9.21에 표시되어 있으며, 가압형 소일네일링 공법의 시공순서와 전경 사진을 그림 9.22에 나타냈다.

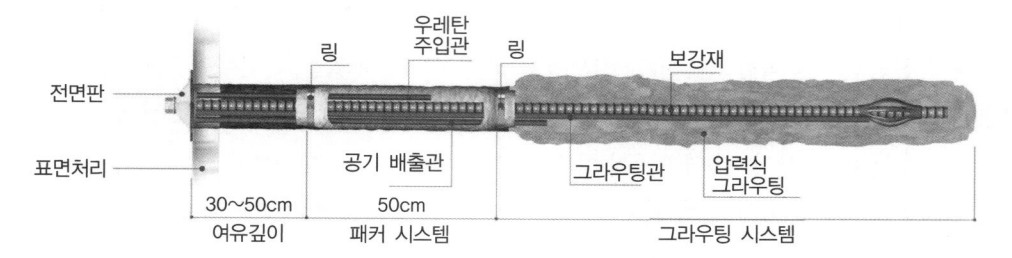

그림 9.21 가압형 소일네일링 모식도

그림 9.22 가압형 소일네일링 공법의 시공순서와 전경사진

가압 그라우팅 압력은 지반이 할렬되지 않도록 저압으로 가하여야 한다. 현장 기술자들은 500~1,000kPa 정도를 추천하나, 가압식 앵커에 대한 저자의 경험으로는 가능한 500kPa을 넘지 않음이 좋을 것으로 생각한다(실트질 모래는 150kPa 이하, $N < 50$인 풍화토층은 300kPa 이하, $N \geq 50$인 풍화토/풍화암층은 500kPa 이하 등).

9.3.2 소일네일링의 거동 특성

1) 소일네일링 구조체의 블록으로의 거동

다음 그림 9.23과 같이 시공이 완료된 소일네일링 보강토체는 우선적으로 그 자체가 중력식 옹벽과 같이 작용한다고 가정한다. 이는 6장에서 소개한 보강토옹벽을 그 자체로서 중력식 옹벽과 동등시하는 원리와 같다. 또한 그림 9.5에서 소개한 바와 같이 NATM 공법으로 시공되는 터널에서 전면접착형 록볼트는 이를 지보재로 보기보다는 록볼트로 인하여 지반 전체가 보강된 것으로 보는 것과 같은 원리이다. 이는 그림 9.24('암반역학의 원리' 5.6.2절의 그림 5.42)에서 보여주는 바와 같이, 불연속면이 다수 존재하는 암반에서 록볼트를 설치하여 주면, 록볼트가 절리면을 봉합하여서 일체가 되게 하는 효과와 함께 록볼트 축력으로 인하여 구속효과로 지반의 강도를 증진시키는 부수적인 효과도 있는 원리와 같다.

정리해보면, 소일네일링 구조체는 많은 수의 네일을 일관성 있는 간격으로 원지반에 설치하여 중력식 옹벽과 같이 거동하는 하나의 안정된 블록으로 간주할 수 있다. 보강된 원지반 자체가 구조요소로 작용하며, 전면판은 보조적인 기능을 갖는다.

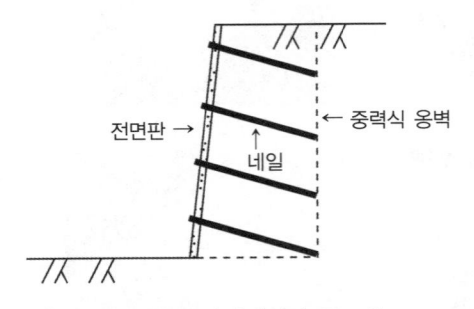

전면판 →　　　← 중력식 옹벽

네일

그림 9.23 완성된 소일네일링 구조체

2) 소일네일링 구조의 거동

앞에서 서술한 것은 그림 9.23의 소일네일링 구조체를 하나의 블록으로 가정한다는 것이다. 예를 들어서 콘크리트 블록, 또는 록볼트로 보강된(즉, 불연속면이 완전히 봉합된) 암반지반

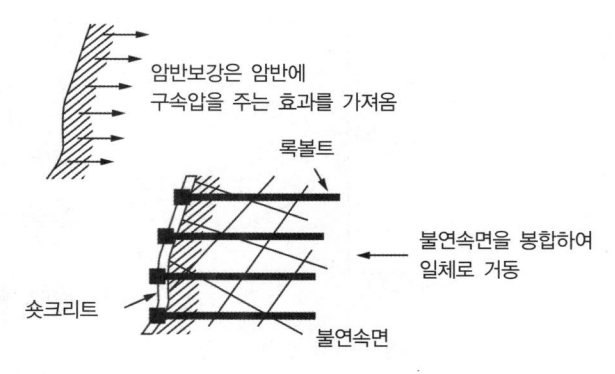

그림 9.24 불연속 암반사면에서의 록볼트 효과

도 블록으로 가정하여도 무리가 없을 것이다. 블록 자체가 하나의 강체로서 자립할 수 있다.

그러나 순수한 토사를 네일로 보강하는 경우는 다를 것이다. 네일이 마찰저항으로 흙 자체가 전면으로 밀려 나가는 것을 어느 정도 막아준다고 하더라도 흙자체의 변형을 완전히 차단하는 것은 어렵다. 이는 순수 사질토 지반에서 가장 심하며, 어느 정도의 점착력(또는 겉보기 점착력)이 있어야 자립에 도움이 된다. 따라서 그림 9.25에서 개략적인 거동양상을 보여주듯이 전면 벽체는 굴착면 쪽으로 변형이 발생하며, 네일링이 보강된 토체는 그림과 같이 가상파괴면을 형성해서 가상파괴면 앞부분은 특히 변위가 더 심할 것이다.

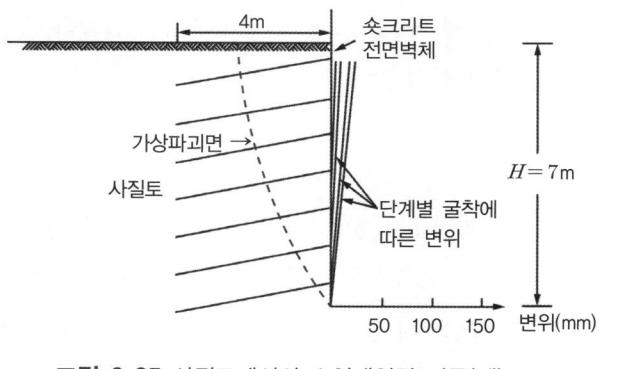

그림 9.25 사질토에서의 소일네일링 거동(예)

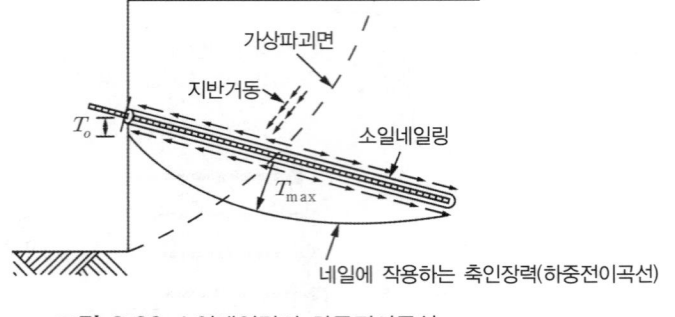

그림 9.26 소일네일링의 하중전이곡선

(1) 네일과 주변 지반 사이의 상호거동

그림 9.26과 같이 가상파괴면이 어느 정도 정해지면, 전면판부터 가상파괴면까지는 지반이 네일보다 변위가 더 크므로 단위마찰저항력은 전면판 방향으로 발생되며(← 방향), 네일에 작용되는 축인장력은 전면판으로부터 가상파괴면까지 계속 증가하여, 가상파괴면에서 최대값 T_{max}가 될 것이다.

가상파괴면부터 네일의 끝단까지는 앞과 반대로 네일이 지반보다 변위가 더 크므로 단위마찰저항력은 끝단방향(→ 방향)으로 발생된다. 네일에 작용되는 축인장력은 가상파괴면에서의 최대값 T_{max}로부터 점점 감소하여 결국 끝단에서는 '0'이 된다. 문제는 전면판에서의 네일에 작용하는 인장력이다. 앞에서 서술한 대로, 전면판에서도 어느 정도의 축력을 이미 발휘하게 된다. 벽체 전면부에서 측정된 결과들을 보면, 전면부에서의 인장력 T_o의 크기는 최대축인장력 T_{max}의 40~50% 정도로서 작지 않음을 알 수 있다.

(2) 가상파괴면

앞에서 설명한 대로 가상파괴면(potential failure surface)은 네일에 작용하는 축력이 최대가 되는(T_{max}) 지점을 연결한 선으로 알 수 있다. 실측된 가상파괴면은 제각각이기는 하나, 대표적 결과를 소개하면 그림 9.27과 같다. 상단에서는 $0.3{\sim}0.5H$ 정도였으며, 파괴면 모양은 포물선이나 사다리꼴로 볼 수 있다. 6장에서 소개한 대로 강성이 있는 보강띠로 보강된 보강토옹벽의 경우 그림 6.16(a)에서 보여준 대로 상단에서는 $0.3H$이고 사다리꼴을 이룬다는 결과와 대체적으로 유사하나 상단에서의 거리는 더 클 수도 있음을 알 수 있다. 이는 보강토옹벽은 bottom-up 성토임에 반하여 소일네일링은 원지반을 굴착하는 top-down 굴착인 근본적인 차이점에서 비롯된 것으로 생각된다. 이와 함께 네일의 설치각도 또한 영향을 미치는 것으로 알려져 있다. 보강토옹벽에서의 보강띠는 시공 여건상 수평으로 설치할 수밖에 없으나 소일네일링은 10~20° 정도로 경사지게 설치함이 보통이다.

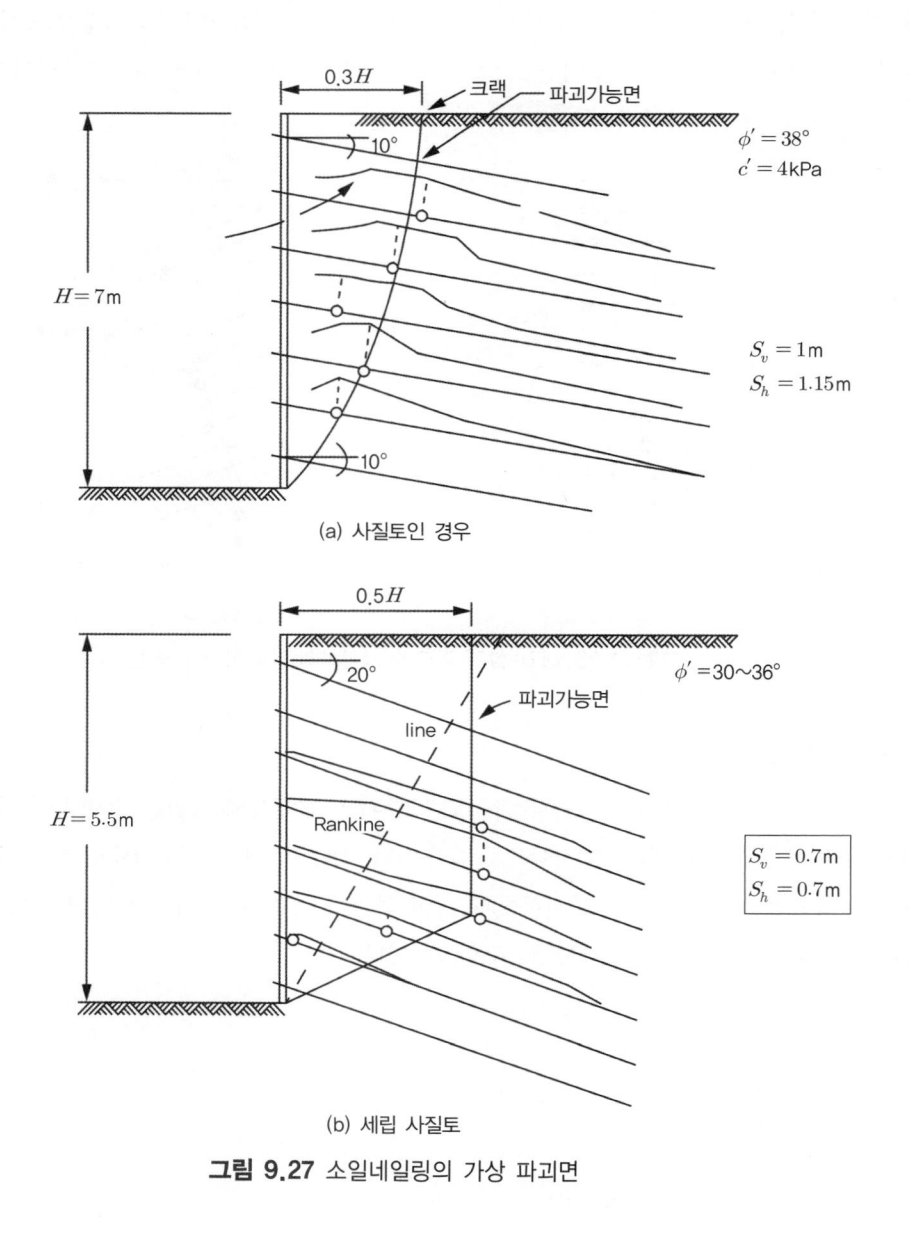

(a) 사질토인 경우

(b) 세립 사질토

그림 9.27 소일네일링의 가상 파괴면

그림 9.28의 모형실험 결과처럼 설치각도가 클수록 파괴가능면은 더 넓어짐이 일반적이다. 또한 전면에서의 변위는 각도가 클수록 더 증가한다. 어찌 되었든지, 지반조건에 따라서 가상 파괴면은 $0.3~0.5H$ 사이에 존재하므로 네일의 길이는 적어도 $0.5H$ 이상은 되어야 함을 알 수 있다. 풍화토/풍화암으로 불리는 대표적인 풍화잔류토의 경우는 부분부분 모암조직도 살

아 있는 경우도 많으며 지반 자체가 견고하여서 네일의 길이를 $0.3H$의 두 배인 $0.6H$ 정도로 할 수도 있다. 반면에 점착력이 크지 않은 토사의 경우는 $0.8H$ 또는 그 이상으로 네일 길이가 길어야($0.8H \sim 1.2H$ 또는 그 이상) 마찰저항력으로 인장력을 버틸 수 있을 것이다.

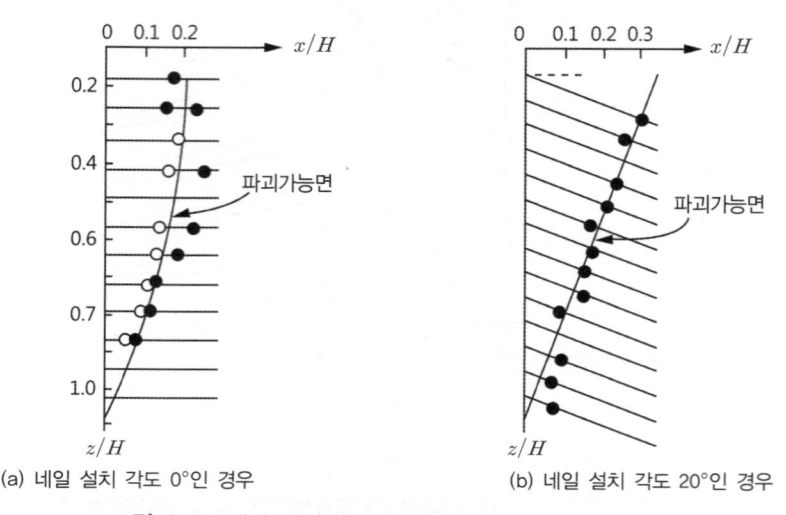

그림 9.28 네일 설치 각도가 가상파괴면에 미치는 영향

(3) 토압 분포

보강토옹벽의 경우와 마찬가지로 네일로 보강된 토체에서의 토압은 전면벽에 작용하는 것이 아니라, 토압을 네일의 마찰저항으로 흡수한다. 네일에 작용하는 최대인장력 $T_{\max}$로부터 토압을 역산하여서 그림으로 표시한 대표적인 결과가 그림 9.29에 표시되어 있다. 그림에서 K는 등가토압계수로서 다음 식으로 구할 수 있다.

$$K = \frac{T_{\max} \cdot \cos\beta}{\gamma \cdot H \cdot S_v \cdot S_h} \tag{9.13}$$

여기서, $T_{\max}$ = 네일에 작용되는 최대 축인장력
　　　　　β = 네일의 설치각도
　　　　　γ = 배면토의 단위중량
　　　　　H = 벽체의 높이
　　　　　S_v, S_h = 네일의 연직, 수평간격

그림 9.29로부터 알 수 있는 것은 소일네일링으로 이루어진 벽체의 토압계수는 상단부에서는 정지토압계수와 크기가 비슷하며, 깊이가 깊어질수록 줄어들어서 하단에서는 주동토압계수보다도 작아진다.

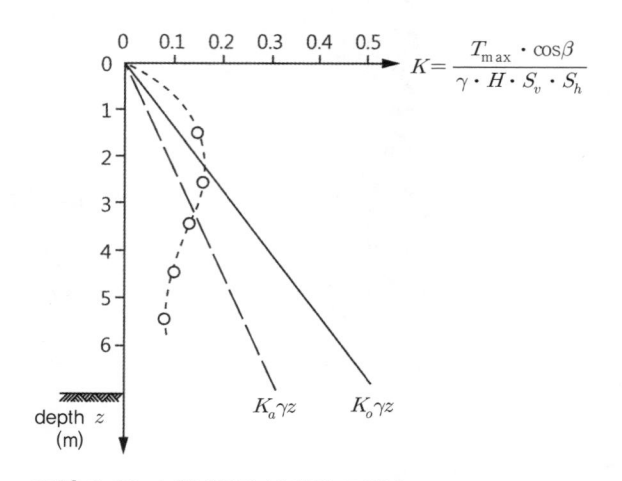

그림 9.29 소일네일링 벽체의 토압분포

그림 9.30은 $\beta = 0°$ 인 경우, 즉 강성보강띠를 수평으로 설치한 경우의 보강토옹벽에서의 토압과 수평으로 설치한 소일네일로 이루어진 토체에서의 토압을 비교한 것이다. 상단부근에서의 토압은 정지토압과 흡사한 것은 비슷하나 깊이가 깊어질수록 토압분포는 달라진다. 보강토옹벽의 경우 토압이 Rankine 주동토압 비슷하게 깊이가 깊어질수록 증가하나, 네일 벽체의 경우는 주동토압보다 현저하게 토압이 작아진다. 더욱 특이한 것은 벽체의 변위를 보면 보강토의 경우는 변위가 비교적 상하로 고르게 발생하나(상단에서는 변위가 작아서 정지토압에 접근), 네일 벽체는 거의 모든 경우 상단에서의 변위는 크고, 하단으로 깊어질수록 변위가 작아진다. 이는 흙막이 벽체의 경우와도 다르다. 비록 상단에서의 변위가 크다 하더라도 이는 1단 굴착 시 지보재 없이 굴착할 수밖에 없는 여건에 기인하며, 숏크리트 벽체 및 네일 설치가 완료되고, 2단을 굴착하게 되면 2단 지반은 변형이 일어나고, 1단 부위는 지보가 되어 있기 때문에 아칭현상에 의하여 토압이 1단 부위로 이동하게 되어 정지토압까지도 상승하게 된다.

이제까지 알려진 바로는 전면부에서의 최대수평변위는 대부분 구조체 전체 높이(H)의 0.3% 정도를 초과하지 않는 것으로 알려져 있다.

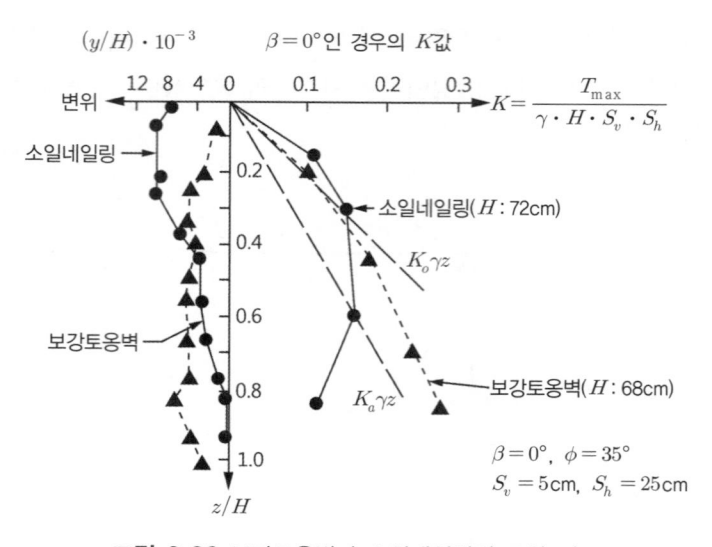

$(y/H) \cdot 10^{-3}$ $\beta = 0°$인 경우의 K값

$$K = \frac{T_{max}}{\gamma \cdot H \cdot S_v \cdot S_h}$$

변위

소일네일링

소일네일링(H : 72cm)

$K_o\gamma z$

보강토옹벽

$K_a\gamma z$

보강토옹벽(H : 68cm)

$\beta = 0°$, $\phi = 35°$
$S_v = 5$cm, $S_h = 25$cm

z/H

그림 9.30 보강토옹벽과 소일네일링의 토압 비교

3) 소일네일링의 저항 요소

저항체로서의 네일의 역할을 이해하는 것이 무엇보다도 중요하다.

> **Note**
>
> '토질역학의 원리' 10장에서, 전단응력은 전단면에 가해진 실제의 응력이며(τ_n), 반면에 전단강도는 전단면에서 최대로 버틸 수 있는 전단저항력의 최대잠재력이라고 하였다(τ_f). 여기에서 서술하고자 하는 네일의 저항요소는 최대로 버틸 수 있는 잠재력을 말하는 것이다. 네일에 가해준 하중은 앞에서 서술한 대로 T_{max}로 보면 될 것이다.

네일의 저항요소로서 가장 중요한 것은 가상 전단파괴면 밖에서의 네일 구조체의 축방향 마찰저항력이다. 허용인발저항력이 실제로 작용되는 네일의 최대 축인장력 T_{max} 보다 커야 할 것이다. 네일의 역할에는 축방향 인발저항력 외에도 다음과 같이 네일의 전단력 및 네일에 유발되는 휨모멘트에 의해서도 저항할 수가 있다. 그림 9.31(a)에서 보여주는 바와 같이 토체의 무게에 의하여 가상파괴면 안쪽의 네일에 하중이 작용되면 네일은 그림 9.31(b)와 같이 변형이 일어나며, 가상파괴면 바깥쪽으로 수동토압이 발생될 것이다. 다시 말하여 수평방향 하중을 받는 말뚝이 수평방향 극한지지력 H_u를 받는 것과 같은 원리이다. 이렇게 유발된 수동토압에 의하여 네일은 휨모멘트로 저항할 수 있는 요소가 생긴다. 또한 네일 자체의 전단력도 한 몫 할 수가 있다. 그러나 네일이 휘고 구부러지는 한 전단으로 잘라지듯이 절단되는 파괴는 거의 일어나지 않는다. 일반적으로 전면부의 경사도가 급하여 거의 연직에 가까운 경우, 실제로 수동토압에 의해 유발되는 전단력 및 휨모멘트 등에 의한 저항효과가 네일 축방향을 따라서 유발되는 인발저항력에 비해 크지 않은 것으로 알려져 있다(전체 저항력의 15% 정도). 따라서 대부분의 경우 실제 설계에서는 전단력 및 휨모멘트에 의한 저항효과는 고려하지 않는다. 그러나 전면부의 경사도가 낮은 경우, 즉 완만한 경사사면의 안정성에서는 상대적으로 그 역할이 큰 것으로 알려져 있다. 흙막이공으로 소일네일링을 채택하는 경우는 전면이 연직이며, 사면보강으로 쓰이는 경우에도 이왕 보강이 이루어지므로 사면경사는 급하게 하는 것이 일반적이므로 전단저항력 및 휨모멘트에 의한 저항력은 무시하고 설계함이 좀더 안정적인 설계가 될 것이다.

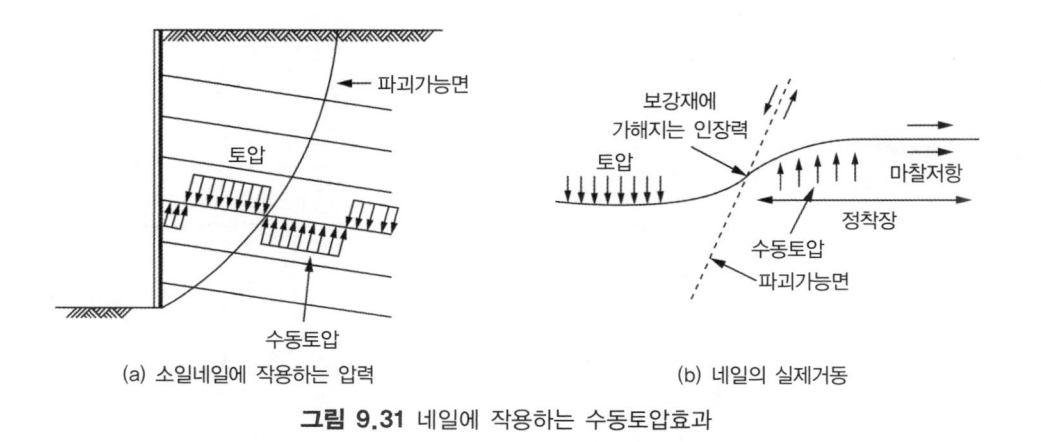

(a) 소일네일에 작용하는 압력   (b) 네일의 실제거동

그림 9.31 네일에 작용하는 수동토압효과

9.3.3 소일네일링 구조체의 안정성 검토

앞 절에서는 소일네일링의 일반적인 거동 특성에 대하여 정리하였다. 이 거동에 근거하여 실제 소일네일링 구조체 설계 시에 고려해야 하는 안정성 검토 방법을 서술하고자 한다.

1) 소일네일링 구조체의 외적 안정성 검토

소일네일링 구조체는 하나의 블록으로서 중력식 옹벽과 같이 거동할 수도 있다고 하였다. 그림 9.32에 보여준 바와 이 블록의 외적 안정성으로서 전도(그림 9.32(a)), 활동(그림 9.32(b)), 지지력 파괴(그림 9.32(c))에 대한 외적 안정성을 검토한다. 또한 그림 9.32(d)에서와 같이 전체사면에 대한 안정성(overall slope stability)도 검토한다. 외적 안정성에 대한 검토방법은 보강토옹벽(또는 옹벽)의 안정성 검토방법과 동일하므로 여기에서는 반복하지 않는다.

다만, 소일네일링 토체 하부에 연약대가 존재하지 않는 한, 소일네일링 토체는 원지반을 보강하는 구조이므로 외적안정성이 문제가 되는 경우는 거의 존재하지 않는다.

한 가지 첨언할 사항은 그림 9.32(c)의 'A'점에서의 거동은 보강토옹벽의 저면과 다르다는 점이다. 보강토옹벽의 경우는 기존 지표면 위에 새로이 성토를 하기 때문에 성토로 인하여 유발되는 하중이 그대로 응력의 증가량($\Delta\sigma$)임에 반하여, 소일네일링의 경우는 'A'점에서의 연직응력(또는 지압)은 처음부터 존재하던, 즉 'in-situ mechanics'에의 응력이다.

따라서 소일네일링 구조체에서는 'A'점에서 추가되는 응력이 거의 없으므로 침하는 거의 일어날 수가 없다.

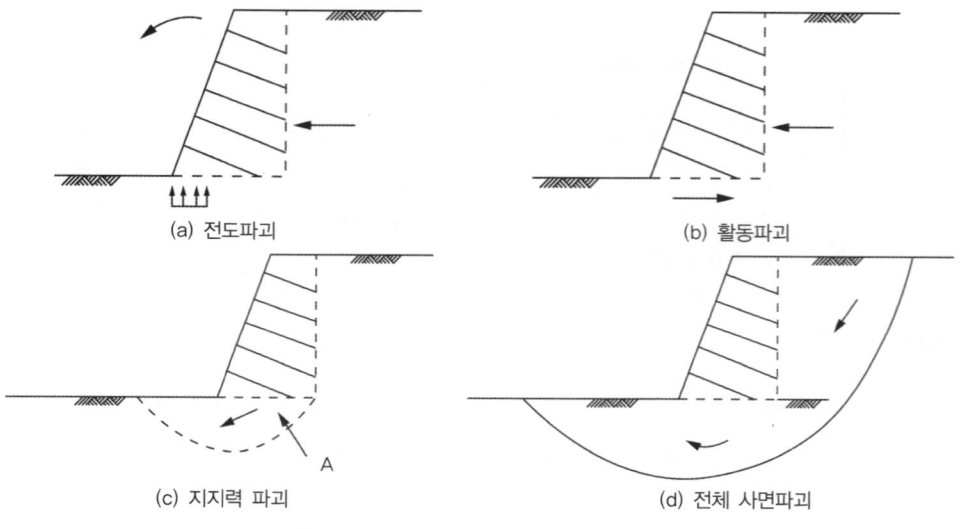

(a) 전도파괴 (b) 활동파괴

(c) 지지력 파괴 (d) 전체 사면파괴

그림 9.32 소일네일링의 외적 안정성 검토

2) 소일네일링 구조체의 내적 안정성 검토

(1) 검토개요

그림 9.26에 네일에 작용하는 축력의 분포도를 표시하였다. 그림에서와 같이 가상파괴면에서 축인장력이 최대로 $T_{\max}$가 되며, 전면판에서는 $T_o \approx (0.4\sim0.5)\ T_{\max}$가 작용한다고 하였다. 내적 안정성으로 검토하여야 할 항목은 그림 9.33에 표시한 바와 같이 다음 세 가지로 정리된다. 즉, 인발파괴, 전단파괴 및 얇은 파괴가 그것이다. 인발파괴는 그림 9.33에서 보여주는 바와 같이 네일이 인발저항력 부족으로 뽑혀버리는 현상을 말하며, 전단파괴는 파괴가능면에 작용되는 전단력으로 인한 파괴를 의미한다. 인발 및 전단파괴에 대한 안정성 검토는 다음에 소개하는 사면안정해석을 통하여 이루어진다. 또한 그림 9.33에서 보여주는 바와 같이

얕은 파괴는 그림 9.34에서 보여준 단계 굴착시에 발생된다.

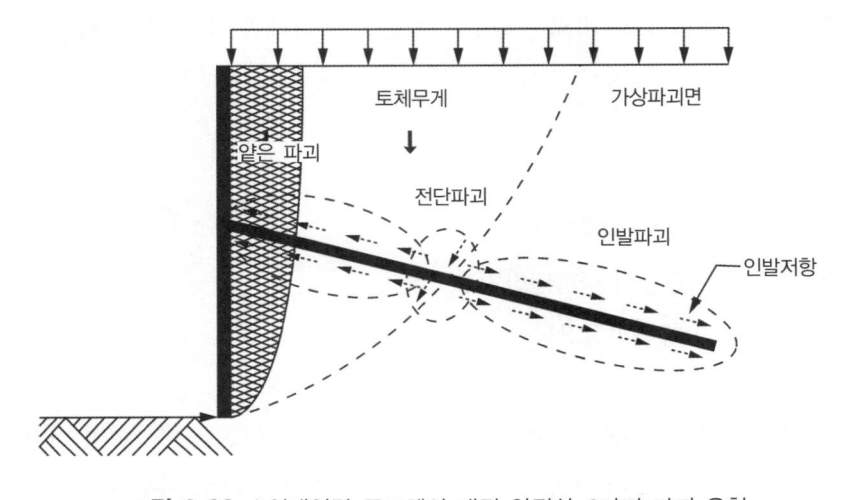

그림 9.33 소일네일링 구조체의 내적 안정성-3가지 파괴 유형

그림 9.34(a)에서 굴착과 동시에 아무 지보재가 없으므로 굴착면에서의 수평응력은 '0'이 되고 굴착면에서는 얕은 파괴 가능성이 있다.

전면판을 타설하고 네일을 설치하였다고 해도 얕은 파괴면 안쪽에서 작용하는 네일의 마찰력이 토체의 하중성분보다 커야 안정하며, 작은 경우는 얕은 파괴 가능성을 늘 안고 있다고 하겠다. 굴착이 완성된 단면에 대해서는 네일 전면에서 $T_0 = T_{max}$의 40~50%의 축력이 전면에 작용하므로 이 하중을 전면판이 견딜 수 있는지 여부도 반드시 검토하여야 한다.

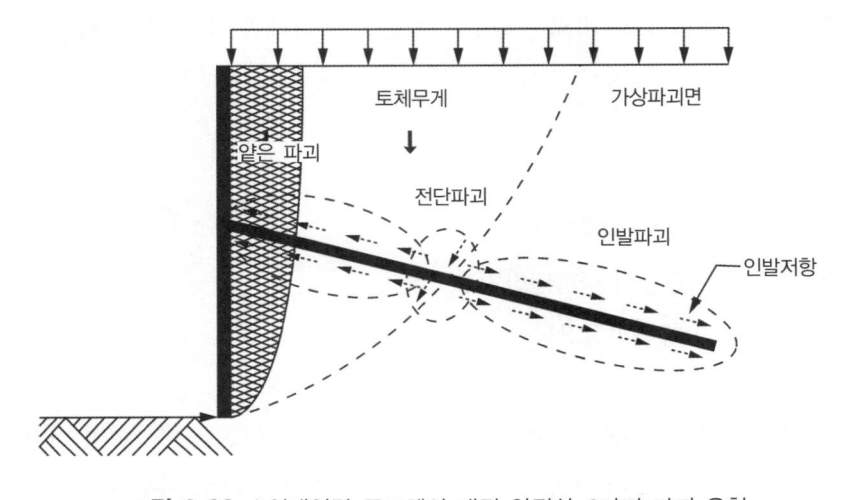

그림 9.34 얕은 파괴의 원인-단계 굴착 시에 기인함

(2) 사면안정 해석을 통한 안정성 검토

내적 안정성으로서 인발 및 전단파괴는 네일에 의한 저항을 포함한 사면안정 검토로서 안정 여부를 검토할 수 있으며, 보통 실무에서 채택하는 방법이다.

그림 9.33에서 보여주는 바와 같이 네일 설치로 인한 인장저항력 T_r은 다음 절에서 서술하고자 하는 극한인발저항력 Q_u 및 네일의 항복인장강도 T_y(예를 들어서 $\phi 25mm$ 네일의 항복인장강도 T_y는 203kN이다)를 비교하여서 작은 값으로 취하면 될 것이다. 즉,

$$T_r = \min.(Q_u, \ T_y) \tag{9.14}$$

여기서, T_r = 소일네일링의 인장저항력
$\quad\quad Q_u$ = 소일네일링의 극한인발저항력
$\quad\quad T_y$ = 네일의 항복인장강도

네일의 역할을 포함하는 사면파괴에 대한 안전율이 소요의 안전율 이상이면 내적 안정성에 문제가 없는 것으로 볼 수 있다. 단, 얕은 파괴에 대한 검토는 따로 이루어져야 한다.

사면안정성 검토방법은 6장에서의 보강사면, 9.2절에서의 어스앵커 사면, 이 절에서의 소일네일링 보강사면 공통으로 사용할 수 있다. 이미 실무에서는 몇 개의 상용 프로그램을 사용하여 안정성 검토를 하고 있다(예, TALREN 등). 상용 프로그램들은 당연히 절편법에 근거하여 사면안정을 평가한다. 절편법에 근거한 사면안정 해석법의 근간을 9.4절에서 소개할 것이다. 이 책에서 서술하고자 하는 것은 어느 특정한 상용 프로그램을 소개하는 것이 아니라 절편법의 근간만을 독자들이 이해하도록 소개할 것이다.

> **Note**
> 소일네일링의 내적 안정성을 검토할 수 있는 또 하나의 방법은 유한요소법과 같은 수치해석법을 이용하는 것이다. 굴착단계별 안정성을 차례로 검토할 수 있고, 변위 예측도 어느 정도 가능하다. 다만, 2차원 해석을 하는 경우, 보강재를 강봉으로 모델링할 수가 없다는 약점은 존재한다. 얇은 철판으로 가정할 수밖에 없을 것이다.

3) 소일네일링의 극한인발저항력

(1) 개요

네일도 앵커와 마찬가지로(그림 9.21 참조), 미리 천공한 구멍에 보강재를 삽입하고 시멘트 현탁액으로 그라우팅을 함으로써 이루어지기 때문에, 궁극적으로 극한인발저항은 그라우트재와 주변 지반과의 마찰저항에 의하여 발생한다. 네일의 극한 인발저항력 Q_u는 다음 식으로 표시할 수 있다.

$$Q_u = \tau_u \pi D_n l_n \tag{9.15}$$

여기서, D_n = 네일의 직경(또는 천공직경)

$\quad\quad\quad l_n$ = 네일의 정착장(가상파괴면 밖으로 설치된 길이)

$\quad\quad\quad \tau_u$ = 소일네일링의 단위인발저항력

어스앵커의 경우와 마찬가지로 τ_u, 즉 소일네일링의 단위인발저항력을 합리적으로 예측하는 것이 중요하다. 문제는 어스앵커와 마찬가지로 τ_u는 인발 시의 체적 팽창 정도에 따라 크기가 크게 좌우된다. τ_u는 다음 식으로 표시될 수 있다.

$$\tau_u = c + f^* \sigma_m \tag{9.16}$$

여기서, σ_m = 네일 정착장에서의 평균 수직응력(mean normal stress)

$\quad\quad\quad c$ = 점착력

$\quad\quad\quad f^*$ = 인발마찰계수로서 다음 식과 같다(Seo 등, 2012 참조).

$$\begin{aligned} f^* &= f_n(K_0, \mu, \phi, \psi) \\ &= \left[\frac{1}{1 - [2(1+\mu)/(1-2\mu)(1+2K_0)] \cdot \tan\phi \cdot \tan\psi} \right] \cdot \tan\phi \end{aligned} \tag{9.17}$$

여기서, μ = 흙의 포아송비

$\quad\quad\quad K_0$ = 정지토압계수

$\quad\quad\quad \phi$ = 흙의 내부 마찰각

$\quad\quad\quad \psi$ = 인발 시 흙의 팽창각

식 (9.17)을 보면 마찰계수 f^*는 인발 시 팽창각의 함수로서, 팽창각 ψ가 크면 클수록 f^*는 증가함을 알 수 있다. 만일 인발 시에 발생되는 팽창 효과를 무시한다면, 단위 인발저항력은 식(9.9a)로 표시되는 앵커의 인발저항력과 같게 될 것이다. 즉, 다음 식으로 표시될 수 있다.

$$\tau_u = c + K\sigma_n \tan\phi \tag{9.16a}$$

여기서, K = 토압계수

σ_n = 네일 정착장에 작용되는 수직응력(normal stress)

식 (9.16) 및 (9.17)은 이론으로부터 유도된 식으로서 실무에서 적용하기는 너무 복잡하므로 다음에 실무에 적용 가능한 제안을 하고자 한다.

Note

인발 마찰계수 f^*의 유도

식 (9.17)로 표시된 인발마찰계수 f^*의 유도를 하기 위해서는 탄성론 및 소성론에 대한 지식이 필요하여 이 책의 수준을 넘는다. 다만, 개념적으로 다음과 같이 이해하면 될 것이다. 네일 인발시 주변 지반의 팽창은 결국 네일에 작용되는 평균 수직응력의 증가를 가져올 것이다. 즉, 평균 수직응력이 σ_m으로부터 $\sigma_m + \Delta\sigma_m$으로 $\Delta\sigma_m$만큼 증가할 것이다. 단위인발저항력 τ_u는 수직응력에 비례하므로 다음 식으로 표시할 수 있다.

$$\tau_u = (\sigma_m + \Delta\sigma_m)\tan\phi + c \qquad (9.16a)$$

↑
팽창효과

식 (9.16a)에서 표시한 팽창효과를 감안한 마찰계수가 식 (9.17)로 표시된 인발마찰계수 f^*이다. 식 (9.16a)에서의 σ_m은 평균수직응력을 의미한다. 즉, $\sigma_m = (\sigma_1 + \sigma_2 + \sigma_3)/3$ 이다.

---

(2) 가압형 소일네일링과 중력식 소일네일링의 인발저항력 비교

저자는 두 그라우팅 공법의 인발저항력을 이론과 실내 및 현장실험을 통하여 비교·검토하였다(Seo 등, 2012). 그림 9.35는 인발하중곡선 결과를 보여주고 있다. 당 현장의 경우 가압을 함으로써 인발하중은 약 36%, 천공직경은 약 24% 증가하여 앵커에서 제시한 그림 9.16 및 그림 9.17에서 제시한 그래프와 비교적 잘 일치하였다.

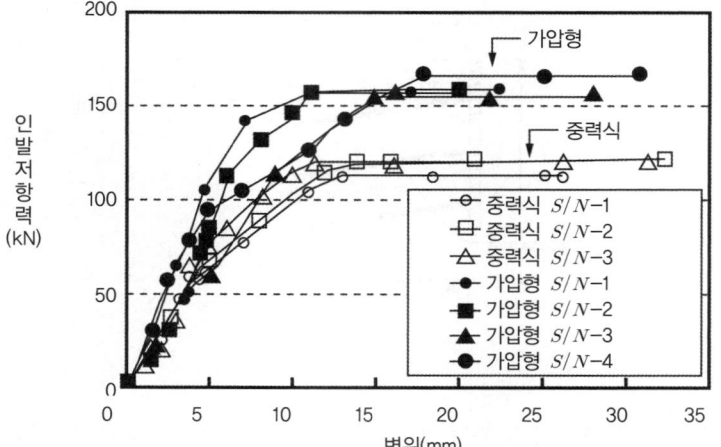

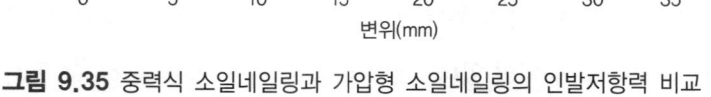

그림 9.35 중력식 소일네일링과 가압형 소일네일링의 인발저항력 비교

(3) 실무에 적용 가능한 단위인발저항력

앞의 실험결과를 감안하여 볼 때, 초기 설계에 적용할 수 있는 단위인발저항력으로서 앞절에서 서술한 어스앵커의 인발저항력 공식을 사용하여도 큰 무리는 없다고 생각한다. 즉, 가압형 소일네일링은 식 (9.10)을, 중력식 소일네일링은 식 (9.11)을 초기 예측치로서 이용할 수 있을 것이다. 단, 앵커의 경우와 마찬가지로 정착부에서의 네일 정착부의 깊이가 어느 정도 있는 경우에 한한다. 지표면 근처의 상재하중이 작은 경우는 과대평가할 가능성이 있음을 밝혀둔다.

[예제 9.2] 다음 (예제 그림 9.2)와 같이 $H = 6\,\text{m}$, $L = 4\,\text{m}$의 흙막이공 소일네일링을 $S_h = 1.5\,\text{m}$, $S_v = 2.0\,\text{m}$ 간격으로 설치하였다. 소일네일링 제원은 다음과 같다. 가상파괴면은 원형으로 가정하라.

- 네일 : $\phi 25\,\text{mm}$ 이형철근(항복인장강도 = 203kN, 단면적 = 506.7$\,\text{mm}^2$)
- 천공직경 : $\phi 100\,\text{mm}$
- 그라우팅 방법 : 가압 그라우팅

(1) 식 (9.14)를 이용하여 각 단 네일의 저항력 T_r을 각각 구하라.
(2) 각 단의 네일에 작용하는 최대 축인장력 $T_{\max}$를 예측하라. 토압분포는 그림 9.30을 이용하라.

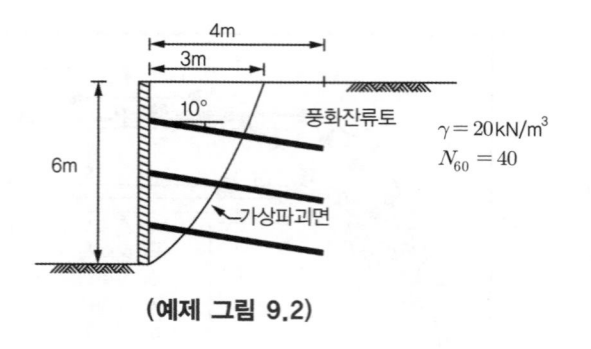

(예제 그림 9.2)

[풀이]

(1) 식 (9.14)에 따르면 네일의 저항력 T_r은 네일의 극한 인발 저항력과 네일의 항복 인장 강도중 작은 값을 사용하도록 되어 있다. 네일의 극한 인발 저항력, Q_u를 구하기 위해선 먼저 정착장, l_n을 알아야 한다(가상 파괴면을 11.6m의 반경을 갖는 원으로 가정하였다).

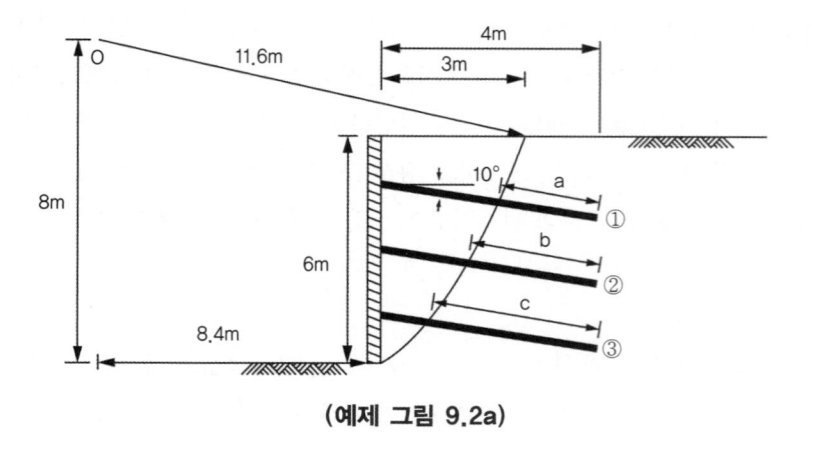

(예제 그림 9.2a)

– l_n(정착장의 길이)

정착장의 길이를 계산한 결과는 다음과 같다.

$$l_{n①} = a = 1.35\,\text{m}$$
$$l_{n②} = b = 2.13\,\text{m}$$
$$l_{n③} = c = 3.3\,\text{m}$$

- Q_u(극한 인발 저항력)

식 (9.15)를 이용하여 극한 인발 저항력을 계산할 수 있다. 소일네일링의 단위 인발 저항력, τ_u는 가압형 소일네일링이므로 가압형 앵커의 인발저항력인 식 (9.10)을 사용하여 계산할 수 있다.

$$\tau_{u,press} = 2.09 \cdot N_{60} + 95.82$$
$$= 2.09 \times 40 + 95.82 = 179.42\,\mathrm{kPa}$$
$$Q_{u①} = 179.42\,\mathrm{kPa} \times \pi \times 0.1\,\mathrm{m} \times 1.35\mathrm{m} = 76.06\,\mathrm{kN}$$
$$Q_{u②} = 179.42\,\mathrm{kPa} \times \pi \times 0.1\,\mathrm{m} \times 2.13\mathrm{m} = 120.00\,\mathrm{kN}$$
$$Q_{u③} = 179.42\,\mathrm{kPa} \times \pi \times 0.1\,\mathrm{m} \times 3.3\mathrm{m} = 185.92\,\mathrm{kN}$$

- T_r(네일의 인장저항력)

이형철근의 항복인장강도는 203kN이다. 각단의 극한인발저항력이 인장항복하중보다 작으므로 네일의 저항력은 극한인발저항력을 사용한다.

(2) 그림 9.30을 이용하여 네일의 깊이별로 토압계수를 구해보면 다음 그림과 같다.

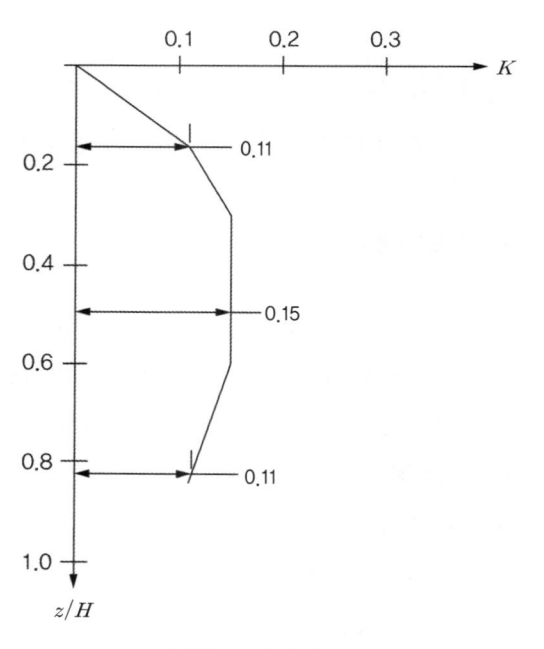

(예제 그림 9.2b)

식 (9.13)을 이용하여 최대 축인장력 T_{max}를 구할 수 있다.

즉, $T_{max} = \dfrac{K \cdot \gamma \cdot H \cdot S_v \cdot S_h}{\cos\beta}$ 로부터

$$T_{max①} = \frac{0.11 \times 20\,kN/m^3 \times 6\,m \times 2m \times 1.5\,m}{\cos 10°} = 40.21\ kN$$

$$T_{max②} = \frac{0.15 \times 20\,kN/m^3 \times 6\,m \times 2m \times 1.5\,m}{\cos 10°} = 54.83\ kN$$

$$T_{max③} = \frac{0.11 \times 20\,kN/m^3 \times 6\,m \times 2m \times 1.5\,m}{\cos 10°} = 40.21\ kN$$

- 인발저항력에 대한 안전율

결론적으로, 인발저항력에 대한 안전율은 다음과 같다.

$$F_{s①} = \frac{Q_{u①}}{T_{max①}} = \frac{76.06}{40.21} = 1.89$$

$$F_{s②} = \frac{Q_{u②}}{T_{max②}} = \frac{120.00}{54.83} = 2.19$$

$$F_{s③} = \frac{Q_{u③}}{T_{max③}} = \frac{185.92}{40.21} = 4.62$$

1단 네일의 경우 안전율이 2.0 이하로서 작을 뿐만 아니라, 근입 심도 또한 깊지 않아서 안정성에 문제가 있을 수 있으므로 네일의 길이를 더 길게 할 필요가 있다.

9.3.4 소일네일링 구조체의 배수

옹벽, 보강토옹벽과 마찬가지로 소일네일링 구조의 배면지반에 지하수가 상승하지 못하도록 배수 시스템을 반드시 갖추어야 한다. 수위가 상승하면 보강토옹벽의 경우와 마찬가지로 하중은 수압으로 인하여 증가하고, 저항력은 감소하여서 안정성면에서 불리하게 된다. 식 (9.10) 또는 식 (9.11)에서 제시한 단위인발저항력은 근본적으로 건조한 지반이나 불포화토 (겉보기 점착력이 존재하는)에 적합한 수식임을 독자들은 주지하여야 한다. 그림 9.36에 수평배수공을 설치한 소일네일링 구조체의 예를 보여주고 있다.

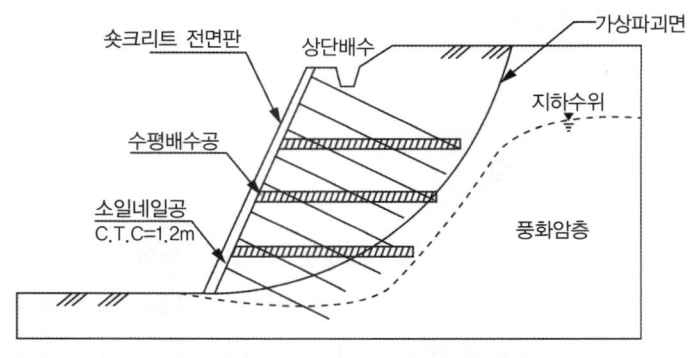

그림 9.36 수평배수공을 설치한 소일네일링 (예)

정리

소일네일링은 흙막이공 공법 또는 산사태 방지용 보강 공법으로 쓰인다. 흙막이 대용 또는 산사태 방지용 공히 전면판 자체가 토압을 받는 구조체가 아니므로 설계 개념은 어스앵커와 다르다.

(1) 우선 소일네일링 보강토체(그림 9.23) 자체를 중력식 옹벽으로 간주하여서, 이 토체가 토압을 견딘다고 가정하고 외적 안정성을 검토한다.

(2) 그림 9.25(및 그림 9.36)와 같이 소일네일링 토체 내외를 통과하는 가상파괴면이 정해지면 9.4절에서 서술하는 방법으로 사면안정성을 검토하여서 내적 안정성을 도모한다. 얕은 파괴 가능성도 별도로 검토한다.

(3) 내적 안정성 검토에서 가장 중요한 요소는 어스앵커와 마찬가지로 소일네일용 그라우트재와 주변 지반 사이의 극한 인발저항력이다. 극한 인발저항력은 소일네일에 작용하는 수직응력의 영향도 중요하지만, 또한 인발 시 지반의 팽창 정도에도 크게 영향을 받는다.

9.4 보강재로 보강된 사면의 안정해석법 개요

Prerequisite

이 절을 공부하기 전에 독자들은 반드시 '토질역학의 원리' 13.5.2절 가장 일반적인 절편법을 숙지하기 바란다.

제6장 6.6절에서 소개된 보강성토 사면, 9.2절에서 서술한 산사태 방지 목적으로 어스앵커로 보강된 사면, 또한 9.3절에서 서술한 대로 흙막이공 목적으로나 또는 산사태 방지용 보강공법으로 소일네일링이 설치되는 경우, 보강재(보강띠, 앵커, 네일)에 의한 인장저항력을 고려

한 사면안정 검토가 이루어져야 한다. 이 절에서는 보강재로 보강된 사면안정 해석법의 개요를 서술하고자 한다.

9.4.1 Bishop의 수정 간편법

그림 9.37(a)는 '토질역학의 원리' 그림 13.13을 그대로 전재한 것이다. 그림 9.37(a)에 추가하여 보강재(네일, 앵커, 보강띠)에 의한 유발 인장저항력을 T_{rm}이라 하면 T_{rm}은 그림 9.37(b)와 같이 T_N과 T_T로 나눌 수 있다. 유발 인장저항력 T_{rm}은 식(9.14)로 구한 인장저항력 T_r을 적절한 안전율로 나눈 값이다. 식의 유도는 일반적인 절편법에서 시작하기는 하나 원형파괴로 가정한 모멘트 평형법만을 서술할 것이다.

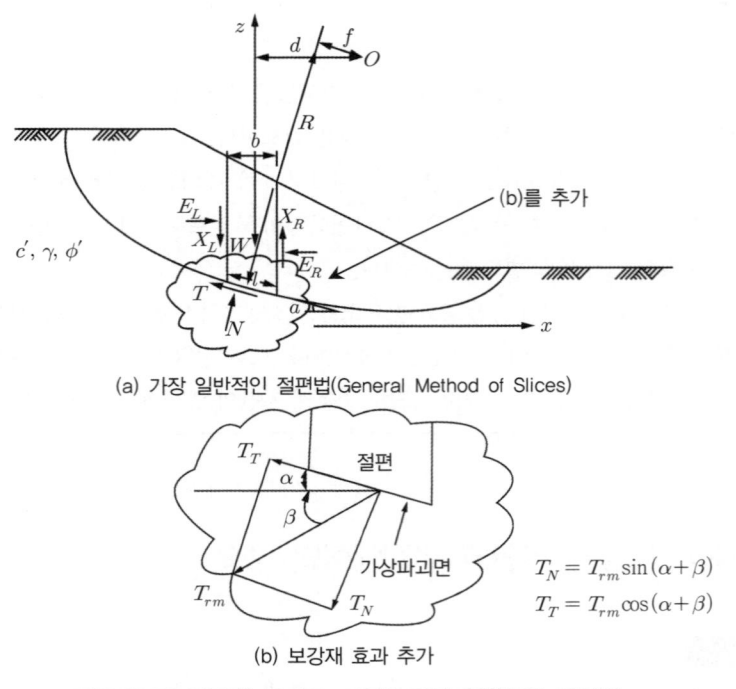

(a) 가장 일반적인 절편법(General Method of Slices)

$$T_N = T_{rm}\sin(\alpha+\beta)$$
$$T_T = T_{rm}\cos(\alpha+\beta)$$

(b) 보강재 효과 추가

그림 9.37 보강재 효과를 고려한 가장 일반적인 절편법

각 절편에 대한 평형조건

$\sum F_Z = 0$을 적용하면

$$N\cos\alpha + T\sin\alpha + T_T\sin\alpha = W - (X_R - X_L) + T_N\cos\alpha \tag{9.18}$$

여기서, $T = \dfrac{1}{F_s}\{c'l + (N - ul)\tan\phi'\}$ (9.19)

$T_N = T_{rm}\sin(\alpha + \beta)$ (9.20)

$T_T = T_{rm}\cos(\alpha + \beta)$ (9.21)

T_{rm} = 보강재의 유발 인장저항력

β = 보강재의 설치각도

식 (9.19)로 표시된 T를 식 (9.18)에 대입하고 정리하면 N은 다음 식으로 표시된다.

$$N = \left\{ W - (X_R - X_L) + T_N\cos\alpha - T_T\sin\alpha \right.$$
$$\left. - \frac{1}{F_s}(c'l\sin\alpha - ul\tan\phi'\sin\alpha) \right\}/m_\alpha$$ (9.22)

여기서, $m_\alpha = \cos\alpha\left(1 + \tan\alpha \cdot \dfrac{\tan\phi'}{F_s}\right)$ (9.23)

전체 절편에 대한 모멘트 평형조건

$\sum M_0 = 0$을 적용하면,

$$\sum Wd = \sum TR + \sum Nf + \sum T_T R$$ (9.24)

식 (9.24)에 T에 대한 식 (9.19)를 대입하고 정리하면,

$$F_s = \frac{\sum\{c'l + (N - ul)\tan\phi'\}R}{\sum(Wd - Nf - T_T R)}$$ (9.25)

활동가능면을 원형으로 가정하면 $f = 0$, $d = R\sin\alpha$, R은 반경이므로

$$F_s = \frac{\sum\{c'l + (N - ul)\tan\phi'\}}{\sum W\sin\alpha - \sum T_T}$$ (9.26)

식 (9.26)을 살펴보면 보강재의 역할은 N의 크기를 $(T_N\cos\alpha - T_T\sin\alpha)$만큼 증가시켜서 저항력 성분을 증가시키는 효과와 하중성분을 $\sum T_T$만큼 감소시키는 두 가지 효과를 다 가지고 있음을 알 수 있다.

Bishop의 수정 간편법 공식

Bishop은 $X_R - X_L = 0$로 가정하였으므로 N은 다음 식으로 표시된다.

$$N = \left\{ W + T_N\cos\alpha - T_T\sin\alpha - \frac{1}{F_s}(c'l\sin\alpha - ul\tan\phi'\sin\alpha) \right\}/m_\alpha$$

$$= \left\{ W + T_{rm}\sin(\alpha + \beta) \cdot \cos\alpha - T_{rm}\cos(\alpha + \beta)\sin\alpha \right.$$

$$\left. - \frac{1}{F_s}(c'l\sin\alpha - ul\tan\phi'\sin\alpha) \right\}/m_\alpha \tag{9.27}$$

안전율은 다음 식과 같다.

$$F_s = \frac{\sum\{c'l + (N - ul)\tan\phi'\}}{\sum W\sin\alpha - \sum T_{rm}\cos(\alpha + \beta)} \tag{9.28}$$

식 (9.27), (9.28)을 보면 보강재로 인하여 작용 모멘트는 감소시키고, 저항 모멘트는 증가시키는 2중의 효과가 있음을 알 수 있다.

수정된 Bishop식의 적용에서 다음을 유의한다.

① 전체 사면을 n개의 절편으로 나눌 때, 네일이 각 절편의 중심에 있도록 가정하여 유도된 식이다. 만일 한 개의 절편 안에 수개의 보강재가 존재한다면 각각의 T_{rm} 값을 더하여 한 개의 인장저항력으로 취급하여도 무리가 없을 것이다.

② 보강재에 의한 유발 인장저항력 T_{rm}의 의미를 다시 한번 정리하여 보자. 식 (9.14)에서 표시된 대로 보강재의 인장저항력 T_r은 극한인발저항력 Q_u와 보강재의 항복인장강도 T_y 중 작은 값을 택하였다. 문제는 사면안정 계산에서 저항력 T_r이 100% 다 유발되지는 않을 수 있다는 것이다. 따라서 T_r 값을 적당한 안전율로 나눈 값인 T_{rm} 만큼만 유발된다고 가정하는 것이 안전 측으로 생각한다. 특히 식 (9.28)의 분모로 삽입되는 T_{rm}은 하

중을 줄여주는 요소로서 유발될 수 있는 값을 사용하여야 한다.

재삼 밝히건대, 식 (9.28)로 유도된 보강재가 삽입된 사면의 안정성 검토식은 독자들에게 기본적으로 보강 없는 일반 절편법과의 차이점을 이해하도록 돕고자 서술하였으며, 현재 많이 사용되는 상용 프로그램과는 상이할 수도 있다.

9.4.2 수정 Fellenius 방법

Fellenius 방법은 절편력의 영향을 고려하지 않는 방법이다. 즉, 그림 9.38(a)에서 $Z_L = Z_R$로 가정한다.

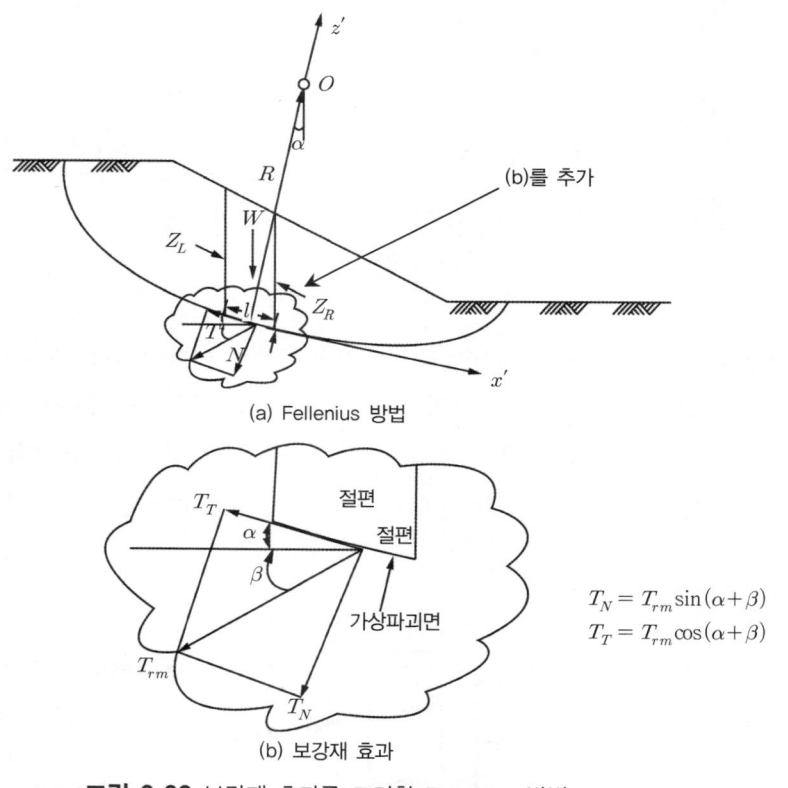

(a) Fellenius 방법

$$T_N = T_{rm}\sin(\alpha+\beta)$$
$$T_T = T_{rm}\cos(\alpha+\beta)$$

(b) 보강재 효과

그림 9.38 보강재 효과를 고려한 Fellenius 방법

그림 9.38(a), (b)를 합해주고, $\sum F_x' = 0$을 적용하면

$$N = W\cos\alpha + T_N \tag{9.29}$$

$\sum M_0 = 0$을 적용하면

$$\sum WR\sin\alpha - \sum T_T R = \sum TR \tag{9.30}$$

식 (9.19)의 T에 관한 식을 식 (9.30)에 대입하고 정리하면

$$
\begin{aligned}
F_s &= \frac{\sum[c'l + (N - ul)\tan\phi']}{\sum W\sin\alpha - \sum T_T} \\[2mm]
&= \frac{\sum[c'l + \{W\cos\alpha + T_N - ul\}\tan\phi']}{\sum W\sin\alpha - \sum T_T} \\[2mm]
&= \frac{\sum[c'l + \{W\cos\alpha + T_{rm}\sin(\alpha+\beta) - ul\}\tan\phi']}{\sum W\sin\alpha - \sum T_{rm}\cos(\alpha+\beta)}
\end{aligned} \tag{9.31}
$$

[예제 9.3] (예제 9.2)에서 제시한 소일네일링 벽체에 대하여 수정 Fellenius 방법과 수정 Bishop 방법을 이용하여, 사면파괴에 대한 안전율을 구하라. 절편은 (예제 그림 9.3)과 같이 3개의 절편으로 나누어서 계산하라. T_{rm}을 구하기 위한 안전율은 1.5를 사용하라. 지하수위는 아주 낮아서 영향이 없다고 가정하라.

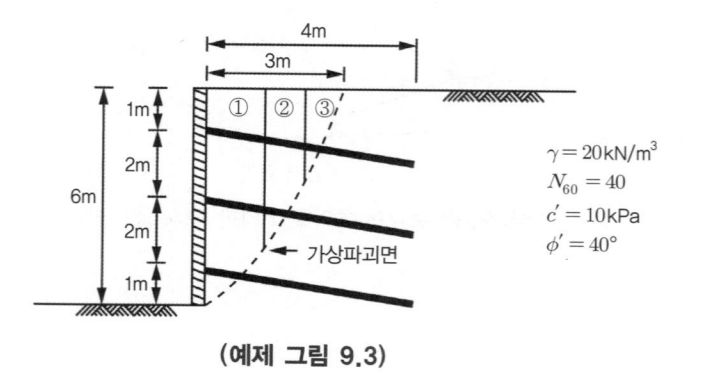

(예제 그림 9.3)

[풀이]

(1) 수정 Fellenius 방법

(예제 9.2)에서 구한 가상 파괴면과 소일네일의 좌표를 이용하여, 각 절편의 중심에 소일네일이 위치하게 절편을 나누어 보면 다음 그림과 같다.

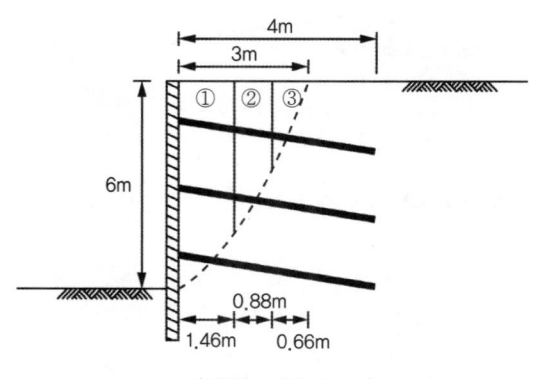

(예제 그림 9.3a)

Fellenius 방법을 사용하기 위해 필요한 l, W, α, T_{rm} 를 다음과 같이 차례대로 구한다.

– l(절편 하단부의 길이)

$$l_① = 2.39\,\text{m}$$
$$l_② = 1.94\,\text{m}$$
$$l_③ = 2.47\,\text{m}$$

이렇게 구해진 길이를 그림으로 나타내면 다음과 같다.

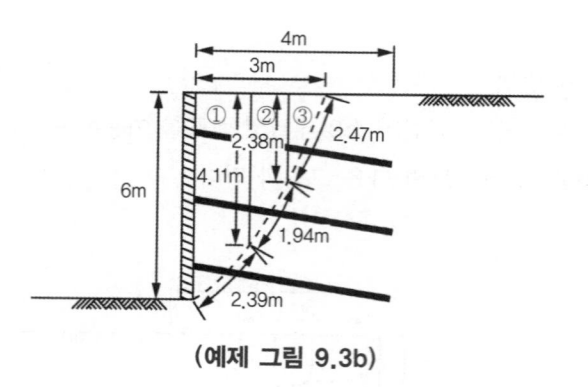

(예제 그림 9.3b)

- α(절편 하단부와 수평선이 이루는 각)

$$\alpha_① = 52.31°$$

$$\alpha_② = 63.04°$$

$$\alpha_③ = 74.50°$$

- W(절편의 무게)

$$W_① = \gamma \times V_① = 20 \times 1 \times \frac{(6+4.11) \times 1.46}{2} = 147.61\,\text{kN}$$

$$W_② = \gamma \times V_② = 20 \times 1 \times \frac{(4.11+2.38) \times 0.88}{2} = 57.11\,\text{kN}$$

$$W_③ = \gamma \times V_③ = 20 \times 1 \times \frac{2.38 \times 0.66}{2} = 15.71\,\text{kN}$$

- T_{rm}(네일의 인장저항력/F_{sn})

$$T_① = \frac{T_r}{F_{sn}} = \frac{185.82}{1.5} = 123.88\,\text{kN}$$

$$T_② = \frac{T_r}{F_{sn}} = \frac{119.94}{1.5} = 79.96\,\text{kN}$$

$$T_③ = \frac{T_r}{F_{sn}} = \frac{76.02}{1.5} = 50.68\,\text{kN}$$

(가) 소일네일링이 존재하지 않을 경우

안전율은 식 (9.31)에서 T_{rm} 항을 제외하여 구할 수 있다. 아래 표에 정리된 값들을 수식에 대입하여 안전율을 구하면 다음과 같다($\sum c'l = 68\,\text{kN}$). 소일네일링 벽체가 지하수 영향을 받지 않는다고 가정하였으므로, $u = 0$이다.

(예제 표 9.3a)

절편	l(m)	W(kN)	$\alpha(^\circ)$	$W\cos\alpha$(kN)	$W\sin\alpha$(kN)
1	2.39	147.61	52.31	90.25	116.81
2	1.94	57.11	63.04	25.89	50.90
3	2.47	15.71	74.50	4.20	15.14
$\sum$	6.80			120.34	182.85

$$F_s = \frac{\sum[c'l + \{W\cos\alpha\}\tan\phi']}{\sum W\sin\alpha}$$

$$= \frac{68 + (120.34)\tan 40^\circ}{182.85}$$

$$= 0.92$$

(나) 소일네일링이 존재하는 경우

식 (9.31)을 이용하여 안전율을 계산할 수 있다. $c'l$의 합은 68kN이며, 소일네일링 벽체가 지하수 영향을 받지 않는다고 가정하였으므로, $u = 0$ 이다. 아래 표에서 계산된 값을 대입하여 안전율을 구하면 다음과 같다.

(예제 표 9.3b)

절편	l(m)	W(kN)	$\alpha(^\circ)$	$\beta(^\circ)$	T_{rm} (kN)	$W\cos\alpha$ (kN)	$T_{rm}\sin(\alpha+\beta)$ (kN)	$W\sin\alpha$ (kN)	$T_{rm}\cos(\alpha+\beta)$ (kN)
1	2.39	147.61	52.31	10	123.88	90.25	109.69	116.81	57.57
2	1.94	57.11	63.04	10	79.96	25.89	76.48	50.90	23.32
3	2.47	15.71	74.50	10	50.68	4.20	50.45	15.14	4.86
$\sum$	6.80					120.34	236.62	182.85	85.75

$$F_s = \frac{\sum [c'l + \{ W\cos\alpha + T_{rm}\sin(\alpha + \beta) - ul \} \tan\phi']}{\sum W\sin\alpha - \sum T_{rm}\cos(\alpha + \beta)}$$

$$= \frac{68 + (120.34 + 236.62 - 0)\tan 40°}{182.85 - 85.75}$$

$$= 3.78$$

(2) Bishop의 수정 간편법

(가) 소일네일링이 존재하지 않을 경우

소일네일링이 없는 경우, 다음의 식을 사용하여 안전율을 계산할 수 있다. 식 (9.27)에서 T_{rm} 항을 제거한 후 정리하면 N은 다음 식과 같다.

$$N = \left[W - \frac{1}{F_s}(c'l\sin\alpha) \right] / m_\alpha$$

이를 이용하여 Bishop 반복법에 필요한 수치들을 다음 표에 제시하였다.

(예제 표 9.3c)

절편	(1) $c'l$ (kN)	(2) W (kN)	(3) $W\sin\alpha$ (kN)	(4) m_α			(5) N		
				$F_s = 0.95$	$F_s = 0.98$	$F_s = 1.0$	$F_s = 0.95$	$F_s = 0.98$	$F_s = 1.0$
1	23.9	147.61	116.81	1.31	1.29	1.28	97.46	99.55	100.91
2	19.4	57.11	50.90	1.24	1.22	1.20	31.36	32.44	33.15
3	24.7	15.71	15.14	1.12	1.09	1.08	0.00[*]	0.00[*]	0.00[*]
$\sum$	68	–	182.85	–	–	–	128.82	131.99	134.05

[*]3번 절편에서 유발된 전단저항력이 작용하는 전단력보다 크게 산정되어 (-)값을 나타내나, 실제로는 유발된 전단저항력의 최대값은 작용력이므로 3번 절편의 N값은 0으로 산정.

위에서 구해진 N값을 식 9.28에 대입하여 안전율을 계산하면 다음과 같다(가정한 값과 계산한 값이 일치할 때까지 반복계산 수행).

$$- F_{s,assumed} = 0.95 일 때, F_{s,calculated} = \frac{\sum(1) + \sum(5) \times \tan\phi}{\sum(3)} = 0.96$$

$$- F_{s,assumed} = 1.0 일 때, F_{s,calculated} = 0.99$$

$- F_{s,assumed} = 0.98$ 로 가정하여 계산을 되풀이해보면, $F_{s,calculated} = 0.98$

(나) 소일네일링이 존재하는 경우

식 (9.23)을 이용하여 m_α값을 가정하여 구해야 한다. 따라서 안전율을 가정하여 m_α를 구하고, 다음 식으로부터 N을 구하여 수정된 Bishop의 공식에 대입하여 계산된 안전율을 구할 수 있다($\sum c'l = 68\,\mathrm{kN}$).

$$N = \left[W + T_{r\ m}\sin(\alpha+\beta)\cos\alpha - T_{r\ m}\cos(\alpha+\beta)\sin\alpha \right.$$
$$\left. - \frac{1}{F_s}(c'l\sin\alpha - ul\tan\phi'\sin\alpha) \right] / m_\alpha$$

가정한 안전율과 계산한 안전율이 상이할 경우 계속하여 안전율을 가정하여 다음 표를 작성한다. 가정한 안전율과 계산된 안전율이 같아질 때의 안전율을 구한다.

(예제 표 9.3d)

절편	(1) W (kN)	(2) $W\sin\alpha$ (kN)	(3) $T_{rm}\cos(\alpha+\beta)$ (kN)	(4) m_α			(5) N		
				$F_s=3.5$	$F_s=3.68$	$F_s=3.8$	$F_s=3.5$	$F_s=3.68$	$F_s=3.8$
1	147.61	116.81	57.57	0.80	0.79	0.79	204.37	207.09	208.80
2	57.11	50.90	23.32	0.67	0.66	0.65	99.02	100.97	102.19
3	15.71	15.14	4.86	0.50	0.49	0.48	35.54	37.05	38.01
$\sum$	–	182.85	85.75	–	–	–	338.93	345.11	349.01

$- F_{s,assumed} = 3.5$일 때, $F_{s,calculated} = \dfrac{\sum(c'l) + \sum(5)\tan\phi'}{\sum(2) - \sum(3)} = 3.63$

$- F_{s,assumed} = 3.8$일 때, $F_{s,calculated} = 3.71$

$- F_{s,assumed} = 3.68$로 가정하여 계산을 되풀이해보면, $F_{s,calculated} = 3.68$

참고문헌

주요 참고문헌

- 김태섭(2009), 가압식 압축형 지반앵커의 인발저항 증대효과 연구, 박사학위 논문, 고려대학교.
- 김홍택(2001), Soil Nailing 공법의 과거·현재·미래, 평문각.
- 오정환, 조철현(2004), 흙막이공학, 구미서관.
- Lee, S.W., Kim, T.S., Sim, B.K., Kim, J.S., Lee, I.M.(2012), Effect of Pressurized Grouting on Pullout Resistana and Group Efficiency of Compression Ground Anchor, Canadian Geotechnical Journal, Vol.49, pp.939~953.
- Seo, H.J., Jeong, K.H., Choi, H.S., Lee, I.M.(2012), Pullout Resistance Increase of Soil Nailing Induced by Pressurized Grouting, Journal of Geotechnical and Geoenvironmental Engineering, ASCE, Vol.138, No.5, pp.604~613.

기타 참고문헌

- 서형준, 이강현, 박정준, 이인모(2012), 쏘일네일링의 세 가지 파괴 모드를 고려한 설계 최적화에 대한 연구, 한국지반공학회 논문집, 제28권, 7호, pp.5~16.

제4편

연약지반 개량

자연지반이 워낙 연약하여 자연지반 그대로는 구조물 설치가 곤란한 경우 지반 자체를 개량하여 단단한 지반으로 바꾸어주는 모든 공법을 총칭한다.

제10장

연약지반
개량 공법

연약지반 개량 공법

10.1 개 괄

자연지반이 워낙 연약하여 자연지반 그대로는 원하는 구조물의 설치가 곤란한 경우는 연약지반을 개량한 뒤에 소요의 프로젝트를 완성해야 한다. 다시 말하여, 지반을 보강하는 개념이 아니라 완전히 개량하여 좀 더 견고한 지반으로 바꾸는 것이다.

연약지반 처리 공법은 종류가 워낙 방대하여, 모든 공법을 전부 소개하는 것도 불가능 할 뿐만 아니라, 소개하고자 하는 공법들에 대하여 설계/시공에 이르는 모든 것을 기술하는 것은 더더욱 어렵다. 이 장에서는 대표적으로서 ① 양질토로 치환하는 경우, ② 지반 속에 존재하는 간극수를 배수시켜서 연약지반을 개량하는 경우, ③ 다짐을 통하여 연약지반을 개량하는 경우, ④ 간극을 고결시킴으로서 연약지반을 개량하는 4가지 경우로 대별하고, 각 공법의 개요와 이론적인 근간만을 소개하고자 한다.

10.2 치환공법

10.2.1 개 괄

연약지반상에 구조물을 건설하여야 하나, 구조물에 대한 지반의 지지력이 부족하거나 침하에도 문제가 될 때, 연약한 층을 제거하고 양질의 토사(주로 사질토와 같은 조립토)로 지반을 바꾸는 것을 치환 공법이라고 한다. 그림 10.1은 치환에 의한 효과를 보여주고 있다. 치환 공법에는 굴착치환 공법, 강제치환 공법이 있으며, 항만공사에서 많이 쓰이는 다짐모래말뚝(sand conpaction pile)이나 진동 쇄석말뚝 공법도 일종의 치환 공법으로 볼 수 있으나, 이 경우들은 모래/쇄석으로 기둥을 형성하는, 말하자면 말뚝 공법으로 분류하는 것이 더 합리적이므로 여기에서는 취급하지 않는다.

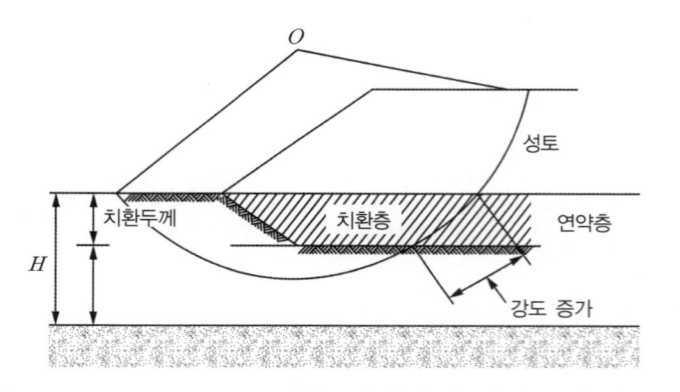

그림 10.1 굴착치환 개요

10.2.2 굴착치환 공법

그림 10.1과 같이 개량이 필요한 소요깊이까지 연약토를 굴착하고, 양질의 토사로 메우는 공법으로서 그 성과도 확실하고 짧은 기간 내에 확실한 개량효과를 확보할 수 있는 공법이다.

10.2.3 강제치환 공법

강제치환 공법은 그림 10.2와 같이 연약지반의 극한지지력보다 큰 하중이 지표면에 작용되도록 양질토를 연약지반 위에 성토하여 강제로 지지력 파괴를 유발하여 연약지반을 밀어내고 성토된 양질토로 치환이 이루어지게 유도하는 공법으로서, 원지반을 직접 굴착을 하지 않으므로 시공비는 저렴하나 균질한 치환을 기대하기는 어려운 공법이다. 또한 치환된 양질토는 기존의 지반이 이미 파괴되어 움직이기 시작하였으므로, 계속하여 측방유동이 발생할 수도 있고, 사면활동파괴도 발생할 수 있어 불규칙한 단면형상을 나타냄이 보통이다.

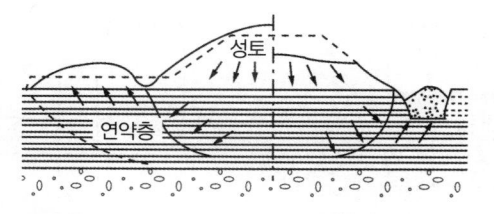

그림 10.2 성토자중에 의한 강제치환 공법 개요

10.3 배수에 의한 개량공법

포화된 점토층에 하중이 가해지면 점토층에는 압밀침하가 발생한다('토질역학의 원리' 9장). 문제는 압밀에 소요되는 시간이 너무 길기 때문에 자연적으로 압밀침하가 끝나도록 기다릴 수가 없다. 따라서 소요의 압밀침하를 촉진시킬 수 있도록 조치를 취해야 한다. 대표적으로 선행압밀 하중 공법(precompression method)과 연직배수재(vertical drain) 공법이 있다.

10.3.1 선행압밀하중 공법

선행압밀하중 공법은 일명 프리로딩 공법(preloading method)이라고 하며, 다음의 원리에 근간을 둔다. 그림 10.3(a)와 같이 두께 H인 포화된 점토층에 무한등분포하중 $q = \Delta\sigma$가 가해지면 압밀침하량은('토질역학의 원리' 식 (9.20)으로부터) 다음 식과 같다.

$$S_c = \frac{C_c \cdot H}{1 + e_0} \log\left(\frac{\sigma_0' + \Delta\sigma}{\sigma_0'}\right) \tag{10.1}$$

여기서, σ_0' = 점토층의 초기 유효응력

e_0 = 점토층의 초기 간극비

C_c = 점토층의 압축지수

H = 점토층의 두께

$\Delta\sigma$ = 지표면에서 가해준 상재하중(무한등분포하중)

만일 무한등분포하중을 $\Delta\sigma$보다 큰 $q = \Delta\sigma + \Delta\sigma_p$만큼 작용시키면 압밀침하량은 다음과 같이 증가할 것이다.

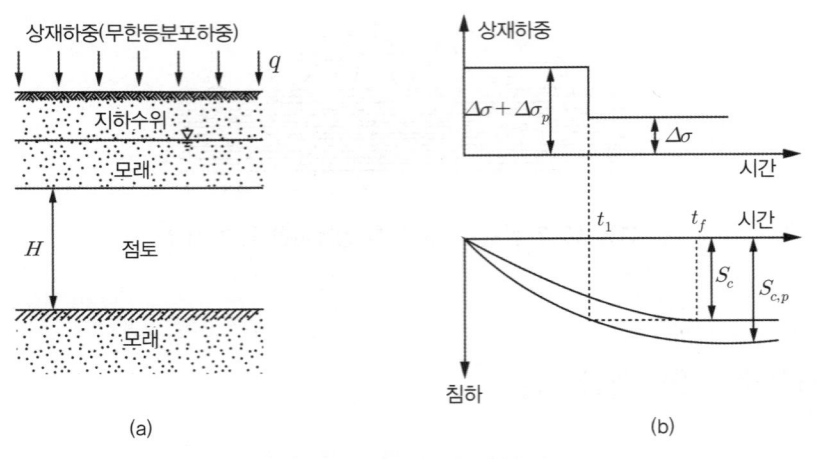

상재하중(무한등분포하중)

q

지하수위

모래

H 점토

모래

(a)

상재하중

$\Delta\sigma + \Delta\sigma_p$

$\Delta\sigma$

시간

t_1 t_f 시간

S_c

$S_{c.p}$

침하

(b)

그림 10.3 선행압밀하중 공법 개요

$$S_{c.p} = \frac{C_c \cdot H}{1 + e_0} \log\left\{\frac{\sigma_0' + (\Delta\sigma + \Delta\sigma_p)}{\sigma_0'}\right\} \qquad (10.2)$$

식 (10.1) 및 (10.2)는 총 압밀침하량을 의미한다. 압밀침하는 물이 빠져 나가는 양만큼 침하하므로 많은 시간이 소요된다.

선행압밀하중 공법은 식 (10.1)에서 구해지는 침하량을 조기에 달성할 수 있도록, 상부에서 가해주는 무한등분포하중을 소요의 상재하중을 초과하여 $q = \Delta\sigma + \Delta\sigma_p$ 만큼 가하고 식 (10.1)에서 요구하는 침하가 발생되면 재하된 $\Delta\sigma_p$의 상재하중을 제거하여 침하를 촉진하는 공법이다.

그림 10.3(b)에 이러한 과정이 잘 나타나 있다. 소요되는 압밀침하량은 S_c 라고 하자(소요 시간 t_f). 선행하중을 가하게 되면, 시간 t_1이 경과하면 이 침하가 달성되므로 더 이상의 초과 상재하중이 필요치 않게 된다. 따라서, 시간 $t = t_1$이 경과한 후에 하중을 $q = \Delta\sigma$로 $\Delta\sigma_p$만큼 감소시킨다. 여기서는 기본 개념만 소개하고자 하며, 관심 있는 독자는 Das(1997)를 참조하기 바란다.

10.3.2 연직배수재 공법

Prerequisite

독자들은 이 절을 공부하기 전에 반드시 '토질역학의 원리' 9.6절을 숙지하기 바란다.

1) 개　괄

‘토질역학의 원리’ 9.6절에 연직배수재에 의한 압밀촉진 공법의 근간은 이미 소개하였다. 연직배수재를 점토지반에 촘촘히 설치하여 배수방향을 연직방향뿐만 아니라 방사방향(수평방향)으로도 발생하도록 하는 압밀촉진 공법이다.

연직배수재로는 전통적으로는 모래를 사용했으며, 이를 샌드 드레인(sand drain) 공법이라고 불렀다. 근래에는 모래 대신에 투수성이 큰 종이를 사용하는 페이퍼 드레인(paper drain), 또는 윅 드레인(wick drain), 모래주머니를 사용하는 팩 드레인(pack drain), 주름관을 사용하는 메나드 드레인(menard drain) 공법 등으로 다양해졌으나, 연직배수재로 방사방향의 물의 흐름을 유도한다는 관점에서 기본 원리는 모두 같다. 이 중 가장 많이 사용되는 것은 윅드레인 공법이다. 예를 들어 그림 10.4 및 그림 10.5에서 보이는 것과 같이 연직배수재를 간격 S로 촘촘히 박고 지표면에 모래 등으로 배수층(sand mat)을 설치한 후 상부에 하중을 가하면 점토지반에 과잉간극수압이 발생되기는 하나, 연직방향뿐만 아니라, 특히 방사방향으로 투수가 발생하여 과잉간극수압이 쉽게 소산될 수 있을 것이다.

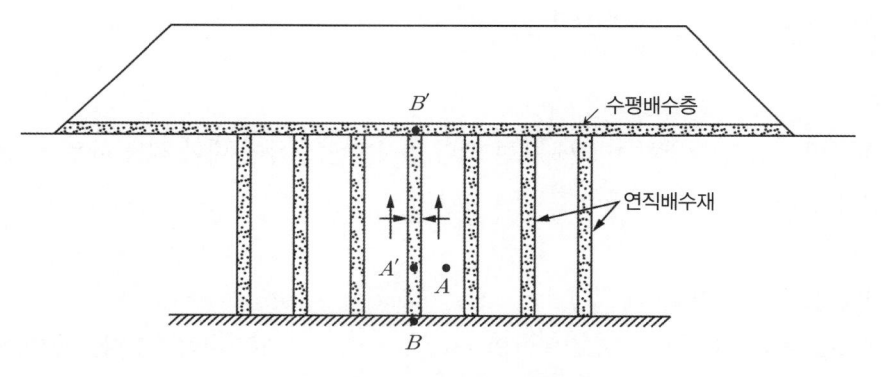

그림 10.4 연직배수재에 의한 배수

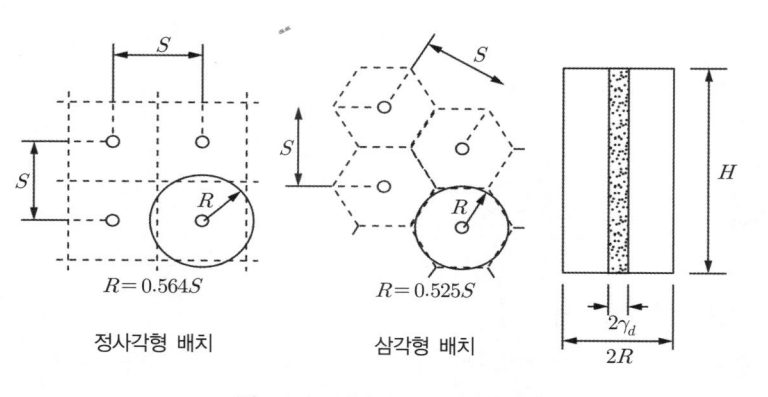

그림 10.5 연직배수재 설치간격

방사방향의 흐름에서 간과될 수 없는 중요한 요소가 있는데, 이것이 바로 스미어 효과 (smear effect)이다. 스미어 효과란 연직방향 배수재를 설치하면서 주변의 점토를 교란시켜 교란된 부분에서 압밀계수(또는 투수계수)가 저하되는 현상을 말한다.

방사방향 흐름을 지배하는 중요한 요소는 다음과 같다.

① C_h : 수평방향 압밀계수

② r_d : 연직배수재의 반경

③ R : 연직배수재로 인하여 수평방향 흐름이 발생하는 유효반경

④ r_s : 스미어 현상이 발생하는 반경

2) 연직 배수재 공법의 이론해

방사방향 배수와 연직방향 배수를 동시에 고려할 수 있는 압밀방정식은 다음과 같다.

$$\frac{\partial \triangle u}{\partial t} = C_h \left[\frac{\partial^2 \triangle u}{\partial r^2} + \frac{1}{r} \frac{\partial \triangle u}{\partial r} \right] + C_v \frac{\partial^2 \triangle u}{\partial z^2} \tag{10.3}$$

식 (10.3)의 해를 연직방향 흐름에 대한 해와 방사방향 흐름에 대한 해를 따로 구하여 이를 합성하고자 한다.

(1) 연직방향 흐름에 대한 해

연직방향 흐름에 대한 해는 '토질역학의 원리' 9장에서 상세히 서술하였다. 연직방향 평균 압밀도는 다음과 같다.

$$U_{avg(v)} = f(T_v) \tag{10.4}$$

$$T_v = \frac{C_v t}{H_{dr}^2} \tag{10.5}$$

(2) 방사방향 흐름에 대한 해

방사방향 흐름에 의한 평균 압밀도는 다음 식으로 표시할 수 있다.

$$U_{avg(r)} = 1 - \exp\left(\frac{-8\,T_r}{m}\right) \tag{10.6}$$

$$T_r = \frac{C_h \cdot t}{4R^2} \tag{10.7}$$

여기서, T_r = 방사방향 시간계수

m은 다음의 세 요소로 이루어져 있다.

$$m = F_n + F_s + F_r \tag{10.8}$$

여기서, F_n = 연직배수재 간격효과를 나타내는 계수

$\qquad = f(R/r_d) = f(n)$; n은 $n = \dfrac{R}{r_d}$ 로 정의한다.

$\qquad F_s$ = 스미어 효과를 반영하는 계수

$\qquad = f\left(\dfrac{K_h}{K_h{'}},\ n\right)$

$\qquad$ 단, K_h = 점토지반의 수평방향 투수계수

$\qquad\qquad K_h{'}$ = 스미어 구역에서의 수평방향 투수계수

$\qquad F_r$ = 연직배수재의 우물저항계수(well resistance factor)로서 연직배수재 자체
의 통수능력에 따라 좌우된다.

(3) 평균 압밀도

연직방향 압밀도와 방사방향 압밀도를 조합한 평균 압밀도는 다음 식으로 표시할 수 있다.

$$(1 - U_{avg}) = (1 - U_{avg(v)})(1 - U_{avg(r)}) \tag{10.9}$$

3) 연직배수재의 통수능력

그림 10.4에서 연직배수재인 A'점에서의 과잉간극수압은 '0'이다. 따라서 A점으로부터 A'점으로(방사방향)으로 투수가 일어난다. 그러나 연직배수재 내에서는 과잉간극수압이 없

으므로 B점과 B'점 사이에는 전두수 차가 존재하지 않는다. 연직배수재까지 흘러들어온 물은 연직배수재와 수평배수층을 통하여 밀려나듯이 배수될 것이다. 즉, 전수두 차에 의해서 배수가 되는 것이 아니라 연직배수재로 물이 들어오니까, 들어온 물이 연직배수재를 통하여 상방향으로 밀려올라가고, 수평배수층을 통하여 밀려 나가는 것이다. 문제는 연직배수재의 통수능력이 그리 크지 않아서 때로는 연직배수재의 통수능력 부족으로 인하여 압밀이 지연되는 경우가 종종 존재하며, 이를 우물저항효과라고 한다. 샌드드레인의 경우 물이 모래 사이로 투수가 일어나야 하며, 특히 윅드레인 재료는 다음에 소개하듯이 통수면적도 작고 내부도 채워져 있으므로 통수능력에 한계가 있을 수 있다.

4) 윅드레인 공법

윅드레인 공법(wick drain)은 일명 PVD 공법(prefabricated vertical drain)이라고도 불리며 그림 10.6과 같은 모양을 하고 있다. 이 재료는 두께 b, 폭 a의 직사각형 모양을 하고 있다. 식 (10.3)으로 소개된 압밀방정식은 원형 배수재에 근거하고 있으므로 다음과 같이 등가반경을 먼저 구해야 한다.

$$r_d = \frac{a+b}{\pi} \tag{10.10}$$

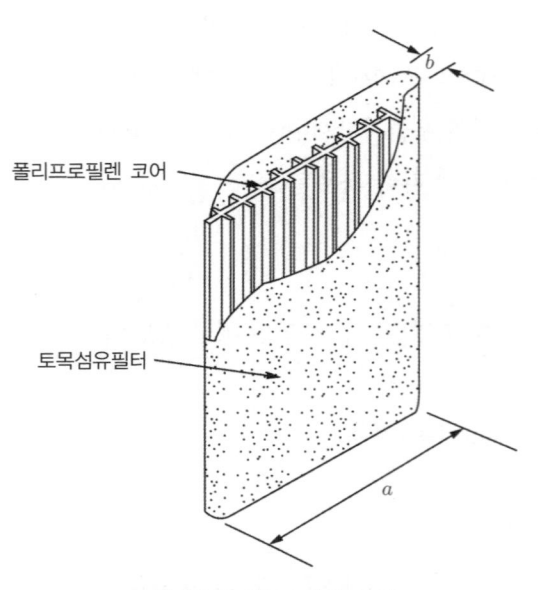

폴리프로필렌 코어

토목섬유필터

그림 10.6 윅(PVD)의 상세

연직배수재에 의한 압밀촉진법에 대한 상세한 사항은 Das(1997) 책을 참조하기 바란다.

Note 압밀침하 목적 이외에도 지하수위를 낮추거나 수압을 감소시켜서 시공 중 또는 시공 후에도 안정성을 증진시킬 수 있다. 배수처리 공법에는 우물(well) 공법, 웰포인트 공법 등이 있다.

10.4 다짐에 의한 개량/치환 공법

10.4.1 진동다짐 공법

바이브로플로테이션(vibroflotation) 공법으로 불리는 이 공법은 느슨한 사질토 지반에 대한 물다짐, 진동다짐의 효과를 동시에 얻고자 하는 공법이다. 이 공법의 시공순서는 그림 10.7과 같다. 그림에서 보듯이 바이브로플로트로 불리는 봉상의 진동체를 물에 설치된 노즐로부터 물을 분사시킴과 동시에 플로트를 진동시켜서 관입한 다음, 휨분젯트에 의해 주변 지반을 포화시키고 진동을 가한다. 플로트 주변 사질토는 유동화되어 다져져서 위로 구멍이 생기게 되며, 이 구멍은 모래 또는 자갈로 채움으로써 지반을 견고히 하는 공법이다. 이 공법에 의하여 개량된 지반은 지지력이 150~170kPa 정도, 개량심도는 7~8m 정도로 알려져 있다.

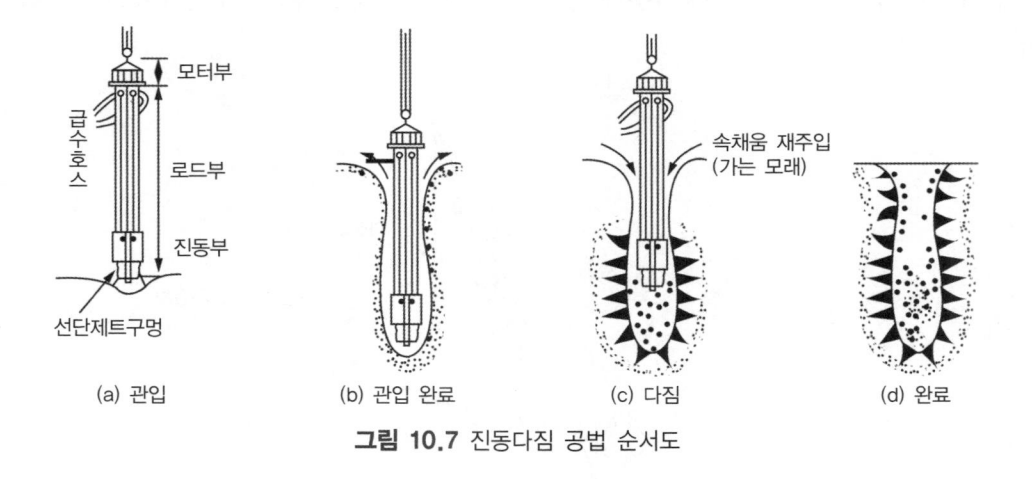

그림 10.7 진동다짐 공법 순서도

10.4.2 동다짐 공법

동다짐 공법(dynamic compaction)은 일명 동압밀 공법(dynamic consolidation)이라고
도 불리며, 무거운 추를 높은 곳에서 낙하시켜서 지표면에 충격을 주어, 이때 발생하는 충격
에너지가 다짐 효과를 주어 강도를 증진시키는 공법으로서, 주로 사질토지반이나 쇄석성토지
반 개량에 효과적이다. 먼저 불포화 지반에 충격에너지를 가하면 다짐 효과가 발생하여 토사
가 압축되면서 단위중량이 증가하고, 즉시 침하가 발생되면서 강도가 증진된다. 포화된 사질
토의 경우도 충격에 의하여 과잉간극수압은 상승하나 충격 시 수평방향 인장응력을 발생시켜
연직균열과 유로형성으로 충격에 의한 과잉간극수압을 소산시키어 지반의 압축을 촉진하게
된다. 그림 10.8은 동다짐 공법의 개요를 보여주고 있다. 개량심도 D는 다음 식과 같이 낙하
에너지의 평방근에 비례한다.

$$D \propto \sqrt{W \cdot H} \tag{10.11}$$

여기서, D = 개량심도(m)
W = 추의 무게(kN)
H = 낙하높이(m)

동다짐 공법은 주로 사질토에 유용하며, 점토지반에는 크게 효과적이지 못한 것으로 알려져
있다.

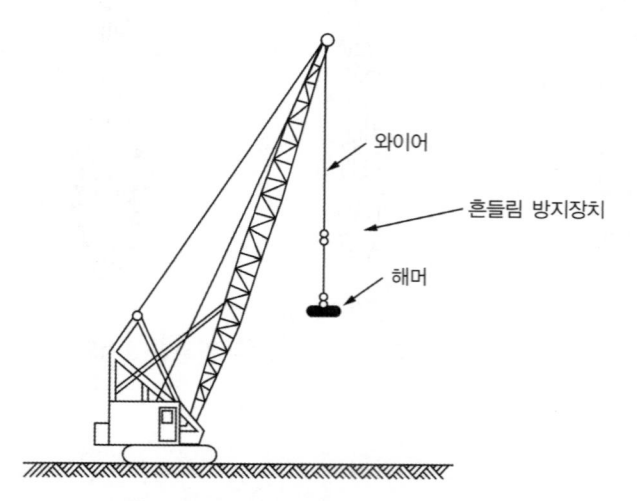

그림 10.8 동다짐 공법 개요

10.4.3 동치환 공법

동치환 공법(dynamic replacement)은 동다짐 공법이 점성토층에는 효과가 적으므로, 점성토층에 적용하기 위하여 개발된 공법이다.

무거운 추를 높은 곳에서 낙하시키는 것은 동다짐과 동일하나, 낙하 이전에 연약지반 표층에 쇄석이나 모래자갈 등을 미리 포설하고, 큰 에너지로서 지표면에 포설된 쇄석 등을 지중으로 관입시키며, 추가 함몰된 자리에 다시 쇄석 등을 채우고, 이를 다시 타격으로 관입시키는 공정을 되풀이하는 공법이다(그림 10.9). 동치환을 시행하면 형성된 쇄석기둥이 큰 전단저항을 발휘하게 되고, 기둥 사이의 토사층도 궁극적으로 강도가 증가된다. 또한 타격으로 기존 지반에 과잉간극수압이 발생되는 경우, 쇄석기둥은 과잉간극수압을 소산시키는 배수통로로도 작용하여(일종의 연직배수재) 압밀을 조기에 촉진하는 역할도 한다.

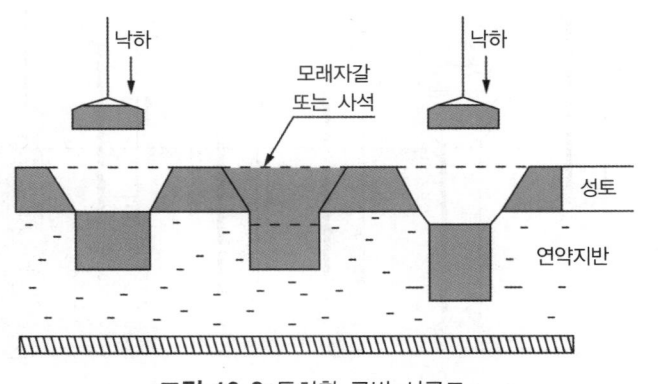

그림 10.9 동치환 공법 시공도

10.4.4 모래다짐말뚝 공법

1) 개요

모래다짐말뚝 공법(sand compaction pile, 일명 SCP 공법)은 연약지반(모래/점토지반 둘다 적용되나 주로 점토)에 모래를 압입하여 큰 직경의 다져진 모래말뚝을 조성하는 지반개량 공법이다. 모래기둥을 지중에 설치한다는 관점에서는 샌드드레인 공법과 유사하나, 샌드드레인 공법은 배수가 목적이므로 모래기둥 직경이 400mm 정도이나, 이 공법은 치환에 기본 목적이 있으므로 표준직경이 700mm 정도로서 큰 직경을 가진다.

특히 점성토 지반 개량에서는 단기적으로는 주변 점토보다 큰 전단강도를 가진 모래다짐말뚝을 촘촘히 조성해서 모래말뚝과 점토로 된 복합지반을 형성함으로써 지반의 지지력을 증가시키고, 장기적으로는 모래말뚝의 배수효과와 모래말뚝의 응력분담에 의한 압밀시간을 단축함과 함께 압밀침하량을 감소시키는 효과가 있다.

모래다짐말뚝을 시공하는 방법에는 진동식 콤포져(vibro compozer) 공법과 충격식 콤포져(hammering compozer) 공법이 있으며, 일반적으로 진동식 콤포져 공법을 많이 사용하고 있다. 진동식 콤포져 공법은 강관을 진동기로 관입시킨 후 모래를 투입하고 진동으로 다지며 강관을 인발하여 모래말뚝을 조성하는 방법으로 시공순서는 그림 10.10과 같다.

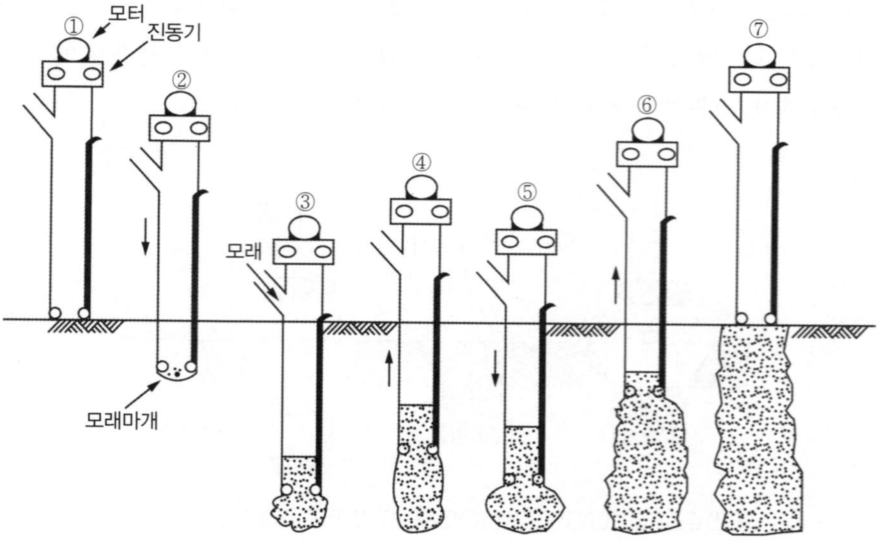

그림 10.10 진동식 콤포져 공법의 시공순서

2) 치환율

치환율이란 그림 10.11(a)에서 모래말뚝이 차지하는 부분의 면적을 전체 면적으로 나눈 값이다. 즉, 다음 식과 같다.

$$a_s = \frac{A_s}{A_s + A_c} = \frac{A_s}{A} \tag{10.12}$$

여기서, A_s = 모래말뚝의 면적
A = 전체 면적

$A_c = A - A_s$ 로서 치환 후에 남아 있는 원지반 면적

성토 등 상부구조물이 비교적 경량인 경우에는 치환율(a_s)이 20~40% 정도인 '저치환율 SCP 공법'이 많이 사용되고 있다. 한편, 항만공사 등 모래말뚝 자체로 지지력, 전단강도 증가 효과 등을 발휘해야 하는 경우에는 치환율(a_s)이 70% 정도인 '고치환율 SCP 공법'이 사용된다 (그림 10.11(b)).

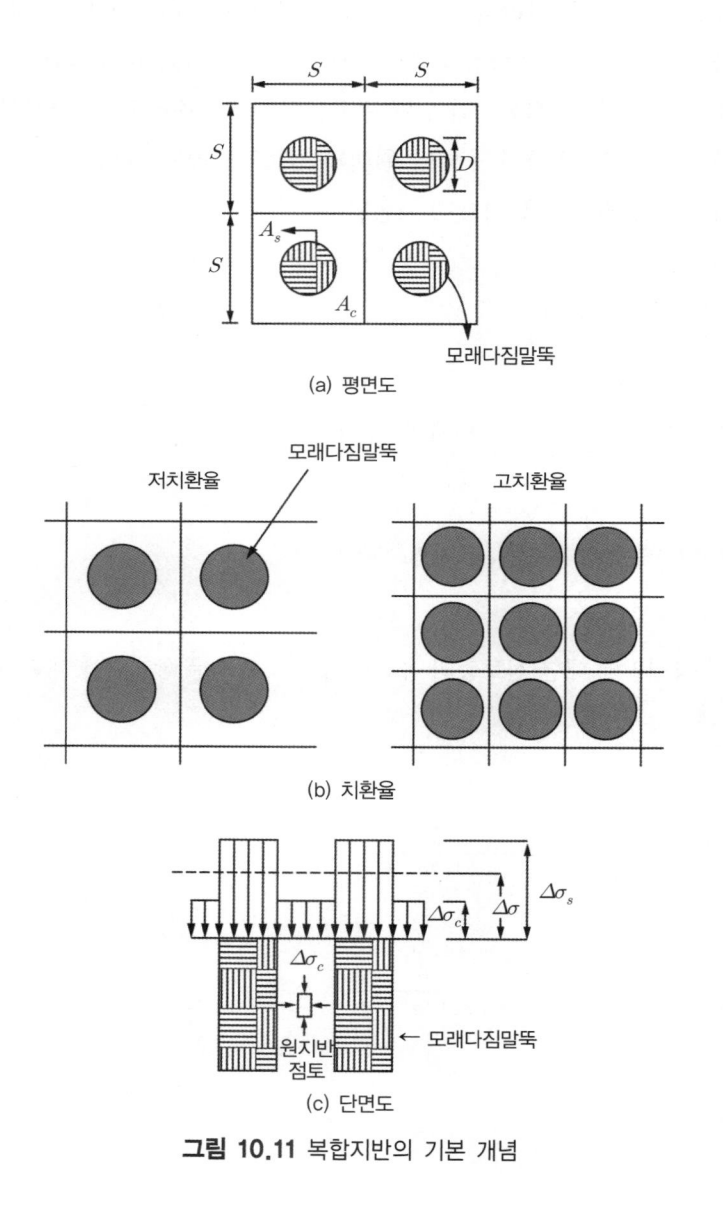

(a) 평면도

(b) 치환율

(c) 단면도

그림 10.11 복합지반의 기본 개념

3) 복합지반 개념과 응력집중

모래다짐말뚝 공법(SCP 공법)에 의해서 지반개량을 하면 성질이 전혀 다른 점토와 모래말뚝으로 이루어진 복합지반이 형성된다. 제3~4장에서 다루었던 말뚝기초는 상부의 모든 하중을 말뚝이 받는 것으로 가정하나, 여기에서의 지반은 복합지반으로 취급하는 점이 다르다. 즉, 상부로부터 전해오는 하중을 모래말뚝과 말뚝 사이의 원지반이 분담하게 된다. 문제는 원지반인 점토에 비하여 모래말뚝은 상대적으로 강성이 훨씬 크므로 원지반은 상대적으로 더 많이 침하하는 경향을 보일 것이며, 따라서 아칭(arching)현상에 의하여 상대적으로 강성이 큰 모래말뚝쪽으로 응력이 옮겨가서 응력집중현상을 보일 것이다(그림 10.11(c)).

그림 10.11(c)에서와 같이 복합지반 위에 평균응력 $\Delta\sigma$가 작용되면, 아칭현상에 의하여 모래말뚝에는 $\Delta\sigma_s(\Delta\sigma_s \gg \Delta\sigma)$의 응력이 원래의 점토지반에는 $\Delta\sigma_c(\Delta\sigma_c \ll \Delta\sigma)$의 응력이 작용될 것이다. 총 응력은 다음 식으로 표현된다.

$$\Delta\sigma A = \Delta\sigma_s A_s + \Delta\sigma_c A_c \tag{10.13}$$

응력분담비 n을 $n = \dfrac{\Delta\sigma_s}{\Delta\sigma_c}$로 정의하면 식 (10.13)은

$$\Delta\sigma \cdot A = n\Delta\sigma_c A_s + \Delta\sigma_c A_c = \Delta\sigma_c(nA_s + A_c) \tag{10.14}$$

$\mu_c = \dfrac{\Delta\sigma_c}{\Delta\sigma} =$ 상재압에 대한 점토층의 응력비, $\mu_s = \dfrac{\Delta\sigma_s}{\Delta\sigma} =$ 상재압에 대한 모래말뚝의 응력비로 정의하면

$$\mu_c = \frac{\Delta\sigma_c}{\Delta\sigma} = \frac{A}{nA_s + A_c} = \frac{1}{(n-1)a_s + 1} \tag{10.15}$$

$$\mu_s = \frac{\Delta\sigma_s}{\Delta\sigma} = \frac{nA}{nA_s + A_c} = \frac{n}{(n-1)a_s + 1} \tag{10.16}$$

$$a_s = \frac{A_s}{A} = 치환율 \tag{10.17}$$

$$n = \frac{\Delta \sigma_s}{\Delta \sigma_c} = 응력분담비 \tag{10.18}$$

SCP 공법으로 개량된 지반의 안정성 검토는 결국 사면안정성 검토와 침하검토로 압축되며, 이때의 안정성에 영향을 미치는 것이 치환율 a_s와 응력부담비 n(또는 μ_c 및 μ_s)이라고 할 수 있다.

사면안정 해석법 및 침하계산법은 『지반공학 시리즈 6』 '연약지반' 편을 참조하기 바란다.

10.5 고결 공법

고결 공법은 지반을 구성하는 간극을 고결시켜서 지반을 개량하고자 하는 공법이다.

10.5.1 표층혼합처리 공법

표층혼합처리 공법은 지표면에서 3m 이내의 연약지반을 석회, 시멘트, 또는 플라이애쉬 (fly ash) 등의 안정재와 혼합하여 지반강도를 증진시키는 공법이다.

석회를 흙에 첨가하여 혼합하면, 흙 사이의 간극수의 흡수, 이온교환 등에 의하여 단시간에 고화된다.

한편, 시멘트를 흙에 첨가하면, 흙 중의 간극수와 수화반응을 일으켜 시멘트 수화물과 토립 자가 결합하여 강도를 발현시킨다.

플라이애쉬는 화력발전소에서 분탄을 연소시킬 때 생기는 부산물로서, 수산화석회와 반응 하여 불용성의 화합물을 만든다.

10.5.2 심층혼합처리 공법

심층혼합처리 공법은 석회, 시멘트 등의 안정재를 심층의 연약층에 공급하여 균일하게 혼합 하여 수화반응 포졸란 반응 등의 고결작용에 의해 연약층을 강화시키는 화학적 지반개량 공법 의 일종으로, 연약층의 강도 증가뿐만 아니라 침하 방지에도 효과적이다.

심층혼합처리 공법에는 교반날개를 이용하여 강제로 혼합하는 기계식 혼합처리 방식과 고 압분사교반방식이 있다.

1) 기계식 혼합처리 방식

석회, 시멘트 등의 안정재를 유압펌프나 압축공기를 이용하여 깊은 곳까지 공급하고 교반날개로 원위치의 흙과 혼합하는 방식이다. 그림 10.12에 기계식 혼합처리 방식의 모식도가 표시되어 있다. 표 10.1과 같이 여러 가지 공법이 개발되어 왔다.

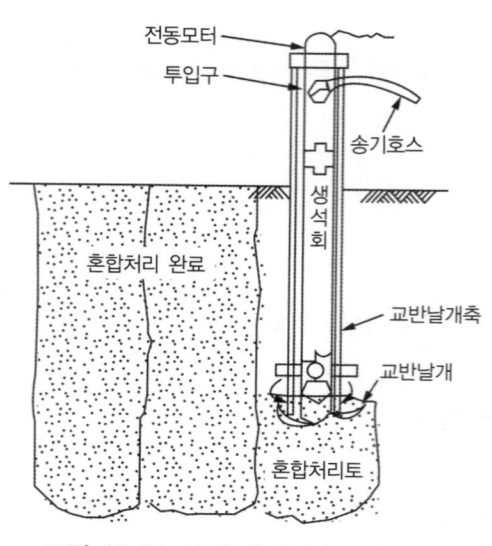

그림 10.12 기계식 혼합처리 모식도

표 10.1 기계식 혼합처리 공법의 종류

공법	공법 상세명	개요
DLM	Deep Lime Mixing	생석회나 소석회를 연약토와 혼합
DCM	Deep Cement Mixing	시멘트용액을 사용
DCCM	Deep Continuous Cement Mixing	시멘트용액을 연약지반에 주입, 벽체 형성

2) 고압분사 교반방식

고압의 시멘트 용액을 분사하며 분사구를 회전시켜 흙과 안정재를 혼합하는 방식이다(그림 10.13). 단관, 2중관, 3중관을 사용할 수가 있다. 표 10.2에 각종 공법을 정리하였다. 2중관 고압 분사 공법의 대표적인 예는 JSP(Jumbo Special Pile) 공법이다. 이중관 선단에서 연직방향으로 공기와 시멘트 용액을 고압으로 분사하여 천공한 후에, 관을 인발하면서 수평방향으로 시멘트 용액을 20MPa의 고압으로 분사주입하는 공법이다.

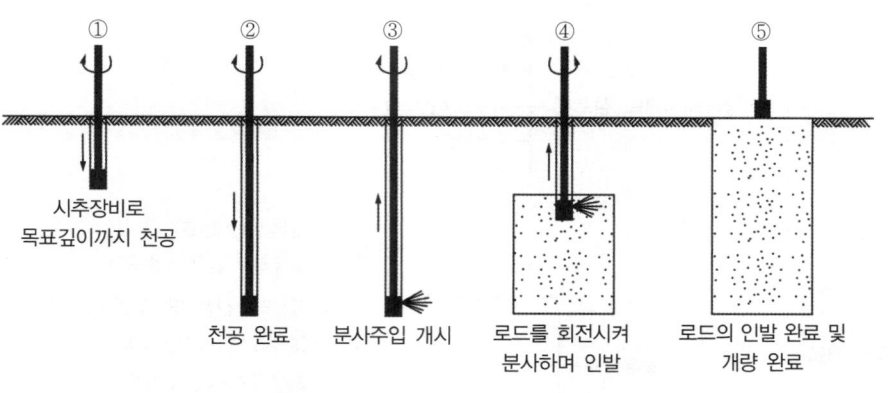

시추장비로
목표깊이까지 천공

천공 완료

분사주입 개시

로드를 회전시켜
분사하며 인발

로드의 인발 완료 및
개량 완료

그림 10.13 고압분사 교반방식 순서도

표 10.2 고압분사교반방식의 종류

공법	공법 상세명	개요
CCP	Chemical Churning Pile	시멘트용액을 주입(단관)
JSP	Jumbo Special Pile	공기와 시멘트용액을 주입(2중관)
SIG	Super Injection Grout	공기, 물을 초고압 분사하여 지반 굴착 후 시멘트용액 충전(3중관)
RJP	Rodin Jet Pile	공기, 물을 초고압 분사하여 지반 굴착 후 시멘트용액 충전(3중관)

삼중관 초고압 분사 공법은 물, 공기, 시멘트 용액을 40~80MPa의 초고압으로 분사하여 원지반의 흙과 물을 지표면으로 배출하고, 시멘트용액을 채우는 공법으로, 대표적으로 SIG(Super Injection Grout), RJP(Rodin Jet Pile) 공법 등이 있다.

10.5.3 주입 공법

주입 공법(grouting)이란 지반 내에 주입관을 삽입하고 이것을 통하여 주입재를 지중에 압송, 충전시켜서 일정한 시간(gel time)을 경과시키면 지반이 고결되는 것으로 지반의 차수 또는 지반강도 증대를 그 목적으로 한다. 주입재(그라우팅)로는 약액계와 비약액계로 구별되며, 그림 10.14에 분류도를 표시하였다. 그라우팅 공법은 크게 분류하여 다음의 세 가지로 분류된다(그림 10.15).

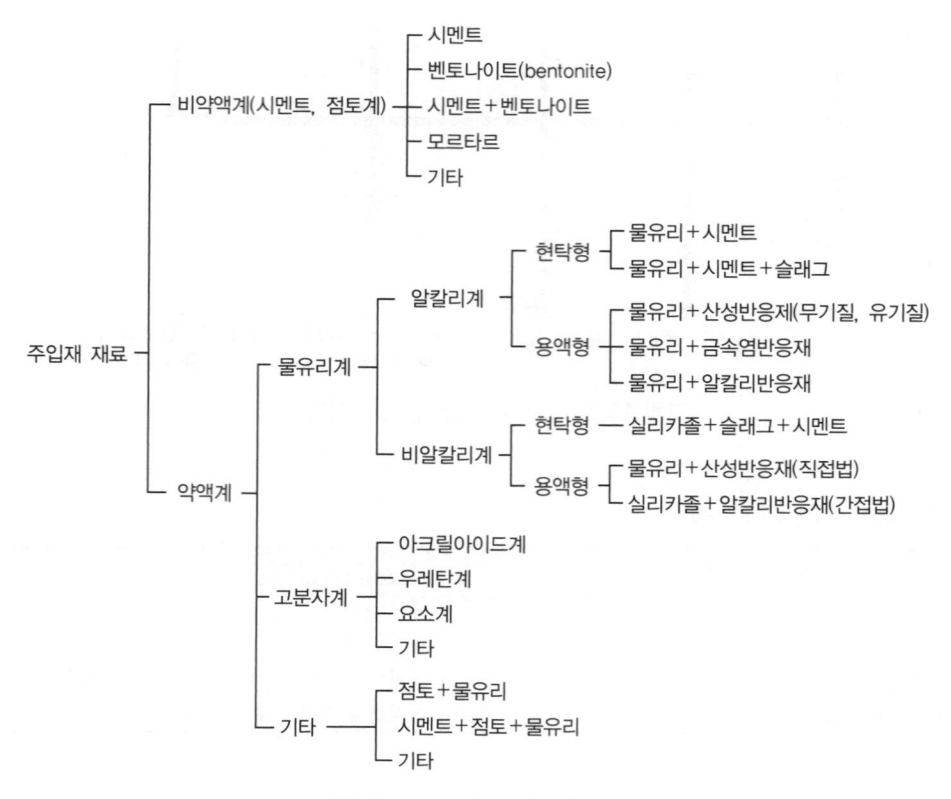

그림 10.14 주입재 재료의 분류도

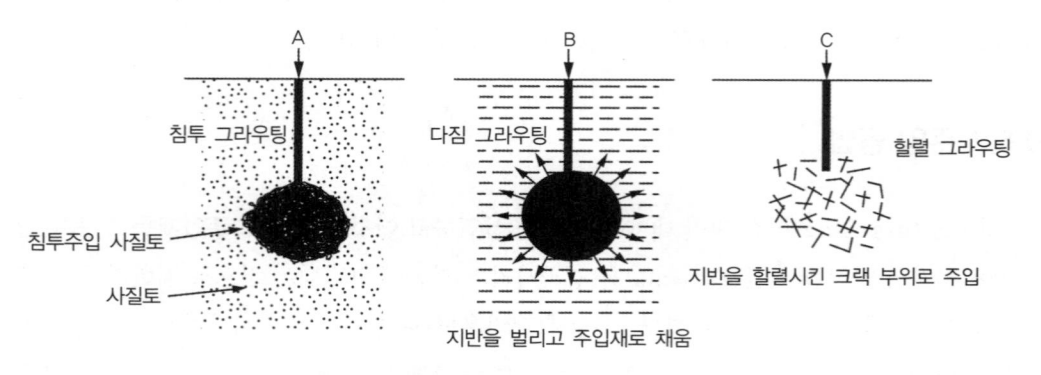

그림 10.15 주입 공법 개요

1) 침투 그라우팅

침투 그라우팅(permeation grouting)은(그림 10.16) 지반 자체의 구조나 체적은 변화시키지 않으면서 간극을 통하여 그라우트재를 침투시켜서 주입하는 공법이다. 조립토에만 적용 가능하다. 침투 가능성은 다음과 같이 정의되는 그라우팅비(groutability ratio, GR)로 가능성 여부를 판단할 수 있다.

$$GR = \frac{D_{15}(\text{지반})}{D_{85}(\text{주입재})} \qquad (10.19)$$

GR값에 따른 침투가능성은 다음과 같다.

$$\begin{cases} GR \geq 24 & \text{침투 양호} \\ 19 \leq GR < 24 & \text{충분한 침투 가능} \\ 11 \leq GR < 19 & \text{침투 가능} \\ GR < 11 & \text{침투 불가능} \end{cases}$$

저자의 연구결과(김종선 등, 2007)에 의하면 GR값이 24보다 크다고 해서 반드시 침투가 양호한 것은 아닐 수도 있으므로 항상 주의를 요한다.

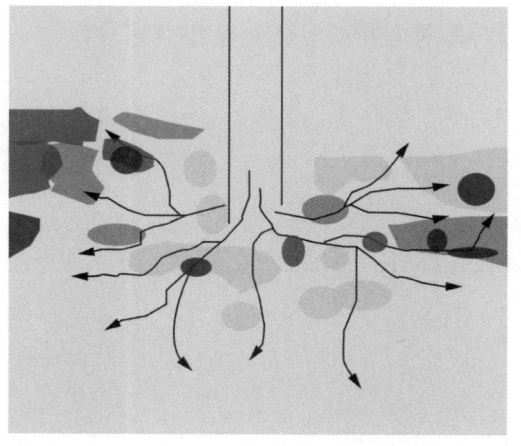

그림 10.16 침투그라우팅 전경

2) 다짐 그라우팅

다짐 그라우팅(compaction grouting)은 일명 변형 그라우팅(displacement grouting)이 라고도 하며, 유동성이 전혀 없을 정도로 물시멘트 비가 적은 모르타르(thick mortar)를 사용 하여서, 그림 10.17과 같이 지반을 수평방향으로 밀어내고 그라우트재로 채우는 공법이다. 결 국 완성품은 그라우트재로 이루어진 연직기둥(말뚝)을 형성한다.

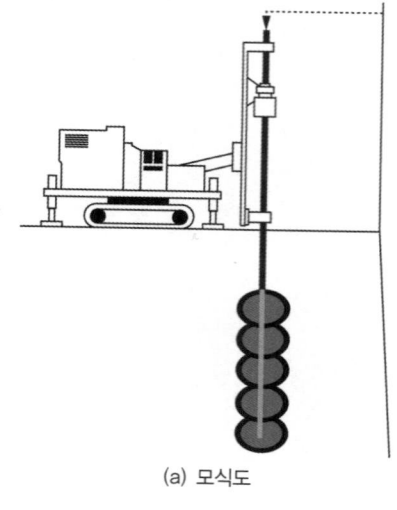

(a) 모식도

(b) 건물 기초보강 전경

그림 10.17 다짐 그라우팅 개요

3) 할렬 그라우팅

할렬 그라우팅(fracture grouting)은 지반에 압력을 주어서 인위적으로 할렬 크랙을 유발시키고, 이렇게 형성된 크랙을 통하여 주입하는 공법이다.

참고문헌

주요 참고문헌

- (사)한국지반공학회(2005), 연약지반, 지반공학시리즈 6, 구미서관.

기타 참고문헌

- Das, B.M.(1997), Advanced Soil Mechanics, 2nd Editon, Taylor&Francis.
- 김종선, 최용기, 박종호, 우상백, 이인모(2007), 점도변화와 폐색현상을 고려한 그라우트재의 침투특성, 한국지반공학회 논문집, 제23권, 4호, pp.5~13.

찾아보기

저자소개

이인모(李寅模)
서울대학교 토목공학과(공학사)
미국 Ohio 주립대학교 토목공학과 대학원(공학석사, 공학박사)
한국과학기술원 토목공학과 조교수 역임
한국터널지하공간학회 회장 역임
국제 터널학회(ITA) 회장 역임
현 고려대학교 건축사회환경공학부 명예교수

기초공학의 원리

초판 발행 2014년 8월 21일
초판 2쇄 2015년 8월 20일
초판 3쇄 2017년 9월 20일
초판 4쇄 2021년 11월 10일

저　　자 이인모
펴　낸　이 김성배
펴　낸　곳 도서출판 씨아이알

책임편집 박영지
디　자　인 윤지환, 윤미경
제작책임 김문갑

등록번호 제2-3285호
등　록　일 2001년 3월 19일
주　　　소 (04626) 서울특별시 중구 필동로8길 43(예장동 1-151)
전화번호 02-2275-8603(대표)
팩스번호 02-2265-9394
홈페이지 www.circom.co.kr

I S B N 979-11-5610-063-8 93530
정　　　가 28,000원